高等职业教育“十四五”规划教材

高等职业教育畜牧业类新形态教材

动物药理

杨孟鸿　管远红　主编

中国农业大学出版社
·北京·

内 容 简 介

本书主要介绍了动物药理基础知识、化学治疗药物、作用于内脏系统的药物、作用于神经系统的药物、解热镇痛抗炎药、电解质平衡和营养调节药、糖皮质激素药与抗过敏药、解毒药，以及实验实训指导。

本教材重视基本理论、基本知识和基本技能，突出科学性、系统性和实用性，兼顾先进性和创新性，依据《中华人民共和国兽药典(2020年版)》，充分纳入动物药理方面的新理论、新知识、新技术和新方法。本书既可作为高等职业院校畜牧兽医、动物医学、宠物医疗技术、动物防疫与检疫等专业的教材，也可作为畜牧兽医科技人员、兽药企业的研发人员、动物养殖单位的兽药使用人员和兽药行政监管人员的参考用书。

图书在版编目(CIP)数据

动物药理/杨孟鸿，管远红主编．--北京：中国农业大学出版社，2024.12.
ISBN 978-7-5655-3351-8

Ⅰ.S859.7

中国国家版本馆 CIP 数据核字第 2024S68R65 号

书　　名　动物药理
作　　者　杨孟鸿　管远红　主编

策划编辑　张　玉　郭建鑫　　　**责任编辑**　郭建鑫
封面设计　中通世奥图文设计中心
出版发行　中国农业大学出版社
社　　址　北京市海淀区圆明园西路 2 号　　　**邮政编码**　100193
电　　话　发行部 010-62733489,1190　　　读者服务部 010-62732336
编辑部 010-62732617,2618　　　出　版　部 010-62733440
网　　址　http://www.caupress.cn　　　**E-mail** cbsszs@cau.edu.cn
经　　销　新华书店
印　　刷　运河(唐山)印务有限公司
版　　次　2025 年 2 月第 1 版　　2025 年 2 月第 1 次印刷
规　　格　185mm×260mm　　16 开本　　18.75 印张　　463 千字
定　　价　49.00 元

编审人员

主　编　杨孟鸿（赣州职业技术学院）

　　　　管远红（江苏农牧科技职业学院）

副主编　王丽群（江苏农林职业技术学院）

　　　　徐　磊（福建农业职业技术学院）

参　编　冯睿蓉（福建农业职业技术学院）

　　　　吴汝娟（赣州职业技术学院）

　　　　吴庆鹏（赣州职业技术学院）

　　　　陈禄柳（江西英特科胜动保科技有限公司）

　　　　杨晓辉（浙江海正动物保健品有限公司）

　　　　聂青青（赣州职业技术学院）

　　　　龚　旺（赣州职业技术学院）

主　审　卜仕金（扬州大学）

前　言

党的二十大报告指出“实施科教兴国战略，强化现代化建设人才支撑”“培养造就大批德才兼备的高素质人才，是国家和民族长远发展大计”。

动物药理是畜牧兽医、动物医学、宠物医疗技术、动物防疫与检疫等专业的基础课程，是联系专业核心课与专业基础课的桥梁。动物药理是一门实践性较强的基础学科，是疾病治疗的基础和保障，是运用动物生理学、生物化学、动物病理学、动物微生物学和动物免疫学等基础理论和知识，阐明药物的作用原理、主要适应证和禁忌证，为兽医临床合理用药提供理论依据的学科，是学习兽医临床诊断技术、动物外科与产科、动物普通病、动物传染病等课程的前导课程。

近年来，我国畜牧业与兽药行业发展迅速，兽药生产企业的销售和技术服务岗位、兽药经营企业的营销岗位、动物养殖企业的兽医岗位等急需具有良好动物药理知识和技能的专业人才。结合兽药在养殖业生产实践中防治疾病的实际应用与国家兽药管理政策法规的要求，我们依据《中华人民共和国兽药典(2020年版)》的内容和有关兽药知识，编写了这本能够全面反映动物药理学知识，具有代表性、实用性和先进性特点的动物药理教材。

本教材结合课程标准以及畜牧兽医类专业毕业生职业岗位(群)所需的基本理论和专业技能，同时吸纳本学科近年来的新成果、新知识和新技术，设计教学内容，突出实用性、针对性、技能性和创新性。

本教材既可作为高等职业院校畜牧兽医、动物医学、宠物医疗技术、动物防疫与检疫等专业的教材，也可作为畜牧兽医科技人员、兽药企业的研发人员、动物养殖单位的兽药使用人员和兽药行政监管人员的参考用书。

本教材编写分工如下：动物药理基础知识由吴汝娟编写；化学治疗药物由杨孟鸿、管远红编写；作用于内脏系统的药物由吴庆鹏编写；作用于神经系统的药物由龚旺编写；解热镇痛抗炎药、电解质平衡和营养调节药由聂青青编写；糖皮质激素药与抗过敏药、解毒药由徐磊、冯睿蓉编写；实验实训指导由王丽群编写；杨晓辉、陈禄柳提供了临床案例和药品图片并从生产实践角度对全书进行了审核。全书由杨孟鸿负责统稿；中国畜牧兽医学会兽医药理及毒理学分会常务理事、副理事长，农业农村部新兽药审评委员会委员，中国兽药典委员会委员和全国兽药残留专家委员会委员，扬州大学卜仕金教授主审。

由于编者水平和能力有限，本书可能存在一些不足之处，恳请广大读者批评、指正。

编者

2024年7月

目 录

模块一 动物药理基础知识

◆ 知识目标

1. 了解动物药理的研究内容和发展简史以及药物的一般知识，了解药物的来源、剂型的分类及常见制剂的应用。

2. 熟练掌握动物药理的基本概念与常用术语，为学好动物药理奠定基础。

3. 掌握药物作用的基本表现、药物作用的方式、药物作用的选择性、药物治疗作用与不良反应、药物作用的机理，理解药物的构效关系和量效关系。

4. 理解药物的转运方式，掌握药物的体内过程（吸收、分布、转化和排泄），掌握影响药物作用的因素及合理用药。

◆ 技能目标

1. 能认识临床上常用的兽药制剂和剂型。

2. 能熟练地开出规范的处方，掌握开写处方的注意事项。

3. 能妥善地保管与贮存药物。

◆ 素质目标

1. 提升对动物药理学相关领域的文化素养，包括历史背景、发展现状和未来趋势等方面的了解，培养文化自信。

2. 培养主动学习，在完成任务过程中发现问题、分析问题、解决问题的意识。

3. 培养探索专业知识的兴趣。坚定“学农、为农”信念，以“强农、兴农”为己任，增强职业荣誉感，服务现代畜牧业，助力乡村振兴。

学习单元一 绪 论

一、动物药理的概念与研究内容

动物药理是研究药物与动物机体(或病原体)之间的相互作用及其规律的一门科学,是为临床合理用药、防治动物疾病提供基本理论的兽医基础学科。

动物药理的研究内容:一方面,研究药物对机体作用的规律,阐明药物防治疾病的机制,称为药物效应动力学,简称药效学。另一方面,研究机体对药物的处置(吸收、分布、转化和排泄)过程中药物浓度随时间变化的规律,称为药代动力学,简称药动学。药物对机体的作用和机体对药物的处置过程在体内同时进行,并且相互联系,是药物进入机体后一个过程的两个方面。

二、学习动物药理的方法与任务

学习动物药理应以辩证唯物主义为指导思想,认识和掌握药物与机体的相互关系,正确评价药物在防治疾病中的作用。辩证地看待药物与毒物的关系,药物超过一定剂量或用法不当,对动物也能产生毒害作用,因此药物与毒物之间并没有绝对的界限。熟悉和掌握药物的基本作用规律,分析同类药物的共性和特点,重点学习动物药理基础知识,以及本书中的代表性药物。对重点药物,要掌握其作用、作用机制、应用、不良反应与注意事项,并与其他药物进行比较和鉴别。要注重掌握常用的试验方法和基本操作,仔细观察、记录试验结果,通过试验研究培养实事求是的科学作风和分析解决问题的能力。重视各项技能训练,通过实验实训,以及对养殖场、宠物院和兽药企业等的调研,强化理论联系实际,在实践中学会合理应用药物。

动物药理课程的任务主要是培养未来的兽医师、助理兽医师学会正确选药、合理用药、提高药效、减少不良反应,并为进行临床前药理试验研究、开发新药及新制剂创造条件。

三、动物药理在本专业中的地位及与其他课程的关系

动物药理是一门为兽医临床合理用药、防治疾病提供基本理论的专业基础课,运用动物生理、动物生化、动物病理、动物微生物与免疫学等基础理论和知识,阐明药物的作用机理、主要适应证和禁忌证,为兽医临床合理选用药物提供理论依据。它与动物食品中的药物残留、动物疾病模型的实验治疗、毒物鉴定与毒理研究等有着密切的联系,是畜牧兽医、动物医学、宠物医疗技术、动物防疫与检疫和动物药学专业的专业基础课程。

四、动物药理发展概况

动物药理是药理学的组成部分,即以动物为研究对象的药理学范畴的扩大和发展,现代药理学的研究大多以动物实验为基础,动物药理的发展与药理学的发展是密切联系的。

(一)本草学或药物学阶段

我国最早的本草学著作是公元前1世纪前后问世的《神农本草经》，收载有动物、植物、矿物药共365种，其中如大黄导泄、麻黄止喘、常山治疟、雷丸驱虫及海藻治瘿等，至今仍然有效。659年唐代政府在此基础上修订并正式颁布《新修本草》，载有药物884种，并附有图谱，是我国和世界最早的一部药典，较西方最早的《纽伦堡药典》早883年。以后宋代政府又对其修订了数次。到了明代，李时珍经30年艰苦努力，编成药物学巨著《本草纲目》，收载药物1 892种，插图1 160幅，药方11 000条，促进了我国医药的发展，并受到世界医药界的推崇，被译成日、朝、德、法、英、俄、拉丁七种文字，成为世界上重要的药物学文献之一。

古代无兽医专用本草著作，但历代的本草著作中都包含兽用本草的内容，明代喻本元和喻本亨的《元亨疗马集》是我国最早的兽医著作，收载药物400多种，药方400余条。

(二)近代药理学阶段

药理学作为一门独立的现代学科建立于19世纪中期。18世纪以前，凡研究药物知识的科学总称为"药物学"。19世纪以来，由于化学的发展，人们对药物的认识逐渐深入，德国药师Serturner于1806年从罂粟中提取吗啡，通过对犬的麻醉观察到了吗啡的麻醉作用。法国人F. Magendie于1819年通过对青蛙的试验确定了士的宁对中枢系统的作用部位在脊髓；随后，德国人Schmiedberg对洋地黄进行试验研究，揭示了洋地黄的基本作用部位在心脏。后来，许多植物药物的有效成分也陆续被提纯，如咖啡因、奎宁、阿托品等，人工合成药也相继问世，如氯仿(三氯甲烷)、氯醛。乙醚用于外科麻醉与无痛拔牙，伦敦大学皇家兽医学院对马的氯仿麻醉以及用可卡因对犬的脊髓麻醉，均在广泛试验的基础上被应用于临床。20世纪初，开创了应用化学药物治疗传染病的新纪元，德国Ehrlich于1909年发现胂凡纳明能治疗梅毒，并创立了"化学治疗"的概念。Domagk于1935年首先报道偶氮染料百浪多息对小鼠溶血性链球菌感染有保护及治愈作用，从而发现磺胺药。英国人Florey于1940年在青霉菌培养液中提取出青霉素(Penicillin)，从此开创了抗生素新时代。此后，药理学飞速发展，出现了前所未有的领域及分支学科，如生化药理学、分子药理学、免疫药理学、临床药理学、遗传药理学等。20世纪60—70年代，生物化学的飞速发展，把药理学研究从器官、组织和细胞水平引入分子水平，并创立了"受体学说"，把细胞中具有特殊生物活性结构的受体分离、提纯及建立其测试方法，如乙酰胆碱受体、肾上腺素受体、组胺受体等，受体学说能在业细胞或分子水平上阐明药物作用机制。

(三)我国现代药理学的发展简况

我国动物药理学科的建立是在新中国成立后，20世纪50年代初我国高等院校调整成立了独立的农业院校，多数院校设立了兽医专业并开设兽医药理学课程，此后出版了《兽医药理学》《兽医临床药理学》《兽医药物代谢动力学》《动物毒理学》等著作；开展了抗菌药、抗寄生虫药的药动学研究。新兽药的研制开发取得了突出成就，如从唐古特山莨菪中提取并人工合成山莨菪碱；从青蒿中提取速效、高效青蒿素；从黄芩中提取黄芩苷，制成双黄连注射剂等。经农业农村部批准注册的一、二、三类新兽药与新制剂(含生物制品)目前已达700多种，对保障我国畜牧业生产发展起了重要的作用。

学习单元二　药物的一般知识

一、药物的基本概念

1. 药物

药物是指用于预防、治疗、诊断疾病，或者有目的地调节机体生理机能的物质。应用于动物的药物统称为兽药。主要包括：化学药品、抗生素、生化药品、血清制品、疫苗、微生态制品、诊断制品、中药材、中成药、放射性药品、外用杀虫剂、消毒剂及药物饲料添加剂等。兽药的使用对象为家畜、家禽、宠物、野生动物、水产动物、蜂及蚕等。

2. 毒物

毒物是指能对动物机体产生损害作用的物质。药物超过一定剂量或用法不当，对动物也能产生毒害作用，所以在药物与毒物之间并没有绝对的界限，它们的区别仅在于剂量的差别。药物长期使用或剂量过大有可能成为毒物。

3. 兽用处方药

兽用处方药指凭执业兽医师开写的处方才可购买和使用的兽药。

4. 兽用非处方药

兽用非处方药指由国务院兽医行政管理部门公布的、不需要凭执业兽医师处方就可以自行购买并按照说明书使用的兽药。

二、药物的来源

人们除了从植物、动物和矿物等天然物质中获得药物外，又人工合成了许多化学药物，如磺胺类药物，还从某些微生物的代谢产物中获得了医疗价值高、种类多的抗生素药物，并在抗生素基础上引入基团，形成半合成药物。因此，药物可分为天然药物、半合成药物和人工合成药物三大类。随着科技的发展，生物科技应用于药物，产生了新型药物——生物技术药物。

1. 天然药物

天然药物是利用自然界的物质，如植物、动物、矿物和微生物类，经过加工制成的。这类药物包括来源于植物的中草药，如黄连、龙胆；来源于动物的生化药物，如胰岛素、胃蛋白酶；来源于矿物的无机药物，如硫酸钠、硫酸镁；来源于微生物的抗生素及生物制品，如青霉素、疫苗等。

2. 人工合成药物和半合成药物

人工合成药物是用化学方法人工合成的有机化合物，如磺胺类、喹诺酮类药物；或根据天然药物的化学结构，用化学方法制备的药物，如肾上腺素、青蒿素等。所谓“半合成”多是在原有天然药物的化学结构基础上引入不同的化学基团，制得一系列的化学药物，如半合成抗生素。人工合成和半合成药物的应用非常广泛，是药物生产和获得新药的主要途径。

3. 生物技术药物

生物技术药物是通过细胞工程、基因工程等新技术生产的药物，如干扰素、细胞因子等。

三、药物制剂与剂型

药物的原料一般不能直接用于动物疾病的治疗或预防，必须进行加工制成安全、稳定和便于应用的形式。根据《中华人民共和国兽药典》及《中华人民共和国兽药规范》将药物加工，制成便于保存、运输、使用，并能更好地发挥疗效的药物应用形式的具体品种，称为制剂。经加工后的药物呈现的各种物理形态称剂型，根据物理形状不同可分为固体剂型、半固体剂型、液体剂型和气体剂型。剂型是集体名词，其中任何一个具体的品种，如注射用青霉素钠、恩诺沙星片即为制剂。

1. 液体剂型

液体剂型是指一种或多种溶质溶解或分散在溶媒中所制成的澄明或混悬的液态剂型。

(1)溶液剂。一般指非挥发性药物的澄明液体。主要供内服或外用，如硫酸镁溶液、地克珠利溶液等。

(2)合剂。指两种以上药物的澄明溶液或均匀混悬液。主要供内服，如复方甘草合剂。

(3)乳剂。指两种或两种以上不相溶的液体经乳化后，形成的乳状悬浊液，其中一种液体往往是水溶液称为水相，另一种液体则是与水不相溶的有机液体称为油相。通常有“水包油型”和“油包水型”乳剂。可供内服、外用，有的也可注射，如鱼肝油乳剂。

(4)擦剂。指由刺激性药物制成的油性或醇性液体制剂，有溶液型、混悬型及乳化型。专供外用，如松节油擦剂、四三一擦剂。

(5)酊剂。指用不同浓度的乙醇浸泡药材或溶解化学药物所得的液体制剂供内服或外用，如龙胆酊、碘酊等。

(6)醑剂。指挥发性药物溶于醇的溶液。可供内服或外用，如芳香氨、樟脑醑。

(7)流浸膏剂。指将药材的醇或水的浸出液，蒸去部分溶媒浓缩而得的液体制剂，通常每1 mL相当于原药材1 g。供内服，如益母草流浸膏。

(8)煎剂和浸剂。将中草药放入陶瓷容器内加水煎或浸一定时间，去渣使用的液体剂型，如槟榔煎剂、鱼藤浸剂。

2. 半固体剂型

半固体剂型是指将药物与适当的基质混合均匀而制成的半固态剂型。供外用或内服。

(1)软膏剂。指药物与油脂性或水溶性基质混合制成的均匀的半固体外用制剂。如醋酸可的松眼膏、红霉素软膏。

(2)糊剂。指大量的固体粉末(一般25%以上)均匀地分散在适宜的基质中所制成的半固体制剂，可内服也可外用。

(3)舔剂。指由一种或多种药物与赋形药混合，制成糊状或粥状制剂。供病畜自由舔食或涂抹在病畜舌根部任其吞食。多为诊疗后现用现配，且无刺激性及不良气味。常用的辅料有甘草粉、淀粉、米粥、糖浆等。

(4)浸膏剂。将中草药浸出液经浓缩后的膏状半固体或粉末状固体剂型。除特别规定外，1 g浸膏相当于原药物2～5 g，如甘草浸膏、颠茄浸膏等。

3. 固体剂型

固体剂型是指药物或药物与赋形剂均匀混合制成的固态剂型。

(1)散剂。将一种或多种药物经粉碎、过筛、均匀混合而制成的干燥粉末状制剂。根据水溶性和用法不同，有水溶性粉(如盐酸多西环素可溶性粉，可用作混饮)和一般散剂(难溶于水)。

(2)片剂。将一种或多种药物混合压制而成的圆片状的固体剂型。以内服的普通片为主，如四环素片，也有泡腾片、缓释片、控释片、肠溶片等。

(3)丸剂。由一种或多种药物细粉或药物提取物加适宜的黏合剂或辅料制成的圆球形固体制剂，专供内服用，如牛黄解毒丸、用于草食动物的缓释驱虫大丸剂等。

(4)胶囊剂。指将药物盛于空心胶囊中制成的一种制剂。供内服，如头孢氨苄胶囊。根据胶囊材料和用药目的不同分为硬胶囊(通称为胶囊)、软胶囊、缓释胶囊、控释胶囊、肠溶胶囊、微型胶囊。

(5)预混剂。指药物与适宜的基质均匀混合制成的粉末状或颗粒状制剂。如替米考星预混剂，生产上预混剂常以一定的浓度通过混饲给药。

(6)栓剂。药物与适宜基质制成供腔道给药的固体制剂。其种类主要有直肠栓、尿道栓、耳道栓、肛门栓、阴道栓等。栓剂多半经腔道给药，既能避免药物首过效应，同时也避免消化液对药物的破坏作用，使栓剂中的药物能发挥预定疗效。一些对胃肠道黏膜有刺激性或易受消化液破坏或对肝有损害作用的药物，均适宜制成栓剂。

(7)微囊剂。利用天然或合成的高分子材料包裹而成的微型胶囊。囊材多为高分子物质，如明胶、阿拉伯胶等，具有通透性和半通透性的特点，借助于用药部位的压力、pH、酶、温度等环境条件，可完全释放药物，发挥药效。药物通过微囊化，可制成肠溶微囊剂或缓释长效制剂。

新的固体制剂还有埋植小丸、脂质体制剂等。

4. 注射剂

注射剂又称针剂，指灌封于特制容器中灭菌的药物制剂。注射剂必须注射给药，是一种通过直接注入动物体内而快速发挥药效的制剂，具有吸收快、药效迅速、剂量准确、作用可靠等优点。根据使用方法不同，注射剂可分为溶液型、混悬型和粉针型三种类型。

(1)溶液型安瓿剂。安瓿是盛装注射用药物的玻璃密封小瓶，在安瓿中装有药物的溶液剂，可直接用注射器抽取应用。

(2)混悬型注射液。有些在水中溶解度较小的药物制成混悬型注射液，例如普鲁卡因青霉素、醋酸可的松等。此剂型仅作肌内注射，由于吸收缓慢，有延长药效的意义。

(3)粉针型安瓿剂(俗称粉针)。在灭菌安瓿中填放灭菌药粉，一般采用无菌操作生产。此剂型适用于在水溶液中不稳定，易分解失效的药物。应用时，用注射用水溶解后方可注射，如青霉素 G 钠、盐酸土霉素等。根据药物要求作皮下、肌内和静脉注射。

5. 气雾状制剂

(1)烟雾剂。通过化学反应或加热而形成的药物过饱和蒸汽，又称凝聚气雾剂。如甲醛溶液遇高锰酸钾产生高温，前者即形成蒸汽，常供犬舍、猫舍消毒等。

(2)雾剂。借助机械(喷雾器或雾化器)作用，将药物喷成雾状的制剂。药物喷出时，呈雾状微粒或微滴，直径为 $0.5\sim5.0\ \mu m$，供吸入给药，也可用于环境消毒。

(3)气雾剂。将药物和适宜的抛射剂，共同封装于具有特制阀门系统的耐压容器中的制剂。使用时，借助抛射剂的压力将药物抛射成雾。供吸入给药，用于全身治疗、外用局部治疗及环境消毒等。

6. 其他制剂

(1)透皮剂。一种透皮吸收的剂型，一般是在药液中加入透皮剂，将该制剂涂擦、浇泼或泼洒在动物皮肤上，能透过皮肤屏障，达到治疗目的。如左旋咪唑透皮吸收剂、恩诺沙星透皮吸收剂等。最常用的透皮剂如二甲基亚砜、月桂氮卓酮等。临床上根据用法不同称为透皮剂、浇泼剂、泼洒剂等。

(2)项圈。一种用于犬、猫的缓释剂型，一般由杀虫药与树脂通过一定工艺制成，可以套在宠物颈部，主要用于驱虫。

为使药物产生靶向、缓释、速效作用，降低其毒性、刺激性，提高溶解度、生物利用度等，兽药制剂的新技术如固体分散技术、环糊精包合技术（又称分子胶囊）及脂质体、微球、微囊制备技术等在兽药领域的应用研究备受关注，这将使未来兽药更能满足临床需要。

学习单元三　药物对动物机体的作用——药效学

药物接触或进入机体后，使机体的生理机能或生化反应过程发生改变，或抑制入侵的病原微生物，提高机体的抗病能力，达到防治疾病的效果，称药物对机体作用或效应，简称药效学，这是药理学研究的主要问题，也是应用药物防治疾病的依据。

一、药物的基本作用

药物的作用是十分复杂的，机体的反应主要表现为机能活动的加强和减弱两个方面。

1. 兴奋作用

凡使机能活动加强的称为兴奋作用，主要能引起兴奋的药物称为兴奋药，如苯甲酸钠咖啡因（安钠咖）。

2. 抑制作用

凡使机能活动减弱的称为抑制作用，主能要引起抑制的药物称为抑制药，如巴比妥类药物。

药物的兴奋和抑制作用是可以转化的。当兴奋药的剂量过大或作用时间过久时，往往在兴奋之后出现抑制；同样，抑制药在产生抑制之前也可出现短时兴奋。药物对微生物或寄生虫的抑杀，也属抑制作用。不过，常将对侵入机体的微生物、寄生虫等病原体具抑制作用的药物称为化学治疗药。

二、药物作用的方式

(一)局部作用与吸收作用

1. 局部作用

药物在用药局部所产生的作用称为局部作用，如松节油涂于局部皮肤、局部麻醉药注入神经末梢产生的局部作用。

2. 吸收作用

药物吸收进入血液循环分布到全身后所产生的作用称为吸收作用或全身作用，如阿司匹林内服后产生的解热作用。

(二)直接作用与间接作用

药物吸收后，直接到达某一组织、器官产生的作用称为直接作用或原发作用，如强心苷类药物洋地黄吸收后，直接兴奋心脏，使心肌收缩力加强，血液循环加快，此强心作用为直接作用。由于药物的直接作用而引起其他组织、器官产生的作用称为间接作用或继发作用，如洋地黄的强心作用，使全身血液循环得到改善，增加肾的有效滤过率，使尿量增多，此利作用为间接作用。

（三）药物作用的选择性

多数药物在使用适当剂量时，只对某些器官组织产生比较明显的作用，而对其他器官组织作用较小或不产生作用，称为药物作用的选择性或选择性作用，如缩宫素对子宫平滑肌具有高度选择性，能用于催产。药物的选择性作用一般是相对的，往往与剂量有关，随着剂量的加大，选择性就可能降低。

有些药物能损害各种组织细胞或病原体的原生质，没有选择性，这种现象称为普遍细胞毒作用或原生质毒作用。如消毒药可破坏一切活组织中的原生质，此类药物主要用于体表或环境、器具的消毒。

多数药物都具有选择作用，选择性高的药物针对性强，能产生很好的治疗效果，很少或没有副作用；反之，选择性低，针对性不强，副作用也较多。

三、药物作用的两重性

药物作用于机体后，既可产生对疾病有防治效果的作用，即防治作用；也会产生与治疗无关，甚至对机体不利的作用，即不良反应。这就是药物作用的两重性。临床用药时，应注意充分发挥药物的防治作用，尽量减少药物的不良反应。

1. 防治作用

（1）预防作用。预防疾病发生的作用称为药物的预防作用，防治疾病必须贯彻“预防为主，防重于治”的方针，如消毒药在流行性传染病防治中功不可没，传染病用疫苗预防等。

（2）治疗作用。药物治疗疾病的作用称药物的治疗作用。可分为对因治疗和对症治疗，前者针对病因，如用青霉素治疗猪丹毒（杀灭猪丹毒杆菌等），链霉素治疗结核病（抑制结核分枝杆菌等）；后者针对症状改善，如平喘药氨茶碱可松弛支气管平滑肌，从而用于治疗支气管喘息；又如解热药能使发热动物的体温降至正常等。对因治疗和对症治疗是相辅相成的，临床应遵循中医药学“急则治其标，缓则治其本，标本兼顾”的治疗原则。

2. 不良反应

药物在治疗剂量下出现与用药目的无关的作用，甚至对动物机体产生不利的作用称为药物的不良反应。不良反应一般分为副作用、毒性反应、过敏反应、后遗效应、继发性反应等。

（1）副作用。指药物在治疗剂量时出现与用药目的无关的作用。如应用阿托品解除平滑肌痉挛时，引起的口腔干燥为副作用。副作用一般比较轻微，多是可以恢复的功能性变化。产生副作用的原因是药物选择性作用差，作用范围广。当药物的某一作用被作为用药目的时，其他作用就成为副作用。因此，副作用是可以预知的。

（2）毒性反应。指药物用量过大，或用药时间过长，超过动物机体的耐受力，造成对机体有明显损害的作用。从毒性发生的时间上看，用药后在短时间内或突然发生的称为急性毒性反应，主要是用药量过大引起的；长期反复用药，因蓄积而逐渐发生的称为慢性毒性反应，主要是用药时间过长引起的。毒性反应大多是可以预知的，也是可以防止的，主要是在用药时掌握剂量和时间。

(3)过敏反应。又称变态反应，是机体接触某些半抗原性、低分子物质如抗生素、磺胺类、碘等，与体内细胞蛋白质结合成完全抗原，产生抗体，当再次用药时即出现抗原-抗体反应。现用的疫苗、异种动物血清等是完全抗原，可引起过敏反应。过敏反应的症状表现是皮疹、支气管哮喘、血清病综合征，以至过敏性休克。少数具有过敏体质（特异体质）的个体，在给予治疗量或者更低用量时，所发生的与药物作用性质完全不同的一种特殊反应（一般机体即使中毒量也不发生），如使用青霉素发生过敏，甚至休克死亡；这种反应与用药剂量无关，且不同的药物可能出现相似的反应，难以预知。动物出现过敏反应往往是偶然现象。某些动物个体对某种药物的敏感性也可能表现明显不同，这种体质的差异是由遗传因素引起的，称为特异质。如在羊群中应用四氯化碳驱虫时，也偶尔会发生特异质反应。出现时根据情况可用抗组胺药或肾上腺素等抢救。医药上往往对易引起过敏的药物在用药前先进行过敏试验。

(4)后遗效应。指停药后血液中药物的浓度下降到最低有效浓度以下时，残存药物的作用。如长期应用皮质激素，由于负反馈作用，抑制机体肾上腺皮质功能，停药约半年以上时间才能恢复正常。

(5)继发性反应。不良反应还可由某些药物的治疗作用引起，称为继发性反应。如成年草食动物长期应用四环素类广谱抗生素时，由于胃肠道正常菌群的平衡状态受到破坏，使不敏感的微生物（如真菌、沙门菌等）大量繁殖，造成中毒性胃肠炎和全身感染。这种继发性感染也称为二重感染。

(6)特异质反应。少数特异质病畜对某些药物特别敏感，导致产生不同的损害性反应。其反应与药物的固有药理作用基本一致，严重程度与剂量成正比。特异质反应多由先天遗传异常所致。

四、药物作用的机制

药物作用的机制是指药物如何发挥作用的原理，是药效学的主要内容，目的是阐明药物在动物机体或病原体内作用的部位及由此而产生作用的一系列结果。由于药物的种类繁多、性质各异，且机体的生化过程和生理功能十分复杂，故药物作用的机制也不完全相同。了解药物作用机制中的理论性问题，对加深理解药物作用、指导临床实践有重要意义，目前公认的药物作用机制有以下几种。

（一）特异性药物作用机制

1. 通过受体产生作用

受体是存在于细胞膜上、细胞内或细胞核内的大分子蛋白质，能特异性地与某些药物或生物活性物质结合，并能识别、传递信息，产生特定的生物效应，具有特异性、饱和性及可逆性等特性。受体在介导药物效应中主要起传递信息的作用。例如，胰岛素可激活胰岛素受体、阿托品可阻断毒蕈碱型受体（M 受体）而起作用。

2. 通过改变组织细胞的生活环境及理化特性而发挥作用

如抗酸药通过简单的化学中和作用，使胃液的酸度降低，如碳酸氢钠内服能中和过多的胃酸，可治疗胃酸过多症。

3. 通过改变酶的活性而发挥作用

酶是生物体内活细胞产生的一种生物催化剂，催化各种生物化学反应，促进生物体的新陈代谢。不少药物作用是通过影响酶的活性来实现的。例如，新斯的明抑制胆碱酯酶活性，发挥拟胆碱作用。

4. 通过参与或影响细胞的物质代谢过程而发挥作用

有些药物本身就是机体生化过程中所需要的物质，应用后可补充体内不足而发挥作用，如维生素、激素、无机盐等；也有某些药物化学结构与机体的正常代谢物很相似，可以参与代谢过程，但不能引起正常代谢的生理效应，可干扰或阻断机体的某种生化代谢过程而发挥作用。如磺胺药通过干扰细菌的叶酸代谢过程而发挥抑菌作用。

5. 通过改变细胞膜的通透性或影响离子通道而发挥作用

在细胞膜上除了受体操纵的离子通道外，还有一些独立的离子通道，如 Na^+、K^+、Ca^{2+} 等通道。有些药物可直接作用于这些通道而产生作用。例如，普鲁卡因通过阻断 Na^+ 通道而产生局部麻醉作用；表面活性剂或卤素类等通过降低细菌的表面张力，增加菌体细胞膜的通透性而发挥抗菌作用。如表面活性剂苯扎溴铵可改变细菌细胞膜的通透性而发挥抗菌作用。

6. 通过影响神经递质释放或体内活性物质的合成和释放而发挥作用

体内活性物质很多，如各种神经递质、激素、前列腺素等。神经递质或内分泌激素的释放易受药物的影响，如大量碘能抑制甲状腺素的释放，阿司匹林能抑制生物活性物质前列腺素的合成而发挥解热作用。

（二）非特异性药物作用机制

主要通过影响渗透压、络合作用、酸碱度等改变细胞周围的理化环境而发挥药效，与药物的解离度、溶解度、表面张力等有关，但与药物的化学结构关系不大。如甘露醇利用渗透压发挥组织脱水和利尿作用；二巯基丁二酸钠能与汞、砷等络合形成无活性、可溶的环状络合物，可随尿排出；碳酸氢钠等抗酸药能中和胃酸，可治疗胃溃疡。

药物作用是一系列生理、生化连锁反应，上述药物作用机制的几个方面常是相互联系的，如药物可首先与受体结合，影响酶的活性或改变细胞膜的通透性，从而加速或抑制细胞代谢，最后呈现药效。

五、药物的构效关系

药物的构效关系指特异性药物的化学结构与药物效应之间的密切关系。结构一类似的化合物能与同一受体结合产生激动作用。氨甲酰胆碱（卡巴胆碱）和麻黄碱的结构分别与体内神经递质乙酰胆碱及肾上腺素相似，因此它们就有类似乙酰胆碱和类似肾上腺素的作用。相反，基本结构相似的抗组胺药与体内活性物质组胺（均具有 $CH_2—CH_2—N\lt$ 结构），可竞争同一受体而产生拮抗作用。例如，肾上腺素、去甲肾上腺素及异丙肾上腺素等拟肾上腺素药与普萘洛尔等抗肾上腺素药的化学结构相似，但却有相反的药理作用。它们的结构见图 1-1。

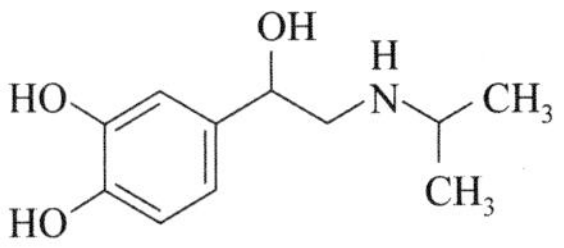
异丙肾上腺素

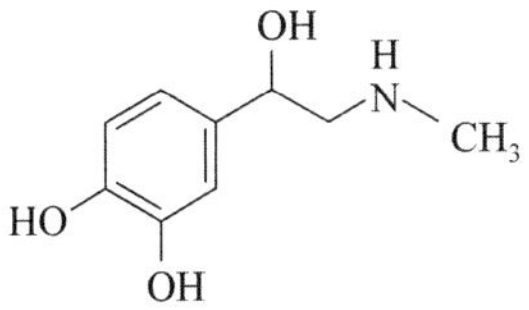
肾上腺素

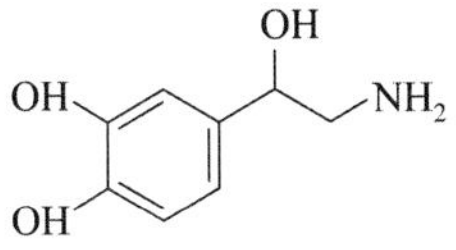
去甲肾上腺素

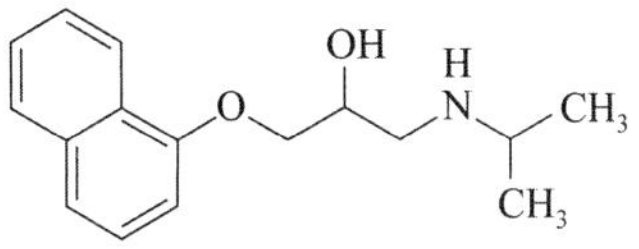
普萘洛尔

图 1-1　肾上腺素、去甲肾上腺素及异丙肾上腺素与普萘洛尔结构对比图

特异性药物的化学结构即使相同,但它们的光学异构体不同也可产生不同的药效。如左旋氯霉素有抗菌作用,消旋氯霉素(合霉素)的抗菌效力仅为前者的一半。

六、药物的量效关系

药物的量效关系指在一定的范围内,药物的效应与在靶部位的浓度呈正相关,而后者决定于用药剂量或血中药物浓度,定量地分析与阐明两者的变化规律称为量效关系。

1. 剂量的概念与量效关系

剂量指用药的分量。剂量的大小可决定药物在血浆中的浓度和作用强度。在一定范围内,剂量大小与药物作用强度成正比。剂量过小,就不会出现药理作用,称为“无效量”。剂量增加到开始出现效应的药量,称为“最小有效量”。比最小有效量大,并对机体产生明显效应,但并不引起毒性反应的剂量,称为“有效量”或“治疗量”,即通常所说的“常用量”或“剂量”。随着剂量增加,其中对 50%个体有效的剂量被称为半数有效量,用 ED_{50} 表示。随着剂量增加,效应强度相应增大,达到最大效应,称为“极量”。以后再增加剂量,超过有效量并能引起毒性反应的剂量称为“中毒量”。能引起毒性反应的最小剂量称为“最小中毒量”。比中毒量大并能引起死亡的剂量称为“致死量”。最小有效量与最小中毒量之间的范围,称为“安全范围”或称“安全度”(图 1-2)。这个范围越大,用药越安全,反之则不安全。《中华人民共和国兽药典(2020 年版)》(简称《中国兽药典》)给出了一般药物的常用量,对毒、剧药还规定了极量,以保证用药安全。

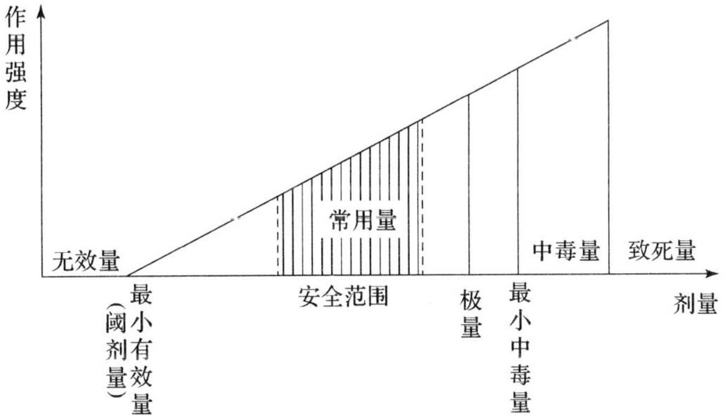

图 1-2　药物剂量与药物作用强度的关系

2. 量效曲线

药物的剂量大小和效应强弱之间呈一定关系，称为量效关系，这种关系可用曲线来表示，称为量效曲线。以效应强度为纵坐标，以剂量对数值为横坐标作图，量效曲线呈S形，量效曲线说明量效关系存在下述规律：药物必须达到一定的剂量才能产生效应；在一定范围内，剂量增加，效应也增强；效应的增强并不是无止境的，而有一定的极限，这个极限称为最大效应或效能，达到最大效应后，剂量再增加，效应也不增强；量效曲线的对称点在效应强度为50%处，此处曲线斜率最大，即剂量稍有变化，效应就产生明显差别。所以，在药理上常用半数有效量（ED_{50}，对50%动物有效的剂量）和半数致死量（LD_{50}，引起50%动物死亡的剂量）来衡量药物的效价和毒性。如图1-3所示。

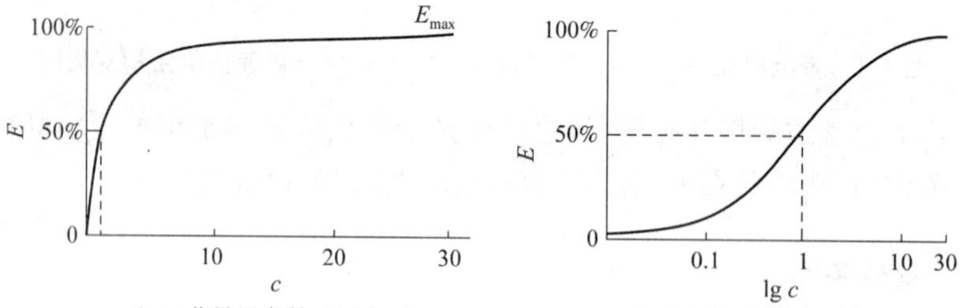

（a）药量用真数计量表示　　（b）药量用对数计量表示

E. 效应强度　*c*. 药物浓度

图1-3　量反应型量效曲线

3. 药物的效价和效能

效价也称强度，是指产生一定效应所需的药物剂量大小，剂量越小，表示效价越高。A、C两种药在产生同样效应时，A药所需剂量较C药少，说明A药的效价高于C药。如氢氯噻嗪100 mg与氯噻嗪1 g所产生的利尿作用大致相同，故氢氯噻嗪的作用效价较氯噻嗪高10倍（图1-4）。

效能是指该药物最大效应的水平高低，C药产生的最大效应较A药高，则C药的效能高于A药。吗啡同阿司匹林相比，吗啡能止剧痛，而阿司匹林只能用于一般的疼痛，故吗啡的镇痛效能高于阿司匹林。

如图1-4所示，利尿药以排钠为排尿效应指标，环戊噻嗪效价最强，氢氯噻嗪次之，但也比呋塞米强；但以效能比较，则呋塞米为最高，而氢氯噻嗪与环戊噻嗪几乎相等。因此，不提效价与效能，只讲某药比他药强若干倍是无实际应用意义的。就临床而言，药物效能高比效价高更有价值。

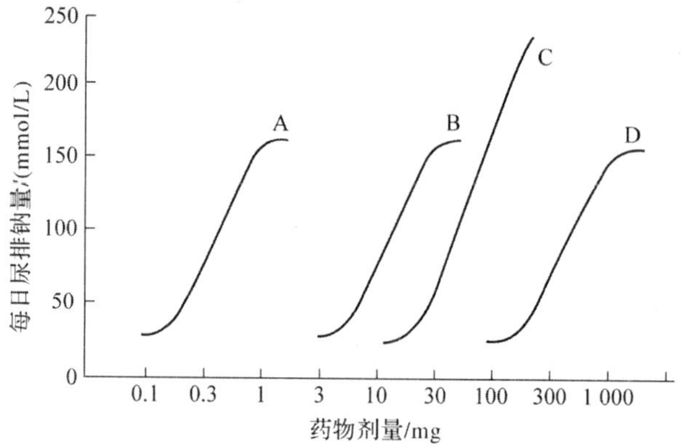

A. 环戊噻嗪　B. 氢氯噻嗪　C. 呋塞米　D. 氯噻嗪

图1-4　各种利尿药对非水肿患者的排钠效应比较

4. 治疗指数(TI)与安全范围

药物的 LD_{50} 和 ED_{50} 的比值被称为治疗指数。治疗指数大的药物相对治疗指数小的药物安全，但以治疗指数来评价药物的安全性并不完全可靠，因为在高剂量下可能出现严重的毒性反应甚至死亡。为此，有人用 LD_5 和 ED_{95} 的比值作为安全范围来衡量药物的安全性，比治疗指数更好。

学习单元四 动物机体对药物的作用——药动学

在药物影响机体的生理、生化功能并产生效应的同时，动物的组织器官也不断地作用于药物，使药物发生变化。药物代谢动力学，简称药代动力学或药动学，是研究机体对进入体内药物处置过程的科学，也即研究药物在机体内的吸收、分布、代谢和排泄的规律，特别是研究血浆药物浓度(简称"血药浓度")随时间变化的规律。

一、药物的转运与生物膜的结构

药物进入体内要到达作用部位才能产生效应，在达到作用部位前药物必须通过生物膜，称为跨膜转运。生物膜(图 1-5)是细胞外表的质膜和细胞内各种细胞器膜，包括核膜、线粒体膜、内质网膜和溶酶体膜的总称。膜的结构以液态的脂质双分子层为基架，其中镶嵌着一些蛋白质，贯穿整个脂膜，组成生物膜的受体、酶、载体和离子通道等。膜上还有连通膜内外的孔道，称为膜孔。

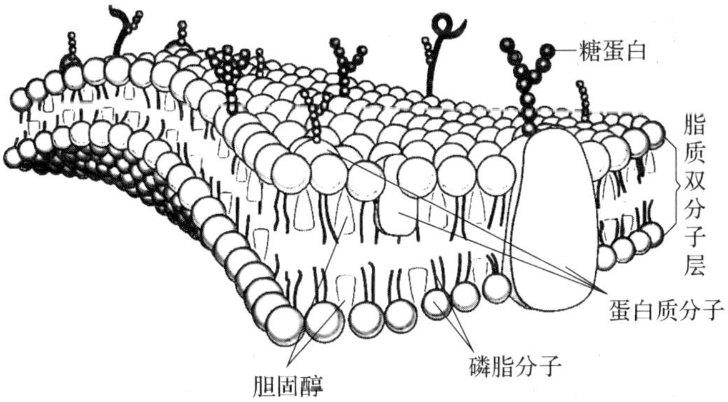

图 1-5 生物膜结构模式图

药物进入机体，被吸收后进入血液，到达作用部位引起药物效应，最后从体内排出，都要通过机体的生物膜。实际上，这一过程是药物的跨膜转运。药物的跨膜转运方式有被动转运、主动转运、易化扩散、胞饮和胞吐。

1. 被动转运

被动转运又称"顺流转运"，药物由浓度高的一侧扩散到浓度低的一侧，其转运速度与膜两侧药物的浓度差(浓度梯度)的大小成正比。浓度梯度越大，越易扩散。当膜两侧的药物浓度达到平衡时，转运便停止。这种转运不需消耗能量，依靠浓度梯度转运，所以称被动转运，包括简单扩散、滤过。

(1)简单扩散。又称非离子扩散。绝大多数药物以这种简单扩散的方式进行转运。其特点是顺浓度差扩散,扩散过程与细胞代谢无关,故不消耗能量;没有饱和现象。由于生物膜具有类脂质特性,许多脂溶性药物可以直接溶解于脂质中,从而通过生物膜,其速度与膜两侧浓度差的大小成正比。

简单扩散受药物的解离度、脂溶性的影响。脂溶性越大,越易扩散。胃肠道上皮细胞膜的结构主体为脂质双分子层,对于以被动扩散机制吸收的药物,细胞膜犹如一道脂质屏障,解离型(离子化)药物具有极性,脂溶性低,难以通过生物膜;非解离型且具有脂溶性的药物容易通过生物膜。由于大多数药物是弱酸或弱碱,在体内均有一定程度的解离,以解离型和非解离型混合存在。非解离型脂溶性高,容易通过生物膜,而解离型或极性物质脂溶性低,难以通过。

(2)滤过。又称膜孔转运。是指直径小于膜孔通道的一些药物(如乙醇、甘油、乳酸、尿素等),借助膜两侧的渗透压差,被水携带到低压侧的过程。这是许多小分子(相对分子质量在150～200)、水溶性、极性物质转运的常见方式。这些药物往往能通过肾小球膜而排出,而大分子蛋白质却被滤除。

2. 主动转运

药物逆浓度差由膜的一侧转运到另一侧,又称"逆流转运"。这种转运方式需要消耗能量及有膜上的特异性载体蛋白(如 Na^+-K^+-ATP 酶)参与,这种转运能力有一定限度,即载体蛋白有饱和性,同时,同一载体转运的两种药物之间可出现竞争性抑制作用。药物在体内的不均匀分布和自肾脏的排泄具有重要意义,而与吸收关系较小。强酸、强碱或大多数药物的代谢产物迅速转运到尿液和胆汁都是主动转运。大多数无机离子,如 K^+、Na^+、Ca^{2+}、Cl^-、I^- 和青霉素、头孢菌素、丙磺舒等从肾脏的排泄也是主动转运过程。

3. 易化扩散(又称促进扩散)

易化扩散虽属于被动转运,却又是不同于简单转运的一种特殊转运。它是载体介导的转运,故也有饱和性和竞争性的特征。但是,易化扩散是顺浓度差转运,不消耗能量,这是它跟主动转运的区别。葡萄糖、氨基酸及核苷酸靠这种转运方式进入红细胞,维生素 B_{12} 从肠道吸收等均是易化扩散。

4. 胞饮作用

由于生物膜具有一定的流动性和可塑性,生物膜内陷将大分子药物或蛋白质吞饮进入细胞内,胞饮作用也是一种耗能的主动过程。以这一方式转运的物质包括蛋白质、破伤风毒素、肉毒梭菌毒素、抗原、脂溶性维生素等。内服菠萝蛋白酶的肠道吸收也属于胞饮作用。胞吐作用则是将大分子药物从细胞内转运到细胞外,如腺体细胞分泌(图 1-6)。

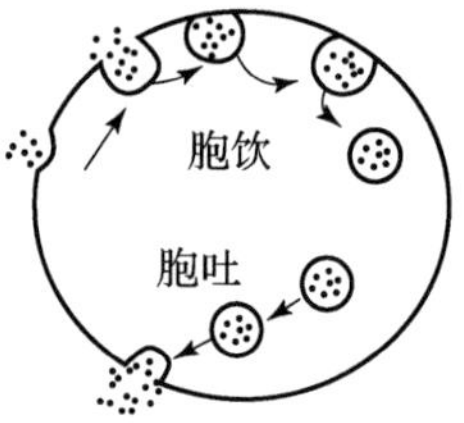

图 1-6　胞饮和胞吐

二、药物的吸收

药物的吸收指药物自用药部位进入血液循环的过程。除了发挥药物的局部作用,或将药物直接注入血管外,药物要到达被作用的器官组织,首先必须从用药部位经吸收进入血液循环(图 1-7)。静脉注射药物直接入血,无吸收过程。

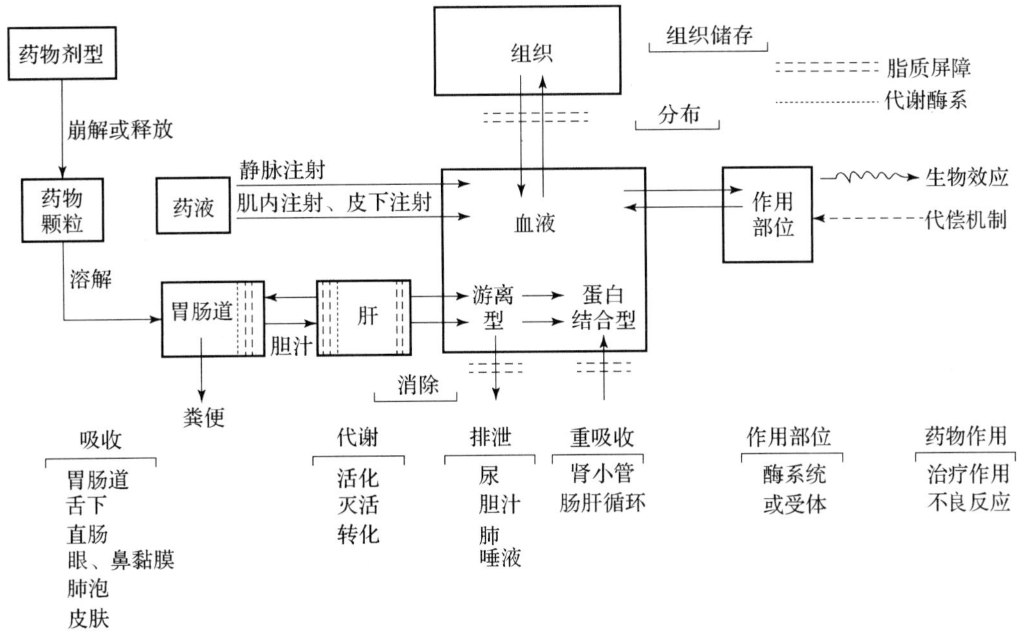

图 1-7　药物进入体内的作用过程示意图

1. 消化道吸收

内服给药包括口服、直肠或舌下给药。药物多以被动转运的方式经胃肠道黏膜吸收，主要吸收部位在小肠，因为小肠绒毛具有非常大的表面积和丰富的血液供应。在胃中，小的水溶性分子如乙醇可被胃黏膜(通过含水微孔)吸收；酸性药物在犬、猫胃中呈非解离型状态，也能通过胃黏膜被吸收。反刍动物的胃内容物能影响药物的吸收，因此药效不够确实。但 2 岁以内的反刍动物给予液体药物时，通过口、咽部的反射能使食管沟关闭，药液直接到达真胃。影响药物在消化道吸收的因素包括：

(1)药物的溶解度。药物的溶解度是决定药物穿透细胞膜速率的一个重要因素。小的水溶性分子可通过膜的含水微孔滤过吸收，但许多药物的分子较大，不能通过微孔，然而由于它们的脂溶性能溶于双层脂质的细胞膜，吸收也相当迅速。例如，不同的巴比妥酸的衍生物，烷基侧链长度增加，虽然分子增大，但增加了脂溶性，因此更易被胃或小肠吸收。

(2)pH。不同动物胃内的 pH 有较大差别，影响药物的吸收。如胃内容物的 pH，马为 5.5，猪、犬为 3～4，牛前胃为 5.5～6.5、真胃约为 3，鸡嗉囊为 3.17。动物胃内容物均为酸性，所以酸性药物在胃液中不易解离，容易吸收；碱性药物在胃液中易解离，不容易吸收，要进入小肠后才能吸收。

(3)药物的相互作用。有些金属或矿物质元素如钙、镁、铁、锌等离子可与四环素类药物在胃肠道发生螯合作用，从而阻碍药物吸收或使药物失活。又如碳酸氢钠与稀盐酸混合口服时变成碳酸钠、水和二氧化碳，药物的疗效减弱。

(4)胃肠内容物的充盈度。胃肠内容物越多，药物浓度越低，吸收得越慢；胃肠内容物越少，药物浓度越高，吸收得越快。说明空腹有利于药物吸收，但刺激性强的药物应在采食后饲喂。

(5)胃排空率。马胃容积小，排空时间短，有利于药物的吸收；牛胃容积大，排空时间长，不利于药物的吸收。胃肠蠕动快时，有的药物来不及吸收就被排出体外。

(6)首过效应。药物口服吸收后经门静脉进入肝脏，在肝脏中有一部分被代谢灭活，使进入血液循环的有效量减少，药效降低，这种现象称首过效应。不同的药物首过效应也不同，如利多卡因首过效应后，血液中几乎测不到原形药。可以口服的药物首过效应低。

直肠给药是兽用的给药途径之一，药物通过直肠及结肠黏膜吸收，该部的血流供应丰富，并可直接进入血液循环，而不需通过肝脏转化。

舌下给药，舌下血流丰富，药物吸收较快。另外，药物经舌下静脉直接进入体循环，避免了首过效应，因此损失较少，从而提高药物的生物利用度。舌下给药特别适合经胃肠吸收时易被破坏或首过效应明显的药物，如硝酸甘油等。但因舌下吸收面积较小，吸收药量有限，故舌下给药不能成为常规的给药途径。

2. 皮下或肌肉组织吸收

皮下或肌内注射给药，通过毛细血管壁吸收，一般在 30 min 内达到峰值。由于毛细血管壁间隙较大，一般药物均可顺利通过。给药的吸收率与药物的水溶性有关，易溶于水者吸收率较高；混悬液和油溶液等不溶性制剂的吸收速率较低。脂溶性药物以简单扩散通过为主，非脂溶性或水溶性药物的小分子或离子则通过膜孔通道吸收。不溶解的固体药物的微粒则可能被巨噬细胞吞噬，少量大分子蛋白质可通过胞饮作用进入细胞，被消化而吸收。此外，局部组织的血流量对吸收速度有明显影响，血液量大的组织，药物吸收快，反之则吸收慢。由于肌肉组织的毛细血管丰富，故比皮下吸收快。同时，实验证明，肌内注射时分点注射比一次注入吸收更快。

3. 肺泡及皮肤黏膜的吸收

肺有很大的表面积，血流量大，吸入的挥发性药物或气雾剂通过肺泡扩散进入血液，吸收速度仅次于静脉注射(图 1-8)。一般应将药物的颗粒直径控制在 3 μm 左右。若颗粒直径过大，则药物难于到达肺泡；颗粒直径过小，则易随呼气排出体外。

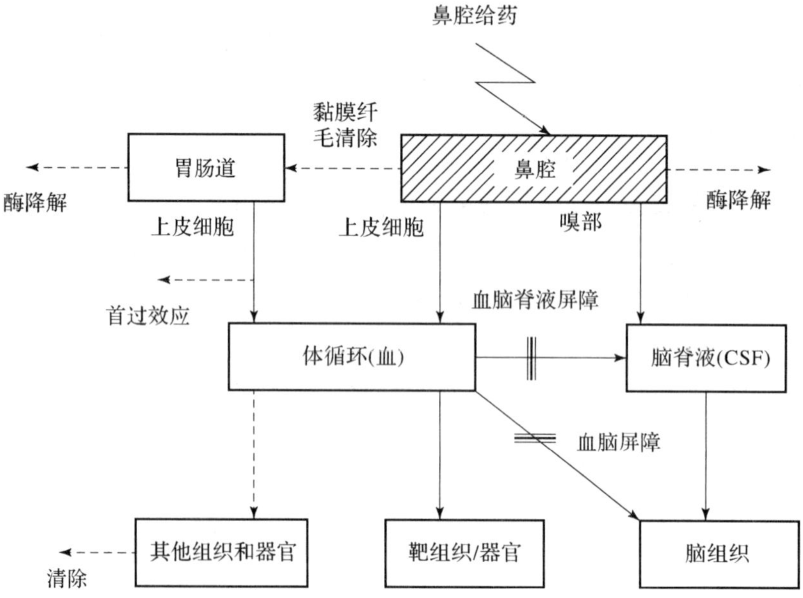

图 1-8　药物经鼻入脑和脑脊液的途径

完整的皮肤吸收能力差，有些药物能通过皮肤吸收，其条件是这些药物首先必须是脂溶性的，如有机磷农药敌百虫可通过皮肤吸收而引起中毒。在基质中加入透皮剂（如氮酮、二甲基亚砜），则能促进药物的吸收。浇泼剂是经皮吸收的一种剂型，其生物利用度为10%～20%。所以，若用抗菌药物或抗真菌药物治疗皮肤深层的感染，全身治疗比局部用药效果更好。

4. 乳管内注入

常用于牛乳房炎。全身用药后可分布至乳腺，适用于急性炎症。而经乳管内注入则对局部起直接治疗作用。

在实践中，通过采取适当的措施，以加快或延缓药物的吸收速度，从而适应病情和用药目的的需要。如在心脏衰弱甚至发生休克时，由于皮下或肌内注射的吸收速度相对较慢，故必须立即采用静脉给药，才能达到抢救的目的。普鲁卡因青霉素混悬液肌内注射后，吸收缓慢，药物作用时间延长。

三、药物的分布

药物的分布指吸收后的药物随血液循环转运到机体各组织器官的过程。药物在体内的分布多数是不均匀的，通常处于动态平衡，各器官、组织中的浓度与血浆浓度一般均呈平行关系。药物在组织器官内的浓度越大，对该组织器官的作用就越强。但也有例外，如强心苷主要分布于肝和骨骼肌组织，却选择性地作用于心脏。

血液中存在大量的血细胞和血浆蛋白等成分，药物进入血液后可与这些成分（主要是白蛋白）发生不同程度的结合，成为结合型药物，而只有未结合的药物（游离药物）才能向各组织器官分布，药物穿过毛细血管的内皮细胞层（血管壁）后进入组织外液中，再进一步穿过组织细胞膜进入组织细胞内，有时还与细胞内的成分结合，最后完成分布过程。影响药物分布的主要因素有以下几种。

1. 药物与血浆蛋白的结合力

药物进入血液后都或多或少地与血浆蛋白（主要是白蛋白）相结合，药物与血浆蛋白结合后分子增大，不易透过细胞膜屏障而失去药理活性，也不易经肾脏排泄而使作用时间延长。如磺胺嘧啶（SD）与血浆蛋白的结合率比其他磺胺药都低，只有非结合型才能通过血脑屏障，所以SD在脑脊液中的浓度比任何磺胺药都高，成为治疗细菌性脑脊髓膜炎的首选药。

各药的蛋白结合率不同，结合率高的药物在体内消除慢，作用时间较长。如蛋白结合率都高的两药共用时，一种药物可通过竞争性结合而置换出另一种药物，使其游离部分增加。血浆蛋白与药物结合能力是有限的，当血液浓度增高至血浆蛋白结合能力达到饱和后，游离型药物会突然增多而使作用加强，甚至出现毒性反应。例如，马内服保泰松6 mg/kg（体重），血浆蛋白结合率为98%，血浆中游离药物浓度为1 mg/L；若剂量增至12 mg/kg，血浆蛋白结合率为90%，血浆中游离药物浓度为10 mg/L。

2. 药物与组织的亲和力

有的组织对某种药物有特殊的亲和力，则该组织中这种药物的分布就多。这种选择性分布对某些药物具有重要临床意义，如碘选择性分布于甲状腺，故可用于治疗甲状腺功能亢进；砷、锑、汞等重金属在肝、肾分布较多，中毒时能对这些器官造成损害；进入机体的洋地黄毒苷(地吉妥辛),吸附于心脏的量(按每单位组织重量计算)比肠中多7倍,比横纹肌中多36倍。麻醉药分布于中枢神经系统较多,而且这种分布与其作用的发挥也是平行的。例如,脂溶性的硫喷妥钠静注后首先迅速进入脑组织,使动物麻醉。但由于硫喷妥钠很快又从脑向脂肪组织中再分布,此时动物便迅速苏醒,药效在很短的时间内消失。但是就大多数药物而言,药物的分布量的高低与其作用并无规律性的联系,如强心苷选择性分布于肝脏和骨骼肌,却表现强心作用;吗啡在中枢含量极低(主要分布于肾、肺、肝)却具有强大的镇痛作用。

3. 局部组织的血流量和药物的理化特性

流经组织的血流量是影响药物在体内分布的一个重要因素。各组织之间,单位重量组织的血流量差别很大,器官组织的毛细血管越丰富,血流量越多,则药物分布来得越快,数量也较多,如脑、肝、肺、肾就比肌肉、皮肤、结缔组织药物来得快且多。

药物的理化特性也起关键作用。脂溶性或水溶性小分子药物易透过生物膜,非脂溶性的大分子或解离型药物则难以透过生物膜,从而影响其分布。局部组织的血管丰富、血液量大,药物就易于透过血管壁而分布于该组织。

4. 体内屏障

(1)血脑屏障。指由毛细血管壁与神经胶质细胞形成的血浆与脑细胞之间的屏障和由脉络丛形成的血浆与脑脊液之间的屏障。此屏障对许多大分子、水溶性的药物限制通过,特别是当药物与血浆蛋白结合后,分子变大就不能透过血脑屏障。在治疗脑膜炎时,磺胺嘧啶可作为磺胺类药物中的首选药物,主要是由于磺胺嘧啶与血浆蛋白结合力低。脂溶性高的药物(如全身麻醉药)能顺利进入中枢,屏障则起不到作用。特别要注意的是,炎症状态可以改变屏障的通透性,如青霉素在正常情况下即使大剂量也很难进入脑脊液,当发生脑炎时,则较易进入。

(2)胎盘屏障。胎盘是将母体血液与胎儿血液隔开的屏障,它的通透性与一般的生物膜没有明显区别。各种动物胎盘构造虽有不同,但其通透性相仿,一般简单物质均可通过,但也有些物质不能通过。脂溶性高的药物如全身麻醉药和巴比妥,可从母体血液进入胎儿血液中。脂溶性小或高度解离的药物则不易进入。因此在应用麻醉药、士的宁、拟胆碱和抗胆碱等类药物时,必须考虑对胎儿的影响。

5. 生物膜两侧 pH 的差别与药物解离度

在生理情况下,细胞外液(pH 7.4)比细胞内液(pH 7.0)偏碱,因此弱酸性药物在细胞外液容易解离,故在细胞外液的浓度就较高,反之弱碱性药物则在细胞内液的浓度高。提高血液的 pH,可促使弱酸性药物向细胞外转移。

四、药物的生物转化

药物的生物转化指药物在机体内所发生的化学结构的变化,生成代谢产物的过程,又称药物的代谢。多数药物经生物转化后失去药理活性,称为灭活;少数由无活性药物转化为有活性药物或者由活性弱的药物变为活性强的药物,称为活化。转化的最终目的是有利于药物排出体外。药物在体内的代谢方式主要有氧化、还原、水解、结合等,主要在肝内进行。

药物在体内的代谢一般分为以下两个阶段(表1-1)。

表 1-1　药物在体内的转化方式

步骤	反应	药物代谢酶族	作用物	代谢物
第一阶段	氧化	羟化酶	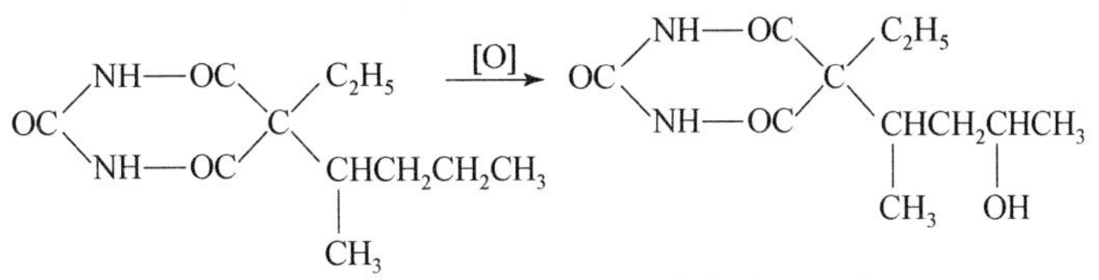 戊巴比妥	羟基戊巴比妥
	还原	催化硝基还原酶	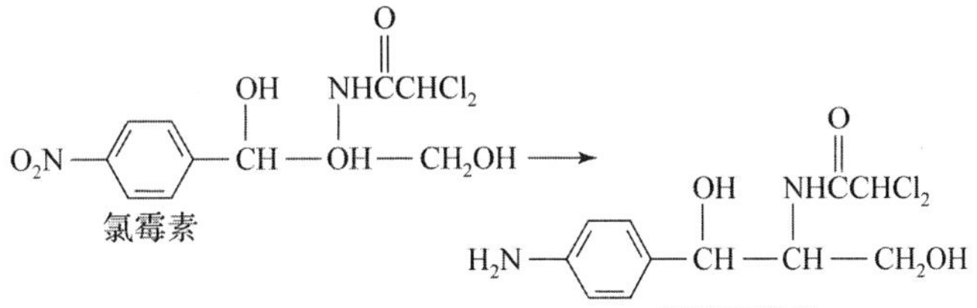 氯霉素	还原氯霉素
	水解	酯酶	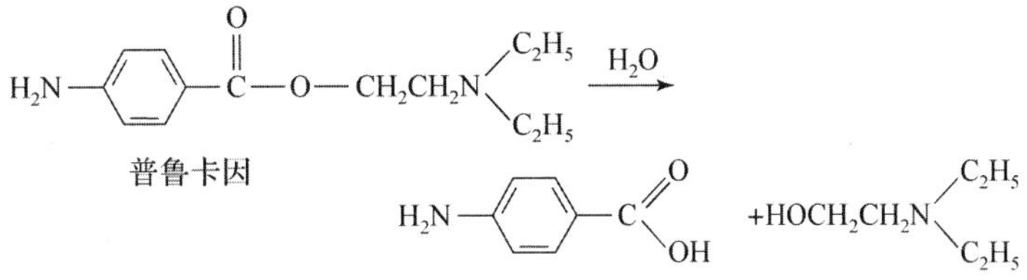 普鲁卡因	对氨基苯甲酸　二乙氨基乙醇
第二阶段	结合	乙酰辅酶 A	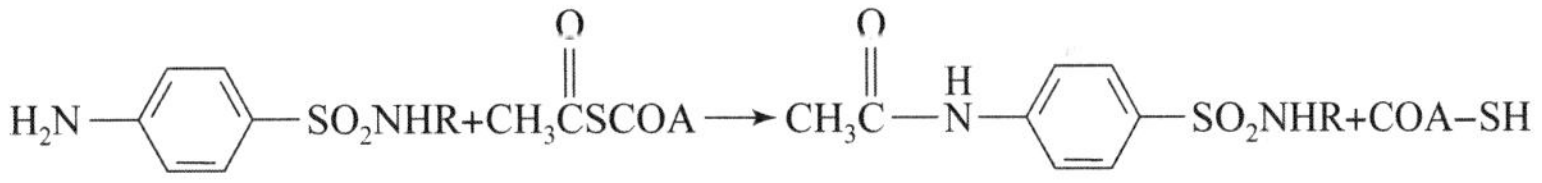 磺胺类　乙酰辅酶A	乙酰化磺胺类　辅酶A

1. 第一阶段

第一阶段包括氧化、还原、水解等方式。多数药物经此阶段转化后失去药理活性，如巴比妥类在体内被氧化、氯霉素被还原、普鲁卡因被水解等；也有的药物经此阶段转化后的产物仍具有活性或活性更强，如非那西丁的代谢产物对乙酰氨基酚的解热作用比非那西丁的作用更强。

2. 第二阶段

原形药物或经第一阶段转化后的产物，与葡萄糖醛酸、乙酸、硫酸等结合，结合后药理活性减小或消失，同时水溶性增高，易由肾脏排泄。某些水溶性药物可在体内不转化，以原形从肾脏排出。大多数脂溶性药物在体内转化成水溶性高的或解离型的代谢物，肾小管对它们的重吸收率降低，便迅速从肾脏排出。

药物的转化主要在肝脏中进行。肝细胞内存在微粒体酶，是催化药物等外来物质的酶系统，称为“肝药酶”。当肝功能不良时，药酶的活性降低，可能使某些药物的转化减慢而发生毒性反应。药酶的活性还可受药物的影响。有些药物能提高药酶的活性或加速其合成，使其他一些药物的转化加快，这些药物称“药酶诱导剂”，如氨基比林、巴比妥类、水合氯醛等。相反，有些药物能降低药酶的活性或减少其合成，而使其他一些药物的转化减慢，称为“药酶抑制剂”，如阿司匹林、氯霉素等，在临床合并用药时应特别注意。

五、药物的排泄

药物的排泄指药物及其代谢产物被排出体外的过程。除内服不易吸收的药物多经肠道排泄外，其他被吸收的药物主要经肾脏排泄，只有少数药物经呼吸道、胆汁、乳腺、汗腺等排出体外，排泄和吸收、分布一样，也是药物的转运。

1. 经肾脏排泄

肾脏是排泄极性强的药物及其代谢产物的最重要途径，排泄方式包括肾小球滤过、肾小管分泌和肾小管重吸收。药物在肾小球滤过的速度取决于药物的相对分子质量与药物和血浆蛋白的结合率。相对分子质量小于 68 000 则可滤过，如和血浆蛋白结合则不能滤过。因此只有游离的、未与蛋白结合的药物可经肾小球滤过。在肾小球滤过后，有的可被肾小管重吸收，剩余部分则随尿液排出。其重吸收的多少随药物的脂溶性和尿液的 pH 而不同。脂溶性强的药物易重吸收，反之则难吸收。尿液 pH 低时，弱酸性药物重吸收多，排泄慢，弱碱性药物则大部分被解离而重吸收减少，排泄快。尿液 pH 高时，弱酸性药物重吸收少，排泄快；弱碱性药物重吸收多，排泄慢。药物在肾小管中重吸收多则其排泄慢而作用时间延长；重吸收少则排泄快且作用消失也快。

肾小管也能主动地分泌(转运)药物。当两种药物通过同一载体转运时，彼此间可产生竞争现象而延缓排泄，如青霉素自近曲小管分泌进入肾小管，几乎无重吸收，故排泄速度极快，如同时服用丙磺舒时，因两药竞争同一载体，使青霉素的排泄减慢，作用时间延长。由于药物主要经肾脏排泄，故肾功能不良时，药物的排泄速度减慢，作用时间延长，按常规剂量反复给药时，可引起药物在体内蓄积而发生中毒。当弱酸性药物中毒时，给予动物碱性药物碳酸氢钠能使尿液碱化，以加速该药物排出。

2. 经胆汁排泄

相对分子质量在 300 以上并有极性基团的药物可经肝实质细胞主动排泄而进入胆汁，之后随胆汁至胆囊和小肠。药物进入肠腔后，部分在肠内又被重吸收再次进入肝脏，形成所谓的“肝肠循环”，使药物作用时间延长，如红霉素、吗啡等。

药物的排泄途径还有呼吸道(某些挥发性药物如松节油、氨制剂主要从呼吸道排出)、生殖道、乳腺(某些抗生素能从乳汁排出，还有许多药物通过卵巢排泄)、汗液等，造成乳汁及禽蛋中含有药物，往往影响食品质量，导致严重的食品污染。

六、药物动力学的基本概念和参数

药物动力学又称药物代谢动力学，是研究药物在体内转运及转化过程中其浓度随时间变化动态规律的学科。测定体内的药物浓度主要是借助血、尿等易得的样品进行分析。常用的血药浓度是按用药后不同时间采血分析获得的，然后借助特定的房室模型及数学表达式，计算出一系列动力学参数，从速度与量两个方面进行描述、概括并推断药物在体内的动态过程规律，从而为制订给药方案提供合适的剂量和间隔时间，以达到预期的治疗效果。现介绍几个药物动力学的基本参数。

1. 表观分布容积(V_d)

表观分布容积是指药物在体内的分布达到动态平衡时，药物总量按血浆药物浓度分布所需的总容积，为体内药量(X)与血浆药物浓度(c)的一个比例常数。$V_d=X/c$。单位通常用 L 或 L/kg 表示。

一般可根据 V_d 值来推测药物在体内的分布情况。V_d 小，表示药物药物穿透组织少，分布范围小，其血中浓度高；V_d 大，表示药物穿透组织多，分布范围广，其血中浓度低。

2. 血浆峰值浓度(c_{max})

血浆峰值浓度指在最大效应时间药物到达的血药浓度，简称峰浓度，是这次给药后能达到的最高浓度。连续多次给药后的血浆峰值浓度称为血浆稳态浓度，其高低与给药间隔时间和单位时间内给药量有关。

3. 消除速率常数(K_e)

药物自机体或房室的消除速度常以消除速率常数表示。某一药物的消除速率常数是从测定该药的血药浓度并作血药浓度-时间曲线（简称"药时曲线"），确定其房室模型种类，按一定公式计算出来，一室模型的消除速率常数为 K_e。

4. 生物半衰期($T_{\frac{1}{2}}$)

生物半衰期指血浆药物浓度下降一半所需的时间。常用单剂量静注给药测定药物半衰期。它反映了药物在体内的消除速度，是制订给药方案的重要依据。同一药物针对不同动物种类、不同品种、不同个体、半衰期都有差异，例如，磺胺间甲氧嘧啶在黄牛、水牛和奶山羊体内的生物半衰期分别为 1.49 h、1.43 h 及 1.45 h，而马为 4.45 h，猪为 8.75 h，是反刍动物的近 6 倍。又如，林可霉素在黄牛体内生物半衰期为 4.13 h，在水牛体内为 6.93 h。半衰期的改变也能反映肝、肾消除器官的功能变化。$T_{\frac{1}{2}}$ 数值小，表示药物的代谢和排泄均迅速；数值大，表示该药物代谢和排泄均缓慢，在体内维持时间较长（表 1-2）。

表 1-2　药物半衰期与体内蓄积量和排泄的关系

半衰期数	药物排泄量	累计排泄（或蓄积）量/%
1	$100\%\times\frac{1}{2}=50\%$	50.00
2	$100\%\times\left(\frac{1}{2}\right)^2=25\%$	75.00
3	$100\%\times\left(\frac{1}{2}\right)^3=12.5\%$	87.50
4	$100\%\times\left(\frac{1}{2}\right)^4=6.25\%$	93.75
5	$100\%\times\left(\frac{1}{2}\right)^5=3.13\%$	96.87
6	$100\%\times\left(\frac{1}{2}\right)^6=1.56\%$	98.40
7	$100\%\times\left(\frac{1}{2}\right)^7=0.78\%$	99.22

了解药物半衰期具有重要的实践意义。临床上一次给药后，约经过 5 个半衰期血浆药物浓度降低 96.87%，可认为药物已消除殆尽。为了保持比较稳定的有效浓度常连续给药，给药间隔时间一般不宜超过该药的半衰期。如果每隔一个半衰期给药一次（或连续恒速静脉滴入），须经 5 个半衰期才能达到稳态血药浓度（坪值），此时药物吸收速度与消除速度达到平衡，除连续恒速静脉滴注坪值浓度呈一条近乎水平的直线外，其他给药方法，血药浓度都在药物浓度高限和低限之间呈锯齿状波动，图 1-9 为多次静脉注射或静脉滴入后的药时曲线。

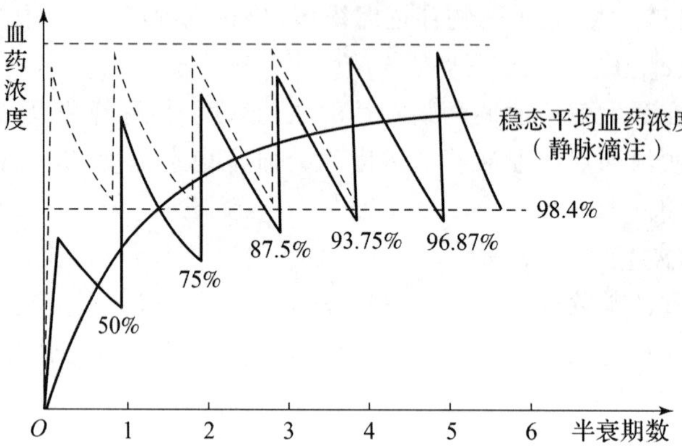

图 1-9　多次静脉注射或静脉滴入后的药时曲线

绝大多数药物有固定的半衰期，增加用药剂量只能增加血浆的药物浓度，并不能显著延长药物在体内的消除时间。为长期维持比较恒定的有效血浆浓度，除采用有效的药物剂量外，还需要注意给药间隔时间一般不宜超过药物的半衰期；为了避免药物蓄积中毒，给药间隔时间一般也不宜短于该药的半衰期。

5. 体清除率（Cl）

体清除率指单位时间内有多少毫升血中的药物被清除，也就是单位时间内从体内清除表观分布容积的分数。所谓血浆清除率为肾清除率、肝清除率等之和，单位为 mL/min 或 L/h。

6. 曲线下面积（AUC）

曲线下面积指以血药浓度为纵坐标、时间为横坐标作图，所得曲线下方的面积。AUC 反映药物的吸收状态，也用来计算生物利用度（图 1-10）。

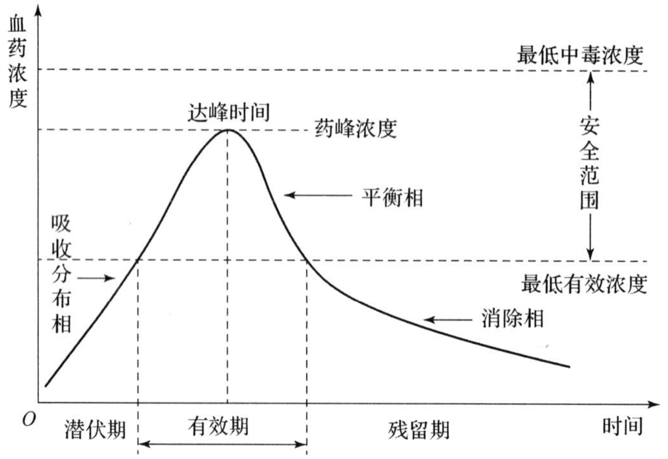

图 1-10　曲线下面积示意

7. 生物利用度(F)

生物利用度是指药物制剂的主药从用药部位吸收进入全身血液循环的数量和速度。为此,生物利用度可分为生物利用程度(EBA)和生物利用速度(RBA)两方面。生物利用度主要是指药物的吸收程度。一般用吸收百分率(%)表示,即 F=(实际吸收量/给药量)×100%

生物利用度的计算方法:在相同的动物、相等的剂量条件下,内服或其他非血管给药所得的 AUC 与静脉注射药物所得 AUC 的比值,称为绝对生物利用度,因为静脉注射药物全部进入血液循环(完全吸收)。如果药物的制剂不能静脉注射给药,则采用内服实验制剂与参比(对照)制剂 AUC 的比值,称为相对生物利用度。

当药物的生物利用度小于 100%时,可能和药物的理化性质或生理因素有关,包括药物产品在胃肠液中的溶解性不好,在胃肠液中不稳定或有效成分被灭活,在穿过黏膜上皮细胞时转运不良,进入血液循环前在肠壁或在肝脏发生首过效应等。药物的疗效不仅与吸收量有关,而且与吸收的速度有关。如果一种药物的吸收速度太慢,在体内不能达到有效的治疗浓度,即使药物全部被吸收,也不会产生好的治疗效果。

因此,制剂的生物利用度应该用峰浓度、达峰时间和曲线下面积三个指标全面地评价,它们是制剂生物等效性评价的个主要参数(图 1-11)。

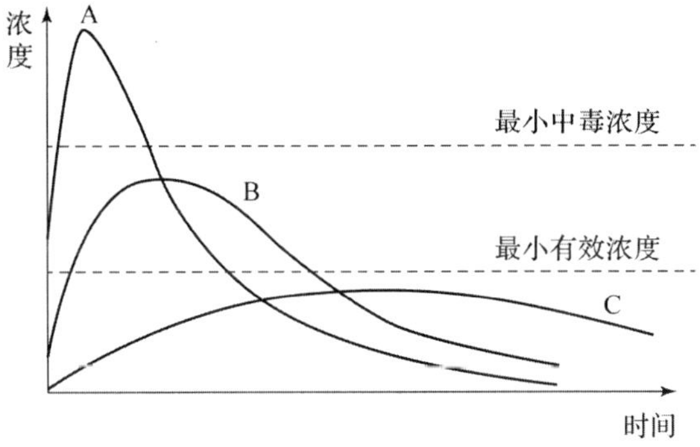

图 1-11　A、B、C 三种制剂的药时曲线的比较

学习单元五　影响药物作用的因素与合理用药

药物效应的强弱取决于相应受体作用部位游离药物浓度的大小。此时在受体部位的药物浓度,与给药剂量、次数和给药途径有关,同时受许多因素影响。在制订药物的给药方案时,对各种因素应该全面考虑。

一、药物因素

1. 药物的理化性质

药物的脂溶性、pH、溶解度、旋光性及化学结构均能影响药物的作用。

2. 剂量与剂型

药物的剂量是决定药物进入体内的浓度及作用强度的主要因素。在一定范围内,药物的剂量越大,作用越强。准确地选择剂量才能获得预期的药效。在安全范围内,药物的作用也因剂量大小不同而有差异,一般表现为量的差异,即剂量越大,血药浓度越高,作用越强。

但有的药物随剂量由小到大,其作用会发生质的变化。例如,巴比妥类药物小剂量有催眠作用,随着剂量的增加表现为镇静、抗惊厥和麻醉作用(图 1-12)。但有些药物随着剂量增加,其作用性质会发生质的变化。例如,大黄小剂量有健胃作用,中等剂量有收敛止泻作用,大剂量有泻下作用。因此,在临床用药时,只有根据不同的情况选择合适的剂量才能发挥药物的最佳治疗作用。

药物的剂型对药物的吸收影响很大(图 1-13),常用的剂型中注射剂的吸收快,内服剂型如粉剂、大丸剂、片剂、胶囊剂、煎剂等吸收较慢。因为片剂在胃肠液中有一个崩解的过程,药物的有效成分从赋形剂中溶解出来受许多因素的影响。剂型的选择常根据疾病、病情、治疗方案或用药目的而定。选择合适的剂型对发挥药物的最佳疗效、减少毒副作用都具有重要意义。

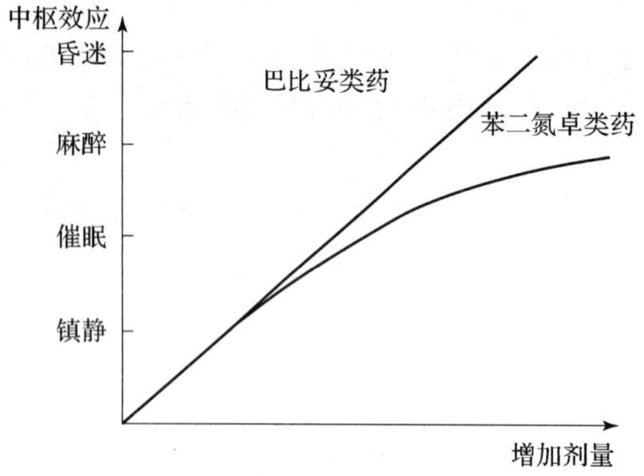

图 1-12　药物不同剂量产生不同作用

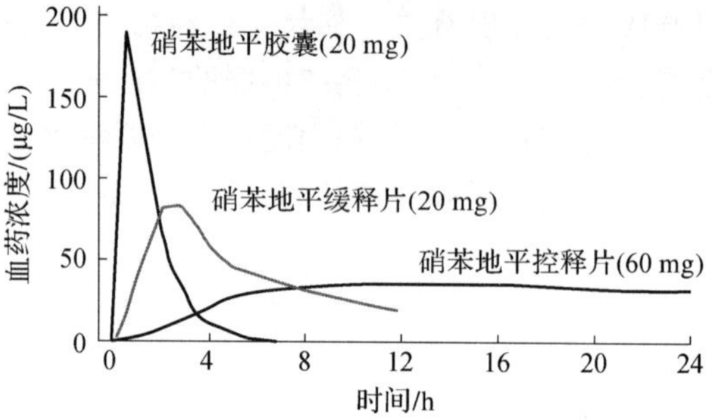

图 1-13　同一药物不同剂型的药时曲线

3. 给药途径

一般来说,不同的给药途径一般主要影响药物的吸收速度、吸收量以及血药浓度,进而影响药物作用的快慢与强弱。个别药物会因给药途径不同而影响药物作用的性质。给药途径取决于药物的剂型,如注射剂必须注射,片剂内服。不同的给药途径下药物进入血液的速度和数量均有不同,产生药效的快慢和强度也有很大差别,甚至产生质的差别,如硫酸镁溶液内服起下泻作用,静注则可起中枢抑制作用。

通常的给药途径及对药物作用的影响如下。

(1)内服给药。包括经口投服(灌角或胃)和混入饲料(饮水)中给予。易溶于水的药物,能够迅速达到规定的浓度;难溶于水的药物,经过加温、搅拌、加溶剂后,也能达到规定浓度,也可混水给药。混料给药适用于长期投药。但是,应注意药物与饲料添加物的相容性与相互关系。例如,四环素类抗生素能与饲料中的镁、钙、铁、锌、锰等金属离子形成难溶的络合物,使药物减少。又如应用抗硫胺素类抗球虫药时,应减少饲料中的硫胺素(维生素 B_1),以防降低防治效果。内服给药方法简便,适合于大多数药物,特别是能发挥药物在胃肠道内的作用,主要在小肠吸收。但胃肠内容物较多、吸收不规则、不完全,或者药物因胃肠道内酸碱度和消化酶等的影响而被破坏,故药效出现较慢。内服给药,药物在吸收后必须经过肝脏才能进入血液循环,部分药物在发挥作用之前即已被肝脏转化而失去活性,使进入体循环的药量减少。

(2)注射给药。为常用给药方法。

①皮下注射:将药物注入皮下组织中。皮下组织血管较少,吸收较慢。刺激性较强的药物不宜皮下注射。

②肌内注射：简称肌注，是将药物注入肌肉组织中。肌肉组织含丰富的血管，吸收较快而完全。油溶液、混悬液、乳浊液都可肌内注射。刺激性较强的药物应深层肌注。

③静脉注射或静脉滴注：简称静注或静滴，静注或静滴是将药液直接注射进大静脉血管，故无吸收过程，药效出现最快，适于急救或需要输入大量液体的情况。但一般的油溶液、混悬液、乳浊液不可静注，以免发生栓塞；刺激性强的药物不可漏出血管。

此外，还有皮内注射、腹腔注射、关节腔内注射等，可根据用药目的选用。

(3)直肠、阴道及乳糜内给药。这种给药途径的主要目的是让药物在用药局部发挥作用，如用药治疗阴道炎、滴虫病或乳房炎时注入青霉素。直肠给药是将药物灌注至直肠深部的给药方法。直肠给药能发挥局部作用(如治疗便秘)和吸收作用(如补充营养)，或给予水合氯醛做基础麻醉。药物吸收较慢，但不需经过肝脏。

(4)吸入给药。将某些挥发性药物或药物的气雾剂等供病畜吸入的给药方法。可发挥局部作用(如治疗呼吸道疾病)和吸收作用(如吸入麻醉)。刺激性强的药物不宜吸入给药。

(5)皮肤、黏膜给药。将药物涂敷于皮肤、黏膜局部，主要发挥局部作用(如治疗外寄生虫病)。刺激性强的药物不宜用于黏膜；脂溶性强的杀虫药可被皮肤吸收，应注意防止中毒。

综上所述，各种给药途径下，药物吸收的速度依次是：静脉注射＞吸入给药＞肌内注射＞皮下注射＞直肠给药＞内服给药。如图 1-14 所示。

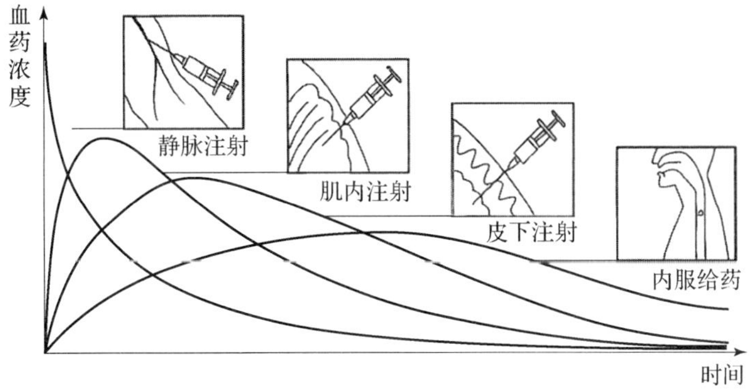

图 1-14　不同给药途径的药时曲线

4. 联合用药与重复用药

临床上为了增强药物的疗效，减少或消除药物的不良反应，或分别治疗不同症状与并发症，常常采取同时或短期内先后应用两种或两种以上药物，称为联合用药。其目的在于增强疗效或减少药物的不良反应，以及治疗不同的症状或合并症。在一段时间内，反复使用同一药物以维持其在体内的有效浓度，使药物持续发挥作用，称为重复给药。重复给药的间隔时间和剂量，取决于药物的半衰期和病畜病情。一般情况下，重复给药必须至病畜病情消失之后方可停药。但重复给药时间已经很长而病情没有明显好转时，应考虑改用其他药物，以免产生耐药性和蓄积中毒。重复给药有一日 1 次或 2～3 次的，也有的数日 1 次的，以维持血中有效血药浓度。

一般药物在体内的相互作用不外乎药效学与药动学两方面。

(1)协同作用。两药合用后，能使药效增加的称协同作用，其中又可分为相加作用和增强作用。相加作用即药效等于两药分别作用的总和，如三溴合剂的总药效等于溴化钠、溴化钾、溴化钙三药相加的总和；增强作用即药效大于各药分别效应的和，如磺胺类药物与抗菌增效剂甲氧苄啶合用，其抗菌作用大大超过各药单用时的总和。

(2)拮抗作用。两药合用时药效减弱，称为拮抗作用。如普鲁卡因用于局部麻醉时，并用磺胺类药物防治创口感染，降低了磺胺类药物的抑菌效果。

(3)配伍禁忌。在联合用药中，两种或两种以上的药物相互混合后，产生了物理、化学反应，使药物外观(如分离、析出、潮解、溶化等)或性质(如沉淀、变色、产气、爆炸等)发生变化，导致不能使用，还有，经联合应用后疗效降低，均称为配伍禁忌。配伍禁忌分为物理性、化学性、疗效性三类。相互有配伍禁忌的药物，不能混合应用。临床处方，特别是多种注射液合并用药时应绝对避免这些现象，如盐酸四环素配用碳酸氢钠注射液稀释时，由于 pH 升高而析出四环素沉淀。

兽医临床上常采取多种注射液联合应用，应特别注意注射液的物理、化学配伍禁忌。

二、动物因素

1. 种属差异

畜禽的种属不同对同一药物的反应有很大差异。同一药物在不同动物体内的生物半衰期不同，药效也有差异。如磺胺间甲氧嘧啶(SMM)在猪体内的生物半衰期为 8.75 h，奶山羊则为 1.45 h。因此，不同种属动物不能完全用体重大小作为给药剂量的依据。

同一种属的不同品系动物对同一药物的反应也有不同。如水牛与黄牛对硫氯酚的敏感性不一样。使用敌百虫驱除猪蛔虫，本地猪的耐受量比外来品种猪高得多。

2. 生理差异

不同年龄、性别、妊娠、哺乳动物对同一药物反应不一。老龄动物肝肾功能减退，而幼龄及孕畜较敏感，均易引起毒性反应。如牛、羊幼畜在哺乳期由于胃肠道还没有大量微生物参与消化活动，内服四环素类药物不会影响其消化机能，而成年牛、羊用四环素类药物则因其能抑制胃肠道微生物的正常活动，会造成消化障碍，甚至会引起继发性(二重)感染。怀孕期用药应注意，特别是拟胆碱药(胃肠收缩、子宫平滑肌也收缩)、盐类泻药，易引发早产或流产。哺乳母畜用药易通过乳汁对幼畜产生药物效应。因此，临床选药时应加注意。

3. 个体差异

同种动物体重相同的个体对同一药物的感受性可能表现出量的差异，称为个体差异。主要表现为高敏性和耐受性。某些个体应用某一药物的小剂量，即可产生和其他个体性质相似但强度更激烈的药理效应或毒性，称为高敏性。还有某些个体应用某一药物的中毒剂量也不引起中毒，称为耐受性。如长时间使用某一种抗生素。病原体对药物产生的耐受性，称为耐药性或抗药性，是化学治疗药物应用中的一个重要问题，多在用药剂量不足或长期反复使用同一种药物时产生。

产生个体差异的主要原因是动物对药物的吸收、分布、转化和排泄的差异。个体差异除表现药物作用量的差异外，有的还出现质的差异，即个别动物应用某些药物后产生变态反应，也称过敏反应，这是免疫反应异常的一种表现，大多数动物都不发生这种反应，只有具有特殊体质的个体才会发生。例如，犬、马应用青霉素后个别个体可能出现过敏反应。

4. 病理因素

药物的药理效应一般是在健康动物实验中观察到的，动物在病理状态时应用药物的药理效应与动物在健康状态时应用药物的药理效应往往存在一定的差异。一般在病理情况下对药物较为敏感。各种病理因素都能改变药物在健康机体内的正常转运与转化，影响血药浓度，从而影响药物效应。如肾功能损害时，药物不能经肾排出而引起积蓄；肝功能不全时，可引起药物半衰期延长或缩短。如庆大霉素在肾功能损害的情况下易引发中毒。

三、环境和其他因素

1. 饲养管理

饲养管理条件的好坏、日粮配合是否合理均可影响药物的作用。许多药物的治疗作用都必须在动物体具有抵抗力的条件下才得以发挥，如磺胺类药治疗感染性疾病时，病原体的最后消除必须靠机体的防御系统；动物如果营养不良，对不同药物也有不同的表现。

2. 环境生态条件

环境条件、动物饲养密度、通风情况、厩舍温度、光照等均可影响药物的作用。

四、合理用药

所谓合理用药就是以医药理论为基础，安全、有效、经济、适当地使用药物。它强调要发挥药物的最大有效性。

1987 年世界卫生组织提出合理用药标准有 5 条：①开具处方的药物应适宜；②在适宜的时间，以公众能支付的价格保证药物供应；③正确地调剂处方；④以准确的计量、正确的用法和用药时间服用药物；⑤确保药物质量安全有效。

1. 合理用药的内容

因病情和病因是多变的，所以绝对的合理用药是难以达到的，一般指的合理用药是相对的，它包括：

(1)安全性。要求使用的药品质量合格、毒性低、副作用小、风险小。

(2)有效性。指治疗疾病时，应有针对性地选择药物，做到辨明病症、对症下药、因病施治。

(3)经济性。指用药时获得相同的治疗效果所投入的用药成本应尽可能降低，以达到减轻患者及社会经济负担的目的。

(4)适当性。指遵照医嘱或药品说明书上的用法、用量来使用药物，以保证用药的安全和有效。

2. 合理用药的原则

(1)明确诊断。选药不仅要针对适应证还要排除禁忌证。

(2)根据药理学特点选药。尽量少用所谓的“撒网疗法”，即多种药物合用以防漏诊或误诊，这样不仅浪费而且容易产生相互作用。

(3)了解并掌握各种影响药效的因素。用药必须个体化，不能单纯公式化。

(4)祛邪扶正并举。在采用对因治疗的同时要采用对症支持疗法。

(5)对患病动物始终负责。开出处方仅是治疗的开始，必须严密观察病情反应，及时调整剂量或更换治疗药物。要认真分析每一病例的成因及治疗的关键因素，总结经验教训，不断提高医疗质量，使医药技术更趋合理化。

学习单元六　兽药管理

药物都具有一定的物理性质和化学性质，如果保管或贮存不当，则会引起药物理化性质的改变而影响药物疗效，带来经济损失，甚至危及生命安全。

对各种药物的保管，可根据药物的临床应用、物理或化学性质（如易燃、易氧化、易挥发等）、外观性状（如液体、固体）等分类放置。排列要整齐有序，便于拿取。普通药和剧药、毒药必须分开贮存，剧药、毒药必须专人、专柜保管，实行领用登记制度。药瓶应贴有清楚的标签，更换时，须先贴上新标签，再去掉旧标签。

一、药品的贮存

一般应按照药品说明书上的贮存方法操作。根据药物的理化性质不同，药物的贮存方法也各有不同。遇光、空气、热等易分解或变色的药品应装于有色瓶内，密闭避光保存；易潮解、易挥发及易风化的药品，应拧紧瓶塞或涂蜡封存；遇热易分解或挥发的药品应放于阴凉干燥处保存；血清、疫苗应在低温条件下（2～8 ℃）保存；特殊药品如甲醛溶液的贮存温度不能低于9 ℃，以免聚合；注明有效期的药品，应按有效期批号（批号以 8 位数字表示，如 20230919，即 2023 年 9 月 19 日生产）分别保管，有效期早的先用，以免造成浪费。

1. 药物的保管

应建立严格的保管制度，按药品管理相关办法，实行专人、专账、专柜（室）保管。对毒、剧药品及麻醉药品，更应按国家法令严格管理、保存。

2. 药物的贮存

药物贮存不当，可引起变质、失效，甚至毒性增强。按药物的理化性质、用途等科学合理地贮存药物，可避免损失，防止意外事故的发生。各种药品的贮存都有具体的要求，总的原则是要遮光、密闭、密封、熔封或严封，在阴凉处、凉暗处、冷处等贮存。各类药物应归类存放，如内服药，外用药，毒、剧药及麻醉药品，易燃易爆药等，均应分别存放，严格管理，定期检查，以防事故发生。所以应注意以下几点。

(1)湿度。空气的相对湿度不能超过 70%，若超过 70%，在包装封口不严时易发生霉变。

(2)温度。某些液体药物在零度以下易结冻而损坏包装。

(3)光线。光线中的紫外线能使许多药物发生变色、氧化、还原和分解等化学反应，所以药物应避光贮存。

(4)时间。药物不宜长期贮存，有些药物因理化性质不太稳定，易受外界因素的影响，贮存一定的时间后药效降低或毒性增强。为了保证药物安全有效，对药物规定了有效期或失效期。

有些药物，虽然贮存条件适宜，但储存过久，也会发生质量变化。对这些药品，有关药品标准的文件都规定了有效使用期限，即有效期。药厂必须在药品包装上注明其批号、有效期或失效期。有效期一般以使用年限或可使用的截止日期表示。失效期一般以失效的日期表示，如失效期为 2023 年 8 月，表示该药可用至 2023 年 7 月底。应该注意的是，如未按规定条件贮存，即使在有效期内，药物可能也已失效、变质，应按失效、变质药物处理，对此类药物应掌握先生产先使用的原则。

二、药物管理的一般知识

为了规范药品的生产、管理、检验和使用，国家或地方都制定、颁布了一些相应的法律、法规。

1. 了解《兽药管理条例》的主要精神

对于兽药的管理，国务院专门颁布了《兽药管理条例》。对兽药生产、经营、进出口等均实行许可证制度，并在管理上做出了具体规定。如兽药生产企业必须按照技术规程进行生产；原料、辅料等必须符合药用要求；出厂前必须经过质量检验，附有产品质量检验的合格证。兽药经营企业必须具有与其相适应的技术人员和场所，销售兽药必须保证质量，核对无误。研制新兽药和新制剂必须向有关管理机关报送新兽药研制的方法、生产工艺、质量标准、药理、毒理、临床试验报告等资料。经检验合格，证明安全有效后才发给新兽药注册证书及批准文号。进口兽药要经规定的管理机关审查批准，并需检验合格、证明安全有效后，才许可登记，并按规定的品种、规格、数量、日期从生产厂家进口。

2. 明确假劣兽药的含义，能识别真假劣兽药

《兽药管理条例》中规定，有下列情形之一的为假兽药：以非兽药冒充兽药或者以他种兽药冒充此种兽药的；兽药所含成分、种类、名称与兽药国家标准不符合的。

有下列情形之一的为劣兽药：成分含量不符合兽药国家标准或者不标明有效成分的；不标明或者更改有效期或者超过有效期的；不标明或者更改产品批号的；其他不符合兽药国家标准，但不属于假兽药的。

3. 兽用麻醉药品、精神药品、毒性药品和放射性药品等特殊药品

均按国家有关规定进行管理。

4. 掌握兽药的质量标准

兽药相关质量标准是应用、生产、经营、检验和监督部门共同遵循的法定技术依据。

(1)现行的《兽药管理条例》于 2004 年 3 月 24 日经国务院第 45 次常务会议通过，以国务院令第 404 号发布，并于 2004 年 11 月 1 日起实施。2020 年 3 月 27 日完成第三次修订并制定了配套的说明书范本，自 2021 年 7 月 1 日起施行。

(2)《中国兽药典》重点论述了药物的性状、作用与用途、用法与用量及注意事项，简明扼要地介绍了药物作用机理。国家兽药典委员会拟定的、国务院兽医行政管理部门发布的《中国兽药典》和国务院兽医行政管理部门发布的其他兽药标准为兽药国家标准。

5. 新兽药分类

新兽药共分五类：第一类，我国研制的国外没有批准生产、仅有文献报道的原料药品及其制剂；第二类，我国研制的国外已批准生产，但未列入国家法定药品标准的原料药品及其制剂；第三类，我国研制的国外已批准生产，并已列入国家法定药品标准的原料药品及其制剂，包括化学药物复方制剂、中西兽药复方制剂；第四类，改变剂型或改变给药途径的药品；第五类，增加适应证的兽药制剂。

三、兽药质量监督

我国各级兽医药品监察所是兽药质量保证体系的重要组成部分，是国家对兽药质量实施技术监督、检验、鉴定的法定专业技术机构。

1. 中国兽医药品监察所的主要职责

中国兽医药品监察所是全国兽药质量的监督、抽检兽药产品和兽药的质量检鉴定的最终技术仲裁单位。其主要职责包括：

(1)负责全国兽药质量的监督、抽检兽药产品和兽药的质量检验、鉴定的最终技仲裁。

(2)承担参与国家兽药标准的制定和修订。

(3)负责第一、二、三类新兽药，新生物制品和进口兽药的质量复核，并制定和修订质量标准，提交其编制说明和复审报告。

(4)开展有关兽药质量标准、检验新技术和新方法等研究。

(5)掌握全国兽药质量情况，承担兽药产品质量的监督抽查，参与假冒伪劣兽药的查处。

(6)指导下属所工作。

(7)培训兽药检验技术人员等。

2. 省、自治区、直辖市兽医药品监察所的主要责任

(1)本辖区的兽药检验及质量监督工作，掌握兽药质量情况。

(2)承担兽药地方标准制定、修订，参与部分国家兽药标准的起草、修订。

(3)负责兽药新制剂的质量复核试验。

(4)调查、监督本辖区的兽药生产、经营和使用情况。

(5)参与假劣兽药的查处等。

3. 地(市)、县兽医药品监察所的主要职责

主要配合省级所做好流通领域中的兽药质量监督、检验，协助省级所对兽药生产、经营企业进行质量监督。

学习单元七　动物诊疗处方的开写

动物诊疗处方是指执业兽医师在动物诊疗活动中开具的作为动物用药凭证的文书。执业兽医师根据动物诊疗活动的需要，按照兽药使用规范，遵循安全、有效、经济的原则开具兽医处方。

一、基本要求

执业兽医师在注册单位签名留样或者专用签章备案后，方可开具处方。兽医处方经执业兽医师签名或者盖章后有效。执业兽医师利用计算机开具、传递兽医处方时，应当同时打印纸质处方，其格式与手写处方一致；打印的纸质处方经执业兽医师签名或盖章后有效。

兽医处方限于当次诊疗结果用药，开具当日有效。特殊情况下需延长有效期的，由开具兽医处方的执业兽医师注明有效期限，但有效期最长不得超过 3 d。除兽用麻醉药品、精神药品、毒性药品和放射性药品外，动物诊疗机构和执业兽医师不得限制动物主人持处方到兽药经营企业购药。

二、处方格式

兽医处方笺规格和样式由农业农村部规定，从事动物诊疗活动的单位应当按照规定的规格和样式印制兽医处方笺或者设计电子处方笺。兽医处方笺样式如图 1-15 所示。

(1)兽医处方笺一式三联,可以使用同一种颜色的纸张,也可以使用三种不同颜色的纸张。

(2)兽医处方笺分为两种规格,小规格为长 210 mm、宽 148 mm;大规格为长 296 mm、宽 210 mm。

兽医处方笺样式

×××××××处方笺

动物主人/饲养单位＿＿＿＿＿＿＿＿＿＿档案号＿＿＿＿＿

动物种类＿＿＿＿＿＿动物性别＿＿＿＿＿＿体重/数量＿＿＿＿＿

年(日)龄＿＿＿＿＿＿开具日期＿＿＿＿＿＿＿＿＿

诊断:	Rp:

执业兽医师＿＿＿＿＿＿注册号＿＿＿＿＿＿发药人＿＿＿＿＿

第一联　从事动物诊疗活动的单位留存

注:"×××××××"为从事动物诊疗活动的单位名称。

图 1-15　兽医处方笺

三、处方内容

兽医处方笺内容包括前记、正文、后记三部分,要符合以下标准。

1. 前记

对个体动物进行诊疗的,前记应至少包括动物主人姓名或者动物饲养单位名称、档案号、开具日期和动物的种类、性别、体重、年(日)龄。对群体动物进行诊疗的,应至少包括饲养单位名称、档案号、开具日期和动物的种类、数量、年(日)龄。

2. 正文

正文包括初步诊断情况和 Rp(Rccipc 的缩写,意为"请取")。Rp 后应当分列兽药名称、规格、数量、用法、用量等内容;对于食品动物还应当注明休药期。

3. 后记

后记应至少包括执业兽医师签名或盖章和注册号、发药人签名或盖章。

四、处方开写注意事项

处方医师应以严肃认真的态度开写处方,并注意下列几点问题。

(1)动物基本信息、临床诊断情况应当填写清晰、完整,并与病历记载一致。

(2)字迹清楚,原则上不得涂改;如需修改,应当在修改处签名或盖章,并注明修改日期。

(3)兽药名称应当以兽药国家标准载明的名称为准。兽药名称简写或者缩写应当符合国内通用写法,不得自行编制兽药缩写名或者使用代号。

(4)书写兽药规格、数量、用法、用量及休药期要准确规范。

(5)兽医处方中包含兽用化学药品、生物制品、中成药的,每种兽药应当另起一行。

(6)兽药剂量与数量用阿拉伯数字书写。剂量应当使用法定计量单位:质量以千克(kg)、克(g)、毫克(mg)、微克(μg)、纳克(ng)为单位;容量以升(L)、毫升(mL)为单位;有效量单位以国际单位(IU)、单位(U)为单位。

(7)片剂、丸剂、胶囊剂以及单剂量包装的散剂、颗粒剂分别以片、丸、粒、袋为单位;多剂量包装的散剂、颗粒剂以克或千克为单位;单剂量包装的溶液剂以支、瓶为单位,多剂量包装的溶液剂以毫升或升为单位;软膏及乳膏剂以支、盒为单位;单剂量包装的注射剂以支、瓶为单位,多剂量包装的注射剂以毫升或升、克或千克为单位,应当注明含量;兽用中药自拟方应当以剂为单位。

(8)开具处方后的空白处应当画一斜线,以示处方完毕。

(9)执业兽医师注册号可采用印刷或盖章方式填写。

五、处方的保存

(1)兽医处方开具后,第一联由从事动物诊疗活动的单位留存,第二联由药房或者兽药经营企业留存,第三联由动物主人或者饲养单位留存。

(2)兽医处方由处方开具、兽药核发单位妥善保存 2 年以上。保存期满后,经所在单位主要负责人批准、登记备案,方可销毁。

课后思考

1. 简述药物的概念。
2. 药物作用的基本表现是什么?
3. 什么是药物作用的选择性?在临床上有何意义?
4. 什么是量效曲线?并说明药物的作用有哪些特性。
5. 什么是药时曲线、峰浓度、达峰时间、曲线下面积?并说明其临床意义。
6. 剂量对药物作用有何影响?
7. 什么是联合用药?联合用药的目的是什么?
8. 药物的不良反应有哪些?在临床上如何避免?
9. 影响药物作用的因素包括哪些?简述其临床意义。
10. 什么是动物诊疗处方?在工作中开写动物诊疗处方应注意哪些事项?

案例分析

某养牛合作社饲喂的奶牛发生乳房炎,该牛场兽医给奶牛注射正常剂量 3 倍的抗生素进行治疗,认为药物剂量越大,治疗效果越好,结合所学内容及查阅相关资料说说这样做是否有道理?

思政园地

"如切如磋，如琢如磨。"

——《诗经·卫风·淇奥》

东方医药巨典——《本草纲目》

李时珍，字东璧，晚年自号濒湖山人，湖北蕲春县蕲州镇人，是我国明代时期著名的医药学家，去世后被封为"文林郎"，被后世尊称为"药圣"。他倾尽心血编纂《本草纲目》，不仅体现了对医药知识的严谨追求，更体现了对社会责任的担当。面对古籍中的谬误，他未敢懈怠，亲赴山川，访遍百工，历时二十七载，三易其稿，耗尽心力，终成"东方医药巨典"。这一过程彰显了科学家严谨求实的科学态度和不畏艰难的奋斗精神。

然而，《本草纲目》的出版之路却异常坎坷，李时珍至死未见其面世。幸而，其子李建元遵父遗志，终使瑰宝得以问世，启迪后人。《本草纲目》不仅在国内被广泛学习，还传播到日本、朝鲜及欧洲各地，先后译成日、朝、法、德、英、俄等国文字。此书对达尔文也有着重要的影响，被达尔文称为"中国的百科全书"。

《本草纲目》不仅是中医药文化的辉煌成就，更是中华民族智慧与创造力的体现。它跨越国界，影响世界，展示了中华文化独特的魅力与价值，这激励着我们不仅要学习李时珍的科学精神，更要传承和弘扬中华优秀传统文化，为构建人类命运共同体贡献力量。

自主学习

知识拓展　受体

模块一　在线自测

模块二 化学治疗药物

◆ 知识目标

1. 理解消毒防腐药的概念、作用机理，掌握影响消毒防腐药作用的因素。

2. 理解抗生素的概念、作用机理及其分类，掌握各类抗生素的作用特点及不良反应。

3. 掌握磺胺类药物的抗菌机理、分类，常用药物的临床应用及注意事项；掌握喹诺酮类药物的临床应用；了解喹噁啉类、硝基咪唑类等药物的种类及应用注意事项。

4. 掌握抗真菌药物的基本概念、作用机理和应用注意事项。

5. 理解抗寄生虫药物的基本概念、作用机理；掌握抗寄生虫药物的分类、常用药物的临床作用及应用注意事项等。

◆ 技能目标

1. 掌握各种消毒防腐药、抗微生物药物、抗寄生虫药物的临床合理应用。

2. 能够根据临床实际病症，准确选择药物对疾病进行治疗。

◆ 素质目标

1. 增强责任感，树立保障生态安全、公共卫生安全、动物源性食品安全、畜禽养殖安全的职业使命。

2. 培养合理用药意识，树立谨慎用药、合理用药的职业意识，理解药物的"双刃剑"特性，既要有效治疗疾病，又要避免滥用药物带来的不良反应。

3. 强化科学思维和创新意识，在动物药理的学习和实践中积极探索新的治疗方法和药物应用，培养解决实际问题的能力。

学习情境一　消毒防腐药

学习单元一　消毒防腐药基础知识

消毒防腐药是一类能够抑制病原微生物生长繁殖或杀灭病原微生物的药物。防腐药是指能抑制病原微生物生长和繁殖的药物，主要用于抑制局部皮肤、黏膜和创伤等生物体表面的微生物感染，也用于食品和生物制品的防腐。消毒药是指能迅速杀灭病原微生物的药物，主要用于环境、畜舍、动物排泄物、用具和器械等非生物表面的消毒。防腐药和消毒药是根据其用途和特性进行分类的，两者之间没有严格的界限，只有浓度和剂量的差异。低浓度的消毒药只有抑菌作用，而高浓度的防腐药则具有杀菌能力。由于防腐药在非生物表面上不起作用，而消毒药可能会对活体组织造成伤害，因此它们不应相互替换使用。与抗生素和其他抗菌药物不同，消毒防腐药没有明确的抗菌谱和选择性，因此一般不用于全身给药。大多数消毒防腐药只能将病原微生物的数量减少到公共卫生标准所允许的限度，而不是完全杀灭它们。在传染病发生时，对环境进行及时的消毒和终末消毒是必要的，在无疫情的情况下，对环境进行预防性消毒也是重要的措施。消毒防腐药在预防和控制动物疫病、保障畜牧生产和水产养殖方面具有重要的实际意义。在临床医学和公共卫生领域，消毒防腐药同样发挥着关键作用。

一、消毒防腐药的作用机制

不同类型的消毒防腐药其作用机理各不相同，主要分为以下 3 种：

1. 使菌体蛋白质变性、沉淀

大部分的消毒防腐药通过使病原微生物的蛋白质凝固，或者与微生物巯基酶结合，导致蛋白质变性，从而使细菌的生长繁殖停止，达到抑菌或杀菌的目的。其作用不具选择性，可损害一切生物机体，故称为“一般原浆毒”。不仅能杀菌，也能破坏动物组织，因此只适用于环境消毒。这类药物包括酚类、醛类、醇类、酸类和重金属盐类等。

2. 改变菌体细胞膜的通透性

消毒防腐药可以增加细菌细胞膜的通透性，导致细胞的内容物外漏，从而使菌体破裂溶解。如表面活性剂、清洁剂新洁尔灭及有机型溶剂乙醚等，通过降低菌体的表面张力，增加菌体细胞膜的通透性，从而引起重要的酶和营养物质外漏，水分向菌体内渗入，使菌体溶解和破裂，从而起到杀菌作用。其也可吸附于细菌细胞的表面，引起细胞壁损伤，灭活细胞内氧化酶等，发挥杀菌消毒作用。

3. 干扰或损害细菌生命必需的酶系统

当消毒防腐药的化学结构与菌体内的代谢物相似时，它们可以竞争性地或非竞争性地与酶结合，从而抑制酶的活性，导致菌体的生长抑制或死亡。例如，氧化剂和卤素类药物通过干扰细菌的酶系统，破坏细菌的正常代谢。这些药物通过氧化、还原等反应损害酶的活性基团，导致酶活性降低或消失。某些消毒防腐药，如染料类，能够改变细菌的氧化还原电位，破坏正常的离子交换机能，进而抑制酶的活性。

一种消毒防腐药不只通过一种途径而起杀菌作用，例如，苯酚在高浓度时是蛋白质变性剂，但在低于沉淀蛋白质的浓度时，可通过抑制酶或损害细胞膜而呈现杀菌作用。某些重金属盐类能与菌体蛋白和核酸的氨基、烷基、巯基发生烷基化反应，使蛋白质变性或核酸功能改变，呈现杀菌作用。

二、影响消毒防腐药作用的因素

在使用消毒防腐药时，其作用效果不仅取决于其本身的理化性质，而且受多种因素影响，为确保防腐消毒的效果，使用过程中要充分考虑以下几方面因素。

1. 病原微生物类型

不同类型的病原微生物及不同发育时期，对同一种消毒防腐药的敏感性不同，例如革兰氏阳性菌对消毒防腐药一般比革兰氏阴性菌敏感，尤其是大肠埃希菌、克雷伯菌、变形杆菌、沙门菌、绿脓杆菌等对多种消毒防腐药抵抗力强。另外，分枝杆菌和细菌芽孢也需高效力的消毒药才能杀灭；病毒对碱类很敏感，而对酚类的抵抗力较强；生长繁殖期的细菌对药物敏感，但对具有芽孢的细菌作用不强。

2. 药物浓度和作用时间

一般来说，当其他条件一致时，消毒防腐药浓度越高其作用越强，所需的作用时间越短，或者说，呈现相同杀菌效力所需的时间一般随消毒防腐药浓度的升高而缩短。但浓度越高，药物的刺激性越大，既不安全又浪费药物，因此，为取得较好的防腐消毒效果，应根据消毒防腐药的理化特性，选择有效时间长的消毒防腐药，选取合适的浓度和合适的作用时间，从而达到最佳防腐消毒的效果。

3. 联合应用

两种消毒防腐药合用时，可出现增强或减弱的效果。如在戊二醛内加入合适的阳离子表面活性剂，则消毒作用大大加强。环氧乙烷和溴化甲烷合用不仅可以防燃防爆，而且两者有协同作用，可提高消毒作用。又如氯己定(洗必泰)和季铵盐类消毒剂用70%乙醇配制比用水配制穿透力强，杀菌效果也更好。甲酚在水中溶解度低，制成甲酚的肥皂液，可杀灭大多数繁殖期微生物。不合理的联合用药能减弱消毒效果，如消毒药与清洁剂或除臭剂合用时，消毒效果降低，如阴离子清洁剂肥皂与阳离子季铵盐消毒剂合用时，可使消毒效果减弱甚至完全消失。高锰酸钾、过氧乙酸等氧化剂与碘酊等还原剂之间可发生氧化还原反应，不但减弱消毒作用，更会加重对皮肤的刺激性和毒性等。

4. 有机物

环境中的粪、尿等或创口上的脓血、体液等有机物可与消毒防腐药发生吸附或化学反应，形成不溶性的杀菌能力弱的化合物，或在微生物表面起机械性保护作用。有机物越多，对消毒防腐药抗菌效力影响越大。因此，在使用消毒防腐药前必须将消毒场所彻底打扫干净，创口应清除脓、血、坏死组织和污物，以确保药效。

5. 温度

消毒防腐药的效果与环境温度呈正相关，即在一定范围内，温度越高，杀菌力越强。一般情况下，温度每升高10 ℃，抗菌活性可增加1～1.5倍。对热稳定的药物，用其热溶液进行消毒。消毒防腐药抗菌效力的测定，通常都在15～20 ℃气温下进行。

6. 湿度

湿度可直接影响微生物的含水量，对许多气体消毒剂的作用有显著的影响。用环氧乙烷消毒时，若细菌含水量太大，则需要延长消毒时间。细菌含水量太少时，消毒效果也明显降低，完全脱水的细菌用环氧乙烷无法将其杀灭。另外，每种气体消毒剂都有其适宜的相对湿度(RH)范围。用环氧乙烷杀灭污染在布片上的纯培养细菌芽孢，在 RH＞33％时效果最好，甲醛以 60％为宜，环氧丙烷为 30％～60％。用过氧乙酸气体消毒时，要求 RH 不低于 40％，以 60％～80％效果最好。

7. pH

环境或组织中的 pH 对有些消毒防腐药作用的影响较大，因为 pH 可以改变其溶解度、离解程度和分子结构。如戊二醛在酸性环境中较稳定，但杀菌能力较弱，在碱性环境中形成的碱性戊二醛，易与菌体蛋白的氨基结合使之变性，杀菌活性显著增强，不仅能杀死多种繁殖期细菌，还能杀死芽孢。

8. 水质硬度

消毒环境中水质硬度高，水中的 Ca^{2+} 和 Mg^{2+} 与季铵盐类、氯己定或碘伏等结合形成不溶性盐类，能降低消毒防腐药的抗菌效力。

三、消毒防腐药的分类

消毒防腐药根据其化学性质和作用机制不同可分为：

1. 主要用于环境、用具、器械的消毒防腐药

如甲酚、甲醛溶液、氢氧化钠、氧化钙、过氧乙酸等。

2. 主要用于皮肤黏膜的消毒防腐药

如乙醇、碘、硼酸等。

3. 主要用于创伤的消毒防腐药

如苯扎溴铵、高锰酸钾、过氧化氢溶液等。

此外，还可以按照药物的化学结构与理化性质来分类，可分为酚类、醛类、碱类、酸类、卤素类、过氧化物类、染料类、重金属类和表面活性剂等。

学习单元二　常用的消毒防腐药

一、环境消毒防腐药

环境中的消毒防腐药主要有：酚类，如苯酚、甲酚；醛类，如甲醛、聚甲醛、戊二醛；碱类，如氢氧化钠、氧化钙；卤素类，如含氯石灰、复合亚氯酸钠、二氧化氯、聚维酮碘等；过氧化物类，如过氧乙酸；酸类，如盐酸、硫酸；季铵盐类，如癸甲溴铵、辛氨乙甘酸等。

(一)酚类

酚类是一种表面活性物质，可损害菌体细胞膜，较高浓度时也是蛋白质变性剂，故有杀菌作用。酚类对大多数不产生芽孢的繁殖期细菌和真菌均有杀灭作用，但对芽孢和病毒作用不强。酚类的抗菌活性不易受环境中有机物和细菌数目的影响，故可用于排泄物消毒等。目前市售的酚类消毒药大多含两种或两种以上具有协同作用的化合物，以扩大其抗菌作用范围。一般酚类化合物仅用于环境及用具消毒。由于酚类消毒药的应用对环境有污染，目前有些国家限制使用酚类消毒药，这类消毒药在我国的应用也在逐步减少。

苯酚(Phenol)

又名石炭酸。

【理化性质】本品为无色或微红色针状结晶或结晶性块，有特臭和引湿性，溶于水和有机溶剂，水溶液显弱酸性，遇光或在空气中颜色逐渐变红。

【作用与应用】苯酚可凝固蛋白，具有较强的杀菌作用。0.1%～1%溶液有抑菌作用；1%～2%溶液有杀菌和杀真菌作用；5%溶液可在48 h内杀死炭疽芽孢；2%～5%溶液用于器具、厩舍消毒，排泄物和污物处理等。碱性环境、过氧化物类、皂类等能减弱其杀菌作用。

临床生产上常用的制剂为复合酚，含苯酚41%～49%，乙酸22%～26%，为深红褐色黏稠液，有特臭。对细菌、霉菌和病毒、寄生虫卵等都具有较强的杀灭作用。主要用于厩舍、器具、排泄物和车辆等消毒。一般用药后能维持药效1周，污染环境较严重的，可适当增加药物浓度和用药次数。

【注意事项】浓度大于0.5%时有局部麻醉作用；5%溶液对组织产生强烈的刺激和腐蚀作用，有致癌作用。对意外吞服苯酚的动物可用植物油（忌用液体石蜡）洗胃，内服硫酸镁导泻，对症治疗，给予中枢兴奋剂和强心剂等。皮肤、黏膜接触部位可用50%乙醇或者水、甘油、植物油清洗。眼可先用温水冲洗，再用3%硼酸液冲洗。

【用法与用量】将复合酚用水稀释100～200倍，对畜禽舍、笼具、饲养场地、运输工具及排泄物等喷雾消毒。

甲酚(Cresol)

又名煤酚。

【理化性质】本品为无色、淡紫色或淡棕黄色的澄清液体，有类似苯酚的特臭，微带焦臭。久储或在日光下，色渐变深。难溶于水。

【作用与应用】通过损害菌体细胞膜而产生杀菌作用，能杀灭一般繁殖期病原菌，对芽孢无效，对病毒作用不可靠。生产上常用含50%甲酚的肥皂液（即来苏儿）进行消毒。

【注意事项】甲酚有特臭，不宜用于屠宰场、奶牛场或食品加工厂等消毒。可引起色泽污染，不宜用于棉、毛纤维品的消毒。

【用法与用量】5%～10%甲酚皂溶液用于厩舍、器械、排泄物等的消毒；1%～2%的甲酚溶液用于皮肤及手的消毒；0.5%～1%的甲酚溶液用于口腔或直肠黏膜的消毒。

(二)醛类

醛类消毒药的化学活性很强，在常温常压下很易挥发，又称挥发性烷化剂。杀菌机制主要是通过烷基化反应使菌体蛋白质变性，使酶和核酸等的功能发生改变而呈现强大的杀菌作用。常用的有甲醛、聚甲醛、戊二醛等。

甲醛溶液(Formaldehyde Solution)

【理化性质】本品为无色气体，具有特殊刺激性气味，易溶于水和乙醇。常用40%甲醛溶液，即福尔马林，为无色液体，在冷处久储可生成聚甲醛而发生混浊。

【作用与应用】本品具有很强的杀菌作用，不仅能杀死繁殖期细菌，也能杀死芽孢(如炭疽杆菌芽孢)，以及抵抗力强的分枝杆菌、病毒及真菌等。甲醛对细菌毒素也有破坏作用，对肉毒梭菌毒素和葡萄球菌肠毒素，用5%甲醛水溶液作用30 min可将其破坏。主要用于厩舍、仓库、孵化室、皮毛、衣物、器具等的熏蒸消毒，也可内服用于胃肠道制酵，如治疗瘤胃臌胀。甲醛对皮肤和黏膜的刺激性很强，用时应注意。现已证明甲醛有致癌作用，用时应防止污染食品或在动物产品中残留。

【注意事项】甲醛对皮肤和黏膜的刺激性很强，使用时应做好自我防护。

【用法与用量】内服，一次量，牛8～25 mL，羊1～3 mL，服用时用水稀释20～30倍；熏蒸消毒，每立方米15 mL；器械消毒，2%溶液浸泡1～2 h；标本、尸体防腐，可用5%～10%溶液。

戊二醛(Glutaraldehyde)

【理化性质】本品为无色或淡黄色透明液体，有微弱的甲醛臭，但挥发性较低。可与水或醇以任意比例混溶。水溶液呈弱酸性(pH 4～5)，在酸性条件下聚合作用缓慢，当pH高于9时，可迅速聚合。

【作用与应用】戊二醛主要通过其醛基与微生物蛋白质的巯基、羟基、羧基和氨基发生反应，导致蛋白质凝固，从而阻止微生物的生长和繁殖。戊二醛对细菌繁殖体和芽孢、结核分枝杆菌、真菌都有良好的杀灭作用，本品主要用于动物厩舍及不宜加热处理的医疗器械、塑料及橡胶制品、生物制品器具等的消毒，也用于制备疫苗时的鸡胚消毒等。

【注意事项】戊二醛对眼睛和皮肤有刺激性，使用时应做好安全措施，如穿戴防护服、手套和护目镜或面具等，避免直接接触。此外，戊二醛对水体可能有污染，因此在储存和使用时应避免释放至环境中。

【用法与用量】2%溶液用于橡胶、塑料制品及手术器械的浸泡消毒。20%溶液用于环境或器具(械)喷洒、擦洗或浸泡消毒。口蹄疫1∶200倍稀释，猪水疱病1∶100倍稀释，猪瘟1∶10倍稀释，鸡新城疫和法氏囊病1∶40倍稀释，细菌性疾病1∶(500～1 000)倍稀释消毒。

(三)碱类

碱对病毒和细菌的杀灭作用均较强，高浓度溶液可杀灭芽孢。遇有机物可使碱类消毒药的杀菌力稍微降低。碱类无臭无味，除可消毒厩舍外，还可用于肉联厂、食品厂等的地面、饲槽、车船等消毒。碱溶液能损坏铝制品、油漆漆面和纤维织物。

氢氧化钠(Sodium Hydroxide)

又名苛性钠，消毒用氢氧化钠又名烧碱或火碱。

【理化性质】本品为白色不透明固体，易溶于水和醇，引湿性强，易从空气中吸收二氧化碳变成碳酸钠，应密封保存。

【作用与应用】属原浆毒，杀菌力强。能杀死细菌繁殖体、芽孢和病毒，对寄生虫卵也有杀灭作用，其热溶液效果更佳(热溶液不仅能杀菌和寄生虫卵，且可溶解油脂，加强去污能力，但并不增强氢氧化钠的杀菌效力)。一般以2%溶液喷洒厩舍地面、饲槽、车船、木器等，用于口蹄疫、猪瘟和猪流感等病毒性感染以及猪丹毒和鸡白痢等细菌性感染的消毒；5%热溶液用于炭疽芽孢污染的消毒。

【注意事项】氢氧化钠对组织有腐蚀性，能损坏织物和铝制品等，消毒时应注意防护，消毒后适时用清水冲洗。

【用法与用量】细菌如巴氏杆菌(也称巴斯德菌)、沙门菌等或病毒如口蹄疫病毒、猪瘟病毒、鸡新城疫病毒等污染的畜禽舍、场地、车辆等，可用2%的热溶液消毒；炭疽杆菌芽孢污染的场所用5%的热溶液消毒。

氧化钙(Calcium Oxide)

又名生石灰。

【理化性质】本品为白色无定形块状物或粉状物。

【作用与应用】氧化钙本身并无杀菌作用，但氧化钙与水混合后变成熟石灰(即氢氧化钙)，释放出氢氧根离子而起杀菌作用。对细菌繁殖体有良好的消毒作用，而对芽孢、结核分枝杆菌无效。常用20%的混悬液(石灰乳)进行畜禽厩舍、墙壁、畜栏、地面、病畜禽排泄物及人行通道的消毒。也可直接将石灰撒于潮湿地面、粪池周围和污水沟等处。防疫期间，畜牧场门口可放置浸透20%石灰乳的垫草对进出人员进行鞋底消毒。

【注意事项】生石灰可从空气中吸收二氧化碳，形成碳酸钙而失效，故不宜久贮，应现用现配。熟石灰也宜现用现配。

【用法与用量】用10%～20%混悬液涂刷或喷洒，将其粉末撒在排泄物、粪便等处。

(四)卤素类

为卤素和易放出卤素的化合物，具有强大的杀菌作用，其中氯的杀菌力最强，常用于环境消毒；碘较弱，主要用于皮肤消毒。含氯消毒剂是指溶于水中能产生次氯酸的消毒剂，可分为两类：有机氯消毒剂和无机氯消毒剂。前者以次氯酸盐类为主，作用较快，但不稳定。后者以氯胺类为主，性质稳定，但作用较慢。含氯消毒剂杀菌谱广，能有效杀死细菌、真菌、病毒、阿米巴包囊和藻类。作用迅速，合成工艺简单，且能大量生产和供应，价格低廉，便于推广使用。但它也存在一定缺点，如易受有机物及酸碱度的影响，能漂白、腐蚀物品，有难闻的氯味，有的种类不够稳定，有效氯易丧失等。

含氯石灰(Chlorinated Lime)

又名漂白粉。由氯气通入氢氧化钙制得，为次氯酸钙、氯化钙和氢氧化钙的混合物。

【理化性质】本品为灰白色颗粒性粉末，有氯臭，在水中部分溶解，在空气中吸收水分和二氧化碳而缓缓分解，丧失有效氯，不可与易燃易爆物品放在一起。

【作用与应用】含氯石灰加入水中生成次氯酸，次氯酸释放出活性氯和新生态氧而呈现杀菌作用，其杀菌作用快而强，但不持久。对细菌繁殖体、细菌芽孢、病毒及真菌都有杀灭作用。如1%澄清液作用0.5～1 min即可抑制炭疽杆菌、沙门菌、猪丹毒杆菌和巴氏杆菌等多数细菌的生长;作用 1～5 min 可抑制葡萄球菌和链球菌。30%漂白粉混悬液作用 7 min 后,炭疽杆菌芽孢即停止生长;对分枝杆菌和鼻疽杆菌效果较差。漂白粉的杀菌作用受有机物的影响。漂白粉中所含的氯可与氨和硫化氢发生反应,故有除臭作用。漂白粉为价廉有效的消毒药,广泛用于饮水消毒和厩舍、畜栏、场地、车辆、排泄物等的消毒;也用于玻璃器皿和非金属器具、肉联厂和食品厂设备的消毒以及鱼池消毒。

【注意事项】本品不能用于金属制品和有色棉织物的消毒;现用现配,消毒时间一般不低于 15～20 min;释放出的氯气对皮肤和黏膜有刺激作用,应做好自我防护;在空气中容易吸收水分和二氧化碳而分解失效;在阳光照射下也易分解;不可与易燃易爆品放在一起。

【用法与用量】饮水消毒,每 50 L 水加入 1 g。畜舍等消毒,临用前配成 5%～20%混悬液。粪池、污水沟、潮湿积水的地面消毒,直接用干粉撒布或按 1∶5 比例与排泄物均匀混合。鱼池消毒,每立方米水加入 1 g;鱼池带水清塘,每立方米水加入 20 g。

复合亚氯酸钠(Composite Chlorite Sodium)

又名鱼用复合亚氯酸钠、百毒清。

【理化性质】本品为白色粉末或颗粒,有弱漂白粉气味,主要成分为二氧化氯(ClO_2),常制成粉剂。

【作用与应用】本品对细菌繁殖体、细菌芽孢、病毒及真菌都有杀灭作用,并可破坏肉毒梭菌毒素;有除臭作用。本品主要用于厩舍、饲喂器具及饮水等消毒,也用于治疗鱼、虾、蟹、育珠蚌和螺的细菌性疾病。

【注意事项】本品溶于水后可形成次氯酸,pH 越低,次氯酸形成越多,杀菌作用越强;避免与强还原剂及酸性物质接触,不可与其他消毒剂联合使用;药液不能用金属容器配制或贮存;现配现用;休药期:500 度日(温度×时间=500)。

【用法与用量】本品 1 g 加水 10 mL 溶解,加活化剂 1.5 mL,活化后加水至 150 mL。厩舍、饲喂器具消毒,15～20 倍稀释;饮水消毒,200～1 700 倍稀释。遍洒,一次量,每立方米水体,水产动物细菌病或病毒病 0.5～2.0 g。

二氧化氯(Chlorine Dioxide)

【理化性质】本品常态下为黄至红黄色气体,沸点 11 ℃,有氯臭。固态二氧化氯为黄红色晶体;液态二氧化氯红棕色。在日光下不稳定,纯品在暗处稳定。易溶于水,但不产生次氯酸。溶于碱和硫酸溶液。

【作用与应用】本品为非常活泼的强氧化剂,广泛用于水的消毒与清洁等,其纯品经折算相当于含有效氯 26.3%。二氧化氯可杀灭细菌的繁殖体及芽孢、病毒、真菌及其孢子,对原虫也有较强的灭活作用。一般多用于水体消毒。

二氧化氯消毒具有以下优点:①用量小,可同时除臭、去味。②可氧化酚类等污染物质。③本品易从水中除去,不具残留毒性。

【注意事项】二氧化氯使用时要做好自我防护措施,如穿戴防护服、手套和护目镜或面具。

【用法与用量】自来水的消毒,2.0 mg/L;空气消毒,每立方米喷洒 500 mg,作用时间为 30 min;包装容器清洁消毒,50～100 mg/L;大容器内喷洒 50 mL/m^3,作用时间为 30 min。

二氯异氰尿酸钠(Sodium Dichloroisocyanurate)

又名优氯净。

【理化性质】本品为白色结晶粉末,有浓厚的氯臭。含有效氯60%～64.5%。属氯胺类化合物,在水溶液中水解为次氯酸。性质稳定,在高温、潮湿地区贮存1年,有效氯含量下降也很少。易溶于水,溶液呈弱酸性,水溶液稳定性较差,在20℃左右时,1周内有效氯约丧失20%。

【作用与应用】杀菌谱广,杀菌力较大多数氯胺类消毒药强。对繁殖期细菌和芽孢、病毒、真菌均有较强的杀灭作用,溶液的pH越低,杀菌作用越强,加热可增强杀菌效力。有机物对杀菌作用影响较小。有腐蚀和漂白作用。广泛用于鱼塘、饮水、食品加工厂、车辆、厩舍、蚕室、用具等的消毒。

【注意事项】不能与酸碱类药物联合使用,应现配现用。

【用法与用量】清塘消毒,10～15 g/m^3 全池泼洒;养殖工具与环境消毒,0.5%溶液浸泡或喷洒消毒;0.3～0.6 g/m^3 全池泼洒,防治鱼类细菌性疾病,如烂鳃病、烂尾病、鳗爱德华氏菌病、淡水鱼类细菌性败血症;0.4 g/m^3 全池泼洒,可防治对虾弧菌性病和育珠蚌烂鳃及斧足溃疡病等。

(五)季铵盐类

季铵盐类消毒剂为表面活性剂,可改变细菌细胞膜的通透性,使菌体内容物外渗,阻碍其代谢而使细菌死亡。本类消毒剂包括单链季铵盐和双季铵盐两类,前者只能杀灭某些细菌繁殖体和亲脂病毒,属低效消毒剂,如新洁尔灭;后者可杀灭多种微生物,包括细菌繁殖体、某些真菌和病毒,如癸甲溴铵。季铵盐类消毒剂的特点是对皮肤黏膜无刺激,毒性小,稳定性好,对消毒物品无损害等。

癸甲溴铵(Deciquam)

又名百毒杀。

【理化性质】本品为无色或微黄色黏稠性液体,振摇时产生泡沫。溶于水,性质稳定,不受环境酸碱度、有机物及光、热的影响,可长期保存,对金属、塑料、橡胶和其他物质均无腐蚀性。

【作用与应用】癸甲溴铵是双链季铵盐消毒剂,在溶液状态时,能解离出季铵盐阳离子,通过改变细胞膜的通透性而具有较强的杀菌作用。能杀灭有囊膜的病毒、真菌和部分虫卵。有除臭和清洁作用。常用于厩舍、孵化室、用具、饮水槽和饮水的消毒。

【注意事项】本品忌与碘、碘化钾、过氧化物、普通肥皂等配伍应用。

【用法与用量】厩舍、孵化室、用具、环境等消毒,0.015%～0.05%癸甲溴铵溶液;饮水消毒,0.0025%～0.005%癸甲溴铵溶液。

(六)过氧化物类

过氧化物类消毒药多依靠其强大的氧化能力杀灭微生物,又称为氧化剂。通过氧化反应,可直接与菌体或酶蛋白中的氨基、羧基、巯基发生反应而损伤细胞结构或抑制代谢机能,导致细菌死亡;或者通过氧化还原反应,加速细菌的代谢,损害生长过程而致死。此类消毒药的优点是杀菌能力强，多可作为灭菌剂，可分解为无毒成分，不引起残留毒性。缺点是易分解、不稳定，具有漂白和腐蚀作用。

过氧乙酸(Peracetie Acid)

【理化性质】本品纯品为无色透明液体，呈弱酸性，有刺激性酸味，易挥发，易溶于水。性质不稳定，遇热或有机物、重金属离子、强碱等易分解。浓度高于45%时剧烈碰撞或遇热易爆炸，而浓度低于20%的溶液无此危险。

【作用与应用】过氧乙酸兼具有酸和氧化剂的特性，具有高效、快速和广谱杀菌作用，其气体和溶液具有较强的杀菌作用，比一般的酸和氧化剂作用强，对细菌、病毒、真菌和芽孢均有效。其作用不受温度的影响，低温下仍具有杀菌和抗芽孢能力。主要用于厩舍、器具的消毒。本品腐蚀性强，有漂白作用。

【注意事项】稀释液不能久贮，应现用现配。本品能腐蚀多种金属，并对有色棉织品有漂白作用。因其蒸气有刺激性，消毒畜舍时，家畜不宜留在室内。

【用法与用量】0.5%的溶液用于畜舍、饲槽、车辆等喷洒消毒；0.04%～0.2%的溶液用于耐酸塑料、玻璃搪瓷和橡胶制品的短时间浸泡消毒；3%～5%的溶液用于空间加热熏蒸消毒；0.2%溶液用于黏膜或皮肤消毒；5%的溶液用于密封的实验室、无菌室、仓库等喷雾消毒，用量2.5 mL/m^3。

二、皮肤、黏膜消毒防腐药

这类药物主要用于皮肤、黏膜、伤口等部位消毒，主要用于手术前、注射前的消毒。临床上，皮肤、黏膜消毒防腐药常被称为皮肤、黏膜消毒药。它们可以抑制病原微生物的生长繁殖，对细菌的作用较缓慢，但对人体组织细胞的伤害也较小，因此适用于皮肤、黏膜及伤口的消毒，有些可用于食品和药剂的防腐。

(一)醇类

醇类为使用较早的一类消毒防腐药。醇类消毒防腐药的优点是性质稳定、作用迅速、无腐蚀性、无残留作用，可与其他药物配成酊剂而起增效作用。缺点是不能杀灭细菌芽孢，受有机物影响大，抗菌有效浓度较高，常用的醇类是乙醇。

乙醇(Alcohol)

又名酒精。

【理化性质】本品为无色挥发性液体，易燃烧，能与水、挥发油等以任意比例混合。

【作用与应用】乙醇作用迅速，并且无腐蚀性、无残留，是目前临床上使用最广泛，也是较好用的一种皮肤消毒药。能杀死繁殖期细菌，对结核分枝杆菌、囊膜病毒也有杀灭作用，但对细菌芽孢无效。乙醇可使细菌脱水，并进入蛋白肽链的空隙破坏其构型，使菌体蛋白变性和沉淀。

乙醇还能扩张局部血管，改善局部血液循环，用稀乙醇涂擦卧病日久宠物的局部皮肤，可预防褥疮的形成；浓乙醇涂擦可促进炎性产物吸收，减轻疼痛，用于治疗急性关节炎、腱鞘炎和肌炎等。无水乙醇纱布压迫手术出血创面5 min，可立即止血。

本品主要用于皮肤、手术部位、手指、体温计、注射针头或小件医疗器械的消毒；急性关节炎、腱鞘炎等也可用浓乙醇涂擦和热敷。乙醇对黏膜的刺激性大，不能用于黏膜和创面抗感染。高于95%浓度的乙醇可使组织表面形成一层蛋白凝固膜，妨碍渗透，影响杀菌作用。临床常用75%乙醇消毒皮肤以及浸泡器械，也可用作溶剂。70%乙醇杀菌力最强，可杀死一般繁殖期的细菌，对芽孢无效。当乙醇的浓度低于20%时，杀菌作用微弱。医用乙醇的浓度应不低于95.0%。处方上凡未指明浓度的乙醇，均指95%乙醇。

【注意事项】乙醇易燃，应远离火源，并置于阴凉、干燥、通风处避光保存。使用时应注意个人防护，避免接触眼睛和口腔。不宜用于脂溶性物体表面的消毒，不可用于空气消毒。

【用法与用量】皮肤消毒，75%溶液；器械浸泡、小件医疗器械消毒，70%～75%溶液；胃肠臌胀型消化不良，40%以下溶液，内服。

（二）表面活性剂

表面活性剂是一类能够杀灭细菌、真菌、病毒等微生物的化学物质，通过降低表面张力作用，破坏菌体表面的脂质膜结构，导致菌体失去内部物质平衡，从而造成菌体死亡。表面活性剂分为离子型和非离子型两种，离子型表面活性剂包括季铵盐类、杂醚类等，而非离子型表面活性剂主要有酚类、醛类等。这些消毒药能够通过破坏菌膜结构、干扰细胞代谢、破坏细胞蛋白质等方式发挥杀菌作用。

苯扎溴铵（Benzalkonium Bromide）

又名新洁尔灭。为溴化二甲基苄基烃铵的混合物，属季铵盐类阳离子表面活性剂。

【理化性质】本品常温下为黄色胶状体，低温时可逐渐形成蜡状固体。臭芳香，味极苦。易溶于水或乙醇，水溶液呈碱性，振摇时产生大量泡沫。遇低温可发生混浊或沉淀。

【作用与应用】具有杀菌和去污作用。对一般细菌有较好的杀灭能力，但对分枝杆菌与真菌的杀灭效果甚微，对病毒效果差，对芽孢则只能起到抑制作用。对革兰氏阳性细菌杀灭能力比对革兰氏阴性细菌强。主要用于创面、皮肤和手术器械的消毒。

【注意事项】禁与肥皂及其他阴离子表面活性剂、盐类消毒剂、碘化物和过氧化物等配伍，不宜用于眼科器械和合成橡胶制品的消毒。

【用法与用量】外科手术前洗手，0.05%～0.1%溶液（浸泡 5 min）；器械消毒，0.1%溶液（煮沸 15 min，再浸泡 30 min）；创面消毒，0.01%溶液。

醋酸氯己定（Chlorhexidine Acetate）

又名洗必泰，为阳离子型的双胍化合物。

【理化性质】本品为白色晶粉。无臭，味苦。在乙醇中溶解，在水中微溶，在酸性溶液中解离。

【作用与应用】阳离子表面活性剂，通过改变细菌细胞膜的通透性，导致细胞内容物的泄漏，达到抑制和杀灭细菌的目的。有较强的抑菌作用，可抑制大部分革兰氏阴性菌和阳性菌繁殖，具有毒性低、作用迅速且持久等多种优点。与苯扎溴铵联用对大肠埃希菌有协同杀菌作用，两药混合液呈相加消毒效力。常用于皮肤及黏膜的消毒，创面感染、阴道感染和子宫颈糜烂的冲洗。消毒效力强于苯扎溴铵，对皮肤无刺激，不染色。

【注意事项】使用时需注意避免接触眼睛和其他黏膜，如口、鼻等。本品可能会引起局部刺激、红斑及接触性皮炎等不良反应，罕见情况下可能出现过敏反应。

【用法与用量】外科手术前洗手，0.02%溶液(浸泡 3 min)；器械消毒，0.1%溶液浸泡；创面消毒，0.05%溶液冲洗；口腔黏膜消炎，0.02%溶液含漱。

(三)卤素类

卤素类有碘和含碘的化合物，主要通过游离碘与微生物细胞膜和细胞质中的蛋白质结合，导致蛋白质变性失活，从而发挥杀菌作用。因其强大的杀菌能力而被广泛应用于医疗、卫生和日常生活中的皮肤、黏膜消毒。

碘(Iodine)

【理化性质】为灰黑色或蓝黑色、有金属光泽的片状结晶或块状物，有特臭，易升华，有毒性和腐蚀性。在水中几乎不溶，溶于碘化钾或碘化钠水溶液，易溶于乙醇、乙醚、三氯甲烷等有机溶剂。

【作用与应用】碘具有强大的杀菌作用，是一种广谱消毒剂，它能杀灭细菌芽孢、真菌、病毒、原虫。碘类消毒剂中起杀菌作用的主要成分是游离碘和次碘酸，其原理是碘化或氧化菌体蛋白的活性基团，并与蛋白的氨基结合而导致蛋白变性和抑制菌体的代谢酶系统。由于碘对组织有较强的刺激性，且强度与浓度成正比，碘酊涂抹皮肤，待稍干后，宜用 75%乙醇擦去，以免引起发泡、脱皮和皮炎。10%浓碘酊具有很强的刺激作用，可用于局部皮肤慢性炎症的治疗。碘甘油刺激性较小，用于黏膜表面消毒，治疗口腔、舌、齿龈、阴道等黏膜炎症与溃疡。

【注意事项】碘酊必须涂于干的皮肤上，如涂于湿皮肤上不仅杀菌效力降低，且易引起发泡和皮炎。配制的碘液应存放在密闭容器内，且应避光保存，本品不得与碱、生物碱、水合氯醛、酚、硫代硫酸钠、淀粉、鞣酸同用或接触。

【用法与用量】一般皮肤消毒用 2%碘酊，大家畜皮肤和术野消毒用 5%碘酊。

聚维酮碘(Povidone Iodine)

又名碘络酮(即聚乙烯吡咯烷酮-碘，简称 PVP-I)。

【理化性质】本品为黄棕色至红棕色无定形粉末，易溶于水和乙醇，常制成溶液，其溶液为红棕色液体。

【作用与应用】PVP 是一种亲水性聚合物，本身无抗菌作用，但是 PVP 可形成微小包腔载体，能将碘离子络合在微囊腔体内，形成 PVP-I。在水溶液状态下，其对细胞膜有较高的亲和作用，将碘直接引到病原体细胞表面，故能提高碘的抗微生物活性。本品对金属腐蚀性和对黏膜刺激性均较小，克服了碘酊刺激性强和易挥发的缺点。聚维酮碘是一种高效低毒的消毒剂，对细菌、芽孢、病毒和真菌均有良好的杀灭作用。临床主要用于手术部位、皮肤、黏膜、创口的消毒和治疗，也用于手术器械、医疗用品、器具、蔬菜、环境的消毒等。

【注意事项】本品不得与碱、生物碱、水合氯醛、汞、硫代硫酸钠、淀粉、鞣酸同用或接触。

【用法与用量】以聚维酮碘计，5%溶液用于皮肤消毒及治疗皮肤病；0.5%～1.0%溶液用于奶牛乳头浸泡；0.1%溶液用于黏膜及创面冲洗；1%溶液用于水产动物疾病防治。

（四）酸类

酸类化合物对细菌繁殖体和真菌具有杀灭和抑制作用，但作用不强。主要用于创伤、黏膜面的防腐消毒，酸性弱，刺激性小，不影响创伤愈合，故临床常用。

硼酸（Boric Acid）

【理化性质】本品为无色微带珍珠光泽的结晶或白色疏松的粉末，无臭。本品溶于水，常制成软膏剂或临用前配成溶液。

【作用与应用】本品对细菌和真菌有微弱的抑制作用，刺激性极小。外用洗眼或冲洗黏膜，治疗眼、鼻、口腔、阴道等黏膜炎症；也用其软膏涂敷患处，治疗皮肤创伤和溃疡等。

【注意事项】外用一般毒性不大，但不适用于大面积创伤和新生肉芽组织，以避免吸收后蓄积中毒。

【用法与用量】外用，2%～4%溶液冲洗或用软膏涂敷患处。

（五）过氧化物类

本类药物与有机物相遇时，可释出新生态氧，使菌体内活性基团氧化而起杀菌作用。杀菌能力强且作用迅速，价格低廉。但不稳定、易分解，有的对消毒物品具有漂白和腐蚀作用。在药物未分解前对操作人员有一定的刺激性，应注意防护。

过氧化氢溶液（Hydrogen Peroxide Solution）

又名双氧水，常制成浓度为26%～28%的水溶液。

【理化性质】本品为无色澄清液体，无臭或有类似臭氧的臭气。遇氧化物或还原物即迅速分解并产生气泡，遇光、热易变质。

【作用与应用】过氧化氢有较强的氧化性，与组织有机物接触后，能放出新生态氧而呈现杀菌、防腐、除臭作用。由于杀菌力弱，一般不用作消毒药。在接触创面时，由于分解迅速，会产生气泡，有利于机械清除小脓块、血块、坏死组织，防止厌氧菌感染。但不宜用于清洁创伤。临床常用于皮肤、黏膜、创面、瘘管的清洗。

【注意事项】本品对皮肤、黏膜有强刺激性，避免用手直接接触高浓度过氧化氢溶液，以免发生灼伤。禁与有机物、碱、碘化物及强氧化剂配伍。受热，见光易分解，置于棕色玻璃瓶，避光，阴凉处保存。

【用法与用量】1%～3%溶液清洗化脓创面、痂皮；0.3%～1%溶液冲洗口腔黏膜。

高锰酸钾（Potassium Permanganate）

【理化性质】黑紫色、细长的菱形结晶或颗粒，带蓝色的金属光泽。无臭，易溶于水，水溶液呈深紫色，常制成粉剂。

【作用与应用】本品为强氧化剂，遇有机物或加热、加酸或碱等均可释出新生态氧（非游离态氧不产生气泡）而呈现杀菌、除臭、氧化作用。在发生氧化反应时，其本身还原为棕色的二氧化锰，后者可与蛋白质结合成蛋白盐类复合物，因此，高锰酸钾在低浓度时对组织有收敛作用，但高浓度时有刺激和腐蚀作用。高锰酸钾的抗菌作用较过氧化氢强，但它极易被有机物分解而使作用减弱，而在酸性环境中杀菌作用增强。常用于冲洗皮肤创伤及腔道炎症。

【注意事项】使用时严格控制浓度，不同适应证采用不同浓度的溶液。高浓度的高锰酸钾对组织有刺激和腐蚀作用，不宜反复用于洗胃。本品遇福尔马林、甘油等易产生剧烈燃烧，与活性炭或碘等还原性物质共同研磨时可发生爆炸，遇氨水及其制剂可产生沉淀。水溶液现配现用，避光保存，久置还原失效。

【用法与用量】腔道冲洗、洗胃及有机磷中毒时的解救，0.05%～0.1%溶液；冲洗创伤，0.1%～0.2%溶液。

课后思考

1. 影响消毒防腐药作用的因素有哪些？
2. 对病毒和芽孢应选用什么消毒剂？请举例说明。
3. 如何利用高锰酸钾和甲醛对鸡舍熏蒸消毒？
4. 甲醛的作用机制是什么？临床主要有哪些应用？
5. 简述氢氧化钠、氧化钙消毒的特点和使用方法、注意事项。
6. 高锰酸钾的杀菌机理是什么？临床主要有哪些应用？
7. 简述乙醇的作用、用途与应用注意事项。

案例分析

某鸡场鸡群陆续出现采食减少、羽毛蓬乱、拉黄白色稀粪，剖检可见腹腔包裹一层黄色膜、心包积液、肝脏有出血点，经实验室诊断，确定为大肠埃希菌感染。

请问鸡舍该选择何种消毒药物？如何使用？为什么？

思政园地

"高山仰止，景行行止。"

——《诗经·小雅·车辖》

屠呦呦：青蒿济世 科研报国

在探索科学的征途中，屠呦呦因发现青蒿素获得诺贝尔生理学或医学奖。她不仅挽救了无数疟疾患者的生命，更向世界展示了中国传统医学与现代科技结合的无限可能。

1967年5月23日，国家科委和解放军总后勤部在北京召开"疟疾防治药物研究工作协作会议"，代号为"523"项目的大规模药物筛选、研究在全国七省市展开。面对疟疾肆虐的严峻挑战，屠呦呦毅然投身"523"项目，以高度的责任感和使命感，投身于中药抗疟的艰难探索中。她不畏艰难，历经数百次失败，从古籍中汲取智慧，创新提取方法，最终发现青蒿素，开创了中药抗疟的新纪元。这一过程，是对"科学有险阻，苦战能过关"精神的最好诠释。

作为新时代的大学生，我们应当心怀家国，将个人理想融入中华民族伟大复兴事业之中；勇于创新，敢于挑战未知，不畏艰难；坚守信念，始终保持对科学的敬畏和对真理的追求。只有这样，我们才能在学习和工作中不断取得新的突破，为实现中华民族伟大复兴的中国梦贡献自己的力量。

自主学习

知识拓展　如何正确使用消毒防腐药

模块二学习情境一在线自测

学习情境二　抗微生物药物

学习单元一　抗菌药物基础知识

抗微生物药物是指对细菌、支原体、衣原体、真菌、病毒等微生物具有选择性抑制或杀灭作用的药物，主要用于防治病原微生物所致的感染性疾病。大部分抗微生物药物常用于防治微生物感染性疾病，因此也称作抗感染药物。病原微生物如细菌、病毒所引起的疾病是兽医临床的常见病和多发病，这些疾病会给畜牧业造成巨大损失，而且抗微生物药物在动物上应用产生的耐药性可能向人传播，从而直接或间接地危害人们的健康和公共卫生安全，因此抗微生物药物的合理应用对畜牧业经济和公共卫生都十分重要。

一、基本概念

微生物进入机体可引起疾病，但是微生物不能决定疾病的全过程，机体的抗病力即免疫状态和反应性对疾病的发生和发展也有重要作用。当机体的抗病能力强时，就能战胜微生物的致病作用，达到疾病的康复或免于致病，因此在使用抗微生物药物时，也要重视动物机体的防御机能。与此同时，在某些条件下，原来对药物敏感的微生物可以变为不敏感，表现为耐药性，使抗微生物药物不能发挥作用。另外，药物在作用于微生物的同时，对机体也会带来不良作用。因此，要充分掌握抗微生物药物的药效学、药动学及毒理学，有针对性地选药，根据药物的药动学特征，给予充足的剂量和疗程，防止耐药性和不良反应的产生，同时依靠和发挥动物机体的防御机能。

抗微生物药物对感染性疾病的治疗以及对由寄生虫、恶性肿瘤所致疾病的药物治疗统称为化学治疗，简称化疗。凡是对侵袭性的病原体具有选择性抑制或杀灭作用，而对机体（宿主）没有或只有轻度毒性作用的化学物质，称为化学治疗药，简称化疗药。应用各类抗微生物药物治疗疾病时，应注意机体、微生物和药物三者在防治疾病中的相互关系。

1. 抗菌药

抗菌药是由微生物（如细菌、真菌、放线菌）所产生的抗生素以及化学合成或半合成的抗菌药物的总称，它们对病原菌具有抑制或杀灭作用，是防治感染性疾病的一类药物。如青霉素、土霉素、庆大霉素属于抗生素；阿莫西林、头孢氨苄为半合成抗菌药；氟喹诺酮类和磺胺类药物是化学合成抗菌药。

2. 抗生素

抗生素旧称抗菌素，是各种微生物（包括细菌、真菌、放线菌属）在生长繁殖过程中产生的代谢产物，是在很低的浓度下即能抑制或杀灭其他微生物的化学物质。抗生素主要用微生物发酵法进行生产，如青霉素、红霉素等。少数抗生素如氯霉素、甲砜霉素等可用化学合成方法生产。此外，还可将生物合成的抗生素分子进行结构改造，即将微生物发酵产生的前体或母核经化学修饰后制成各种半合成抗生素，如氨苄西林、头孢氨苄等。

3. 抗菌谱

抗菌谱指药物抑制或杀灭病原微生物的范围。仅作用于单一菌种或单一菌属的药物称窄谱抗菌药，如多黏菌素类药物仅对革兰氏阴性菌有作用。能杀灭或抑制多种不同种类细菌的药物称广谱抗菌药，如四环素类、酰胺醇类、第三代头孢菌素、氟喹诺酮类、磺胺类等。抗菌谱是兽医临床选药的基础。

4. 抗菌活性

抗菌活性指抗菌药抑制或杀灭病原微生物的能力。临床实践中常用最小抑菌浓度与最小杀菌浓度两个指标进行评定。能够抑制培养基内细菌生长的最低药物浓度称为最小抑菌浓度(MIC)。能够杀灭培养基内细菌或使细菌数减少 99.9%的最低药物浓度称为最小杀菌浓度(MBC)。抗菌药的抑菌作用和杀菌作用是相对的，有些抗菌药在低浓度时呈抑菌作用，而高浓度时呈杀菌作用，如青霉素在血药浓度为 0.03～0.05 IU/mL 时起抑菌作用，0.5 IU/mL 则能杀菌。

5. 抗生素效价

抗生素效价指抗生素的作用强度，是评价抗生素效能的标准，也是衡量抗生素活性成分含量的尺度。通常以质量、国际单位(IU)或单位(U)来表示。常采用化学法或生物效价测定法。大多数抗生素药物不纯，不能用质量法衡量抗生素的作用强度，所以规定了以特定单位作为评定抗生素效能和活性成分含量的尺度，并确定每种抗生素的效价与质量之间有特定转换关系。如标准青霉素钠，1 mg 等于 1 667 IU 或 1 IU 等于 0.6 μg；标准青霉素钾，1 mg 等于 1 559 IU 或 1 IU 等于 0.625 μg。

6. 抗菌后效应(PAE)

抗菌后效应指停药后，抗生素在机体内的浓度低于最小抑菌浓度或者被机体完全清除，细菌在一段时间内仍处于持续受抑制状态。能产生抗菌后抑制效应的药物主要有 β-内酰胺类、氨基糖苷类、大环内酯类、林可胺类、四环素类、酰胺醇类和氟喹诺酮类等，如氟喹诺酮类药物的抗菌后抑制效应可达 2～6 h。

7. 细菌耐药性

细菌耐药性是指细菌产生对抗微生物药物不敏感的现象。分为天然耐药性和获得耐药性两种，前者属细菌的遗传特征，是由细菌基因决定的，不可改变，如肠道革兰氏阴性杆菌对青霉素 G 的耐药性；后者即一般所说的耐药性，是指病原菌与抗菌药多次接触后对药物的敏感性逐渐降低甚至消失，致使抗菌药对耐药病原菌的作用降低或无效，如金黄色葡萄球菌对青霉素 G 的耐药性。

某种病原菌对一种药物产生耐药性后，往往对同一类的其他药物也具有耐药性，这种现象称为交叉耐药性。交叉耐药性包括完全交叉耐药性及部分交叉耐药性。完全交叉耐药性是双向的，如多杀性巴氏杆菌对磺胺嘧啶产生耐药性后，对其他磺胺类药均产生耐药性；部分交叉耐药性是单向的，如对链霉素有耐药性的细菌，对庆大霉素、卡拉霉素、新霉素仍然敏感，而对庆大霉素、卡拉霉素、新霉素有耐药性的细菌，对链霉素也有耐药性。

细菌产生耐药性的机理有以下几种方式：

(1)产生酶使药物失活。主要有水解酶和钝化酶两类：水解酶，如 β-内酰胺酶类，它们能使青霉素或头孢菌素的 β-内酰胺环裂解而使药物失效；钝化酶，如乙酰转移酶、磷酸转移酶及核苷转移酶等，可以将乙酰基、磷酰基和腺苷酰基连接到氨基糖苷类的氨基或羟基上而失效。

(2)改变膜的通透性。很多广谱抗菌药都对铜绿假单胞菌无效或作用很弱，主要是抗菌药物不能进入铜绿假单胞菌体内，故产生天然耐药性。另外，细菌接触抗菌药后，可以通过改变通道蛋白的性质和数量来降低细菌膜的通透性而产生耐药性。如一些革兰氏阴性菌对四环素类及氨基糖苷类产生耐药性，即由于耐药菌所带的质粒诱导产生三种新的膜孔蛋白，阻塞了外膜亲水性通道，药物不能进入。

(3)作用靶位结构的改变。细菌细胞内膜上与抗菌药结合部位的靶蛋白结构、位置或数量发生变化，使药物与细菌靶蛋白不能结合或者即使药物与靶蛋白结合，仍有足够量的靶蛋白维持细菌的正常形态和功能，而丧失抗菌效能。如*β*-内酰胺类抗生素的作用靶位是青霉素结合蛋白(PBPs)，*β*-内酰胺类抗生素耐药菌株体内的 PBPs 的质和量发生改变，导致与药物的结合能力下降；链霉素耐药菌株，主要是细菌核糖体 30 S 亚基上的链霉素受体(P_{10}蛋白)发生构型改变，使药物不能与菌体结合而失效；红霉素耐药菌株的形成可能与 50 S 亚基蛋白质的突变有关。

(4)改变代谢途径。磺胺药是与对氨基苯甲酸(PABA)竞争二氢叶酸合成酶而产生抑菌作用的。如金黄色葡萄球菌多次接触磺胺药后，其自身的 PABA 产量增加，可高达原敏感菌产量的 20～100 倍，与磺胺药竞争二氢叶酸合成酶，使磺胺药药效下降甚至消失。

(5)主动外排作用。某些细菌能将进入菌体的药物泵出体外，这种泵因需能量，故称为主动外排系统。对四环素类耐药的细菌质膜可产生“四环素泵”，把菌体内的药物泵出细胞外；对喹诺酮类耐药的细菌细胞膜上也存在外排系统。

二、抗菌药作用机理

抗菌药通过对细菌生长繁殖过程中的结构完整性的破坏和正常代谢功能的干扰而产生作用，随着近代生物化学、分子生物学、电子显微镜、同位素示踪技术和精确的化学定量方法等飞跃发展，抗生素作用机理的研究已进入分子水平，目前阐明的作用机理有下列四种类型(图 2-1)。

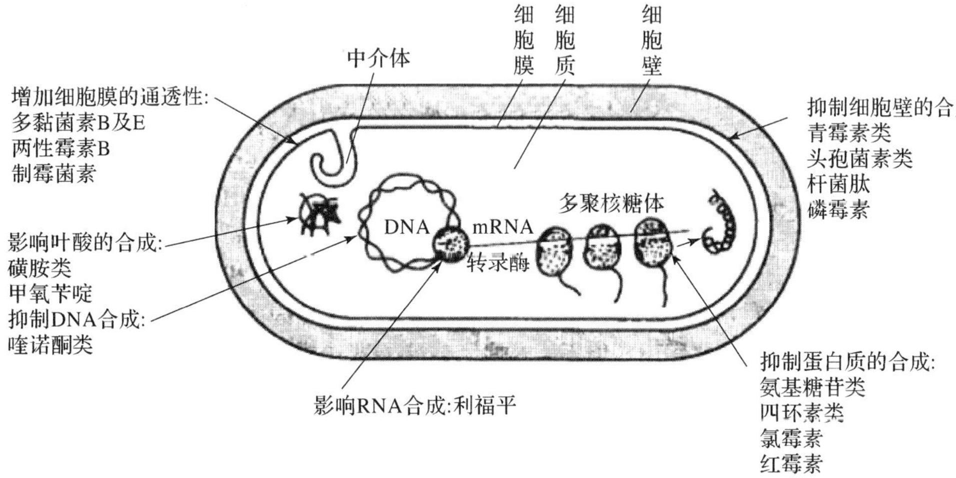

图 2-1　细菌的基本结构及抗生素作用原理示意图

1. 抑制细胞壁的合成

大多数细菌(如革兰氏阳性菌)细胞膜外是一层坚韧的细胞壁，主要由肽聚糖组成，能抵御菌体内强大的渗透压，具有保护和维持细菌正常形态的功能。而青霉素类与头孢菌素类等抗生素能抑制细菌细胞壁的合成，导致细菌细胞壁缺损，由于菌体内的高渗透压，在等渗环境中水分不断渗入，致使细菌膨胀、变形，在自溶酶影响下，细菌破裂溶解而死亡。属于这种作用类型的抗生素有青霉素类、头孢菌素类、杆菌肽、磷霉素等。这类抗生素对革兰氏阳性菌的作用强，而对革兰氏阴性菌的作用弱。因为革兰氏阳性菌的细胞壁的主要成分是肽聚糖，肽聚糖层厚而致密，占细胞壁质量的65%～95%，且菌体内的渗透压高；而革兰氏阴性菌细胞壁的主要成分为磷脂，肽聚糖层薄而疏松，仅占细胞壁质量1%～10%，且菌体内的渗透压低。因为动物无细胞壁结构，细胞内也不含肽聚糖，因此这类抗生素对动物几乎无毒性。

2. 增加细胞膜的通透性

细菌细胞膜主要是由类脂质和蛋白质分子构成的一种半透膜，具有选择性输送营养物质及催化重要生化代谢过程的作用。当细胞膜损伤时，通透性增加，导致菌体内细胞质中的重要营养物质（如核酸、氨基酸、酶、磷酸、电解质等）外漏而死亡，产生杀菌作用。属于这种作用方式而呈现抗菌作用的抗生素有多肽类（如多黏菌素B和黏菌素）及多烯类（如两性霉素B、制霉菌素等）。多黏菌素类抗生素具有表面活性物质，能选择性地与细菌细胞膜中的磷脂结合；而制霉菌素和两性霉素等多烯类抗生素则仅能与真菌细胞膜中固醇类物质结合，而细菌细胞膜不含类固醇，故对细菌无效。它们均能使细胞膜通透性增加，导致菌体内的蛋白质、核苷酸、氨基酸、糖和盐类等外漏，从而使细菌死亡。动物细胞的细胞膜上含有少量类固醇，故长期或大剂量使用两性霉素B可出现溶血性贫血。

3. 抑制蛋白质的合成

细菌为原核细胞，其核糖体为70 S，由30 S和50 S亚基组成，哺乳动物是真核细胞，其核糖体为80 S，由40 S与60 S亚基构成，因而它们的生理、生化与功能不同，抑制细菌菌体蛋白质的合成的抗菌药物对细菌的核糖体有高度的选择性毒性，而不影响哺乳动物的核糖体和蛋白质合成。氯霉素类、氨基糖苷类、四环素类和大环内酯类等可在菌体蛋白合成的不同阶段与核糖体的不同部位结合，阻断蛋白质的合成从而产生抑菌或杀菌作用。

4. 抑制细菌核酸合成

核酸具有调控蛋白质合成的功能。新生霉素、灰黄霉素和抗肿瘤抗生素（如丝裂霉素C、放线菌素）、利福平等可抑制或阻碍细菌细胞DNA或RNA的合成。磺胺类与甲氧苄啶（TMP）可妨碍叶酸代谢，最终影响核酸合成，从而抑制细菌的生长和繁殖。

三、化疗药、机体、病原体的相互关系

在防治微生物感染性疾病时，必须注意机体、化疗药、病原体的相互关系（图2-2），其被称为“化疗三角”。例如，化疗药的抗病原体作用可以产生防治疾病的效果，又可能引起机体产生不良反应；机体对药物的转运和转化都会影响药物作用的发挥，同时机体固有的免疫机能对病原体具有一定的抵抗力；病原体可致机体发病，又可能对化疗药产生耐药性。应用化疗药物的目的在于抑制或杀灭病原体，以直接或间接发挥防治作用。与此同时，还应重视机体防御机能的发挥。因为在化疗药物作用之后，最终消灭病原体并使机体康复，还要靠机体本身的调整功能。此外，应用化疗药防治疾病时，不能只顾消灭病原体，还应避免药物对机体可能产生的不良作用，并注意用药方式、方法，防止产生耐药性。

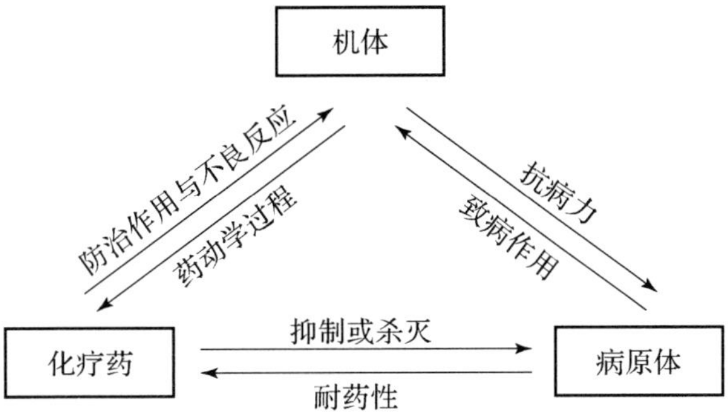

图 2-2　化疗药、机体、病原体的相互作用关系

四、抗生素分类

1. 根据作用特点分类

(1)主要作用于革兰氏阳性细菌的抗生素。青霉素类、头孢菌素类、大环内酯类、林可胺类、新生霉素、杆菌肽等。

(2)主要作用于革兰氏阴性细菌的抗生素。氨基糖苷类，如链霉素、卡那霉素、庆大霉素、新霉素；多肽类，如多黏菌素 B 等。

(3)广谱抗生素。四环素类及酰胺醇类等。

(4)抗真菌的抗生素。制霉菌素、灰黄霉素、两性霉素 B 等。

(5)抗寄生虫的抗生素。伊维菌素、潮霉素 B、越霉素 A、莫能菌素、盐霉素、马杜霉素等。

(6)抗肿瘤的抗生素。放线菌素 D、丝裂霉素、柔红霉素等。

(7)饲用抗生素。作为饲料药物添加剂，有促进动物生长，提高生产性能的作用，如杆菌肽锌、维吉尼亚霉素等。

2. 根据化学结构分类

(1)β-内酰胺类。青霉素类和头孢菌素类的分子结构中含有 β-内酰胺环。前者包括青霉素、氨苄西林、阿莫西林、苯唑西林、羧苄西林等；后者有头孢唑林、头孢氨苄、头孢拉啶、头孢噻呋等。此外还有非典型的 β-内酰胺类，如 β-内酰酶抑制剂、碳青霉烯类、单环 β-内酰胺类等。

(2)氨基糖苷类。链霉素、庆大霉素、卡那霉素、妥布霉素、阿米卡星、新霉素、小诺米星等。

(3)大环内酯类。红霉素、泰乐菌素、替米考星、吉他霉素、螺旋霉素等。

(4)林可胺类。林可霉素、克林霉素等。

(5)四环素类。四环素、土霉素、金霉素、多西环素、美他环素和米诺环素等。

(6)酰胺醇类。甲砜霉素、氟苯尼考等。

(7)多肽类。黏菌素、硫肽菌素等。

(8)多烯类。制霉菌素、两性霉素 B 等。

(9)截短侧耳素类。泰妙菌素、沃尼妙林等。

(10)含磷多糖类。黄霉素、大碳霉素、喹北霉素等，主要用作饲料添加剂。

学习单元二　主要作用于革兰氏阳性菌的抗生素

一、β-内酰胺类抗生素

β-内酰胺类抗生素(β-lactam antibiotics)是指化学结构中含有β-内酰胺环的一类抗生素，该类抗生素抗菌活性强、毒性低、品种多、适应证广，兽医临床常用药物包括青霉素类和头孢菌素类。β-内酰胺类抗生素可作用于细菌的青霉素结合蛋白(PBPs)，抑制细菌细胞壁合成，菌体失去渗透屏障而膨胀、裂解，同时借助细菌的自溶酶溶解而产生抗菌作用。PBPs是存在于细菌细胞膜上的蛋白，相对分子质量为4万～14万，占膜蛋白的1%，其数目、种类、分子大小及与β-内酰胺类抗生素的亲和力均因细菌菌种不同而有很大差异。该类抗生素对处于繁殖期正大量合成细胞壁的细菌作用强，而对已合成细胞壁，处于静止期者作用弱，故称繁殖期杀菌剂。

(一)青霉素类抗生素

青素类包括天然青霉素和半合成青霉素。基本化学结构由母核6-氨基青霉烷酸(6-APA)和侧链组成。天然青霉素是从青霉素的培养液中获得的，包括青霉素F、青霉素G、青霉素X、青霉素K和双氢F 5种成分。其中以青霉素G作用最强，性质较稳定，产量也较高，所以临床常用的为青霉素G，其优点是杀菌力强、毒性低、价廉，但存在抗菌谱较窄、易被胃酸和β-内酰胺酶(青霉素酶)水解破坏、金黄色葡萄球菌易产生耐药性等缺点。半合成青霉素临床常用的有苯唑西林、邻氯西林、氨苄西林、阿莫西林、羧苄西林、海他西林等，具有耐酸、耐酶、广谱等特点。兽医临床最常用的是青霉素G。

青霉素(Penicillin)

【理化性质】又名苄青霉素，是一种有机酸，性质稳定，难溶于水。其钾盐或钠盐为白色结晶性粉末，易溶于水，无臭或微有特异性臭。其干燥粉末在室温中保存数年仍有抗菌活性，但其溶于水后极不稳定，易被酸、碱或氧化剂破坏失效，水溶液在30 ℃放置24 h，效价下降56%，故临床应用时要现用现配。常制成粉针。

【作用与应用】青霉素属窄谱杀菌性抗生素，抗菌活性强，本品对大多数革兰氏阳性菌、革兰氏阴性球菌、少数革兰氏阴性杆菌、放线菌和螺旋体等高度敏感，常作为首选药。对青霉素敏感的病原菌主要有链球菌、葡萄球菌、肺炎球菌、脑膜炎球菌、猪丹毒杆菌、化脓棒状杆菌、炭疽杆菌、破伤风梭菌、李斯特菌、产气荚膜梭菌、牛放线杆菌和钩端螺旋体等。大多数革兰氏阴性杆菌对青霉素不敏感，对结核分支杆菌、病毒、立克次体及真菌则无效。

青霉素应用于敏感菌所致的各种疾患，如猪丹毒、炭疽、气肿疽、恶性水肿、放线菌病、马腺疫、关节炎、坏死杆菌病、肾盂肾炎、钩端螺旋体病、乳房炎、皮肤软组织感染、子宫炎、肺炎、败血症、破伤风等。此外，大剂量应用可治疗禽巴氏杆菌病及鸡球虫病并发的肠道梭菌感染。治疗破伤风时宜与破伤风抗毒素合用。

【耐药性】除金黄色葡萄球菌外，一般细菌不易产生耐药性。耐药的金黄色葡萄球菌能产生大量的β-内酰胺酶，使青霉素的β-内酰胺环水解为青霉噻唑酸，失去抗菌活性。对耐药金黄色葡萄球菌感染的治疗，可采用半合成青霉素类、头孢菌素类、红霉素及氟喹诺酮类药物等进行治疗。

【不良反应】青霉素毒性较小。其不良反应除局部刺激外，主要是过敏反应，人较严重。兽医临床上，马、牛、猪、犬等已有报道，但症状较轻。主要表现为流汗、肌肉震颤、呼吸困难、心率加快、站立不稳，有时可见荨麻疹、眼睑和头面部水肿，阴门、直肠肿胀和无菌性蜂窝织炎等，严重者可休克，抢救不及时可引起死亡。因此，用药后应注意观察，若出现过敏反应，要立即进行对症治疗，严重者可静脉或肌内注射肾上腺素，必要时可加用糖皮质激素和抗组胺药，增强或稳定疗效。

【注意事项】青霉素与氨基糖苷类合用呈现协同作用；与红霉素、四环素类和酰胺醇类等快效抑菌剂合用，可降低青霉素的抗菌活性；与重金属离子(尤其是铜、锌、汞)、醇类、酸、碘、氧化剂、还原剂、羟基化合物、呈酸性的葡萄糖注射液或盐酸四环素注射液等合用可破坏青霉素的活性。

【制剂、用法与用量】注射用青霉素钠(钾)。40 万 U、80 万 U、160 万 U。肌内注射，一次量，每千克体重，马、牛 1 万～2 万 U，羊、猪、驹、犊 2 万～3 万 U，犬、猫 3 万～4 万 U，禽 5 万 U。2～3 次/d，连用 2～3 d。乳管内注入，一次量，每一乳室，奶牛 10 万 U。1～2 次/d，连用 2～3 d，弃奶期 3 d。

氨苄西林(Ampicillin)

【理化性质】又名氨苄青霉素、安比西林，为白色结晶性粉末，味微苦。本品为半合成抗生素，微溶于水，其钠盐易溶，常制成可溶性粉、注射液、粉针、片剂、乳房注入剂。

【作用与应用】本品具有广谱抗菌作用，对金黄色葡萄球菌、溶血性链球菌和肺炎球菌等革兰氏阳性菌的抗菌活性稍弱于青霉素 G，对大肠埃希菌、变形杆菌、沙门菌、嗜血杆菌、布鲁氏菌和巴氏杆菌等革兰氏阴性菌作用与四环素类相似或略强，但不及庆大霉素、卡那霉素和多黏菌素；对耐青霉素的金黄色葡萄球菌和绿脓杆菌无效。

本品用于对氨苄西林敏感的大肠埃希菌、沙门菌、巴氏杆菌、葡萄球菌和链球菌所致的呼吸道和泌尿生殖道感染、乳房炎、鸡白痢、禽霍乱等，常作为嗜血杆菌引起的肺炎和胸膜肺炎的首选药；局部应用于治疗奶牛乳房炎。

【注意事项】①本品内服后耐酸，单胃动物吸收较好，反刍动物吸收差；肌内注射吸收生物利用度大于 80%，吸收后分布广泛，可透过胎盘屏障，但脑脊髓液和奶中含量低。半衰期短，主要经肾脏排泄。②可产生过敏反应，犬较易发生。③本品溶解后应立即使用。其稳定性随浓度和温度而异，即温度越高，稳定性越差。在 5 ℃时，1%氨苄西林钠溶液的效价能保持 7 d。氨苄西林钠在生理盐水、复方氯化钠溶液中稳定性较好，在 5%葡萄糖生理盐水中稳定性一般，在 10%葡萄糖、5%碳酸氢钠溶液中稳定性最差，输液时应注意选择。④氨苄西林钠盐与维生素 C、乳糖酸红霉素、盐酸庆大霉素、硫酸卡那霉素、盐酸林可霉素、盐酸土霉素、盐酸四环素、碳酸氢钠等药物有配伍禁忌。氨苄西林能刺激雌激素的代谢或减少其肝肠循环，从而降低了雌激素的效果。⑤休药期：鸡 7 d，蛋鸡产蛋期禁用；猪 15 d；牛 6 d，弃奶期 2 d。

【制剂、用法与用量】氨苄西林钠可溶性粉。以氨苄西林计，内服，每千克体重，家畜、禽 20～40 mg，如犬、猫 20～30 mg，一日 2～3 次，连用 2～3 d；混饮，每升水，禽 60 mg，连用 3～5 d。

注射用氨苄西林钠。肌内注射、静脉注射，一次量，每千克体重，家畜 10～20 mg，如犬、猫 10～20 mg，一日 2～3 次，连用 2～3 d。

阿莫西林(Amoxicillin)

【理化性质】又名羟氨苄青霉素，耐酸性比氨苄西林强，为白色或类白色结晶性粉末，味微苦。本品为半合成抗生素，微溶于水，其钠盐易溶于水，常制成可溶性粉、注射剂。

【作用与应用】本品的抗菌谱和抗菌活性与氨苄西林相似，但其穿透细胞壁的能力较强，能抑制细菌细胞壁的合成，使细菌迅速成为球形体而破裂溶解，故对多种细菌的杀菌作用较氨苄西林迅速而强。

本品主要用于巴氏杆菌、大肠埃希菌、沙门菌、葡萄球菌、链球菌等敏感菌所致的动物呼吸系统、泌尿系统、乳房炎、子宫炎、皮肤及软组织等感染。

【注意事项】①本品内服耐酸，单胃动物吸收良好，不受胃肠道内容物影响，可与饲料同服。血清中浓度比氨苄西林高 1.5～3 倍。②本品与克拉维酸联用可增强其抗菌作用，对产酸耐药金黄色葡萄球菌及革兰氏阴性杆菌有效；与大黄可生成鞣酸盐沉淀物，降低生物利用度。③休药期：鸡 7 d，产蛋期禁用；牛、猪 14 d，弃奶期 2.5 d。

【制剂、用法与用量】阿莫西林可溶性粉。以阿莫西林计，内服，一次量，每千克体重，鸡 20～30 mg，犬、猫 10～20 mg，一日 2 次，连用 5 d；混饮，每升水，鸡 60 g，连用 3～5 d。

注射用阿莫西林钠。以阿莫西林计，肌内注射、皮下注射，一次量，每千克体重，牛、猪、犬、猫 15 mg，一日 1 次。

苯唑西林钠(Oxacillin Sodium)

【理化性质】又名苯唑青霉素钠、新青霉素Ⅱ钠，为白色粉末或结晶性粉末，无臭或微臭，易溶于水，常制成粉针。

【作用与应用】本品为耐青霉素酶的半合成抗生素，对革兰氏阳性菌的抗菌活性不如青霉素 G，对耐青霉素金黄色葡萄球菌敏感，对肠球菌不敏感。

本品主要用于耐青霉素的金黄色葡萄球菌感染，如乳房炎、肺炎、烧伤创面感染等。

【注意事项】①本品内服耐酸，肌内注射后吸收迅速，体内分布广泛，主要经肾脏排泄。②本品与氨苄西林或庆大霉素合用，可增强对肠球菌的抗菌活性。③休药期，牛、羊 14 d，猪 5 d；弃奶期 3 d。

【制剂、用法与用量】注射用苯唑西林钠。0.5 g、1 g。以苯唑西林计，肌内注射，一次量，每千克体重，马、牛、羊、猪 10～15 mg，犬、猫 15～20 mg，每天 2～3 次，连用 2～3 d。

氯唑西林钠(Cloxacillin Sodium)

【理化性质】又名氯唑青霉素钠，为白色粉末或结晶性粉末，微臭，味苦，易溶于水，常制成粉针、乳房注入剂。

【作用与应用】本品为半合成抗生素，抗菌谱及抗菌活性与苯唑西林钠相似，对金黄色葡萄球菌作用不及苯唑西林。

本品主要用于耐青霉素葡萄球菌感染，常与氨苄西林钠制成乳剂，或制成有长效作用的苄星氯唑西林治疗奶牛乳房炎等。

【注意事项】①本品内服耐酸，吸收快而不完全，胃中内容物可影响吸收。吸收后分布广泛，可透过胎盘屏障。②休药期，牛 10 d，弃奶期 2 d。

【制剂、用法与用量】注射用氯唑西林钠。以氯唑西林计，肌内注射，一次量，每千克体重，马、牛、羊、猪 5～10 mg，犬、猫 20～40 mg，一日 3 次，连用 2～3 d。

（二）头孢菌素类抗生素

头孢菌素又名先锋霉素，是从头孢菌（*Cephalosporinum acremonium*）培养液中提取的头孢菌素 C 经水解生成头孢菌素母核 7-氨基头孢烷酸（7-ACA），并对其侧链进行改造而合成的一系列化合物。其化学结构中含 β-内酰胺环，与青霉素类共称为 β-内酰胺类抗生素。其抗菌谱与广谱青霉素相似，对革兰氏阳性菌、阴性菌及钩端螺旋体有效，为半合成广谱抗生素。本类抗生素的特点是抗菌谱广，杀菌力强，对胃酸和 β-内酰胺酶较稳定，过敏反应少。抗菌作用机制与青霉素相似。对多数耐青霉素的细菌仍然敏感，但与青霉素之间存在部分交叉耐药现象。头孢菌素与青霉素类、氨基糖苷类合用有协同作用。

目前医用头孢菌素有 30 多种。动物专用的有头孢噻呋、头孢喹肟等。由于价格昂贵，兽医临床应用不多，现多用于贵重动物疾病、宠物疾病和局部感染的治疗（如乳房炎等）。

根据发现的时间先后、抗菌谱和对 β-内酰胺酶的稳定性及对肾毒性，可将头孢菌素类分为四代。

第一代头孢菌素的抗菌谱与广谱青霉素相似，对革兰氏阳性菌作用强于第二、第三代，但对革兰氏阴性菌作用弱。可被青霉素酶破坏，主要用于革兰氏阳性菌感染，大剂量使用后可损害近曲小管细胞而出现肾毒性。常用的有头孢噻吩（先锋霉素Ⅰ）、头孢氨苄（先锋霉素Ⅳ）、头孢唑啉（先锋霉素Ⅴ）、头孢拉啶（先锋霉素Ⅵ）、头孢羟氨苄等。

第二代头孢菌素对革兰氏阳性菌作用与第一代相近或稍弱，对革兰氏阴性菌有明显作用，部分药物对厌氧菌有一定作用，但对铜绿假单胞菌无效，多数品种能耐受 β-内酰胺酶，肾毒性较第一代减轻。常用的有头孢呋辛、头孢孟多、头孢替安等。

第三代头孢菌素对革兰氏阳性菌作用不及第一、第二代，对革兰氏阴性菌包括肠杆菌类、铜绿假单胞菌及厌氧菌有较强的作用。对 β-内酰胺酶有较高的稳定性，对肾基本无毒。对血脑屏障穿透能力强，但对金黄色葡萄球菌的活性不如第一代和第二代头孢菌素。如头孢噻肟、头孢曲松、头孢噻呋、头孢维星等，头孢噻呋与头孢维星为动物专用。

第四代头孢菌素的抗菌谱比第三代更广，对 β-内酰胺酶高度稳定，对金黄色葡萄球菌等革兰氏阳性菌的作用有所增强，多数品种对铜绿假单胞菌有较强的作用，几乎无肾毒性。如头孢喹诺、头孢吡肟、头孢匹罗等，头孢喹诺为动物专用。

头孢氨苄（Cephalexin）

【理化性质】又名先锋霉素Ⅳ。本品为白色或微黄色结晶性粉末，微臭。在水中微溶，常制成乳剂、片剂、胶囊。

【作用与应用】具有广谱抗菌作用。对革兰氏阳性菌抗菌活性较强，但肠球菌除外。对大肠埃希菌、奇异变形杆菌、克雷伯菌、沙门菌和志贺菌等革兰氏阴性菌也有抗菌作用，铜绿假单胞菌耐药。主要用于治疗大肠埃希菌、链球菌、葡萄球菌等敏感菌引起的泌尿道、呼吸道感染和奶牛乳房炎等。

【不良反应】①过敏反应:犬肌内注射有时出现严重的过敏反应,甚至引起死亡。②胃肠道反应表现为厌食、呕吐或腹泻,犬、猫较为多见。③潜在的肾毒性:本品主要经过肾排泄,因此肾功能不良的动物的用药剂量应注意调整。

【制剂、用法与用量】头孢氨苄片。以头孢氨苄计,内服,一次量,每千克体重,马 22 mg,犬、猫 10～30 mg,一日 3～4 次,连用 2～3 d。

头孢氨苄注射液。以头孢氨苄计,肌内注射,一次量,每千克体重,猪 0.1 mL,一日 1 次。

头孢洛宁(Cefalonium)

【理化性质】本品为白色或类白色结晶性粉末,极微溶于水和甲醇,溶于二甲亚砜,不溶于二氯甲烷、乙醇(96%)和乙醚;在稀酸和碱性溶液中溶解。

【作用与应用】头孢洛宁对酸和 β-内酰胺酶稳定,杀菌力强,抗菌谱广,对大多数革兰氏阴性菌和革兰氏阳性菌均有效,尤其对引起奶牛乳房炎的大多数病原菌有效,如金黄色葡萄球菌、无乳链球菌、停乳链球菌、乳房链球菌、化脓棒状杆菌、大肠埃希菌和克雷伯菌等。

主要用于奶牛干乳期乳房炎的防治,乳管内注入,每个乳室 250 mg。头孢洛宁眼膏,主要用于敏感菌所致的牛角膜炎、结膜炎。

残留标示物为头孢洛宁,欧盟规定其在牛奶中的最高残留限量为 10μg/kg。

【制剂】头孢洛宁乳房灌注剂(干乳期),头孢洛宁眼膏。

头孢噻呋(Ceftiofur)

【理化性质】本品为类白色至淡黄色粉末。在水中不溶,其钠盐易溶于水,常制成粉针、混悬型注射液。

【作用与应用】本品是专门用于动物的第三代头孢菌素。具有广谱杀菌作用,抗菌活性比氨苄西林强,对革兰氏阳性菌、革兰氏阴性菌均有效。对多杀性巴氏杆菌、溶血性巴氏杆菌、胸膜肺炎放线杆菌等敏感,对链球菌的活性比喹诺酮类强。兽医临床常用于治疗牛的急性呼吸系统感染(如巴氏杆菌引起的支气管肺炎)、牛乳房炎、猪放线杆菌性胸膜肺炎等。

【不良反应】本品有一定的肾毒性,可引起胃肠道菌群紊乱或二重感染,在牛可引起特征性脱毛和瘙痒。

【注意事项】①本品内服不吸收,肌内和皮下注射吸收迅速且分布广泛,有效血药浓度维持时间较长。与氨基糖苷类联合用药有协同作用,但可增强肾毒性;②可与鸡马立克病疫苗混合用于 1 日龄雏鸡,不影响疫苗效力。

【制剂、用法与用量】头孢噻呋注射液,盐酸头孢噻呋注射液,注射用头孢噻呋,注射用头孢噻呋钠。以头孢噻呋计,肌内注射,一次量,每千克体重,牛 1.1～2.2 mg,猪 3～5 mg,犬、猫 2.2 mg,一日 1 次,连用 3 日。皮下注射或肌内注射,1 日龄鸡,每羽 0.1 mg。

盐酸头孢噻呋乳房注入剂(干乳期),产犊前 60 d 给药,每一乳室 500 mg。

头孢维星(Cefovecin)

【理化性质】本品为可溶性粉末,遇光变质。

【作用与应用】本品是动物专用的第三代头孢菌素。对革兰氏阳性菌及革兰氏阴性菌均有杀菌作用。主要用于犬、猫,治疗皮肤和软组织感染,如治疗犬的脓皮病、创伤和中间葡萄球菌、β-溶血性链球菌、大肠埃希菌或巴氏杆菌引起的脓肿；治疗猫的皮肤及软组织脓肿和多杀性巴氏杆菌、梭杆菌属引起的伤口感染。

【不良反应】个别犬或猫在给药后可能出现过敏反应、昏睡、食欲不振、呕吐和腹泻。

【注意事项】禁用于 8 月龄以下和哺乳期的犬、猫；禁用于有严重肾功能障碍的犬、猫；配种后 12 周内禁用该品；禁用于豚鼠和兔等动物。已知对 β-内酰胺类药物过敏的犬、猫禁用。如发生过敏性反应，应根据临床表现，采取注射肾上腺素和其他应急措施，包括输氧、静脉输液、静注抗组胺药、皮质类激素以及气道管理。

【制剂、用法与用量】注射用头孢维星钠（进口兽药）800 mg。临用前用 10 mL 灭菌注射用水稀释。皮下注射，一次量，每千克体重，犬 0.1 mL，2 周 1 次，连用 1～2 次。

头孢喹肟（Cefquinome）

【理化性质】又名头孢喹诺。为白色、类白色至淡黄色粉末。在水中易溶，常用硫酸盐。

【作用与应用】本品为动物专用的第四代头孢菌素，具有广谱抗菌作用。对革兰氏阳性菌、革兰氏阴性菌（包括产 β-内酰胺酶菌）的抗菌活性较强。敏感菌主要有金黄色葡萄球菌、链球菌、肠球菌、大肠埃希菌、沙门菌、多杀性巴氏杆菌、溶血性巴氏杆菌、胸膜肺炎放线杆菌、铜绿假单胞菌等。本品的抗菌活性比头孢噻呋、恩诺沙星强。主要用于治疗敏感菌引起的牛、猪呼吸系统感染及奶牛乳房炎。

【制剂、用法与用量】硫酸头孢喹肟注射液，注射用硫酸头孢喹肟。以头孢喹肟计，肌内注射，一次量，每千克体重，牛 1 mg，猪 1～2 mg，一日 1 次，连用 3 d。

硫酸头孢喹肟乳房注入剂（干乳期）。以头孢喹肟计，在最后一次挤奶后，每个乳室注入 0.15 g。

硫酸头孢喹肟乳房注入剂（泌乳期）。以头孢喹肟计，挤奶后，每个感染乳室 8 g，间隔 12 h，连用 3 次。

自主学习

知识拓展　第五代头孢菌素研究进展

（三）β-内酰胺酶抑制剂

β-内酰胺酶抑制剂是一类能与革兰氏阳性菌、阴性菌产生的 β-内酰胺酶结合而抑制 β-内酰胺酶活性的药物。目前临床上常用的有克拉维酸、舒巴坦和三唑巴坦。

克拉维酸(Clavulanic Acid)

【理化性质】 又名棒酸,系由棒状链霉菌产生的抗生素。其钾盐为无色针状结晶。易溶于水,水溶液极不稳定,微溶于乙醇,不溶于乙醚。易吸湿失效,应密闭低温干燥处保存。

【作用与应用】 本品仅有微弱的抗菌活性,是一种革兰氏阳性菌和阴性细菌所产生的 β-内酰胺酶的"自杀"抑制剂(不可逆结合),临床上一般不单独用于抗菌治疗,常与 β-内酰胺类抗生素(如阿莫西林、氨苄西林)以 1∶2 或 1∶4 比例合用,以扩大不耐酶抗生素的抗菌谱,增强抗菌活性及克服细菌的耐药性。实践证明,对两药合用敏感的细菌有葡萄球菌、链球菌、化脓棒状杆菌、大肠埃希菌、变形杆菌、沙门菌、巴氏杆菌及猪丹毒杆菌等。

【制剂、用法与用量】 阿莫西林克拉维酸钾片(阿莫西林∶克拉维酸钾＝4∶1)。以(阿莫西林＋克拉维酸钾)计,口服,一次量,犬、猫每千克体重 12.5～25.0 mg,一日 2 次,连用 5～7 d,一些慢性感染(慢性皮炎、慢性膀胱炎和慢性呼吸道感染)的治疗可连用 10～28 d。

阿莫西林、克拉维酸钾注射用(进口兽药,10 mL∶阿莫西林 1.4 g＋克拉维酸钾 0.35 g)。用于家畜及小动物青霉素敏感菌引起的感染。以本品计,肌内或皮下注射,牛、猪、犬、猫,每 20 千克体重 1 mL,一日 1 次,连用 3～5 d。

复方阿莫西林粉(50 g∶阿莫西林 5 g＋克拉维酸钾 1.25 g)。用于鸡青霉素敏感菌引起的感染。以本品计,混饮,每升水,鸡 0.5 g。现用现配,一日 2 次,连用 3～7 d。

舒巴坦(Sulbactam)

【理化性质】 又名青霉烷砜。本品的钠盐为白色或类白色结晶性粉末,溶于水,在水溶液中有一定的稳定性。

【作用与应用】 为不可逆竞争性 β-内酰胺酶抑制药,抗菌作用略强于克拉维酸。可抑制 β-内酰胺酶对青霉素、头孢菌素的破坏。可供静脉注射给药。与氨苄西林联合应用可使葡萄球菌、嗜血杆菌、巴氏杆菌、大肠埃希菌、克雷伯菌等对氨苄西林的最低抑菌浓度下降,并可使产酶耐药菌株对氨苄西林恢复敏感,在兽医临床用于上述菌株所致的呼吸道、消化道及泌尿道感染。

【制剂、用法与用量】 复方阿莫西林乳房注入剂(泌乳期)。乳管注入,挤奶后每乳室 3 g,每 12 h 给药 1 次,连用 3 次。规格:①3 g∶0.2 g(以阿莫西林计)＋0.05 g(以舒巴坦计)＋0.01 g(以泼尼松龙计);②12 g∶0.8 g(以阿莫西林计)＋0.2 g(以舒巴坦计)＋0.04 g(以泼尼松龙计)。

二、大环内酯类抗生素

大环内酯类抗生素是由链霉菌产生或半合成的一类弱碱性抗生素,具有 14～16 元内酯环基本化学结构。按照来源分为天然和半合成两类。第一个用于临床的大环内酯类抗生素是红霉素,于 1952 年上市,属第一代大环内酯类抗生素。克拉霉素和阿奇霉素是第二代的大环内酯衍生物。泰利菌素是首个批准上市的半合成大环内酯类抗生素,其抗菌谱与大环内酯类抗生素相似,对耐大环内酯类抗生素的革兰氏阴性菌有抗菌作用,属第三代药物。近年来,已研发出两种新的动物专用大环内酯类抗生素,即泰拉霉素和格米霉素。人医上也开发了多种大环内酯类抗生素新品种。

我国农业农村部批准兽医临床应用的本类抗生素有红霉素、吉他霉素、泰乐菌素、替米考星、泰万菌素、泰拉霉素等。国外已上市的品种还有格米霉素和泰地罗新。其中泰乐菌素、替米考星、泰万菌素、泰拉霉素、格米霉素和泰地罗新均是动物专用的大环内酯类抗生素。

大环内酯类抗生素抗菌谱较窄，为速效抑菌剂，主要对多数革兰氏阳性菌、部分革兰氏阴性球菌、厌氧菌、支原体、衣原体、立克次体和密螺旋体等有抑制作用，尤其对支原体作用强，但对沙门菌、克雷伯菌、变形杆菌、巴氏杆菌、嗜血杆菌、铜绿假单胞菌、结核分枝杆菌、放线杆菌、钩端螺旋体等一般无抑制作用。

本类药物的作用机制均相同，能与敏感菌的核糖体 50 S 亚基结合，通过对转肽基作用和/或 mRNA 位移的阻断，抑制肽链的合成和延长，影响细菌蛋白质的合成。

红霉素(Erythromycin)

【理化性质】红霉素是从链霉菌的培养液中提取出来的。本品为白色或类白色的结晶或粉末；无臭，味苦；微有引湿性。其乳糖酸盐供注射用，易溶于水。常制成可溶性粉、注射用无菌粉末、片剂。

【作用与应用】本品一般起抑菌作用，高浓度对敏感菌有杀菌作用。红霉素的抗菌谱与青霉素相似，对革兰氏阳性菌如金黄色葡萄球菌(包括耐青霉素的金黄色葡萄球菌)、链球菌、肺炎球菌、猪丹毒杆菌、梭状芽孢杆菌、炭疽杆菌、棒状杆菌等有较强的抗菌作用；对某些革兰氏阴性菌如巴氏杆菌、布鲁氏菌有较弱的作用，但对大肠埃希菌、克雷伯菌、沙门菌等肠杆菌属无作用。此外，本品对某些支原体、立克次体和螺旋体也有效。

主要用于对青霉素耐药的金黄色葡萄球菌所致的轻、中度感染和对青霉素过敏的病例，如肺炎、败血症、子宫内膜炎、乳房炎和猪丹毒等。对禽的慢性呼吸道病、鸡传染性鼻炎、猪支原体肺炎也有较好的疗效。其眼膏或软膏也可用于眼部或皮肤感染；也常用于防治鱼类和虾的革兰氏阳性菌和支原体感染，如白头白嘴病、烂鳃病、白皮病、链球菌病、对虾肠道细菌病等。红霉素虽有强大的抗革兰氏阳性菌的作用，但其疗效不如青霉素，因此若病原菌对青霉素敏感，宜首选青霉素。

【不良反应】毒性低，但刺激性强。肌内注射可发生局部炎症，宜采用深部肌内注射。静脉注射速度要缓慢，同时应避免漏出血管外。犬、猫内服可引起呕吐、腹痛、腹泻等症状，应慎用。

【注意事项】①在接种鸡新城疫、传染性法氏囊、传染性支气管炎等的疫苗之前，给鸡饮用硫氰酸红霉素对支原体病的发生有一定预防作用。②本品可引起部分动物发生过敏反应与胃肠道功能紊乱，如牛可出现不安、流涎和呼吸困难，马属动物则表现为腹泻。③静脉注射时，浓度过高或速度过快易发生血栓性静脉炎及静脉周围炎，故应缓慢注射和避免药液外漏。④局部刺激性较强，如乳房给药后可引起炎症反应。⑤使用注射用乳糖酸红霉素时，应先用灭菌注射用水溶解，然后用 5%葡萄糖注射液稀释，可用氯化钠注射液溶解。⑥本品在中性和碱性环境中较稳定，在酸性环境中不稳定，很快失效，注射溶液的 pH 应维持在 5.5 以上，红霉素在 pH 5.5～8.5 时抗菌效能增强，当 pH 小于 4 时作用明显减弱。⑦本品与青霉素、林可胺类药物合用有拮抗作用，与链霉素等合用有协同作用。⑧本品内服易被胃酸破坏，而肠溶制剂能较好吸收。吸收后分布广泛，肺、肾中浓度较高，乳中浓度可达到血清中浓度的一半，能透过胎盘屏障。半衰期短，主要以原形从胆汁排泄。⑨细菌极易产生耐药性，与其他大环内酯类及林可霉素有交叉耐药性。⑩欧盟从 2000 年开始禁用本品作促生长剂，中国从 2002 年开始禁用本品作促生长剂。

【制剂、用法与用量】红霉素片。内服，一次量，每千克体重，仔猪、犬、猫 10～20 mg。每日 2 次，连用 2～3 d。

注射用乳糖酸红霉素。静脉注射，一次量，每千克体重，马、牛、羊、猪 3～5 mg，犬、猫 5～10 mg。每日 2 次，连用 2～3 d。

硫氰酸红霉素可溶性粉。混饮，每升水，禽 125 mg(12.5 万 U)，连用 3～5 d。拌料投喂，一次量，每千克体重，鱼类 1.25 mg，连用 5～7 d。

泰乐菌素(Tylosin)

【理化性质】泰乐菌素是从弗氏链霉菌的培养液中提取获得的。本品是 1959 年研制成功的动物专用抗生素，为白色至浅黄色粉末；兽医临床上常用其酒石酸盐和磷酸盐。常制成可溶性粉、预混剂、注射剂。

【作用与应用】本品为畜禽专用抗生素。对革兰氏阳性菌、支原体、螺旋体等均有抑制作用；对大多数革兰氏阴性菌作用较差。对革兰氏阳性菌的作用较红霉素弱，对支原体有较强的抑制作用。

主要用于防治鸡和其他动物的支原体感染，牛的莫拉菌感染，猪的弧菌性痢疾、传染性胸膜肺炎，犬的结肠炎等。此外，也可用于浸泡种蛋以预防鸡支原体传播。欧盟从 2000 年开始禁止将磷酸泰乐菌素作为促生长添加药物使用，中国从 2002 年开始禁用本品作促生长剂。

【不良反应】①牛静脉注射可引起震颤、呼吸困难及抑郁等；马属动物注射本品可致死，禁用。②肌内注射时可产生较强局部刺激；本品可引起人接触性皮炎。

【注意事项】①本品常作为支原体引起的猪气喘病与山羊胸膜肺炎的首选药。②临床使用可引起人接触性皮炎，鸡皮下注射可发生短暂的颜面肿胀，猪也偶见直肠水肿和皮肤红斑及瘙痒反应，牛静脉注射可引起震颤和呼吸困难及抑郁等；也可致马属动物死亡，禁用。③本品的酒石酸乙酰异戊酰泰乐菌素用于治疗鸡的支原体病、猪气喘病、链球菌性肺炎等；磷酸泰乐菌素与磺胺二甲嘧啶制成的预混剂主要用于治疗支原体及敏感革兰氏阳性菌感染，也用于预防猪痢疾；本品的水溶液不宜与铜、镁、铝、铁、锌、锰等多价金属离子一起使用。④本品内服吸收比红霉素和吉他霉素好，而其磷酸盐内服吸收较少，肌内注射吸收迅速。⑤其他参见红霉素。

【制剂、用法与用量】酒石酸泰乐菌素可溶性粉(10%)。以本品计，混饮，每升水，禽 5 g，连用 3～5 d。

注射用酒石酸泰乐菌素。以泰乐菌素计，皮下或肌内注射，每千克体重，猪、禽 5～13 mg。

磷酸泰乐菌素预混剂(10%)。以本品计，混饲，每 1 000 kg 饲料，猪 100～1 000 g，鸡40～500 g。

酒石酸泰乐菌素磺胺二甲嘧啶可溶性粉(100 g：泰乐菌素 10 g+磺胺二甲嘧啶 10 g)。以本品计，混饮，每升水，鸡 2～4 g，连用 3～5 d。

酒石酸泰乐菌素胶囊(赛鸽用，2.5 万 U)。以本品计，内服，胶囊蘸水塞入赛鸽，每羽每次 1 粒，每日 1 次，连用 3～5 d。

替米考星(Tilmicosin)

【理化性质】替米考星是由泰乐菌素的一种水解产物半合成的畜禽专用抗生素。本品为白色粉末。药用其磷酸盐,常制成溶液、预混剂、注射剂。

【作用与应用】抗菌作用与泰乐菌素相似,对革兰氏阳性菌、某些革兰氏阴性菌、支原体、螺旋体等均有抑制作用;对胸膜肺炎放线杆菌、巴氏杆菌及畜禽支原体具有比泰乐菌素更强的抗菌活性。

主要用于防治家畜肺炎(由胸膜肺炎放线杆菌、巴氏杆菌、支原体等感染引起)、禽支原体病及泌乳动物的乳房炎。

【不良反应】本品肌内注射时可产生局部刺激。对动物的毒性作用主要体现在心血管系统,可引起心动过速和收缩力减弱。牛皮下注射,每千克体重 50 mg 可引起心肌毒性,150 mg 可致死。猪肌内注射,每千克体重 10 mg 可引起呼吸加快、呕吐和惊厥,20 mg 可使大部分试验猪死亡。牛一次静脉注射,每千克体重 5 mg 即可致死。对猪、灵长类和马也有致死性危险。故本品仅供内服和皮下注射。

【注意事项】①本品对胸膜肺炎放线杆菌、巴氏杆菌及畜禽支原体的作用强于泰乐菌素。②非肠道给药毒性比口服大,如肌内和皮下注射,可出现局部水肿反应;静脉注射可引起动物心动过速和收缩力减弱,严重时可引起动物死亡。③与肾上腺素合用可提高猪死亡率。④不能与人的眼接触,马属动物禁用。⑤预混剂仅限于治疗。⑥其他参见红霉素。

【制剂、用法与用量】替米考星可溶性粉。100 g∶20 g。混饮,每升水,鸡 100～200 mg,连用 5 d。用于鸡支原体病的治疗(蛋鸡除外)。

替米考星预混剂。混饲,每 1 000 kg 饲料,猪 200～400 g,连用 15 d。用于防治胸膜肺炎放线杆菌及巴氏杆菌引起的肺炎。

替米考星注射液。100 mL∶20 g。皮下注射,一次量,每千克体重,牛、猪 10～20 mg,1 次/d,仅注射 1 d。乳管内注入,一次量,奶牛每一乳室 300 mg,用于治疗急性乳房炎。

吉他霉素(Kitasamycin)

【理化性质】又名北里霉素、柱晶白霉素,为白色或类白色粉末;无臭,味苦。本品极微溶于水,其酒石酸盐易溶于水,常制成可溶性粉、片剂。

【作用与应用】①本品的抗菌谱近似于红霉素,对大多数革兰氏阳性菌的作用不及红霉素,对耐药金黄色葡萄球菌的作用优于红霉素、四环素,对某些革兰氏阴性菌有效。②对支原体的作用与泰乐菌素相似,对立克次体、螺旋体也有效。

本品用于治疗革兰氏阳性菌、支原体及钩端螺旋体等感染,如鸡的葡萄球菌病、链球菌病、支原体病等。

【注意事项】①本品有较强的局部刺激性和耳毒性。治疗时连续使用不得超过 7 d,常与链霉素联合使用。②内服吸收良好,肝、肺、肾、肌肉中的浓度常超过血药浓度。主要经肝胆系统排泄。③其他参见红霉素。

【制剂、用法与用量】吉他霉素片。5 mg、50 mg、100 mg。内服,一次量,每千克体重,猪 20～30 mg,禽 20～50 mg。2 次/d,连用 3～5 d。

酒石酸吉他霉素可溶性粉。10 g∶5 g。混饮,每升水,猪 100～200 mg,鸡 250～500 mg

(以吉他霉素计),连用 3～5 d。蛋鸡产蛋期禁用,休药期 7 d。

泰拉霉素(Tulathromycin)

【理化性质】本品为白色或类白色粉末。在甲醇、丙酮和乙酸乙酯中易溶,可溶于乙醇。

【作用与应用】第三代大环内酯类动物专用的半合成抗生素,抗菌谱与泰乐菌素相似,主要抗革兰氏阳性菌,对少数革兰氏阴性菌和支原体也有效。对胸膜肺炎放线杆菌、巴氏杆菌及支原体的活性比泰乐菌素强。95%的溶血性巴氏杆菌菌株对本品敏感。

用于治疗和预防对泰拉霉素敏感的溶血性巴氏杆菌、多杀性巴氏杆菌、嗜血杆菌和支原体等引起的牛呼吸道疾病;胸膜肺炎放线杆菌、多杀性巴氏杆菌和肺炎支原体等引起的猪呼吸道疾病。

【不良反应】正常使用剂量对牛、猪的不良反应很少。有报道,犊牛有暂时性唾液分泌增多和呼吸困难,食欲下降。

【制剂、用法与用量】泰拉霉素注射液。皮下注射,牛 2.5 mg(相当于每 40 kg 体重 1 mL),一个注射部位的给药剂量不超过 7.5 mL。颈部肌内注射,一次量,每千克体重,猪 2.5 mg(相当于每 40 kg 体重 1 mL),一个注射部位的给药剂量不超过 2 mL。

三、林可胺类抗生素

林可胺类抗生素是从链霉菌发酵液中提取的一类抗生素,它们有许多共同的特性:都是高脂溶性的碱性化合物,能够在肠道很好地吸收,在畜禽体内分布广泛,对细胞屏障穿透力强,药动学特征相似。作用机制与大环内酯类抗生素相似,主要作用于细菌核糖体 50 S 亚基,通过抑制肽链的延长而抑制细菌蛋白质的合成。由于存在竞争作用位点 50 S 亚基,故本类药物与大环内酯类抗生素合用时可产生拮抗作用,故不宜联用。兽医临床上常用药物为林可霉素和克林霉素,对革兰氏阳性菌和支原体有较强抗菌活性,对厌氧菌也有一定作用,对大多数需氧革兰氏阴性菌耐药。

林可霉素(Lincomycin)

【理化性质】又名洁霉素。其盐酸盐为白色结晶性粉末,有微臭或特殊臭味,味苦。本品在水或甲醇中易溶,在乙醇中略溶。20%水溶液的 pH 为 3.0～5.5,性质较稳定,常制成可溶性粉、预混剂、片剂、注射液。

【作用与应用】抗菌谱与大环内酯类抗生素相似。对革兰氏阳性菌如葡萄球菌、溶血性链球菌和肺炎球菌等有较强的抗菌作用,对支原体的作用与红霉素相似但比其他大环内酯类抗生素稍弱;对破伤风梭菌、产气荚膜梭菌、猪痢疾密螺旋体也有抑制作用;对革兰氏阴性菌无效。

用于敏感的革兰氏阳性菌,尤其是金黄色葡萄球菌(包括耐药金黄色葡萄球菌)、链球菌、厌氧菌的感染,以及猪、鸡的支原体病。以前用作饲料添加剂,现在已禁用。本品与大观霉素合用,可起协同作用。

【不良反应】①本品能引起马、兔和其他食草动物严重的腹泻,甚至致死;马内服或注射可引起出血性结膜炎、腹泻,可能致死;牛内服可引起厌食、腹泻、酮血症、产奶量减少;猪用药后也可出现胃肠道功能紊乱,剂量过大可出现皮肤红斑及肛门、阴道水肿;大剂量可引起犬的伪膜性肠炎，故过敏或已感染白色念珠菌的动物禁用。②肌内注射给药有疼痛刺激，或吸收不良，犬和猫快速静脉注射，可引起血压升高和心肺功能减弱。③有神经肌肉阻断作用，若与氨基糖苷类和多肽类抗生素合用，可加剧神经肌肉阻断作用。

【注意事项】①与大观霉素、庆大霉素等合用对葡萄球菌和链球菌等有协同作用，与红霉素合用有拮抗作用，与硫酸大观霉素配伍制成的可溶性粉、预混剂，可增强对猪、鸡的沙门菌病、大肠埃希菌性肠炎、支原体感染和猪密螺旋体痢疾的治疗效果。②避免与含白陶土或抑制肠道蠕动的止泻药合用，否则可明显影响盐酸林可霉素吸收。③本品内服不易吸收，肌内注射吸收缓慢。吸收后分布广泛，乳、肾中的浓度较高，可通过胎盘屏障。半衰期较长。

【制剂、用法与用量】盐酸林可霉素片(宠物用)。内服，一次量，以林可霉素计，每千克体重，猪 10～15 mg，犬、猫 15～25 mg，一日 1～2 次，连用 3～5 d，或遵医嘱。

盐酸林可霉素注射液(宠物用)。以林可霉素计，肌内注射，一次量，每千克体重，猪 10 mg，一日 1 次；犬、猫 10 mg，一日 2 次，连用 3～5 d。

盐酸大观霉素-盐酸林可霉素可溶性粉。混饮，每升水，5～7 日龄雏鸡 0.5～0.8 g(其中大观霉素 40%、林可霉素 20%)，连用 3～5 d。

林可霉素乳房注入剂(泌乳期)。挤奶后每个乳房乳管内灌注 1 支，1 日 2 次，连用 2～3 次。

克林霉素(Clindamycin)

【理化性质】又名氯林可霉素、氯洁霉素。其盐酸盐为白色或类白色结晶粉末，易溶于水。本品的盐酸盐、棕榈酸酯盐供内服用，克林霉素磷酸酯供注射用。

【作用与应用】本品抗菌谱与盐酸林可霉素相同，内服吸收比林可霉素好，生物利用度高且不受食物的影响。对大多数敏感菌的抗菌作用比盐酸林可霉素强 4～8 倍，对耐青霉素、盐酸林可霉素、四环素或红霉素的细菌也有效。

临床应用与林可霉素相同。

【制剂、用法与用量】盐酸克林霉素胶囊。75 mg、150 mg。内服，一次量，每千克体重，犬、猫 10 mg。2 次/d。

克林霉素磷酸酯注射液。2 mL：150 mg。肌内注射，用量同盐酸克林霉素胶囊。

四、多肽类抗生素

多肽类抗生素是一类具有多肽结构的化学物质。兽医临床常用的多肽类抗生素有杆菌肽、黏菌素、维吉尼亚霉素和恩拉霉素等，人医中使用的还有万古霉素和去甲万古霉素、替考拉宁、达托霉素等。上述药物虽然抗菌谱较窄，但抗菌活性强，均属于杀菌药。其中，多黏菌素仅对革兰氏阴性菌有作用，其他则均对革兰氏阳性菌有作用。多数药物由于毒性较大，尤其是肾毒性和对神经系统的损害较为突出，临床上一般不作为治疗的首选药物。但是随着耐药性问题日益严重，本类药物的临床价值又重新得到重视。

杆菌肽(Bacitracin)

【理化性质】本品为淡黄色或淡棕黄色粉末，有臭味，味苦。本品于 1943 年研制成功，几乎不溶于水，常制成可溶性粉。

【作用与应用】①本品的抗菌谱和青霉素相似，对金黄色葡萄球菌（包括耐青霉素的金黄色葡萄球菌）、链球菌、肺炎球菌、肠球菌等大多数革兰氏阳性菌作用强，对脑膜炎双球菌和流感杆菌等少数革兰氏阴性菌有效。②对螺旋体和放线菌也有效。③细菌不易产生耐药性，与其他抗生素无交叉耐药性。

本品局部应用治疗革兰氏阳性菌及耐青霉素葡萄球菌所引起的皮肤创伤、眼部感染和乳房炎。

【注意事项】①本品注射给药的肾毒性大，一般用于内服和外用。②与青霉素、链霉素、新霉素、多黏菌素及有机砷制剂等合用有协同作用；本品和多黏菌素组成的复方制剂不宜与土霉素、金霉素、吉他霉素、恩拉霉素、维吉尼亚霉素、喹乙醇等合用。③由本品制成的亚甲基水杨酸杆菌肽可溶性粉，用于治疗耐青霉素的金黄色葡萄球菌感染。④二价金属离子能加强其抗菌效能，可制成锌盐。⑤本品内服吸收很差，肌内注射易吸收。乳管内注入，在乳中残留时间不超过 72 h。⑥蛋鸡产蛋期禁用。

【用法与用量】以杆菌肽计。混饲：每 1 000 kg 饲料，犊 3 月龄以下 10～100 g，3～6 月龄 4～40 g；猪 6 月龄以下 4～40 g；禽 16 周龄以下 4～40 g。

恩拉霉素（Enramycin）

【理化性质】又名持久霉素，为白色或微黄色结晶性粉末。本品是 1967 年日本武田制药厂研制的动物专用抗生素，溶于含水乙醇。

【作用与应用】①本品对金黄色葡萄球菌、表皮葡萄球菌、化脓性链球菌等革兰氏阳性菌有抗菌作用，对革兰氏阴性菌无效。②低浓度可促进猪、禽生长，但由于耐药性的风险问题，我国已禁止将其作为饲料药物添加剂促进畜禽生长。

本品用于预防革兰氏阳性菌感染。

【注意事项】①禁止与四环素、吉他霉素、杆菌肽、维吉尼亚霉素等配伍应用。②可与黏菌素或喹乙醇联合应用。③本品内服难吸收。④休药期：猪、鸡 7 d。蛋鸡产蛋期禁用。

【用法与用量】以恩拉霉素计。混饲：每 1 000 kg 饲料，猪 2.5～20 g；鸡 1～5 g。

维吉尼亚霉素（Virginiamycin）

【理化性质】又名弗吉尼亚霉素，为浅黄色粉末，有特臭，味苦。本品是 1955 年研制成功的动物专用抗生素，极微溶于水，常制成预混剂。

【作用与应用】①本品对金黄色葡萄球菌、肠球菌等革兰氏阳性菌均有较强作用，对大多数革兰氏阴性菌无效。②对支原体有作用。③不易产生耐药性，与其他抗生素无交叉耐药性。④低剂量能促生长和提高饲料转化率，但由于耐药性的风险问题，我国已禁止将其作为饲料药物添加剂促进畜禽生长。中、高剂量则用于防治梭状芽孢杆菌所致的肠炎和猪痢疾。

【注意事项】①本品内服不易吸收，主要随粪排出。②休药期：猪、鸡 1 d。

【用法与用量】以维吉尼亚霉素计。混饲：每 1 000 kg 饲料，猪 10～25 g；鸡 5～20 g。

学习单元三 主要作用于革兰氏阴性菌的抗生素

一、氨基糖苷类抗生素

本类抗生素的化学结构由氨基糖分子和非糖部分的糖原结合而成的苷，故称为氨基糖苷类抗生素。抗菌谱较广，大部分药对需氧革兰氏阴性杆菌作用强，对革兰氏阳性菌（葡萄球菌属除外）和革兰氏阴性球菌作用较弱，对厌氧菌、立克次体、衣原体、支原体（大观霉素、安普霉素有效）、放线菌、密螺旋体（安普霉素有效）一般无效；部分药对分枝杆菌属（如结核分枝杆菌）作用强。有明显的抗生素后效应。临床常用的药物有链霉素、双氢链霉素、卡那霉素、庆大霉素、新霉素、阿米卡星、大观霉素及安普霉素等。氨基糖苷类抗生素在临床主要用于革兰氏阴性杆菌、铜绿假单胞菌等感染的治疗，曾经使用非常广泛，但是由于此类药物常有比较严重的耳毒性和肾毒性，其应用受到一定限制，正在逐渐退出一线用药的行列。

氨基糖苷类抗生素的作用机制是抑制细菌蛋白质的合成过程，可使细菌细胞膜的通透性增强，物质外渗导致细菌死亡。本类药物对静止期细菌杀灭作用强，为静止期杀菌药。

本类药物的主要共同特征：

①均为有机碱，能与酸形成盐。常用制剂为硫酸盐，易溶于水，性质比青霉素稳定，在碱性环境中作用增强。

②内服吸收很少，可作为肠道感染用药。全身感染时常注射给药（新霉素除外）。大部分以原形从尿中排出，适用于泌尿道感染，肾功能下降时，生物半衰期明显延长。

③抗菌谱较广，主要对需氧革兰氏阴性杆菌和结核分枝杆菌作用较强，某些品种对绿脓杆菌、金黄色葡萄球菌也有作用，对革兰氏阳性菌的作用较弱。

④主要不良反应是耳毒性和肾毒性，以及神经肌肉阻断作用。

⑤细菌对本类药物易产生耐药性，且各药间有部分或完全交叉耐药性。

链霉素(Streptomycin)

【理化性质】链霉素是从灰色链霉菌培养液中提取获得的，本品于1944年研制成功。作为药物多使用其硫酸盐，为白色或类白色粉末。无臭或几乎无臭，味微苦，有引湿性。在水中易溶，常制成粉针。

【作用与应用】抗菌谱较广。抗分枝杆菌的作用在氨基糖苷类抗生素中最强，对大多数革兰氏阴性杆菌和革兰氏阳性球菌有效。例如，对大肠埃希菌、沙门菌、布鲁氏菌、巴氏杆菌、变形杆菌、痢疾杆菌、鼠疫杆菌、产气荚膜梭菌、鼻疽杆菌等均有较强的抗菌作用，对金黄色葡萄球菌等多数革兰氏阳性球菌效果差，对钩端螺旋体、放线菌也有效。链球菌、铜绿假单胞菌和厌氧菌对本品天然耐药。

主要用于敏感菌所致的急性感染，例如，大肠埃希菌引起的各种腹泻、乳房炎、子宫炎、败血症、膀胱炎等；巴氏杆菌引起的牛出血性败血症、犊牛肺炎、猪肺疫、禽霍乱等；猪布鲁氏菌病；鸡传染性鼻炎；马志贺菌引起的脓毒败血症（化脓性肾炎和关节炎）；马棒状杆菌引起的幼驹肺炎。常作为结核病、鼠疫、大肠杆菌病、巴氏杆菌病和钩端螺旋体病的首选药；也可用于治疗鱼类的打印病、竖鳞病、疖疮病、弧菌病，中华鳖的穿孔病、红斑病等细菌性疾病。

链霉素反复使用极易使细菌产生耐药性，远比青霉素快，且一旦产生，停药后不易恢复。因此，临床上常采用联合用药，以减少或延缓耐药性的产生，如与青霉素合用治疗各种细菌性感染。链霉素耐药菌株对其他氨基糖苷类抗生素仍敏感。

【不良反应】①偶有过敏反应，发生率比青霉素低，以发热、皮疹、嗜酸性粒细胞增多、血管神经性水肿等为症状，并与其他氨基糖苷类有交叉过敏现象。②长期应用可引起肾损害，动物肾功能不全时慎用。③有剂量依赖性耳毒性，可引起前庭功能和第八对脑神经损害，导致运动失调和耳聋，与头孢菌素、强效利尿药和红霉素等合用可使耳毒性增强。④有神经肌肉阻断作用，在剂量过大或与肌肉松弛药、麻醉药合用时，动物出现肌肉无力、四肢瘫痪，甚至出现呼吸麻痹而死亡，如犬、猫外科手术全身麻醉后，联合使用青霉素、链霉素预防感染时，常出现意外死亡。严重者肌内注射新斯的明或静脉注射氯化钙可缓解。

【注意事项】①猫对链霉素较敏感，常量即可造成恶心、呕吐、流涎及共济失调等。②与β-内酰胺类抗生素或碱性药物（如碳酸氢钠、氨茶碱等）合用，可增强抗菌效力，用于治疗尿道感染；与含Ca^{2+}、Mg^{2+}、Na^{+}、NH_4^{+}、K^{+}等阳离子药物使用则可抑制药物的抗菌活性。③内服极少吸收，肌内注射吸收良好，血中有效浓度一般可维持6～12 h，能透过胎盘屏障。半衰期较短，主要以原形经肾排出。

【制剂、用法与用量】注射用硫酸链霉素。0.75 g、1 g、2 g、5 g。肌内注射，每千克体重，家畜10～15 mg，家禽20～30 mg。2次/d，连用2～3 d，休药期，牛、羊、猪为18 d；弃奶期，72 h。

庆大霉素(Gentamicin)

【理化性质】本品是自小单孢菌属培养液中提取获得的C_1、C_{1a}、C_2和C_{2a}四种成分的复合物。四种成分的抗菌活性和毒性基本一致。其硫酸盐为白色或类白色的粉末，无臭，有引湿性，在水中易溶，常制成片剂、粉剂、注射液。

【作用与应用】本品在氨基糖苷类抗生素中抗菌谱较广，抗菌活性最强，对革兰氏阴性菌和阳性菌均有作用。在革兰氏阴性菌中，对大肠埃希菌、变形杆菌、嗜血杆菌、铜绿假单胞菌、沙门菌和布鲁氏菌等均有较强的作用，特别是对肠道菌及铜绿假单胞菌高效。在革兰氏阳性菌中，对耐药金黄色葡萄球菌的作用最强，对耐药的葡萄球菌、多数链球菌（如化脓性链球菌、肺炎球菌、粪肠球菌等）、炭疽杆菌等也有效。此外，对支原体也有一定作用。对厌氧菌（类杆菌属）、结核分枝杆菌不敏感，对立克次体不敏感。

主要用于耐药金黄色葡萄球菌、铜绿假单胞菌、变形杆菌和大肠埃希菌等所引起的各种疾病，如呼吸道感染、肠道感染、尿道感染、胆道感染、乳房炎、皮肤和软组织感染、败血症等；鸡传染性鼻炎。内服还可用于肠炎和细菌性腹泻。本品已广泛应用于兽医临床，耐药菌株逐渐增加，但不如链霉素、卡那霉素耐药菌株普遍，与链霉素单向交叉耐药，对链霉素耐药菌有效。耐药性维持时间较短，停药一段时间后易恢复其敏感性。

【不良反应】与链霉素相似，临床应用要严格掌握剂量与疗程。①本品可偶见过敏反应。②易造成前庭功能损害，对听觉的损害相对较少。③长期或大量应用引起可逆性肾毒性的发生率增高，对肾有较严重的损害作用，这与其在肾皮质部蓄积有关，与头孢菌素合用肾毒性增强。④静脉推注时，神经肌肉阻断作用明显，可引起呼吸抑制作用。

【注意事项】与小诺霉素（小诺霉素抗菌谱、抗菌活性近似庆大霉素，但对氨基糖苷乙酰转移酶稳定）制成混合物硫酸庆大-小诺霉素，用于对卡那霉素、阿米卡星、庆大霉素等耐药的病原菌感染；与 β-内酰胺类抗生素有协同作用；与甲氧苄啶-磺胺合用对大肠埃希菌及肺炎克雷伯菌也有协同作用；与四环素、红霉素等可能出现拮抗作用。

【制剂、用法与用量】硫酸庆大霉素注射液。2 mL：0.08 g、5 mL：0.2 g、10 mL：0.2 g、10 mL：0.4 g。肌内注射，一次量，每千克体重，家畜 2～4 mg，犬、猫 3～5 mg，家禽 5～7.5 mg。2 次/d，连用 2～3 d。休药期：猪 40 d。静脉滴注（严重感染），用量同肌内注射。

硫酸庆大霉素片。20 mg。内服，一次量，每千克体重，驹、犊、羔羊、仔猪 5～10 mg，2 次/d。

卡那霉素（Kanamycin）

【理化性质】卡那霉素是从卡那链霉菌的培养液中提取获得的，有 A、B、C 三种成分。临床应用以卡那霉素 A 为主，约占 95%，也含少量的卡那霉素 B，占比小于 5%。常用其硫酸盐，为白色或类白色粉末，无臭，有引湿性。在水中易溶，水溶液稳定，常制成粉针、注射液。

【作用与应用】其抗菌谱与链霉素相似，但抗菌活性稍强。对多数革兰氏阴性菌如大肠埃希菌、变形杆菌、沙门菌和巴氏杆菌等有很强的抗菌作用，对分枝杆菌和耐青霉素金黄色葡萄球菌也较敏感。但对铜绿假单胞菌无效，对除金黄色葡萄球菌以外的革兰氏阳性菌、厌氧菌等不敏感，对立克次体不敏感，细菌产生耐药性比链霉素慢，与新霉素交叉耐药，与链霉素单向交叉耐药。

主要用于治疗多数革兰氏阴性杆菌和部分耐青霉素金黄色葡萄球菌引起的感染，如呼吸道、肠道和尿道感染，乳房炎，禽霍乱和雏鸡白痢等。此外，也可用于治疗猪气喘病、猪萎缩性鼻炎、败血症、皮肤和软组织感染等。

【不良反应】与链霉素相似。

【注意事项】①本品耳毒性比链霉素和庆大霉素强，比新霉素小，与强效利尿药合用可加强毒性。②肾毒性大于链霉素，与多黏菌素合用可加强毒性。③较常发生神经肌肉阻断作用。④休药期：28 d，弃奶期 7 d。

【制剂、用法与用量】注射用硫酸卡那霉素，硫酸卡那霉素注射液。肌内注射：一次量，每千克体重，家畜 10～15 mg。每日 2 次，连用 2～3 d。

新霉素（Neomycin）

【理化性质】本品为白色或类白色粉末，无臭。本品极易溶于水，常制成可溶性粉、溶液、预混剂、片剂、滴眼液。

【作用与应用】抗菌谱与链霉素相似。内服给药后很少吸收，在肠道内呈现抗菌作用，内服用于葡萄球菌、痢疾杆菌、大肠埃希菌、变形杆菌等引起的畜禽的肠炎；子宫或乳管内注入，治疗奶牛、母猪的子宫内膜炎和乳房炎；局部外用（0.5%溶液或软膏），治疗葡萄球菌和革兰氏阴性杆菌引起的皮肤、眼、耳感染。

【不良反应】①本品在氨基糖苷类抗生素中毒性最大，但常量内服或局部用药很少出现毒性反应，临床一般只供内服或局部应用，禁止注射给药。②对猫、犬、牛注射易引起肾毒性和耳毒性，猪注射出现短暂性后躯麻痹及呼吸骤停的神经肌肉阻断症状。

【注意事项】①内服影响洋地黄类药物、维生素 A 或维生素 B_{12} 的吸收。②与大环内酯类抗生素合用，可治疗革兰氏阳性菌所致的乳房炎；与甲溴东莨菪碱配伍制成硫酸新霉素甲溴东莨菪碱溶液，用于治疗革兰氏阴性菌引起的仔猪腹泻。③休药期：鸡 5 d，火鸡 14 d。蛋鸡禁用。

【制剂、用法与用量】硫酸新霉素片。0.1 g、0.25 g。内服，一次量，每千克体重，犬、猫 10～20 mg。2 次/d，连用 3～5 d。

硫酸新霉素可溶性粉。100 g∶3.25 g、100 g∶6.5 g。混饮，每升水，禽 50～75 mg（以新霉素计），连用 3～5 d。

硫酸新霉素预混剂。混饲，每 1 000 kg 饲料，禽 77～154 g（以新霉素计），连用 3～5 d。

阿米卡星(Amikacin)

【理化性质】又名丁胺卡那霉素。其硫酸盐为白色或类白色结晶粉末，几乎无臭，无味。有引湿性，极易溶于水，在甲醇中几乎不溶。

【作用与应用】本品是抗菌谱最广的氨基糖苷类抗生素。特点是对耐庆大卡那霉素的铜绿假单胞菌、大肠埃希菌、变形杆菌、肺炎杆菌亦有效。本品主要用于治疗敏感菌引起的菌血症、败血症，呼吸道、泌尿道、消化道感染，腹膜炎、关节炎及脑膜炎等。

【不良反应】与链霉素相似。

【制剂、用法与用量】硫酸阿米卡星注射液。1 mL∶0.1 g、2 mL∶0.2 g。肌内注射，一次量，每千克体重，马、牛、猪、羊、犬、猫、家禽 5～7.5 mg，2 次/d，连用 2～3 d。

注射用硫酸阿米卡星。0.2 g。用法、用量同硫酸阿米卡星注射液。

大观霉素(Spectinomycin)

【理化性质】又名壮观霉素。其盐酸盐或硫酸盐为白色或类白色结晶性粉末，在水中易溶，常制成可溶性粉。

【作用与应用】①本品对大肠埃希菌、沙门菌、志贺菌、变形杆菌等多种革兰氏阴性杆菌有中度抑制作用；对化脓性链球菌、肺炎球菌、表皮葡萄球菌敏感；对铜绿假单胞菌不敏感。②对支原体敏感；对密螺旋体不敏感。③易产生耐药性，与链霉素无交叉耐药性。④有促进鸡的生长和改善饲料利用率的作用。

【注意事项】①本品的肾毒性和耳毒性较轻，而神经肌肉阻断作用明显，不能静脉给药。②与林可霉素联用比单独使用效果好，常将盐酸大观霉素或硫酸大观霉素与盐酸林可霉素混合成复方制剂，增加对支原体的抗菌活性；与四环素合用呈拮抗作用。③本品皮下或肌内注射吸收良好，但药物的组织浓度低于血浆浓度，且不易进入脑脊液。主要以原形经肾排出。

【制剂、用法与用量】盐酸大观霉素注射液（犬用）。肌内注射，一次量，每千克体重，犬 1 万～1.5 万 U，一日 2 次，连用 3 日。

盐酸大观霉素可溶性粉（5 g∶2.5 g、50 g∶25 g、100 g∶50 g）。混饮，每升水，按本品计，鸡 1～2 g，连用 3～5 日。

盐酸大观霉素-盐酸林可霉素可溶性粉（5 g∶大观霉素 2 g 与林可霉素 1 g；100 g∶大观霉素 40 g 与林可霉素 20 g）。混饮，每升水，禽 0.5～0.8 g，连用 3～5 d。

安普霉素(Apramycin)

【理化性质】其硫酸盐为微黄色至黄褐色粉末,本品有引湿性。易溶于水,常制成可溶性粉、预混剂。

【作用与应用】①本品对大肠埃希菌、沙门菌、铜绿假单胞菌、克雷伯菌、变形杆菌、巴氏杆菌、支气管败血波氏杆菌等多种革兰氏阴性菌和葡萄球菌均有抑制作用。②对猪痢疾密螺旋体和支原体也有抑制作用。③有抗钝化酶的灭活作用,细菌不易耐药;与其他氨基糖苷类药物无交叉耐药性。④能促进 6 周龄前的肉鸡生长。

本品用于治疗畜禽革兰氏阴性菌引起的肠道感染,如猪大肠埃希菌、犊牛肠杆菌引起的腹泻,鸡大肠埃希菌、沙门菌、支原体引起的感染。

【注意事项】①本品是治疗大肠杆菌病的首选药。②本品遇铁锈易失效,也不宜与微量元素制剂联合使用;饮水给药必须当日配制;盐酸吡哆醛能加强本品的抗菌活性。③长期或大量应用可引起肾毒性。④新生仔畜内服可部分吸收,吸收量同用量有关,并随动物年龄增长而减少。⑤休药期:猪 21 d,鸡 7 d。蛋鸡产蛋期禁用;泌乳牛禁用。

【制剂、用法与用量】硫酸安普霉素注射液。10 mL∶1.0 g。肌内注射,一次量,每千克体重,家畜 20 mg。2 次/d,连用 3 d。

硫酸安普霉素可溶性粉。100 g∶40 g(4 000 万 U)。混饮,每升水,禽 250～500 mg。连用 5 d,宰前 7 d 停止给药。内服,一次量,每千克体重,家畜 20～40 mg。1 次/d,连用 5 d。

自主学习

知识拓展　氨基糖苷类抗生素发展史

二、多肽类抗生素

多肽类抗生素是一类具有多肽结构的化学物质。兽医临床常用的多肽类抗生素有杆菌肽、黏菌素、维吉尼亚霉素和恩拉霉素等,其中,黏菌素仅对革兰氏阴性杆菌有作用,其他则均对革兰氏阳性菌有作用,肾毒性和对神经系统的损害较为突出。

黏菌素(Colistin)

【理化性质】又名黏杆菌素、多黏菌素 E、抗敌素,由多黏芽孢杆菌变种的培养液中提取获得。本品为白色或类白色粉末，无臭，有引湿性。本品易溶于水，常制成可溶性粉、预混剂。

【作用与应用】本品为窄谱型杀菌抗生素。对革兰氏阴性杆菌作用强，尤以铜绿假单胞菌最为敏感，对大肠埃希菌、沙门菌、巴氏杆菌、痢疾杆菌、布鲁氏菌和弧菌等的作用较强，对变形杆菌属、厌氧杆菌属、革兰氏阴性球菌和革兰氏阳性菌等无效。

本品的杀菌机制是其带正电荷的游离氨基能与革兰氏阴性杆菌质膜磷脂中带负电荷的磷酸根结合，降低质膜的表面张力，增加通透性，使菌体内氨基酸、嘌呤、嘧啶、磷酸盐等成分外漏；其还可进入细胞质内干扰正常功能，导致细菌死亡。细菌对本品不易产生耐药性，但与多黏菌素 B 之间有交叉耐药性。本类药物与其他抗菌药物间没有交叉耐药性。

本品主要用于防治猪、鸡的革兰氏阴性菌所致的肠道感染；外用治疗烧伤和外伤引起的铜绿假单胞菌感染；由于耐药性的风险问题，我国已禁止其作为饲料药物添加剂促进畜禽生长。

【不良反应】①注射给药刺激性强，局部疼痛显著，并可引起肾毒性和神经毒性，故多用于内服或局部用药。②本品内服不易吸收，吸收后主要以原形经肾排泄，本品易引起肾毒性和神经系统的毒性反应。注射已少用。

【注意事项】①本品常作为铜绿假单胞菌和大肠埃希菌引起的感染性疾病的首选药。②不宜与麻醉药和镁制剂等肌肉松弛药、庆大霉素与链霉素等氨基糖苷类抗生素合用，因能引起蛋白尿、血尿、管型尿、肌无力和呼吸暂停；与杆菌肽锌、磺胺药和甲氧苄啶合用对大肠埃希菌、肺炎杆菌和铜绿假单胞菌等有协同作用；与螯合剂(EDTA)和阳离子清洁剂合用，治疗铜绿假单胞菌所致的局部感染效果好。③休药期：猪、鸡 7 d。蛋鸡产蛋期禁用。

【制剂、用法与用量】硫酸多黏菌素可溶性粉。混饮，每升水，猪 40～100 mg，鸡 20～60 mg，连用 5 d。

硫酸多黏菌素预混剂。混饲，每 1 000 kg 饲料，猪、鸡 2～20 g。

硫酸多黏菌素预混剂(发酵)。混饲，每 1 000 kg 饲料，牛、猪、鸡 7.5～10 kg。

硫酸多黏菌素注射液。肌内注射，一次量，每 10 kg 体重，哺乳仔猪 20～40 mg，一日 2 次，连用 3～5 d。

学习单元四　广谱抗生素

一、四环素类抗生素

四环素类抗生素为一类具有共同多环并四苯羧基酰胺母核的衍生物，仅在 5、6、7-位取代基有所不同。它们对革兰氏阳性菌和革兰氏阴性菌、螺旋体、立克次体、支原体、衣原体、原虫(球虫、阿米巴原虫)等均可产生抑制作用，故称为广谱抗生素。

四环素类抗生素可分为天然品和半合成品两类：前者由不同链霉菌的培养液中提取获得，有四环素、土霉素、金霉素和地美环素；后者为半合成衍生物，有多西环素、美他环素(甲烯土霉素)和米诺环素(二甲胺四环素)等。按其抗菌活性大小顺序依次为米诺环素＞多西环素＞美他环素＞金霉素＞四环素＞土霉素。我国批准用于兽医临床的有四环素、土霉素、金霉素和多西环素。

四环素类抗生素属广谱抗生素，其抗菌谱包括常见的革兰氏阳性与革兰氏阴性需氧菌和厌氧菌、立克次体、螺旋体、支原体、衣原体及某些原虫等。对革兰氏阳性菌的抗菌活性较革兰氏阴性菌强。对70％以上的厌氧菌有抗菌活性，但其作用不如克林霉素、酰胺醇类及甲硝唑，故临床一般不选用四环素类抗生素治疗厌氧菌感染。

本类药物的抗菌机理是干扰细菌蛋白质的合成，属快效抑菌剂，高浓度时也具杀菌作用。

本类药物的不良反应有以下几种。

①胃肠道反应：本类药物最常见的不良反应。早期是由于药物的直接刺激，后期是由于对肠道菌群的影响。主要表现有腹泻、恶心和食欲下降。

②二重感染：长期使用易引起肠道菌群失调而诱发二重感染。

③对牙齿和骨骼发育的影响：能与新形成的牙齿和骨组织中的沉积钙结合而影响其发育，造成恒齿永久性棕色色素沉着，牙釉质发育不良、畸形或生长抑制。长期应用四环素类抗生素还可以影响骨髓功能。

④肝毒性：四环素类抗生素可损害肝功能或造成肝坏死，特别是在妊娠或肝功能已受损的情况下。

⑤肾毒性：除多西环素外，其他四环素类抗生素可在肾功能不全者体内蓄积达中毒水平。

⑥光敏反应：全身应用四环素类抗生素可以诱发光敏反应，地美环素最常发生，多西环素也较四环素和米诺环素多见。

⑦前庭反应：与用药剂量有关。超量可引起前庭功能紊乱，出现头晕、眩晕、恶心呕吐等症状。

土霉素(Oxytetracycline)

【理化性质】又名氧四环素，从土壤链霉菌的培养液中提取获得。土霉素为淡黄色至暗黄色的结晶性粉末或无定形粉末，无臭，在日光下颜色变暗，在碱溶液中易被破坏失效，在水中极微溶解。常用其盐酸盐，为黄色结晶性粉末，性状稳定，易溶于水，水溶液不稳定，宜现用现配。常制成粉针、片剂、注射液。

【作用与应用】土霉素为广谱抗生素，起抑菌作用。除对革兰氏阳性菌和阴性菌有作用外，对立克次体、衣原体、支原体、螺旋体、放线菌和某些原虫也有抑制作用。在革兰氏阳性菌中，对葡萄球菌、溶血性链球菌、炭疽杆菌和梭菌等的作用较强，但其作用不如青霉素类抗生素和头孢菌素类抗生素；在革兰氏阴性菌中，对大肠埃希菌、产气荚膜梭菌、布鲁氏菌和巴氏杆菌等较敏感，而其作用不如氨基糖苷类抗生素和酰胺醇类抗生素。

本品主要用于：①大肠埃希菌或沙门菌引起的下痢，如犊牛白痢、羔羊痢疾、仔猪黄痢和白痢、雏鸡白痢等。②多杀性巴氏杆菌引起的牛出血性败血症、猪肺疫、禽霍乱等。③支原体引起的牛肺炎、猪气喘病、鸡慢性呼吸道病等。④局部用于坏死杆菌所致的组织坏死、子宫蓄脓、子宫内膜炎等。⑤泰勒虫病、放线菌病、钩端螺旋体病等。⑥治疗鱼类、虾的细菌性肠炎病、弧菌病。

【不良反应】①二重感染：对于杂食动物、食肉动物和新生食草动物可内服给药，但长期使用可导致B族维生素和维生素K缺乏，而牛、马和兔等成年食草动物不宜内服给药，因易引起肠道菌群失调而诱发二重感染。②局部刺激：土霉素的盐酸盐水溶液属强酸性，局部刺激性强，注射剂一般用于静脉注射，但浓度为20%的长效土霉素注射液则可分点深部肌内注射。③肝毒性：长期应用可导致肝脂肪变性，甚至坏死，应注意肝功能检查。

【注意事项】①在肝、肾功能严重不良的患病动物或使用呋塞米等强效利尿药时，忌用本品。②治疗布鲁氏菌病和鼠疫时，最好与氨基糖苷类抗生素联合应用。③作为饲料添加剂，在低钙(0.18%～0.55%)日粮中，连续饲喂鸡不得超过5 d；常和竹桃霉素、新霉素等联合使用。④若鸡中毒，出现采食量和产蛋量均下降或雏鸡生长缓慢，可用绿豆汤、甘草水或葡萄糖液内服解救。⑤应避免与乳制品和含镁、铝、铁、锌、锰等多价金属离子等的药物或饲料同服。⑥与泰乐菌素等大环内酯类抗生素、黏菌素合用有协同作用。⑦忌与碱性食物或碳酸氢钠同用，因它们可使胃内pH增高，减少吸收。⑧本品内服吸收差且不完全，食物可影响其吸收；肌内注射易吸收，半衰期较长，主要以原形由肾排泄。

【制剂、用法与用量】土霉素片。0.05 g、0.125 g、0.25 g。内服，一次量，每千克体重，猪，驹、犊、羔10～25 mg，犬15～50 mg，禽25～50 mg。2～3次/d，连用3～5 d。

注射用盐酸土霉素。0.2 g、1 g。肌内、静脉注射，一次量，每千克体重家畜5～10 mg。2次/d，连用2～3 d。

长效盐酸土霉素注射液。肌内注射，一次量，每千克体重，家畜10～20 mg。

盐酸土霉素可溶性粉。混饮，每升水，猪100～200 mg，禽150～250 mg，连用5 d。

四环素(Tetracycline)

【理化性质】本品从链霉菌培养液中提取获得。常用其盐酸盐，为黄色结晶性粉末，有引湿性，在碱性溶液中易被破坏失效。水溶液放置后不断降解，效价降低，并变混浊，常制成粉针、片剂。

【作用与应用】本品的作用与土霉素相似，对大肠埃希菌、变形杆菌等革兰氏阴性杆菌作用较好，但对葡萄球菌等革兰氏阳性球菌的作用不如金霉素。

本品用于治疗某些革兰氏阳性菌和革兰氏阴性菌、支原体、立克次体、螺旋体、衣原体等引起的感染，常作为布鲁氏菌病、嗜血杆菌性肺炎、大肠杆菌病和李斯特菌病的首选药。

【不良反应】同土霉素。

【注意事项】①本品盐酸盐水溶液刺激性大，不宜肌内注射和局部应用，静脉注射时切勿漏出血管外。②大剂量或长期应用，可引起肝损害和肠道菌群紊乱，如出现维生素缺乏症和二重感染。③本品进入机体后与钙结合，沉积于牙齿和骨骼中，对胎儿骨骼发育有影响。④静脉注射速度过快时，可与钙结合引起心血管抑制，出现急性心力衰竭的心血管效应。⑤本品内服吸收较快，血药浓度较土霉素和金霉素高。吸收后组织渗透性较高，能透过胎盘屏障，易透入胸腹腔及乳汁中。⑥其他参见土霉素。⑦休药期：四环素片，牛12 d，猪10 d，鸡4 d；注射用盐酸四环素，牛、羊、猪8 d；弃奶期2 d。畜禽产蛋期和泌乳期禁用。

【不良反应】同土霉素。

【制剂、用法与用量】四环素片。内服，一次量，每千克体重，家畜10～20 mg，如犬15～50 mg，禽25～50 mg，一日2～3次，连用3～5 d；混饲，每1 000 kg饲料，猪300～500 g(治疗),连用 3～5 d。

盐酸四环素可溶性粉。混饮,每升水,猪 100～200 mg,禽 150～250 mg,连用 3～5 d。

注射用盐酸四环素。静脉注射,一次量,每千克体重,家畜 5～10 mg,一日 2 次,连用 2～3 d。

金霉素(Chlortetracycline)

【理化性质】又名氯四环素,从链霉菌的培养液中获得。常用其盐酸盐,为金黄色或黄色结晶,无臭,味苦,遇光色渐变深。其水溶液不稳定,浓度超过 1%即析出。常制成片剂、粉针。

【作用与应用】①本品的作用与土霉素相似,对耐青霉素的金黄色葡萄球菌感染的疗效优于土霉素和四环素,但抗菌作用和局部刺激性较四环素、土霉素强。由于局部刺激性强,稳定性差,人医用的内服制剂和针剂均已淘汰。②本品中、高剂量用于防治敏感病原菌所致疾病,如鸡慢性呼吸道病、火鸡传染性鼻窦炎、猪细菌性肠炎、犊牛细菌性痢疾、钩端螺旋体病、滑膜炎、鸭巴氏杆菌病等;局部应用治疗牛子宫内膜炎和乳房炎。

【注意事项】①本品在四环素类抗生素中刺激性最强,仅用于静脉注射。②本品内服吸收较土霉素少,被吸收药物主要经肾排泄。③其他参见土霉素。

【不良反应】同土霉素,但肝毒性较大。

【制剂、用法与用量】盐酸金霉素可溶性粉。以盐酸金霉素计,混饮,每升水,鸡 0.2～0.4 g。

金霉素预混剂。以金霉素计,混饲,每 1000 kg 饲料,猪 40～60 g,连用 7 d。

金霉素片。内服,一次量,家畜每千克体重 10～25 mg,一日 2 次;犬、猫每千克体重 25 mg,一日 3～4 次。

盐酸金霉素眼膏。0.1 g,滴眼,一日 3 次。

多西环素(Doxycycline)

【理化性质】又名脱氧土霉素、强力霉素,其盐酸盐为淡黄色或黄色结晶性粉末,无臭,味苦。本品易溶于水,微溶于乙醇。常制成片剂。

【作用与应用】①本品为四环素类抗生素中稳定性最好和抗菌力较强的半合成抗生素,体内、体外抗菌活性均较土霉素与四环素强,为四环素的 2～8 倍;抗菌谱与其他四环素类抗生素相似,对革兰氏阳性菌的作用优于革兰氏阴性菌,但对肠球菌耐药。②与土霉素和四环素等有交叉耐药性。

本品用于治疗革兰氏阳性菌、阴性菌和支原体引起的感染性疾病,如溶血性链球菌病、葡萄球菌病、大肠杆菌病、巴氏杆菌病、沙门菌病、布鲁氏菌病、炭疽、猪螺旋体病、猪与鸡的支原体病和鹦鹉热等。

【注意事项】①本品在四环素类抗生素中毒性最小,犬、猫内服可出现恶心、呕吐反应,与食物同服可使反应减轻。但给马属动物静脉注射后,可出现心律不齐、虚脱和死亡,故禁用。②可在肝中部分代谢灭活,使其肠道浓度降低,二重感染较少发生。③肾功能损害时,药物自肠道的排泄量增加,成为主要排泄途径,故可用于有肾功能损害的动物。④与利福平或链霉素合用治疗布鲁氏菌病有协同作用,与乙胺嘧啶合用在治疗小鼠实验性弓形虫感染时也有协同作用。⑤本品内服易吸收,生物利用度高,受食物影响较小,对组织渗透力强,肺中的浓度比血浆中的高。因有显著的肝肠循环,有效血药浓度维持时间长。生物半衰期长。⑥其他参见土霉素。⑦休药期:28 d。蛋鸡与泌乳期奶牛禁用。

【制剂、用法与用量】盐酸多西环素可溶性粉。以盐酸多西环素计,混饮,每升水,猪 25~50 mg,鸡 30 mg,连用 3~5 d。

盐酸多西环素注射液。以盐酸多西环素计,肌内注射,一次量,每千克体重,猪 5~10 mg,一日 1 次,连用 2~3 d。

盐酸多西环素片。以盐酸多西环素计,内服,一次量,每千克体重,猪、驹、犊、羔 3~5 mg,犬、猫 5~10 mg,禽 15~25 mg,一日 1 次,连用 3~5 d。

盐酸多西环素粉(水产用)。以本品计,拌饵投喂,一次量,每千克体重,鱼 20 mg,一日 1 次,连用 3~5 d。

自主学习

知识拓展　四环素类抗生素发展史

二、酰胺醇类抗生素

酰胺醇类抗生素以前称为氯霉素类药物,属广谱抗生素、速效抑菌剂,包括氯霉素、甲砜霉素、氟苯尼考等。氯霉素是从委内瑞拉链霉菌培养液中提取获得的,是第一个可用人工全合成的抗生素。氯霉素类药物以苯基-1,3-丙二醇为基本骨架,苯环上对位引入硝基、甲磺酰基、乙酰基,使抗菌活性增强,但硝基的引入可引起人和动物的可逆性血细胞减少和不可逆的再生障碍性贫血。目前,世界各国几乎都禁止氯霉素用于所有食品动物,氟苯尼考已成为氯霉素的替代品。

本类药物的作用机制是抑制细菌蛋白质的合成。细菌对本类药物可产生耐药性,但发生较缓慢,同类药物之间有完全交叉耐药,耐药菌以大肠埃希菌为主。

甲砜霉素(Thiamphenicol)

【理化性质】又名甲砜氯霉素,也称硫霉素。本品为白色结晶性粉末,无臭。微溶于水,溶于甲醇,几乎不溶于乙醚或三氯甲烷。常制成粉剂、片剂。

【作用与应用】本品属广谱抑菌性抗生素。对革兰氏阳性菌和阴性菌都有作用,但对革兰氏阴性菌的作用较革兰氏阳性菌强。对其敏感的革兰氏阴性菌有大肠埃希菌、沙门菌、产气荚膜梭菌、布鲁氏菌及巴氏杆菌等。对其敏感的革兰氏阳性菌有炭疽杆菌、链球菌、棒状杆菌、肺炎球菌、葡萄球菌等。对衣原体、钩端螺旋体及立克次体也有一定的作用，但对铜绿假单胞菌无效。

本品主要用于肠道感染，特别是沙门菌感染，如仔猪副伤寒，幼驹副伤寒，禽副伤寒，雏鸡白痢，仔猪黄痢、白痢，幼驹大肠杆菌病等。也可用于防治鱼类由肠炎菌引起的败血症、肠炎、赤皮病等，以及用于河蟹、鳖、虾、蛙等特种水生生物的细菌性疾病。

【不良反应】①本品有较强的免疫抑制作用，对疫苗接种期或免疫功能严重缺损的动物禁用。②本品不导致再生障碍性贫血，但可抑制红细胞、白细胞和血小板生成，抑制程度比氯霉素轻。③本品长期内服可引起消化功能紊乱，出现维生素缺乏或二重感染症状。④本品有胚胎毒性，妊娠期及哺乳期动物慎用。

【注意事项】①本品为治疗伤寒和副伤寒的首选药。②本品与大环内酯类、β-内酰胺类、林可胺类药物合用时产生拮抗作用。③本品对肝微粒体药物代谢酶有抑制作用，可影响其他药物的代谢，增强药效或毒性；肾功能不全的患病动物应减量或延长给药间隔时间。④本品内服、肌内注射吸收快而完全，吸收后体内分布广泛。主要以原形经肾排泄。⑤休药期：畜、禽28 d，弃奶期7 d。鱼类，15 d。

【制剂、用法与用量】甲砜霉素片。25 mg、100 mg、125 mg、250 mg。内服，一次量，每千克体重，家畜10～20 mg，家禽20～30 mg。2次/d，连用2～3 d。

甲砜霉素粉。以甲砜霉素计，内服，一次量，每千克体重，畜、禽5～10 mg。

氟苯尼考(Florfenicol)

【理化性质】又名氟甲砜霉素，是甲砜霉素的单氟衍生物，为白色或类白色结晶性粉末，无臭。在二甲基甲酰胺中极易溶解，在甲醇中溶解，在水中极微溶解。本品是动物专用抗菌药，常制成粉剂、预混剂、溶液、注射液。

【作用与应用】本品属动物专用的广谱抗生素。抗菌谱与甲砜霉素相似，但抗菌活性优于甲砜霉素。对耐氯霉素和甲砜霉素的大肠埃希菌、沙门菌、克雷伯菌也有效。

本品主要用于牛、猪、鸡和鱼类的细菌性疾病，如巴氏杆菌引起的牛呼吸道感染、乳房炎；猪传染性胸膜肺炎、黄痢、白痢；鸡大肠杆菌病、禽霍乱；鱼疖疮病等。

【不良反应】有胚胎毒性，故妊娠动物禁用。

【注意事项】①与甲氧苄啶合用产生协同作用。②毒副作用小，安全范围大，使用推荐剂量不引起骨髓抑制或再生障碍性贫血。③肌内注射有一定刺激性，应进行深层分点注射。④本品内服和肌内注射吸收快而完全，乳房灌注给药生物利用度也较好。体内分布广泛，一次给药有效血药浓度可维持48～72 h。肌内注射半衰期较长。

【制剂、用法与用量】氟苯尼考粉。以氟苯尼考计，内服，每千克体重，猪鸡20～30 mg，2次/d，连用3～5 d。

氟苯尼考预混剂。以氟苯尼考计，混饲，每1 000 kg饲料，猪1 000～2 000 g，连用7 d。

氟苯尼考注射液。2 mL∶0.6 g。肌内注射，一次量，每千克体重，猪、鸡20 mg，1次/2 d，连用2次。鱼0.5～1 g，1次/d，连用3～5 d。

自主学习

知识拓展 氯霉素的发展史

知识拓展 其他常见抗生素

学习单元五 人工合成抗菌药

目前使用的抗菌药物中有很多人工合成抗菌药，如磺胺类、喹诺酮类、硝基咪唑类、喹噁啉类等。

一、磺胺类药物

自 1935 年发现第一个磺胺类药物以来，先后合成的这类药物有上千种，但临床上常用的只有二三十种。磺胺类药具有抗菌谱较广、性质稳定、使用方便、价格低廉、国内能大量生产等优点。甲氧苄啶和二甲氧苄啶等抗菌增效剂与磺胺类药联合使用后，抗菌谱扩大、疗效显著提高。因此，磺胺类药至今在抗微生物药物中仍有重要地位。

(一)理化性质

磺胺类药一般为白色或淡黄色结晶性粉末，在水中溶解度差，易溶于稀碱溶液中。制成钠盐后易溶于水，水溶液呈碱性。

(二)构效关系及分类

磺胺类药的基本化学结构是对氨基苯磺酰胺(简称磺胺)。

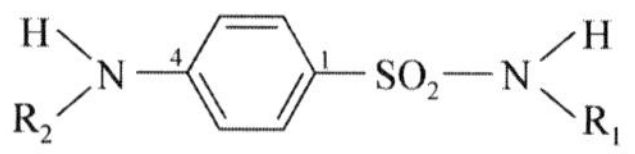

R_1、R_2 代表不同的基团，所引入的基团不同，就合成了一系列的磺胺类药。它们的抑菌作用与化学结构之间的关系如下：①在其结构中以其他基团取代氨基上的氢所得的衍生物，必须保持对位和游离的氨基才有活性；②对位上氨基的一个氢原子(R_2)被其他基团取代，其抑菌作用大大减弱，此化合物必须在肠道内被水解为游离氨基才能起作用，如酞磺胺噻唑；③磺酰胺基中的一个氢原子(R_1)被杂环取代所得的衍生物抗菌活性更强，如磺胺嘧啶等。磺胺类药根据内服后的吸收情况可分为肠道易吸收、肠道难吸收及外用三类(表 2-1)。

表 2-1 常用磺胺类药的分类和英文缩写

类型	药名	英文缩写
肠道易吸收的磺胺类药	氨苯磺胺	SN
	磺胺噻唑	ST
	磺胺嘧啶	SD
	磺胺二甲嘧啶	SM_2
	磺胺甲噁唑(新诺明、新明磺)	SMZ
	磺胺对甲氧嘧啶(磺胺-5-甲氧嘧啶、消炎磺)	SMD
	磺胺间甲氧嘧啶(磺胺-6-甲氧嘧啶、制菌磺)	SMM、DS-36
	磺胺地索辛(磺胺-2,6-二甲氧嘧啶)	SDM
	磺胺多辛(磺胺-5,6-二甲氧嘧啶、周效磺胺)	SDM′
	磺胺喹噁啉	SQ
	磺胺氯吡嗪	ESB
肠道难吸收的磺胺类药	磺胺脒	SG
	柳氮磺吡啶(水杨酰偶氮磺胺吡啶)	SASP
	酞磺胺噻唑	PST
	酞磺醋胺	PSA
	琥磺噻唑(琥磺胺噻唑、琥珀酰磺胺噻唑)	SST
外用磺胺类药	磺胺醋酰钠	SA-Na
	醋酸磺胺米隆(甲磺灭脓)	SML
	磺胺嘧啶银(烧伤宁)	SD-Ag

(三)药理作用

磺胺类药物属广谱慢效抑菌剂。对大多数革兰氏阳性菌和部分革兰氏阴性菌有效,甚至对衣原体和某些原虫也有效。对磺胺类药较敏感的病原菌包括链球菌、肺炎球菌、沙门菌、化脓棒状杆菌等;一般敏感菌包括大肠埃希菌、葡萄球菌、变形杆菌、巴氏杆菌、产气荚膜梭菌、肺炎杆菌、炭疽杆菌、铜绿假单胞菌等。某些磺胺类药还对球虫、卡氏白细胞原虫、疟原虫、弓形虫等有效,但对螺旋体、立克次体、结核分枝杆菌等无效。

不同磺胺类药对病原菌的抑制作用也有差异。一般来说,其抗菌作用强度的顺序为SMM>SMZ>SD>SDM>SMD>SM_2>SDM′>SN。

(四)作用机制

磺胺类药主要通过干扰敏感菌的叶酸代谢而抑制其生长繁殖。对磺胺类药敏感的细菌在生长繁殖过程中,不能直接从生长环境中利用外源叶酸,而是利用对氨基苯甲酸(PABA)、蝶啶及谷氨酸,在二氢叶酸合成酶的催化下合成二氢叶酸,再经二氢叶酸还原酶还原为四氢叶酸,四氢叶酸是一碳基团转移酶的辅酶,参与嘌呤、嘧啶、氨基酸的合成。磺胺类药的化学结构与 PABA 的结构极为相似,能与 PABA 竞争二氢叶酸合成酶,抑制二氢叶酸的合成,进而导致核酸合成受阻，结果使细菌生长繁殖被抑制。高等动物能直接利用外源性叶酸，故其代谢不受磺胺类药干扰（图 2-3）。

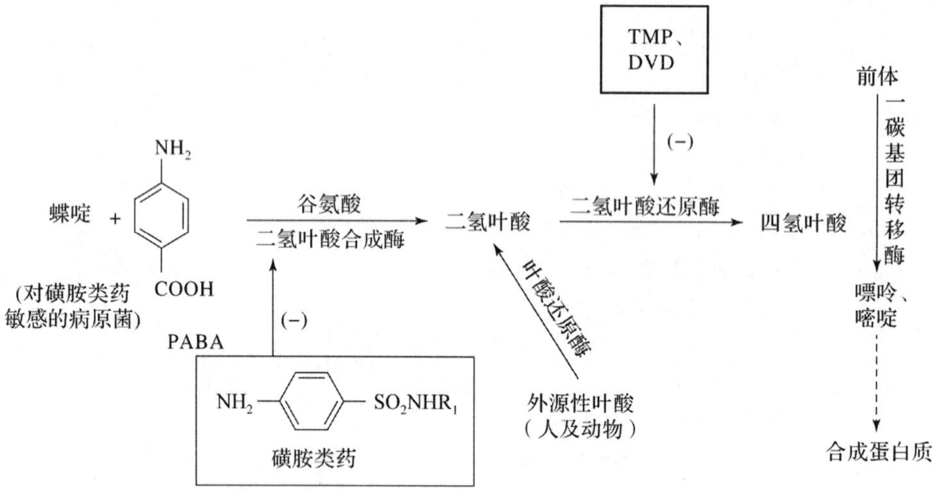

图 2-3　磺胺类药和某些化疗药物作用机制示意图

（五）耐药性

细菌对磺胺类药易产生耐药性，尤以葡萄球菌最易产生，大肠埃希菌、链球菌等次之。产生的原因可能是通过质粒转移或酶突变产生，包括二氢叶酸合成酶与磺胺的亲和力降低，细菌对磺胺的通透性降低，以及细菌改变了代谢途径，如产生了较多的对氨基苯甲酸（PABA）或二氢叶酸合成酶等。各磺胺类药之间可产生程度不同的交叉耐药性，但与其他抗菌药之间无交叉耐药现象。

（六）临床应用

1. 全身感染

常用药有 SD、SM_2、SMZ、SMD、SMM、SDM′等，可用于巴氏杆菌病、乳房炎、子宫内膜炎、腹膜炎、败血症以及呼吸道、消化道和尿道感染；对马腺疫、坏死杆菌病，牛传染性腐蹄病，猪萎缩性鼻炎、链球菌病、仔猪水肿病、弓形虫病，羔羊多发性关节炎，兔葡萄球菌病，鸡传染性鼻炎、禽霍乱、副伤寒、球虫病等均有效。一般与 TMP 合用，可提高疗效，缩短疗程。对于病情严重病例或首次用药，则可以考虑用其钠盐肌内注射或静脉注射给药。

2. 肠道感染

选用肠道难吸收的磺胺类药，如 SG、PST、SST 等为宜。可用于仔猪黄痢及畜禽白痢、大肠杆菌病等的治疗。常与二甲氧苄啶（DVD）合用以提高疗效。

3. 尿道感染

选用抗菌作用强，尿道排泄快，乙酰化率低，尿中药物浓度高的磺胺类药，如 SMM、SMD 和 SMZ 等。与甲氧苄啶（TMP）合用，可提高疗效，克服或延缓耐药性的产生。

4. 局部软组织和创面感染

选外用磺胺药，如 SN、SD-Ag 等。SN 可用其结晶性粉末，撒于新鲜伤口，以发挥其防腐作用，现已少用。SD-Ag 对铜绿假单胞菌的作用较强，且有收敛作用，可促进创面干燥结痂，可用于烧伤感染。

5. 原虫感染

选用 SQ、磺胺氯吡嗪钠、SM_2、SMM、SDM 等，用于禽、兔球虫病，鸡住白细胞虫病，猪弓形虫病等。

6. 其他

治疗脑部细菌性感染，宜采用在脑脊液中含量较高的 SD；治疗乳房炎宜采用在乳汁中含量较高的 SM_2。

（七）不良反应

磺胺类药主要在肝代谢，引起多种结构上的变化。其中最常见的方式是对位氨基（R_2）的乙酰化。磺胺乙酰化后失去抗菌活性，但仍保持原有磺胺的毒性。除 SD 等 R_1 位有嘧啶环的磺胺类药外，其他乙酰化磺胺的溶解度普遍下降，增加了对肾的毒副作用。食肉及杂食动物，由于尿中酸度比食草动物高，较易引起磺胺及乙酰化磺胺的沉淀，导致结晶尿的产生，损害肾功能。若同时内服碳酸氢钠碱化尿液，则可提高其溶解度，促进其从尿中排出。

1. 急性中毒

多见于静脉注射磺胺类钠盐时，速度过快或剂量过大。表现为神经症状，如共济失调、痉挛性麻痹、呕吐、昏迷、食欲降低和腹泻等。严重者迅速死亡。牛、山羊还可见视物障碍、散瞳。雏鸡中毒时出现大批死亡。

2. 慢性中毒

见于剂量较大或连续用药超过 1 周，主要症状如下：难溶解的乙酰化物结晶损伤泌尿系统，出现结晶尿、血尿和蛋白尿等；抑制胃肠道菌群，导致消化系统障碍和食草动物的多发性肠炎等；造血功能破坏，出现溶血性贫血、凝血时间延长和毛细血管渗血；幼畜及幼禽免疫系统抑制、免疫器官出血及萎缩；家禽慢性中毒时，增重减慢，蛋鸡产蛋率下降，蛋破损率和软蛋率增高。

（八）注意事项

（1）要有足够的剂量和疗程，首次内服常用加倍量（负荷量），使血药浓度迅速达到有效抑菌浓度，连用 3～5 d。

（2）动物用药期间应充分饮水，以增加尿量、促进排出；幼畜、杂食或食肉动物使用磺胺类药时，宜与等量的碳酸氢钠同服，以碱化尿液，促进排出；补充 B 族维生素和维生素 K。

（3）磺胺类钠盐注射液对局部组织有很强的刺激性，宠物不宜肌内注射，一般应静脉注射。

（4）磺胺类药物一般应与抗菌增效剂联合使用，以增强药效。勿与酸性药物配伍应用。

（5）蛋鸡产蛋期禁用。

磺胺嘧啶（Sulfadiazine，SD）

【理化性质】本品为白色或类白色的结晶粉末，无臭、无味，几乎不溶于水，其钠盐易溶于水，常制成片剂、预混剂、注射液。

【作用与应用】本品抗菌力较强，对各种感染的疗效较高，副作用小，是磺胺类药物中抗菌作用较强的品种之一，对溶血性链球菌、肺炎双球菌、脑膜炎双球菌、沙门菌、大肠埃希菌等大多数革兰氏阳性菌和部分革兰氏阴性菌作用强，对衣原体和某些原虫也有效，但对金黄色葡萄球菌作用较差。

本品适用于各种动物敏感病原体所致的全身感染，如马腺疫、坏死杆菌病、牛传染性腐蹄病、猪萎缩性鼻炎、链球菌病、仔猪水肿病、弓形虫病、羔羊多发性关节炎、兔葡萄球菌病、鸡传染性鼻炎、副伤寒、球虫病、鸡住白细胞虫病，也常作为治疗脑部细菌感染的首选药物；还可用于治疗鲤科鱼类的赤皮病、肠炎，海水鱼链球菌病。

【注意事项】①本品内服易吸收，体内代谢的乙酰化物在尿中溶解度较低，易引起血尿、结晶尿等。②磺胺嘧啶钠注射液遇酸类可析出结晶，故不可与四环素、卡那霉素、林可霉素等配伍应用，也不宜用5%葡萄糖液稀释；普鲁卡因等某些含对氨基苯甲酰基的药物在体内可生成PABA及酵母片中含有细菌代谢所需要的PABA，可降低抗菌作用，均不宜合用；肾毒性较大，与呋塞米等利尿剂合用可增加肾毒性。③常与甲氧苄啶制成复方磺胺嘧啶预混剂、混悬液、注射液，可增强抗菌作用，用于家畜敏感菌及猪弓形虫感染。④休药期：片剂，牛 28 d；复方预混剂，猪 5 d，鸡 1 d；复方混悬液，鸡 1 d；钠盐注射液，牛 10 d，羊 18 d，猪 10 d，弃奶期 3 d；复方注射液，牛、羊 12 d，猪 20 d，弃奶期 2 d。

【制剂、用法与用量】磺胺嘧啶片。内服，一次量，每千克体重，家畜首次量 0.14～0.2 g。维持量 0.07～0.1 g。2 次/d，连用 3～5 d。

磺胺嘧啶钠注射液。5 mL : 1 g、10 mL : 1 g、50 mL : 5 g。静脉注射，一次量，每千克体重，家畜 0.05～0.1 g。1～2 次/d，连用 2～3 d。

磺胺二甲嘧啶(Sulfadimerazine, SM_2)

【理化性质】本品为白色或微黄色的结晶或粉末，无臭，味微苦；遇光色渐变深。在水或乙醚中几乎不溶，在稀酸或稀碱溶液中易溶，其钠盐溶于水，常制成片剂、注射剂。

【作用与应用】本品抗菌谱与磺胺嘧啶相似，抗菌作用稍弱于磺胺嘧啶，对球虫和弓形虫也有抑制作用。

本品主要用于敏感病原体引起的感染，如巴氏杆菌病、乳房炎、子宫内膜炎、兔和禽球虫病、猪弓形虫病；也用于水产动物的竖鳞病、赤皮病、弧菌病、烂鳃病、白头白嘴病、白皮病、疖疮病和鳗鲡的赤鳍病等的防治，以及孢子虫等感染。

【注意事项】①因其乙酰化率较低，乙酰化物的溶解度高，不易造成肾脏损害。②本品治疗水产动物细菌性肠炎、赤皮病、烂鳃病时，最好全池遍洒漂白粉或强氯精等消毒剂。③休药期：片剂，牛 10 d、猪 15 d、禽 10 d；注射液，28 d。片剂，水产动物 14 d。

【制剂、用法与用量】磺胺二甲嘧啶片。内服，一次量，每千克体重，家畜，首次量 0.14～0.2 g，维持量 0.07～0.1 g。1～2 次/d，连用 3～5 d。

磺胺二甲嘧啶钠注射液。5 mL : 0.5 g、10 mL : 1 g、100 mL : 10 g。静脉注射，一次量，每千克体重，家畜 50～100 mg。1～2 次/d，连用 2～3 d。

磺胺间甲氧嘧啶(Sulfamonomethoxine, SMM)

【理化性质】又名磺胺-6-甲氧嘧啶、制菌磺、长效磺胺 C。本品为白色或类白色结晶性粉末，无臭、无味。本品不易溶于水，其钠盐溶于水，常制成片剂、注射剂。

【作用与应用】本品为体内、体外抗菌作用最强的磺胺药，与甲氧苄啶合用抗菌力增强明显，对金黄色葡萄球菌、化脓性链球菌和肺炎球菌等大多数革兰氏阳性菌和大肠埃希菌、沙门菌、流感嗜血杆菌、克雷伯菌等革兰氏阴性菌均有较强抑制作用，对球虫、弓形虫、住白细胞原虫等也有显著作用。

本品用于敏感病原体引起的感染，如呼吸道、消化道、泌尿道感染及球虫病、猪弓形虫病、鸡住白细胞虫病、禽和兔球虫病等。局部灌注用于治疗乳房炎和子宫内膜炎。也用于水产动物竖鳞病、赤皮病、弧菌病、烂腮病、白头白嘴病、白皮病、疖疮病和鳗鲡的赤鳍病等的防治，以及孢子虫等感染

【注意事项】①本品不良反应较小，体内的乙酰化率低，乙酰化物在尿中溶解度较大，不易引起泌尿道损害。②细菌产生耐药性较慢。③休药期：28 d，水产动物 14 d。

【制剂、用法与用量】磺胺间甲氧嘧啶片。内服，一次量，每千克体重，家畜首次量 50～100 mg，维持量 25～50 mg。1～2 次/d，连用 3～5 d。

磺胺间甲氧嘧啶钠注射液。10 mL：1 g、20 mL：2 g、50 mL：5 g。静脉注射，一次量，每千克体重，家畜 50 mg。1～2 次/d，连用 2～3 d。

磺胺对甲氧嘧啶(Sulfamethoxydiazine，SMD)

【理化性质】本品为白色或微黄色的结晶或粉末；无臭，味微苦。在乙醇中微溶，在水或乙醚中几乎不溶；在氢氧化钠溶液中易溶，在稀盐酸中微溶。常制成片剂、预混剂、注射剂。

【作用与应用】本品抗菌范围广，对化脓性链球菌、沙门菌和肺炎杆菌等革兰氏阳性菌和阴性菌均有良好的抗菌作用，抗菌作用弱于磺胺间甲氧嘧啶。对球虫也有抑制作用。本品主要用于敏感病原体引起的泌尿道、呼吸道、消化道、皮肤、生殖道感染和球虫病；也用于水产动物竖鳞病、赤皮病、弧菌病、烂腮病、白头白嘴病、白皮病、疖疮病和鳗鲡的赤鳍病等的防治，以及孢子虫等感染。

【注意事项】①本品不良反应较小，乙酰化率较低，乙酰化物在尿中的溶解度较高。②常与甲氧苄啶或二甲氧苄啶制成复方的片剂、预混剂使用。③休药期：28 d，弃奶期 7 d；水产动物 14 d。

【制剂、用法与用量】磺胺对甲氧嘧啶片。内服，一次量，每千克体重，家畜首次量 50～100 mg，维持量 25～50 mg。1～2 次/d，连用 3～5 d。

复方磺胺对甲氧嘧啶片。以磺胺对甲氧嘧啶计，内服，一次量，每千克体重，家畜 20～25 mg。2～3 次/d，连用 3～5 d。

磺胺对甲氧嘧啶二甲氧苄啶片。本品是磺胺对甲氧嘧啶和二甲氧苄啶(5：1)的复方片剂。以磺胺对甲氧嘧啶计，内服，一次量，每千克体重，家畜 20～25 mg。2 次/d，连用 3～5 d。

磺胺对甲氧嘧啶二甲氧苄啶预混剂。混饲，每 1 000 kg 饲料，猪、禽 1 000 g。

复方磺胺对甲氧嘧啶钠注射液。肌内注射，一次量，每千克体重，家畜 15～20 mg(以磺胺对甲氧嘧啶钠计)。1～2 次/d，连用 2～3 d。

磺胺喹噁啉(Sulfaquinoxaline，SQ)

【理化性质】本品为淡黄色或黄色粉末，无臭，在乙醇中极微溶解，在水或乙醚中几乎不溶，在氢氧化钠试液中易溶。其钠盐易溶于水，常制成粉剂、预混剂。

【作用与应用】本品是抗球虫的专用磺胺药，对鸡易感的各种球虫均有抑制作用，对火鸡、鸭球虫也有效。本品不影响宿主对球虫产生免疫力，其作用峰期在球虫感染后第 4 天，主要抑制第 2 代裂殖体的发育。与氨丙啉或二氨基嘧啶类合用效果更好。

本品广泛用于畜禽球虫感染。

【注意事项】①本品对雏鸡有一定的毒性，高浓度(0.1%)药料连喂 5 d 以上，则引起与维生素 K 缺乏有关的出血和组织坏死现象，即使应用推荐药料浓度(125 mg/kg)8～10 d，也可使鸡红细胞和淋巴细胞减少，因此，连续喂饲不得超过 5 d。②本品能使产蛋率下降，蛋壳变薄，因此，产蛋鸡禁用。③休药期，肉鸡 7 d，火鸡 10 d，牛、羊 10 d。

【制剂、用法与用量】磺胺喹噁啉钠可溶性粉。100 g∶10 g。混饮，每升水，鸡 3～5 g。休药期 10 d。

磺胺喹噁啉二甲氧苄啶预混剂。100 g∶SQ 20 g＋DVD 4 g。混饲，每 1 000 kg 饲料，鸡 500 g(以磺胺喹噁啉计)。休药期 10 d。

磺胺氯吡嗪(Sulfachloropyrazine，ESB)

【理化性质】本品为白色或淡黄色粉末，无味。在水或甲醇中溶解，在乙醇或丙酮中微溶，在三氯甲烷中不溶。

【作用与应用】本品为磺胺类抗球虫药。其作用与磺胺喹噁啉相似，作用峰期在球虫第二代裂殖体，对第一代裂殖体也有一定作用。但其抗菌作用更强，对禽巴氏杆菌病及伤寒也有效。

本品主要用于猪、鸡大肠杆菌和巴氏杆菌感染等，鸡、兔、羊球虫病。国外多在球虫病暴发时使用。

【注意事项】长期应用可发生磺胺药中毒症状，按推荐饮水浓度连续饮用不得超过 5 d。禁用于 16 周以上鸡群和蛋鸡产蛋期。不得作饲料添加长期使用。产蛋期禁用。休药期：猪 4 d，鸡 2 d。

【制剂、用法与用量】磺胺氯吡嗪钠可溶性粉。100 g∶30 g。以本品计，混饮，每升水，肉鸡、火鸡 1 g；混饲，每 1 000 kg 饲料，肉鸡、火鸡 2 000 g，连用 3 d。内服，每千克体重，兔 10 mg，连用 5～10 d；羊 1.2 mL(配成 10%水溶液)，连用 3～5 d。

磺胺异噁唑(Sulfafurazole，SIZ)

【理化性质】又名菌得清，为白色至微黄色结晶性粉末，无臭，味微苦，不溶于水，常制成粉剂。

【作用与应用】本品抗菌活性强于磺胺嘧啶，对葡萄球菌和大肠埃希菌的作用明显。本品主要用于敏感菌引起的泌尿道感染以及禽霍乱、大肠杆菌病等。

【注意事项】①本品乙酰化率低，不易形成结晶尿。②休药期：28 d，弃奶期 7 d。

【制剂、用法与用量】以磺胺异噁唑计，内服，一次量，每千克体重，家畜，首次量 200 mg，维持量 100 mg，每天 3 次，连用 3～5 d。

磺胺甲噁唑(Sulfamethoxazole，SMZ)

【理化性质】本品为白色结晶性粉末，无臭，味微苦，不易溶于水，在稀盐酸、氢氧化钠溶液或氨溶液中易溶。常制成片剂。

【作用与应用】本品抗菌作用和应用与磺胺嘧啶相似，但抗菌活性较磺胺嘧啶强。临床常与甲氧苄啶联合，用于治疗敏感菌引起的呼吸道和泌尿道感染。

【注意事项】①本品乙酰化率高且溶解度低，易出现结晶尿和血尿等。②休药期：28 d，弃奶期 7 d。

【制剂、用法与用量】磺胺甲噁唑片。内服，一次量，每千克体重，家畜首次量 50～100 mg，维持量 25～50 mg。2 次/d，连用 3～5 d。

复方磺胺甲噁唑片。以磺胺甲噁唑计，内服，一次量，每千克体重，家畜 20～25 mg。2 次/d，连用 3～5 d。

磺胺脒(Sulfaguanidine，SG)

【理化性质】本品为白色针状结晶性粉末；无臭、无味；遇光渐变色。在沸水中溶解，在水、乙醇或丙酮中微溶；在稀盐酸中易溶。常制成片剂。

【作用与应用】抗菌机理及耐药性等同其他磺胺类药物，适用于肠炎腹泻等肠道细菌性感染。

【注意事项】①本品不易吸收，但新生仔畜的肠内吸收率高于幼畜。②成年反刍动物少用，因瘤胃内容物可使之稀释而降低药效。③休药期：28 d。

【制剂、用法与用量】磺胺脒片。内服，一次量，每千克体重，家畜 0.1～0.2 g。2 次/d，连用 3～5 d。

磺胺嘧啶银(Sulfadiazine Silver，SD-Ag)

【理化性质】本品为白色或类白色的结晶性粉末；遇光或遇热易变质。在水、乙醇、乙醚中均不溶。常制成粉剂。

【作用与应用】具有磺胺嘧啶的抗菌作用和银盐的收敛作用。抗菌谱广，对多数单兰氏阳性菌和阴性菌有良好的抗菌活性，抗菌作用不受 PABA 影响；对铜绿假单胞菌具有强大的抗菌作用，对致病细菌和真菌等都有抑菌效果。临床用于预防烧伤后感染，治疗烧伤，有促进创面干燥和加速愈合等功效。

【注意事项】①本品局部应用治疗创伤时，须将创口中的坏死组织和脓汁清除干净，以免因其含大量对氨基苯甲酸而影响磺胺的疗效。②遇光或遇热易变质，应避光、密封，在阴凉处保存。

【用法与用量】外用，撒布于创面或配成 2%混悬液湿敷。

二、抗菌增效剂

抗菌增效剂为人工合成抗菌药，因能增强磺胺类药和多种抗生素的抗菌作用，故称为抗菌增效剂。国内临床常用的有甲氧苄啶（Trimethoprim，TMP）和二甲氧苄啶（Diavcridinc，DVD）两种，后者为动物专用品种。国外应用的还有阿地普林（Aditoprim，ADP）、奥美普林（Ormetoprim，OMP）、巴喹普林（Baquiloprim，BQP）等。

甲氧苄啶(Trimethoprim，TMP)

【理化性质】为白色或类白色结晶性粉末；无臭，味苦。在水中几乎不溶，在无水乙酸中易溶。常制成粉剂、预混剂、片剂、注射剂。

【作用与应用】抗菌谱与磺胺类相似但活性较强。对多种革兰氏阳性菌及阴性菌均有抗菌作用。本品主要通过抑制二氢叶酸还原酶,使二氢叶酸不能还原成四氢叶酸,阻碍敏感菌的叶酸代谢和利用,妨碍菌体核酸合成而产生抗菌作用。与磺胺类药物合用时,可从两个不同环节同时阻断叶酸代谢而起双重阻断作用,使抗菌作用增强数倍至近百倍,甚至使抑菌作用变为杀菌作用,而且可减少耐药菌株的产生。单用易产生耐药性,一般不单独作抗菌药使用。

TMP 常以 1∶5 的比例与 SMD、SMM、SMZ、SD、SM_2 等磺胺类药合用,以 1∶4 的比例与四环素类药合用。主要用于敏感菌引起的呼吸道、泌尿道感染及蜂窝织炎、腹膜炎、乳房炎、创伤感染等。也用于幼畜肠道感染、猪萎缩性鼻炎、猪传染性胸膜肺炎。对家禽大肠杆菌病、鸡白痢、鸡传染性鼻炎、禽伤寒及霍乱等均有良好的疗效。

【注意事项】①本品易产生耐药性,不宜单独应用。②毒性虽小,但大剂量长期应用会引起骨髓造血机能抑制,孕畜和初生仔畜的叶酸摄取障碍,应慎用。③与磺胺类药制成的复方注射剂中常含有丙二醇溶剂或因具较强碱性而刺激性较强,应作深部肌内注射。

【制剂、用法与用量】按组成的具体复方制剂计算使用剂量。

二甲氧苄啶(Diaveridine,DVD)

【理化性质】又名敌菌净。为白色或微黄色结晶性粉末;几乎无臭。在三氯甲烷中极微溶解,在水、乙醇或乙醚中不溶;在盐酸中溶解,在稀盐酸中微溶。常制成片剂、预混剂。

【作用与应用】本品抗菌机理同 TMP,抗菌作用较弱,为畜禽专用药。对磺胺类药和抗生素有增效作用。与抗球虫的磺胺类药合用对球虫的抑制作用比 TMP 强。常以 1∶5 比例与 SQ 等合用,DVD 的复方制剂主要用于防治禽、兔球虫病及畜禽肠道感染等。DVD 单独应用可防治球虫病。

【注意事项】①本品内服吸收较少,常作肠道抗菌增效剂。②毒性比 TMP 低,但大剂量长期应用会引起骨髓造血机能抑制,一般连用不超过 10 d。怀孕初期动物最好不用,蛋鸡产蛋期禁用。

【用法与用量】按组成的具体复方制剂计算使用剂量。

三、喹诺酮类药物

喹诺酮类药物是指人工合成的一类具有 4-喹诺酮环结构的杀菌性抗菌药物。1962 年首先应用于临床的第一代喹诺酮类药物是萘啶酸;第二代的代表药物是 1974 年合成的吡哌酸和动物专用的氟甲喹,第一、第二代药物主要对革兰氏阴性杆菌有效。1979 年合成了首个第三代药物诺氟沙星,由于它具有 6-氟-7-哌嗪-4-喹诺酮环结构,故称为氟喹诺酮类药物。20 世纪 90 年代后期开发的莫西沙星、加替沙星等为代表的第四代喹诺酮类药物,在第三代药物作用的基础上增强了抗厌氧菌的活性,对多数病原菌的疗效达到或超过 β-内酰胺类抗生素。

近 30 年来,喹诺酮类药物的研究进展十分迅速,临床常用的已有 10 多种。这类药物具有下列特点:①抗菌谱广,对革兰氏阳性菌和革兰氏阴性菌、铜绿假单胞菌、支原体、衣原体等均有作用。②杀菌力强,在体外很低的药物浓度即可显示高度的抗菌活性,临床疗效好。③吸收快、体内分布广泛,可治疗各个系统或组织的感染性疾病。④抗菌机制独特,与其他抗菌药无交叉耐药性。⑤使用方便,不良反应小。

临床应用的喹诺酮类药物包括诺氟沙星(氟哌酸)、培氟沙星(甲氟哌酸)、氧氟沙星(氟嗪酸)、环丙沙星(环丙氟哌酸)、洛美沙星、恩诺沙星(乙基环丙氟哌酸)、达氟沙星(单诺沙星)、二氟沙星(双氟哌酸)、沙拉沙星等,其中后面 4 种为动物专用的喹诺酮类药物。国外上市的动物专用药还有麻保沙星、奥比沙星、依巴沙星等。目前,由于食品动物大量使用此类药物,耐药性迅速增加,可能对人类治疗的药物资源造成威胁,故国内外趋向于尽量不使用人医临床常用的抗菌药,尤其是极其重要的抗菌药。

(一)药理作用

喹诺酮类为广谱杀菌性抗菌药。对革兰氏阳性菌和阴性菌、支原体、某些厌氧菌均有效。对大肠埃希菌、沙门菌、巴氏杆菌、克雷伯菌、变形杆菌、铜绿假单胞菌、嗜血杆菌、波氏菌、猪丹毒杆菌、金黄色葡萄球菌、链球菌、化脓放线菌、支原体等均敏感。对耐甲氧西林金黄色葡萄球菌、耐磺胺类+TMP 的细菌、耐庆大霉素的铜绿假单胞菌、耐泰乐菌素或泰妙菌素的支原体也有效。氧氟沙星、环丙沙星及马波沙星等对分枝杆菌和其他分枝杆菌有一定抗菌作用。近年来还发现有的喹诺酮类药具有抗寄生虫作用或抗癌作用。

(二)耐药性

随着喹诺酮类药物的广泛应用,其耐药菌株呈增长趋势,且本类药物之间存在交叉耐药性。相对多见的耐药菌有金黄色葡萄球菌、链球菌、大肠埃希菌、沙门菌等。

(三)不良反应

(1)影响软骨发育。对负重关节的软骨组织生长有不良影响。

(2)损伤尿道。在尿中可形成结晶,尤其是使用剂量过大或动物饮水不足时更易发生。

(3)胃肠道反应。剂量过大时,导致动物食欲下降或废绝、饮欲增加、腹泻等。

(4)中枢神经系统潜在的兴奋作用。犬中毒时兴奋不安,抽搐或癫痫样发作;鸡中毒时先兴奋后呆滞或昏迷死亡。

(5)过敏反应。偶见红斑、瘙痒及光敏反应。

(四)注意事项

(1)禁用于幼龄动物(尤其是马和小于 8 周龄的犬),蛋鸡产蛋期和孕畜禁用。

(2)患癫痫的犬、食肉动物、肝肾功能不良患畜慎用。

(3)本类药物耐药菌株呈增多趋势,不应在亚治疗量下长期使用。

恩诺沙星(Enrofloxacin)

【理化性质】又名乙基环丙沙星、恩氟沙星。本品为微黄色或淡橙黄色结晶性粉末,无臭,味微苦;遇光色渐变为橙红色。在甲醇中微溶,在水中极微溶解;在乙酸、盐酸或氢氧化钠溶液中易溶。其盐酸盐及乳酸盐均易溶于水。常制成片剂、注射剂、可溶性粉等。

【作用与应用】本品为动物专用的杀菌性广谱抗菌药,对支原体有特效。对大肠埃希菌、克雷伯菌、沙门菌、变形杆菌、嗜血杆菌、多杀性巴氏杆菌、溶血性巴氏杆菌、副溶血性弧菌、金黄色葡萄球菌、化脓放线菌、猪丹毒杆菌、支原体、衣原体等均有良好的作用，对铜绿假单胞菌、链球菌作用较弱，对厌氧菌作用微弱。对大多数敏感菌株的最低抑菌浓度(MIC)均低于1 μg/mL，并有明显的抗菌后效应。抗支原体的效力比泰乐菌素和泰妙菌素强。对耐泰乐菌素、泰妙菌素的支原体，本品也有效。本品的作用有明显的浓度依赖性，血药浓度大于8倍MIC时可发挥最佳治疗效果。

(1)牛。犊牛大肠埃希菌性腹泻、大肠埃希菌性败血症、溶血性巴氏杆菌-牛支原体引起的呼吸道感染、舍饲牛的斑疹伤寒、犊牛鼠伤寒沙门菌感染及急性、隐性乳房炎等。由于成年牛内服给药的生物利用度低，故必须采用注射给药。

(2)猪。链球菌病、仔猪黄痢和白痢、大肠埃希菌性肠毒血症(水肿病)、沙门菌病、传染性胸膜肺炎、乳房炎-子宫内膜炎-无乳综合征、支原体性肺炎等。

(3)家禽。各种支原体感染(败血支原体、滑液囊支原体、火鸡支原体和衣阿华支原体)；大肠埃希菌、鼠伤寒沙门菌和副鸡嗜血杆菌感染；鸡白痢沙门菌、亚利桑那沙门菌、多杀性巴氏杆菌、猪丹毒杆菌、葡萄球菌、链球菌感染等。

(4)犬、猫。皮肤、消化道、呼吸道及泌尿生殖系统等由细菌或支原体引起的感染，如犬的外耳炎、化脓性皮炎，克雷伯菌引起的创伤感染和生殖道感染等。

【注意事项】①本品临床使用安全性好，但可影响幼龄动物关节软骨发育，成年牛不宜内服，马肌内注射有一过性刺激性。②可偶发结晶尿和诱导癫痫发作，肝肾受损的水产动物、癫痫犬和肉食动物应慎用；还可引起呕吐、腹痛、腹胀，皮肤出现红斑、瘙痒、荨麻疹及光敏反应等。③与氨基糖苷类、广谱青霉素有协同作用，与利福平、氟苯尼考有拮抗作用；不宜与含钙、镁、铁等多价金属离子药物或饲料合用，以防影响吸收。④休药期：牛、羊、兔14 d，猪10 d，鸡8 d，产蛋鸡禁用。

【制剂、用法与用量】恩诺沙星注射液。10 mL：50 mg、10 mL：250 mL。肌内注射，一次量，每千克体重，牛、羊、猪2.5 mg，犬、猫、兔2.5～5 mg。1～2次/d，连用2～3 d。

恩诺沙星溶液。100 mL：2.5 g、100 mL：5 g、100 mL：10 g。以恩诺沙星计，混饮，每升水，禽50～75 mg。连用3～5 d。

恩诺沙星片。内服，一次量，以恩诺沙星计，每千克体重，犬、猫，2.5～5 mg，禽5～7.5 mg。2次/d，连用3～5 d。

恩诺沙星可溶性粉。以恩诺沙星计，混饮，每升水，鸡50～75 mg。连用3～5 d。

达氟沙星(Danofloxacin)

【理化性质】又名单诺沙星、达诺沙星，常用其甲磺酸盐，为白色至淡黄色结晶性粉末，无臭，味微苦。易溶于水，常制成粉剂、注射剂等。

【作用与应用】达氟沙星是1988年美国辉瑞公司研制的动物专用抗菌药，1998年我国开始使用。本品为广谱高效杀菌药物，抗菌谱与恩诺沙星相似，但抗菌作用强约2倍，尤其对畜禽的呼吸道致病菌有很好的抗菌活性。适用于牛、猪、禽类的敏感细菌及支原体所致各种感染性疾病，如牛的巴氏杆菌病、支原体病，猪的传染性胸膜肺炎、支原体病，鸡的巴氏杆菌病、大肠杆菌病、败血支原体病等。

【制剂、用法与用量】甲磺酸达氟沙星粉(按达氟沙星计，2%)。以本品计，内服，每千克体重，鸡 125～250 mg，一日 1 次，连用 3 d。

甲磺酸达氟沙星溶液（按达氟沙星计，2%）。混饮，每升水，鸡 1.25～2.5 mL，一日 1 次，连用 3 d。

甲磺酸达氟沙星注射液（按达氟沙星计，5 mL∶50 mg、10 mL∶250 mg）。肌内注射，一次量，每千克体重，猪 0.125～0.25 mL，一日 1 次，连用 3 d。

二氟沙星（Difloxacin）

【理化性质】又名双氟沙星，常用其盐酸盐，为白色或浅黄色结晶性粉末，无臭，味微苦；遇光色渐变深，有引湿性。微溶于水，其盐酸盐能溶于水。常制成粉剂、片剂、注射剂等。

【作用与应用】二氟沙星是 1984 年美国雅培公司（Abbott）研制的动物专用抗菌药，1999 年被我国批准为二类新兽药。抗菌谱与恩诺沙星相似，抗菌活性略低于恩诺沙星。对畜禽呼吸道致病菌有良好的抗菌活性，尤其对葡萄球菌有较强的抗菌活性。本品用于治疗猪和禽类的敏感细菌及支原体所致的各种感染性疾病，如猪放线杆菌性胸膜肺炎、猪巴氏杆菌病，鸡的慢性呼吸道病等。

【制剂、用法与用量】盐酸二氟沙星粉（按二氟沙星计，2.5%）。内服，一次量，每千克体重，鸡 0.2～0.4 g，一日 2 次，连用 3～5 d。

盐酸二氟沙星片（按二氟沙星计，5 mg）。一次量，每千克体重，鸡 1～2 片，一日 2 次，连用 3～5 d。

盐酸二氟沙星溶液（按二氟沙星计，2.5%）。内服，每千克体重，鸡 2～4 mL，一日 2 次，连用 3～5 d。

盐酸二氟沙星注射液（按二氟沙星计，10mL∶0.2g、50 mL∶1 g）。肌内注射，一次量，每千克体重，猪 0.25 mL，一日 2 次，连用 3 d。

沙拉沙星（Sarafloxacin）

【理化性质】本品为类白色至淡黄色结晶性粉末；无臭，味苦。在水中或乙醇中几乎不溶或不溶，在氢氧化钠试液中溶解。常制成可溶性粉、片剂、注射剂。

【作用与应用】沙拉沙星是美国雅培公司（Abbott）研制的动物专用抗菌药，2000 年被我国批准为二类新兽药。抗菌谱与作用机制与二氟沙星基本相似，对支原体的效果略差于二氟沙星。本品主要用于猪、鸡的敏感细菌及支原体所致的各种感染性疾病。常用于猪、鸡的大肠杆菌病、沙门菌病、支原体病和葡萄球菌感染等。也用于鱼敏感菌感染性疾病。

【制剂、用法与用量】盐酸沙拉沙星可溶性粉（2.5%）。用于敏感菌引起的感染性疾病。以本品计，饮水，每升水，鸡 1～2 g，连用 3～5 d。

盐酸沙拉沙星片（5 mg）。用于敏感菌引起的感染性疾病，内服，一次量，每千克体重，鸡 1～2 片，一日 1～2 次，连用 3～5 d。

盐酸沙拉沙星溶液（1%）。用于敏感菌引起的感染性疾病，混饮，每升水，鸡 2～5 mL，连用 3～5 d。

盐酸沙拉沙星注射液（1%）。用于敏感菌引起的感染性疾病，肌内注射，一次量，每千克体重，猪、鸡 0.25～0.5 mL，一日 2 次，连用 3～5 d。

马波沙星(Marbofloxacin)

【理化性质】又名马保沙星。

【作用与应用】本品为动物专用的新型广谱杀菌药物,抗菌谱、抗菌活性与恩诺沙星相似。对耐红霉素、林可霉素、氯霉素、多西环素、磺胺类药的病原菌仍然有效。用于敏感菌所致的牛、猪、犬、猫的呼吸道、消化道、泌尿道及皮肤等感染。

【制剂、用法与用量】马波沙星注射液。2 mL∶0.2 g、100 mL∶10 g。肌内注射,一次量,每千克体重,牛、猪 2 mg,鸡 2.5 mg。1 次/d。

马波沙星片。20 mg、80 mg。内服,一次量,每千克体重,畜 2 mg。1 次/d。

环丙沙星(Ciprofloxacin)

【理化性质】又名环丙氟哌酸,其盐酸盐和乳酸盐为淡黄色结晶性粉末,易溶于水。常制成可溶性粉、预混剂、注射剂。

【作用与应用】本品抗菌谱、抗菌活性、抗菌机制和耐药性等与恩诺沙星基本相似,对某些细菌的体外抗菌作用略强于恩诺沙星。临床主要用于鸡的慢性呼吸道病、大肠杆菌病、传染性鼻炎、禽巴氏杆菌病、禽伤寒、葡萄球菌病、仔猪黄痢、仔猪白痢等。

【注意事项】①本品内服吸收不如恩诺沙星,如犬内服生物利用度约为恩诺沙星的 50%;肌内注射吸收迅速与完全,与恩诺沙星相似。②与氨基糖苷类抗生素、磺胺类药合用对大肠埃希菌或葡萄球菌有协同作用,但会增加肾毒性作用(如出现结晶尿、血尿),仅限于重症及耐药时应用。③盐酸环丙沙星与小檗碱或维生素 C 磷酸酯酶制成的预混剂,常用于防治鳗鱼和鳖的细菌性疾病感染。④犬、猫高剂量使用可出现中枢神经反应,雏鸡则出现强直和痉挛。⑤休药期:乳酸环丙沙星注射液,牛 14 d,猪 10 d,禽 28 d,弃奶期 84 h;盐酸环丙沙星注射液,畜、禽 28 d;乳酸环丙沙星可溶性粉,禽 8 d。产蛋鸡禁用。

【制剂、用法与用量】乳酸环丙沙星注射液。按环丙沙星计算,5 mL∶0.25 g;10 mL∶0.5 g。肌内注射,一次量,每 10 kg 体重,家畜 0.5 mL,禽 1 mL,一日 2 次。静脉注射,一次量,每 10 kg 体重,家畜 0.4 mL,一日 2 次。

盐酸环丙沙星注射液。10 mL∶0.2g。静脉注射、肌内注射,一次量,每 10 kg 体重,家畜 1.25～2.5 mL,家禽 2.5～5 mL,一日 2 次,连用 3 d。

乳酸环丙沙星可溶性粉。2%(按环丙沙星计算)。以本品计,混饮,每升水,2～4 g,一日 2 次,连用 3 d。

盐酸环丙沙星可溶性粉。2%,以本品计,混饮,每升水,鸡 0.75～1.25 g,连用 3～5 d。

诺氟沙星(Norfloxacin)

【理化性质】又名氟哌酸,为类白色至淡黄色结晶性粉末,无臭,味微苦。在水或乙醇中极微溶解,在乙酸、盐酸或氢氧化钠溶液中易溶。其烟酸盐、盐酸盐和乳酸盐均易溶于水。

【作用与应用】本品抗菌谱与恩诺沙星相似,而抗菌活性弱于后者。对大肠埃希菌、变形杆菌、沙门菌、肺炎杆菌、流感杆菌等作用较强,对葡萄球菌、肺炎球菌、溶血性链球菌、绿脓杆菌作用差。

本品用于猪和禽类的敏感菌及支原体所致的感染性疾病,如鸡大肠杆菌病、鸡白痢、禽巴氏杆菌病、鸡慢性呼吸道病、仔猪黄痢和白痢等；也用于水产养殖中的细菌性感染疾病如鳗鲡的赤腮病、烂腮病，鳖的红脖子病、烂皮病等。外用可治疗皮肤、创伤及眼部的敏感菌感染。

【注意事项】①烟酸诺氟沙星注射液肌内注射有一过性刺激。②细菌对本品的耐药现象明显。③休药期：烟酸诺氟沙星，猪、鸡 28 d；乳酸诺氟沙星，鸡 8 d。鸡产蛋期禁用。

【制剂、用法与用量】烟酸诺氟沙星可溶性粉。50 g∶1.25 g。混饮，每升水，禽 100 mg（以诺氟沙星计）；内服，一次量，每千克体重，猪、犬 10～20 mg。每日 1～2 次。

烟酸诺氟沙星注射液。100 mL∶2 g。肌内注射，一次量，每千克体重，猪 10 mg。每日 2 次。

氟甲喹(Flumequine)

【理化性质】本品为白色或类白色粉末，常制成粉剂。

【作用与应用】本品为动物专用抗菌药，对大肠埃希菌、沙门菌、巴氏杆菌、变形杆菌、克雷伯菌、假单胞菌、鲑单胞菌、鳗弧菌等敏感，对支原体也有抑制作用。本品主要用于革兰氏阴性菌所引起的畜禽消化道和呼吸道感染。

【注意事项】①低毒，对水生动物及畜禽安全。②休药期：0 d，产蛋鸡禁用。

【用法与用量】以氟甲喹计，内服，一次量，每千克体重，马、牛 1.5～3 mg，羊 3～6 mg，猪 5～10 mg，禽 3～6 mg，首次量加倍，每日 2 次，连用 3～4 d。

四、喹噁啉类药物

喹噁啉类药物为合成抗菌药，均属喹噁啉－N－1，4－二氧化物的衍生物，曾应用于畜禽的主要有乙酰甲喹、卡巴氧、喹乙醇和喹烯酮。卡巴氧因有致突变和致癌作用已禁用于食品动物；喹乙醇可能对动物产品质量安全、公共卫生安全和生态安全存在风险隐患，已停止在食品动物中使用；喹烯酮预混剂因仅有促生长用途，其质量标准已经废止。

乙酰甲喹(Mequindox)

【理化性质】又名痢菌净，化学名为 3-甲基-2-乙酰基喹噁啉-1，4-二氧化物，是国内合成的卡巴氧类似物。本品为鲜黄色结晶或黄色粉末；无臭，味微苦；遇光色渐变深，在水、甲醇中微溶。常制成片剂。

【作用与应用】通过抑制菌体的脱氧核糖核酸（DNA）合成而达到抗菌作用。具有广谱抗菌作用，对多数细菌具有较强的抑制作用，对革兰氏阴性菌的抑制作用强于革兰氏阳性菌，对猪密螺旋体所致的猪痢疾的作用尤其明显。用于猪密螺旋体所致的猪痢疾，也用于细菌性肠炎。

【注意事项】①应用剂量高于临床治疗量 3 倍，或长时间应用会引起毒性反应，甚至死亡。②休药期：牛、猪 35 d。

【制剂、用法与用量】乙酰甲喹片（0.1 g）。内服，一次量，每 10 kg 体重，牛、猪 0.5～1 片。

乙酰甲喹注射液（5%）。肌内注射，一次量，每 10 kg 体重，猪 0.4～1 mL。

五、硝基咪唑类药物

硝基咪唑类药物是一组具有抗原虫和抗菌活性的药物，同时具有很强的抗厌氧菌的作用，包括甲硝唑、地美硝唑、替硝唑、氯甲硝唑、硝唑吗啉和氟硝唑等。在兽医临床常用的为甲硝唑、地美硝唑，仅能用于治疗，禁用于食品动物的促生长。

甲硝唑(Metronidazole)

【理化性质】又名灭滴灵、甲硝咪唑，为白色或微黄色的结晶或结晶性粉末。本品在乙醇中略溶，在水中微溶。

【作用与应用】对大多数专性厌氧菌具有较强的作用，包括拟杆菌属、梭状芽孢杆菌属、产气荚膜梭菌、厌氧链球菌等；此外，还有抗滴虫和阿米巴原虫的作用。但对需氧菌或兼性厌氧菌无效。主要用于治疗阿米巴痢疾、牛毛滴虫病、贾第鞭毛虫病、小袋虫病等原虫感染；手术后厌氧菌感染；肠道和全身的厌氧菌感染。本品易进入中枢神经系统，故为脑部厌氧菌感染的首选防治药物。

【注意事项】剂量过大时，可出现以肌肉震颤、抽搐、共济失调、惊厥等为特征的神经系统紊乱症状。本品可能对啮齿动物有致癌作用，对细胞有致突变作用，孕畜和哺乳期母畜慎用。仅作治疗药物使用，禁用于所有食品动物的促生长。

【制剂、用法与用量】甲硝唑片。0.2 g。内服，一次量，每千克体重，牛 60 mg，犬 25 mg。每日 1～2 次。混饮，每升水，禽 500 mg，连用 7 d。

甲硝唑注射液。静脉滴注，每千克体重，牛 75 mg，马 20 mg。每日 1 次，连用 3 d。

外用，配成 5%软膏涂敷，配成 1%溶液冲洗尿道。

地美硝唑(Dimetridazole)

【理化性质】又名二甲硝唑、二甲硝咪唑、达美索。本品为类白色或微黄色粉末；在乙醇中溶解，在水中微溶。

【作用与应用】本品为广谱抗菌和抗原虫的药物，对厌氧菌、大肠弧菌、金黄色葡萄球菌、链球菌及密螺旋体有效。本品主要用于猪密螺旋体痢疾、禽滴虫病、肠道和全身性厌氧菌感染。

【注意事项】禽对本品敏感，大剂量可引起平衡失调、肝功能损害。产蛋鸡禁用。

【制剂、用法与用量】地美硝唑预混剂。500 g∶100 g。混饲，每 1 000 kg 饲料，猪 200～500 g、鸡 80～500 g，连续用药，鸡不得超过 10 d，宰前 3 d 猪、肉鸡停止给药。

学习单元六　抗真菌药

真菌的种类虽然很多，但只有少数是病原性真菌，能感染人和动物并引起某些疾病。真菌感染可分为浅部和深部真菌感染(全身性真菌感染)两类。常见的浅部真菌病由各种表皮癣菌属、小孢霉菌属和毛癣菌属引起，多侵犯皮肤、羽毛、趾甲、鸡冠、肉髯等部位，表现为不同程度的脱毛，出现环形斑，覆有鳞屑、瘙痒等症状，发病率高，但致死率低。深部真菌病的主要病原菌则有白色念珠菌、新型隐球菌、曲霉菌等，引起念珠菌病、隐球菌病、犊牛真菌性胃肠炎、牛真菌性子宫炎和雏鸡曲霉菌性肺炎等，多侵犯内脏器官和深部组织，其发病率低，但致死率高。

抗真菌药是指具有抑制真菌生长繁殖或杀灭真菌作用的药物。临床用于浅部真菌感染的药物主要有特比萘芬、咪康唑、克霉唑、酮康唑、伊曲康唑以及灰黄霉素、制霉菌素等；用于治疗深部真菌感染的药物主要有两性霉素 B、氟胞嘧啶、氟康唑、伊曲康唑和酮康唑等。许多抗真菌药兼有抗浅部和深部真菌感染的作用，临床上有些抗真菌药既可局部用药又可全身用药，目前没有食品动物用药的批准方法与用量。

两性霉素 B(Amphotericin B)

【理化性质】为黄色或橙黄色粉末，不溶于水，溶于醇。常制成注射液。

【作用与应用】为广谱抗深部真菌药。对隐球菌、球孢子菌、白色念珠菌芽生菌等都有抑制作用，是治疗深部真菌感染的首选药。

本品主要用于犬组织胞浆菌病、芽生菌病、球孢子菌病，也可预防白色念珠菌感染及各种真菌的局部炎症。内服不吸收，是消化道系统真菌感染的有效药物。

【不良反应】①本品毒性较大，不良反应较多。静脉注射中可能出现震颤、高热和呕吐等。②治疗过程中可引起肝、肾损害，贫血和白细胞减少等，肝、肾功能不良的动物禁用。

【注意事项】①治疗时应先用低剂量，若无不良反应再逐渐增大剂量。②本品与多种药物有配伍禁忌，最好单独使用不要与其他药物随意配伍合用。③本品对光、热不稳定，应于 15 ℃以下避光存放。

【制剂、用法与用量】注射用两性霉素 B。50 mg。静脉注射，一次量，每千克体重，犬、猫 0.15～0.5 mg，隔日 1 次或每周 3 次，总剂量 4～11 mg；每千克体重，马开始用 0.38 mg，每日 1 次，连用 4～10 d，以后可增加到 1 mg，再用 4～8 d，临用前，先用注射用水溶解，再用 5%的葡萄糖注射液（切勿用生理盐水）稀释成 0.1%的注射液，缓缓静脉注入。

外用：0.5%溶液，涂敷或注入局部皮下，或用其 3%软膏。

制霉菌素(Nystatin)

【理化性质】为淡黄色或浅褐色粉末。有引湿性，不溶于水，性质不稳定，可被热、光、氧等迅速破坏。常制成片剂。

【作用与应用】对白色念珠菌、新型隐球菌、荚膜组织胞浆菌、球孢子菌、小孢子菌等具有抑菌或杀菌作用。内服难吸收，静脉注射和肌内注射的毒性较大，局部用药也不被皮肤、黏膜吸收。因此，对全身性真菌感染无效。

主要用于预防和治疗长期服用四环素类抗生素所引起的肠道真菌性感染，气雾吸入对肺部霉菌感染疗效佳。临床可用于治疗犬、猫消化道念珠菌病，局部用药对皮肤真菌感染有效。

【注意事项】①本品静脉注射和肌内注射毒性较大。②在正常情况下不宜与其他药物配伍联用。

【制剂、用法与用量】制霉菌素片。10 万 U、25 万 U、50 万 U。内服，一次量，马、牛 250 万～500 万 U，犬 5 万～15 万 U。2～3 次/d。

制霉菌素外用混悬液。1 mL：10 万 U。外用，涂于患处，一日 2～3 次。

灰黄霉素(Griseofulvin)

【理化性质】本品为白色或类白色的微细粉末；无臭，味微苦；极微溶于水，微溶于乙醇。

【作用与应用】灰黄霉素内服对各种皮肤真菌(小孢子菌、表皮癣菌和毛癣菌)有强大的抑菌作用,对其他真菌无效。

主要用于小孢子菌、毛癣菌及表皮癣菌引起的各种皮肤真菌病,如犊牛、马属动物、犬的毛癣。本药不易透过表皮角质层,外用无效。

【注意事项】有致癌和致畸作用,禁用于怀孕动物,尤其是母马及母猫。有些国家已将其淘汰。

【制剂、用法与用量】灰黄霉素片。内服,一次量,每千克体重,马、牛 10 mg,犬、猫 40～50 mg。每日 1 次,连用 4～8 周。

克霉唑(Clotrimazole)

【理化性质】又名抗真菌 1 号、氯三苯咪唑、三苯甲咪唑等。本品为白色结晶性粉末,难溶于水。常制成片剂、软膏。

【作用与应用】本品为广谱抗真菌药,对浅表真菌及某些深部真菌均有抗菌作用。对表皮癣菌、毛发癣菌、曲菌、着色真菌、隐球菌属和念珠菌属均有较好抗菌作用,对申克孢子丝菌、皮炎芽生菌、粗球孢子菌属、组织浆胞菌属等也有一定抗菌活性。

适用于治疗白色念珠菌所致的皮肤念珠菌病;红色毛癣菌、须癣毛癣菌、絮状表皮癣菌和犬小孢子菌所致的足癣、股癣和体癣,糠秕马拉色菌所致的花斑癣,亦可用以治疗甲沟炎、须癣和头癣。

【制剂、用法与用量】克霉唑片。0.25 g、0.5 g。内服:一次量,犬、猫 12.5～25 mg/kg,2～3 次/d。

克霉唑软膏。1%、3%。外用:患部涂擦,2 次/d。

克霉唑溶液。1%。外用:患部涂擦,2 次/d。

酮康唑(Ketoconazole)

【理化性质】本品为类白色结晶性粉末;无臭,无味。在水中几乎不溶,微溶于乙醇,在甲醇中溶解。常制成片剂、软膏。

【作用与应用】本品为人工合成的广谱抗真菌药。对全身及浅表真菌均有抗菌活性,对隐球菌、着色真菌、念珠菌、皮炎芽生菌、毛发癣菌、球孢子菌、小孢子菌均具有抑制作用;大剂量长时间使用可杀真菌。其作用机理为抑制真菌细胞膜麦角固醇的生物合成,损伤真菌细胞膜并改变其通透性,导致重要的细胞内物质外漏而使真菌死亡。

临床上主要用于治疗犬和猫球孢子菌病、组织胞浆菌病、小孢子菌病、毛癣菌病、隐球菌病、芽生菌病等,也可防治皮肤、黏膜等浅表性真菌感染。

【注意事项】①本品有肝脏毒性,肝功能不良的动物慎用。②本品具有胚胎毒性,妊娠动物禁用。③应用本品常伴有恶心、呕吐等消化道症状。④本品可抑制睾酮的合成,产生抗雄性激素的作用。

【制剂、用法与用量】酮康唑片。0.2 g。内服,一次量,犬、猫 5～10 mg/kg,2～3 次/d。

酮康唑乳膏(2%)。外用,患部涂擦,2 次/d。

酮康唑洗剂(采乐)。

伊曲康唑(Itraconazole)

【理化性质】本品为白色粉末,无味。

【作用与应用】本品属三唑类广谱抗真菌药。抗菌活性比酮康唑更强;对肝、肾毒性比酮康唑小。本品是治疗暗色孢科真菌、孢子丝菌、组织胞浆菌和芽生菌感染(不包括感染重危者及病变累及脑膜者)的首选药物。主要用于犬、猫各种浅表及深部真菌感染。如犬小孢子菌病、石膏样小孢子菌病、须毛癣菌病、芽生菌病、组织胞浆菌病、念珠菌病等引起的动物皮肤、眼部、口腔及肺部真菌感染。

【不良反应】恶心、呕吐、头痛、头晕、皮肤瘙痒、药疹等。大鼠实验表明本药有致畸作用,孕畜禁用。

【注意事项】①猫使用剂量过大可导致呕吐、厌食。②本品注射及口服后,尿液及脑脊液中均无原形药,故本品不宜用于尿路感染和中枢神经系统感染的治疗。③妊娠和泌乳犬、猫慎用本品。④肝功能障碍犬、猫慎用本品。

【制剂、用法与用量】伊曲康唑胶囊:100 mg;伊曲康唑口服溶液:10 mg/mL;伊曲康唑片:50 mg/片。

内服,一次量,犬 2.5～5 mg/kg,每 12～24 h 一次。皮肤真菌病,3 mg/kg,每 24 h 一次,连续 15 d;猫 5 mg/kg,每 12 h 一次。

益康唑(Econazole)

【理化性质】本品为咪唑类抗真菌药,硝酸盐为白色结晶性粉末;极微溶于水,微溶于大多数有机溶剂。

【作用与应用】本品为广谱、速效抗真菌药,本品对革兰氏阳性菌和真菌有效,特别是对白色念珠菌有较好的疗效;对组织胞浆菌、曲霉菌及孢子丝菌也有较强的抗菌作用。本品适合治疗皮肤、黏膜或阴道内的真菌感染,如犬和猫皮肤、甲、爪等的真菌病、念珠菌性阴道炎等。

【制剂、用法与用量】益康唑软膏(2%)。外用,患部涂擦,2 次/d。

益康唑酊(1%)。外用,患部涂擦,2 次/d。

硝酸益康唑栓(50 mg、150 mg)。外用,置阴道内,1 次/d。

益康唑霜(1%)。外用,患部涂擦,2 次/d。

特比萘芬(Terbinafine)

【理化性质】又名兰美抒、丁克、疗霉舒等。本品为丙烯胺类抗真菌药,白色至灰白色结晶粉末。

【作用与应用】丙烯胺类抗真菌药是近年来研制的真菌细胞壁合成抑制药,为可逆性、非竞争性的角鲨烯环氧合酶竞争性抑制剂。本类药物具有抗真菌谱广、杀菌作用强、毒性小、与其他药物相互作用少等特点。

本药对皮癣菌、曲霉菌的活性比萘替芬、酮康唑、伊曲康唑、克霉唑、益康唑、灰黄霉素和两性霉素强。本药具有广谱抗真菌活性,主要用于治疗由皮肤真菌引起的甲癣、手癣、体癣和足癣等,疗效较好,但对酵母菌、白色念珠菌引起的甲癣无效。

【不良反应】主要为胃肠道反应,发生率 5%～10%,较轻微,其次可出现皮肤瘙痒、荨麻疹、皮疹，较少发生肝功能损害。

【制剂、用法与用量】特比萘芬片剂。250 mg。犬、猫 20～40 mg/kg，口服，1 次/d，可以用 1 周，停 1 周。小型哺乳动物、啮齿类 10～30 mg/kg，口服，1 次/d，用 4～6 周。鸟类 10～15 mg/kg，口服，2 次/d，或者喷雾疗法，1 mg/mL 用 20 min，8 h 1 次。

盐酸特比萘芬喷剂。外用，用药前清洁和干燥患处，将本品喷于患处及其周围，并加以轻揉，1～2 次/d。一般疗程：体癣、股癣 1～2 周；足癣 2～4 周，皮肤念珠菌病 1～2 周；花斑癣 2 周。

水杨酸(Salicylic Acid)

【理化性质】又名柳酸，为白色细微的针状结晶或白色结晶性粉末，无臭或几乎无臭味微甜，微溶于水，溶于沸水，常制成溶液、软膏。

【作用与应用】本品有抗真菌和细菌作用，但抗真菌作用较强。在 1%～2%浓度时有角质增生作用，能促进表皮的生长；10%～20%浓度时可溶解角质，对局部有刺激性。在体表真菌感染时，可使软化的皮肤角质层脱落，并将菌丝随之脱出，而有一定程度的治疗作用。与其他抗真菌药合用则更有效。

本品用于霉菌性皮肤感染和肉芽创的治疗。苯甲酸与水杨酸以 2∶1 比例配伍联用，用于角质溶解及浅表真菌感染。

【注意事项】①本品重复涂敷可引起刺激，所以不可大面积涂敷，以免吸收中毒；皮肤破损处禁用。②本品内服对胃黏膜刺激性强，仅外用。

【制剂、用法与用量】外用，配成 1%的醇溶液或软膏，涂敷患处。

学习单元七　抗微生物药物的合理使用

抗微生物药物是目前兽医临床使用最广泛和最重要的药物，在控制畜禽的传染性疾病方面起着巨大的作用，解决了不少畜牧业生产中存在的问题。但是，抗微生物药物的不合理使用尤其是滥用的现象较为严重，不仅造成药品的浪费，而且导致畜禽不良反应增多、细菌耐药性的产生和播散、兽药残留超标等，给兽医工作、公共卫生及人民健康带来不良的后果。耐药菌株的增加、药物选用不当、剂量与疗程的过大或不足、不恰当的联合用药，以及忽视药物的药动学因素对药效的影响等，往往导致抗菌药临床治疗的失败。为了充分发挥抗菌药的疗效，降低药物的不良反应，减少细菌耐药性的产生，提高药物治疗水平，必须切实合理使用抗菌药。

一、正确诊断、准确选药，严格掌握适应证

正确诊断是选择药物的前提，有了确切的诊断，方可了解其致病菌，从而选择对致病菌高度敏感的药物。细菌的药敏试验及联合药敏试验与临床疗效的符合率为 70%～80%。如有条件，可通过细菌的分离鉴定来选用抗菌药。应尽力避免无指征或指征不强而使用抗菌药，例如各种病毒性感染不宜用抗菌药；对真菌性感染也不宜选用一般的抗菌药，因为目前多数抗菌药对病毒和真菌无作用，但合并细菌性感染者除外。应根据致病菌及其引起的感染性疾病的确诊，选择作用强、疗效好、不良反应少的药物。确定致病菌后，根据药物的抗菌谱、活性、药动学特征、不良反应、药源、价格等情况，选用合适药物。当致病菌确定时，可选用窄谱抗菌药，病原不明或疑有合并感染时，可选用广谱抗菌药。一般对革兰氏阳性菌引起的疾病，如葡萄球菌病、链球菌病、猪丹

毒、马腺疫、气肿疽、牛放线菌病等可选用β-内酰胺类、红霉素、林可霉素、四环素类等；对革兰氏阴性菌引起的疾病，如大肠杆菌病、沙门菌病、巴氏杆菌病、泌尿生殖道感染等则优先选用氨基糖苷类、喹诺酮类、氟苯尼考等；对耐青霉素金黄色葡萄球菌所致的感染可选用苯唑西林、氯唑西林、红霉素等；对铜绿假单胞菌引起的创面感染、尿道感染、败血症可选用氨苄西林、庆大霉素、黏菌素等；对支原体引起的猪气喘病和鸡慢性呼吸道病首选恩诺沙星、达氟沙星、替米考星、泰乐菌素、泰妙菌素，还可选用多西环素、林可霉素等。

二、制订合理的给药方案

抗微生物药在机体内要发挥杀灭或抑制致病菌的作用，必须在靶组织或器官内达到有效的浓度，并能维持一定的时间。兽医临床药理学中通常是以有效血药浓度作为衡量剂量是否适宜的指标，其浓度应大于最小抑菌浓度(MIC)。临床试验表明，一般对轻、中度感染，其最大稳态血药浓度宜为 MIC 的 4～8 倍，而重度感染则应在 8 倍以上。同时，血中有效浓度维持时间受药物在体内的吸收、分布、代谢和排泄的影响。因此，应在考虑各药的药物动力学、药效学特征的基础上，结合畜禽的病情、体况，制订合理的给药方案，包括药物品种、给药途径、剂量、间隔时间及疗程等。例如，对动物的细菌性或支原体肺炎的治疗，除选择对致病菌敏感的药物外，还应考虑选择能在肺组织中达到有效浓度的药物，如恩诺沙星、达氟沙星等喹诺酮类及四环素类、大环内酯类；细菌性的脑部感染首选磺胺嘧啶，这是因为该药在脑脊液中的浓度高。

合适的给药途径是药物取得疗效的保证。一般来说，危重病例应通过肌内注射或静脉注射给药，消化道感染以内服为主，严重消化道感染与并发败血症、菌血症，在内服的同时，可配合注射给药。疗程应充足，一般的感染性疾病可连续用药 2～3 d，症状消失后，再加强巩固1～2 d，以防复发；支原体病的治疗疗程较长，一般需 5～7 d；磺胺类药的疗程要增加 2 d。对急性感染，如临床效果欠佳，应在用药后 5 d 内进行给药方案的调整，如改换药物或适当加大剂量。此外，兽医临床药理学提倡按药动学参数制订给药方案，特别是对毒性较大、用药时间较长的药物，最好对血药浓度进行监测，作为用药的参考，以保证药物的疗效，减少不良反应的发生。

三、避免耐药性的产生

随着抗微生物药在兽医临床和畜牧养殖业的广泛应用，细菌耐药率逐年升高，细菌耐药性的问题变得日益严重，其中以金黄色葡萄球菌、大肠埃希菌、铜绿假单胞菌、痢疾杆菌及分枝杆菌易产生耐药性。为了防止耐药菌株的产生，应注意以下几点：①严格掌握适应证，不滥用抗微生物药。凡属不一定要用的尽量不用，禁止将兽医临床治疗用的或人兽共用的抗微生物药用做动物促生长剂。用单一抗微生物药有效的就不采用联合用药。②严格掌握用药指征，剂量要够，疗程要恰当。③尽可能避免局部用药，并杜绝不必要的预防应用。④病因不明者，不要轻易使用抗微生物药。⑤发现耐药菌株感染，应改用对病原菌敏感的药物或采取联合用药。⑥尽量减少长期用药，局部地区不要长期固定使用某一类或某几种药物，要有计划分期、分批交替使用不同类或不同作用机制的抗微生物药。

四、防止药物的不良反应

应用抗微生物药治疗畜禽疾病的过程中，除要密切注意药效外，还要注意可能出现的不良反应，一经发现应及时停药、更换药物和采取相应解救措施。对有肝功能或肾功能不全的病例，易引起由肝代谢(如红霉素、氟苯尼考等)或肾清除(如 β-内酰胺类、氨基糖苷类、四环素类、磺胺类、氟喹诺酮类等)的药物蓄积,产生不良反应。对于这样的患畜,应调整给药剂量或延长给药间隔时间,以尽量避免药物的蓄积性中毒。动物机体的功能状态不同,对药物的反应也有差异。营养不良、体质衰弱或孕畜对药物的敏感性较高,容易产生不良反应。新生仔畜或幼龄动物,由于肝酶系发育不全,血浆蛋白结合率和肾小球滤过率较低,血脑屏障功能尚未完全形成,对药物的敏感性较高。与成年动物比较,药动学参数有较大的差异。

此外,随着畜牧业的高度集约化,不可避免地大量使用抗微生物药防治疾病,随之而来的是动物性食品(肉、蛋、奶)中抗微生物药的残留问题日益严重;另外,各种饲养场大量粪、尿或其他排泄物向周围环境排放,抗微生物药又成为环境的污染物,给生态环境带来许多不良影响。

五、正确进行联合用药

联合应用抗微生物药的目的主要在于扩大抗菌谱、增强疗效、减少用量、降低或避免毒副作用,减少或延缓耐药菌株的产生。多数细菌性感染只需用一种抗菌药进行治疗,即使细菌的合并感染,目前也有多种广谱抗菌药可供选择。联合用药仅适用于少数情况,一般两种药物联合即可,三四种药物联合并无必要。联合应用抗微生物药必须有明确的指征:①用一种药物不能控制的严重感染和/或混合感染,如败血症、慢性尿道感染、腹膜炎、创伤感染、鸡支原体-大肠埃希菌混合感染、牛支原体-巴氏杆菌混合感染。②病因未明的严重感染,先进行联合用药,待确诊后,再调整用药。③长期用药治疗容易出现耐药性的细菌感染,如慢性乳房炎、结核病。④联合用药可减少毒性较大的抗微生物药的剂量,如两性霉素 B 或黏菌素与四环素合用时可减少前者的用量,并减轻毒性反应。

在兽医临床联合应用取得成功的实例不少,如磺胺药与抗菌增效剂 TMP 或 DVD 合用,抗菌作用增强,抗菌范围也有扩大;青霉素与链霉素合用,抗菌作用增强,同时扩大了抗菌谱;阿莫西林与克拉维酸合用,能有效地治疗由产生 β-内酰胺酶的致病菌引起的感染等。

为了获得联合用药的协同作用,必须根据抗微生物药的作用特性和机制进行选择,防止盲目组合。目前,抗菌药种类很多,按其作用性质分为 4 大类:Ⅰ类为繁殖期或速效杀菌药,如青霉素类、头孢菌素类;Ⅱ类为静止期或慢效杀菌药,如氨基糖苷类、喹诺酮类、多黏菌素类;Ⅲ类为速效抑菌药,如四环素类、酰胺醇类、大环内酯类;Ⅳ类为慢效抑菌药,如磺胺类等。

Ⅰ类与Ⅱ类合用一般可获得增强作用,如青霉素和链霉素合用,前者破坏细菌细胞壁的完整性,有利于后者进入菌体内作用于其靶位。Ⅰ类与Ⅲ类合用可出现拮抗作用,例如青霉素与四环素合用,在四环素的作用下,细菌蛋白质合成迅速抑制,细菌停止生长繁殖,使青霉素的作用减弱。Ⅰ类与Ⅳ类合用,可出现相加或无关作用,因Ⅳ类对Ⅰ类的抗菌活性无重要影响,如在治疗脑膜炎时,青霉素与 SD 合用可获得相加作用而提高疗效。其他类合用多出现相加或无关作用。

还应注意,作用机制相同的同一类药物合用的疗效并不增强,而可能相互增加毒性,如氨基糖苷类之间合用能增加对第八对脑神经的毒性。酰胺醇类、大环内酯类,因作用机制相似,均竞争细菌同一靶位,有可能出现拮抗作用。此外,联合用药时应注意药物之间的理化性质、药动学和药效学之间的相互作用与配伍禁忌,不同菌种和菌株、药物的剂量和给药顺序等因素均可影响联合用药的效果。联合用药也可能出现毒性的协同作用或相加作用，所以在临床上要认真考虑联合用药的利弊，不要盲目组合，以免得不偿失。

为了合理而有效地联合用药，最好在临床治疗选药前，进行实验室的联合药敏试验，采用棋盘法，以部分抑菌浓度指数(FIC)作为试验结果的判定依据，并以此作为临床选用抗菌药联合治疗的参考。具体试验方法可参考有关专题论述。目前不合理使用尤其是滥用药的现象较为严重，不仅造成药品的浪费，而且导致畜禽不良反应增多、细菌耐药性的产生和兽药残留等，给兽医工作、公共卫生及人类健康带来不良的后果。因此，为了充分发挥抗微生物药的疗效，降低药物对畜禽的毒副反应，减少耐药性的产生，必须切实合理使用抗微生物药。

六、采取综合治疗措施

在应用抗微生物药防治动物疾病的实践中，必须综合考虑到病原菌、药物及动物机体三者对药物疗效的影响，才能做到科学合理使用抗微生物药。机体的免疫力是协同抗微生物药的重要因素，外因通过内因起作用，在治疗中过分强调抗微生物药的功效而忽视机体内在因素，往往是导致治疗失败的重要原因之一。因此，在使用抗微生物药的同时，应根据患病动物的种属、年龄、生理和病理状况，采取综合治疗措施，增强抗病力，如纠正机体酸碱平衡失调、补充能量、扩充血容量等辅助治疗，促进疾病康复。

课后思考

1. 简述抗菌药物的作用机制。
2. 什么是耐药性？简述细菌产生耐药性的机理。
3. 简述“化疗三角”关系。
4. 抗菌药物按照杀菌和抑菌作用如何分类？联合用药可能出现什么后果？
5. 根据抗菌谱及化学结构，抗生素的分类有哪些？每类分别列举两种药物。
6. β-内酰胺类抗生素主要包括哪两类药物？简述其作用与临床应用。
7. 人工合成抗菌药主要有哪几类？每类分别列举两种药物。
8. 为了减轻磺胺类药物对肾的毒性常采用联合用药，常合用哪种药物？为什么可降低毒性？
9. 磺胺类药物可以分为哪些类？在临床使用时应注意哪些方面？
10. 简述畜禽细菌感染的选药原则。
11. 临床如何合理应用抗微生物药物？

案例分析

1. 某种猪场3～5月龄仔猪体温突然升高到40.5～42 ℃，稽留热7～10 d，精神委顿，食欲减退或废绝，呼吸困难，全身发抖。初期便秘，后期下痢，排脓性恶臭粪便。剖检病死猪发现肺、全身淋巴结肿大，表面有灰白色坏死灶及各种大小出血点。肾呈土黄色，有散在小点状出血或坏死灶。胃底部、肠黏膜出血溃疡，甚至糜烂。经实验室诊断为弓形虫感染。兽医应用磺胺间甲氧嘧啶钠和甲氧苄啶治疗 5 d 后，病猪病情好转。试述磺胺间甲氧嘧啶钠和甲氧苄啶联用的理由及注意事项。

2. 某养殖户仔猪存栏 500 只，发育良好，当饲养到 16 d 时，部分仔猪出现体温升高(41.3～42.5 ℃)，腹痛、下痢，呼吸困难，耳根、胸前和腹下皮肤有紫斑。死亡仔猪剖检可见喉头、膀胱黏膜有出血点，脾脏肿大有出血点，肠系膜淋巴结肿大，肝脏充血，采集病料做细菌培养，镜检可见两端钝圆的小杆菌，诊断为仔猪沙门菌病。请问该选择何种药物？如何使用？

思政园地

“战战兢兢，如临深渊，如履薄冰。”

——《诗经·小雅·小旻》

世卫组织对抗生素耐药性增加表示高度关注

2022 年 12 月，世界卫生组织发布《全球抗生素耐药性和使用监测系统报告》。这份报告首次提供了在各国监测覆盖范围内的抗生素耐药性分析和 2017 年以来的趋势，以及 27 个国家的人用抗生素消费数据。参与调查的国家达 127 个，覆盖世界人口的 72%。这一报告如同警钟，提醒我们抗生素耐药性的严峻现实，如报告中提到医院常见病菌如肺炎克雷伯菌、不动杆菌等，对抗生素的耐药性高达 50%以上，严重威胁患者生命。

作为未来的兽医，在临床实践中应严谨用药，避免滥用抗生素，成为减缓耐药性发展的重要一环，意识到每一类药物的选择都关乎动物健康与公共卫生安全。

作为未来的兽医，不仅要掌握专业知识，更要成为抗生素合理使用的宣讲者，向养殖户、公众普及抗生素耐药性的危害，共同守护“人类最后一道防线”。同学们应深刻体会兽医职业的神圣与使命，坚定以专业知识服务社会、守护动物生命的决心。

自主学习

模块二学习情境二

在线自测

学习情境三　抗寄生虫药物

学习单元一　概述

抗寄生虫药是指用于抑制、杀灭或驱除动物体内、外寄生虫的一类药物，这类药物对防治动物寄生虫病和人兽共患寄生虫病都具有重要作用，当前，寄生虫病是危害人类和动物健康最严重的疾病之一，而大多数寄生虫病都可以通过抗寄生虫药物得到有效控制。虽然抗寄生虫药物有防治作用，但也有一定的毒性，所以合理选用抗寄生虫药是防治寄生虫病的重要措施之一。在使用抗寄生虫药时，必须根据流行病学规律和病原生物学特点，合理选药，定期驱虫，这对发展畜牧业和保护人类健康具有重要意义。

一、抗寄生虫药的分类

根据药物抗虫作用特点和寄生虫分类，抗寄生虫药可分为以下几类：

(1)抗蠕虫药。又称驱虫药，包括驱线虫药、驱绦虫药和驱吸虫药。

(2)抗原虫药。根据原虫的种类，分为抗球虫药、抗锥虫药、抗梨形虫药和抗滴虫药。

(3)杀虫药。又分为杀昆虫药和杀蜱螨药。

二、抗寄生虫药的作用机理

由于抗寄生虫药的种类繁多，化学结构和作用不同，因此作用机理也各不相同。此外，迄今人们对某些寄生虫的生理生化机能尚未完全了解，故对药物的作用机理也不完全清楚。目前公认的抗寄生虫药的作用机理主要有以下几种。

1. 抑制虫体内的某些酶

通过抑制虫体内酶的活性，导致虫体的代谢过程发生障碍。如左旋咪唑、硝硫氰胺等能抑制虫体内延胡索酸还原酶的活性，减少能量的产生；有机磷酸酯类能与胆碱酯酶结合，阻碍乙酰胆碱的分解，使虫体内乙酰胆碱蓄积，产生拟胆碱症状，引起虫体兴奋痉挛，最后麻痹死亡。

2. 干扰虫体的代谢

某些抗寄生虫药能直接作用于虫体的神经肌肉系统，影响其运动功能或导致虫体麻痹死亡。如三氮脒能抑制 DNA 的合成，抑制原虫的生长繁殖；氯硝柳胺能干扰虫体氧化磷酸化过程，影响 ATP 的合成，使绦虫虫体头节脱离肠壁而排出体外；氨丙啉化学结构和硫胺素相似，在球虫的代谢过程中取代硫胺素而使虫体的代谢不能正常进行。

3. 作用于虫体的神经肌肉系统

某些抗寄生虫药能直接作用于虫体的神经肌肉系统，影响其运动功能或导致虫体麻痹死亡。如哌嗪类药物有箭毒样作用，使虫体肌肉细胞膜超极化，导致虫体肌肉强烈收缩，痉挛麻痹死亡。

4. 干扰虫体内离子的平衡或转运

某些药物能干扰虫体内离子的平衡或转运，导致虫体死亡。如拟除虫菊酯类药物作用于昆虫神经系统，通过特异性受体或溶解于膜上，选择性作用于昆虫神经细胞膜上的钠离子通道，引起昆虫过度兴奋，最终麻痹而死亡。聚醚类抗球虫药能与钠离子、钾离子、钙离子等离子结合形成亲脂性复合物，该复合物能自由穿过细胞膜，破坏细胞内离子平衡，引起细胞膜破裂，导致虫体死亡。

三、药物、宿主和寄生虫三者之间的相互关系

抗寄生虫药除具有抗虫作用外，还对机体产生不同程度的毒副作用。为了保证抗寄生虫药在使用过程中安全有效，应正确认识药物、寄生虫和宿主三者之间的相互关系，遵循抗寄生虫药的使用原则。

1. 宿主

畜禽不同种属、个体、体质和年龄，宿主对药物的敏感性存在差异，如禽对敌百虫最敏感，马对噻咪唑较敏感等。同一种动物的个体、性别差异也会影响抗寄生虫药的药效或不良反应的产生。体质强弱，遭受寄生虫侵袭程度与用药反应也有关。同时，地区不同，寄生虫病种类不一，流行病学季节动态规律也不一致。根据这些特点综合判断后再选药，才能收到良好的效果。

2. 寄生虫

不同种、不同发育阶段、不同寄生部位等差异影响抗寄生虫药的效果。因此，在驱虫时应该针对不同的寄生虫种类选择有效的药物进行驱虫。同一种寄生虫，不同发育阶段对药物的敏感性有差异，有些抗蠕虫药仅对成虫有效，而对幼虫和童虫或虫卵无效。为了达到阻断传播、彻底驱虫的目的，必须间隔一定时间进行二次或多次驱虫。另外，轮换使用抗寄生虫药是避免产生耐药性的有效措施之一。寄生部位、感染强度与范围和耐药性的产生也影响药物的作用。

3. 药物

药物的理化性质、剂型、给药途径、剂量等不同，其抗虫作用也不一样。另外，剂量大小、用药时间长短，与寄生虫产生耐药性也有关。抗寄生虫药不仅对虫体有作用，而且对宿主也有影响，所以要注意药物的安全范围。

综上所述，宿主、寄生虫和药物之间的关系相互影响，相互制约，所以在选用药物时，不仅要了解药物的驱杀虫作用、范围与效果、药物在宿主体内的代谢过程、毒性、有效量等，还要掌握药物的性状、合理的给药途径等，正确认识和处理好三者之间的关系，才能达到最好的防治效果。

四、注意事项

抗寄生虫药不仅有驱除、杀死寄生虫的作用，还对机体产生毒性作用，所以在临床使用时要注意以下问题：

(1)准确选药。尽量选择安全、广谱、高效、使用方便、价格便宜、无残留或低残留、不易产生耐药性的药物。

(2)必要时联合用药。如遇到混合感染，为了扩大驱虫范围，除选择广谱驱虫药外，根据感染范围，合用几种药物是必要的，混饮投药前应禁饮，混饲前应禁食，药浴前应多饮水等。

(3)合理用药。处理好药物、寄生虫和宿主的关系，科学安排在最佳期驱虫。

(4)交替用药。定期或不定期轮换使用抗寄生虫药物,以减少或延缓寄生虫对药物产生耐药性。

(5)安全试验。在大规模驱虫前应对小群体畜禽进行安全试验,确认安全后再大群驱虫。

(6)高度重视药物残留。遵守有关药物在动物组织中的最高残留限量和休药期的规定,确保动物性食品的安全。

学习单元二　抗蠕虫药

抗蠕虫药是指能驱除、杀灭或抑制寄生在动物体内蠕虫的药物,又称驱虫药。根据寄生于动物体内蠕虫的种类不同,抗蠕虫药分为驱线虫药、驱绦虫药、驱吸虫药和抗血吸虫药。抗蠕虫药的作用机理多样,包括抑制虫体内的酶、干扰虫体的代谢、影响虫体内受体的作用等。这些药物的选择性和安全性各异,因此在使用时需要根据具体的寄生虫种类和动物种类来选择合适的药物,并注意剂量的准确,了解可能的不良反应。抗蠕虫药的分类基于其主要作用对象和寄生虫分类,但有时也会有交叉作用,例如,某些药物既能驱线虫也能驱吸虫或绦虫。

一、驱线虫药

驱线虫药是用于驱除或杀灭寄生于动物体内线虫的药物,根据化学结构和作用机制分为以下几类。①苯并咪唑类,这类药物包括阿苯达唑、甲苯达唑、芬苯达唑、奥芬达唑、氟苯达唑等,主要用于驱除胃肠道线虫,具有广谱、高效、低毒等特性;②咪唑并噻唑类,代表药为左旋咪唑,对胃肠线虫及肺线虫均有较好的驱虫效果;③四氢嘧啶类,包括噻嘧啶和甲噻嘧啶(莫仑太尔),主要用于驱除胃肠道线虫,但应用不如其他类药物广泛;④哌嗪类,包括哌嗪、乙胺嗪、硫胂酸钠等,这些药物的驱虫谱较窄,主要对蛔虫、肺丝虫、心丝虫等有效;⑤大环内酯类,包括伊维菌素、阿维菌素和多拉菌素等大环内酯类抗寄生虫抗生素,对体内外多种寄生虫如胃肠道线虫、肺线虫、心丝虫和节肢动物均有效;⑥有机磷类,如敌百虫、敌敌畏、好乐松、蝇毒磷等,广泛应用于驱除胃肠道线虫,但毒性较大。其中苯并咪唑类和大环内酯类是当前应用最多最广的药物。

(一)苯并咪唑类

阿苯达唑(Albendazole)

【理化性质】又名丙硫苯咪唑、抗蠕敏,为白色或类白色粉末,无臭,无味,不溶于水。

【作用与应用】本品为广谱、高效、低毒的抗蠕虫药。主要通过抑制寄生虫对葡萄糖的吸收,导致虫体糖原耗竭,或抑制延胡索酸还原酶系统,阻碍 ATP 的产生,使寄生虫无法存活和繁殖而死亡。本品对动物肠道线虫最敏感,如对反刍动物的肠道多种线虫、猪食道口线虫、猪蛔虫、鸡蛔虫、异刺线虫等均有很强的驱虫作用;对绦虫、多数吸虫也有较强的杀灭、驱除作用;特别对猪、牛囊尾蚴有明显效果;对血吸虫无效。

本品临床主要用于治疗肠道寄生虫病,如蛔虫病、蛲虫病等。也可用于治疗囊虫和棘球蚴病,但需要与其他抗囊虫药物联合应用。如驱除马的马副蛔虫、马圆线虫等;驱除牛的奥斯特线虫、毛圆线虫、食道口线虫等;驱除犬和猫的毛细线虫、犬的丝虫等;特别对猪、牛囊尾蚴有明显的效果;对猪后圆线虫、羊肝片吸虫还有很好的预防作用,并可同时驱除混合感染的多种寄生虫。

【注意事项】本品对哺乳动物的毒性相当小,治疗量下无任何不良反应,但因马较敏感,不能大剂量连续应用。本品有胚胎毒,可致畸胎,因此,牛、羊在妊娠 45 d 内,猪在妊娠 30 d 内均禁用本品。

【制剂、用法与用量】阿苯达唑片。25 mg、50 mg、200 mg、500 mg。内服,一次量,每千克体重,马 5～10 mg,牛、羊 10～15 mg,猪 5～10 mg,犬、猫 25～50 mg,禽 10～20 mg。休药期:牛 14 d,羊 4 d,猪 7 d,禽 4 d;弃奶期,60 h。

芬苯达唑(Fenbendazole)

【理化性质】又名苯硫苯咪唑或硫苯咪唑。白色或类白色粉末,无臭,无味。不溶于水,溶于二甲基亚砜和乙酸。

【作用与应用】本品的抗虫谱与作用机制与阿苯达唑相似,作用略强,是一种广谱的苯并咪唑类驱虫药,主要用于家畜、家禽以及实验动物的肠道寄生虫感染的治疗,也用于驱除禽胃肠道和呼吸道线虫,对鸡蛔虫、毛首线虫和绦虫也有良好的疗效。具有驱虫谱广、毒性低、耐受性好、安全范围广、适口性好等特点,是目前国外广泛应用的兽用驱虫药。

【注意事项】①动物妊娠早期使用芬苯达唑,可能伴有胚胎毒性和致畸的作用。②单剂量对于犬、猫往往无效,必须治疗 3 日。③死亡的寄生虫释放抗原,可继发产生过敏性反应。

【制剂、用法与用量】芬苯达唑片。100 mg。内服,一次量,每千克体重,马、牛、羊、猪 5～7.5 mg,犬、猫 25～50 mg,禽 10～50 mg。休药期,牛、羊 21 d,猪 3 d;弃奶期,7 d。

芬苯达唑粉。100 g∶5 g。内服,以芬苯达唑计,一次量,每千克体重,马、牛、羊、猪 5～7.5 mg,犬、猫 25～50 mg,禽 10～50 mg。休药期:牛、羊 14 d,猪 3 d;弃奶期,5 d。

奥芬达唑(Oxfendazole)

【理化性质】又名芬苯达唑亚砜,为白色或类白色粉末;有轻微的特殊气味。本品不溶于水,常制成片剂。

【作用与应用】本品的驱虫谱和芬苯达唑相同,抗虫活性强于后者;与其他大多数苯并咪唑类药物不同,较易从胃肠道吸收。本品主要用于畜禽线虫病和绦虫病。

【注意事项】①本品原料药的适口性较差,若以原料药混饲,应注意防止因摄食量减少,药量不足而影响驱虫效果。②妊娠动物应严格按说明使用,妊娠早期动物不用,产奶期禁用。③少数动物用药后 3～10 d 才出现驱虫效果。④本品若与驱吸虫药溴代水杨酰苯胺配伍应用,可导致流产和胚胎死亡。⑤肝、肾功能不全的动物慎用,对本品过敏的动物禁用。

【用法与用量】内服,一次量,每千克体重,马 10 mg;牛 5 mg;羊 5～7.5 mg;猪 4 mg;犬 10 mg。休药期:牛、羊、猪 7 d,产奶期禁用。

甲苯咪唑(Mebendazole)

【理化性质】本品为白色、类白色或微黄色结晶性粉末,无臭,不溶于水,常制成粉剂。

【作用与应用】本品抗虫谱与抗虫作用与阿苯达唑相似,除对胃肠道线虫具有高效驱虫作用外,对某些绦虫、旋毛虫也有较好作用。对某些水产养殖动物的寄生虫也有效。

本品用于马、羊、猪、禽的线虫病，犬、猫的线虫病及绦虫病等。

【注意事项】本品常与左旋咪唑组成复方粉剂（每 1 000 g 粉剂含甲苯咪唑 400 g、盐酸左旋咪唑 100 g 与玉米淀粉）使用。内服吸收少，大部分以原形药存在于胃肠道。马内服后偶见厌食、腹泻和腹痛。犬内服后可见抑郁、嗜睡和肝功能异常；治疗量即引起个别犬厌食、呕吐、精神委顿以及出血性下痢等现象。蛋鸡不宜用；鸽子、鹦鹉禁用。

【用法与用量】内服，一次量，每千克体重，马、牛、羊、猪 10～20 mg；鸡、鸭、鹅 30～100 mg，犬，猫，体重不足 2 kg，50 mg，体重 2 kg 以上，100 mg，体重超过 30 kg，200 mg，一日 2 次，连用 5 d。混饲，每千克饲料，预防 15 mg；治疗 50～125 mg。休药期：羊 7 d，家禽 14 d。

非班太尔（Febental）

【理化性质】又名为苯硫氨酯。本品为无色粉末，不溶于水，溶于丙酮、氯仿和二氯甲烷。

【作用与应用】本品为芬苯达唑的前体药物，其在胃肠道内转变成芬苯达唑和奥芬达唑而发挥有效的驱虫作用。虽然毒性极低，但因驱虫谱较窄，因而应用不广，仅应用于驱除动物的胃肠道线虫。目前常与吡喹酮、噻嘧啶制成复方制剂（如拜宠清是由非班太尔 15 mg、吡喹酮 5 mg、双羟萘酸噻嘧啶 14.4 mg 复合而成），用于犬的驱虫。临床可用于驱除犬线虫、绦虫等。

【注意事项】①本品仅用于宠物犬，且勿与哌嗪类药物同时使用。②对苯并咪唑类耐药的蠕虫，对本品存在交叉耐药性。

【制剂、用法与用量】拜宠清片（非班太尔 15 mg＋吡喹酮 5 mg＋双羟萘酸噻嘧啶 14.4 mg），内服，一次量，每千克体重，犬 60 mg，每 3 个月驱虫 1 次。

（二）咪唑并噻唑类

左旋咪唑（Levamisole）

【理化性质】又名左咪唑、左噻咪唑，常用其盐酸盐或磷酸盐，均为白色或微黄色结晶，无臭，味苦，易溶于水，在酸性溶液中稳定。

【作用与应用】本品属广谱驱肠道线虫药，具有用量小、疗效高、毒性低、副作用小、驱线虫范围广等优点。其作用机理为抑制虫体内延胡索酸还原酶的活性，干扰虫体代谢，阻断体内能量物质的形成，干扰细胞的正常活动，导致虫体麻痹而被排出体外。

左旋咪唑可驱除各种动物体内寄生的线虫，对成虫和某些线虫的幼虫均有效，主要用于治疗钩虫病、蛔虫病等。对猪、鸡、猫、犬的蛔虫及其他肠道线虫成虫效果好，对马副蛔虫、尖尾线虫（马蛲虫）成虫效果好，对马副蛔虫移行期幼虫也有效，对圆形线虫效果不稳定。在临床上还可用于预防疟疾及阿米巴痢疾。此外，左旋咪唑也被用于治疗慢性难治性溃疡性结肠炎、盘尾线虫感染以及对多种抗生素耐药的革兰氏阴性杆菌感染等疾病。本品有免疫增强作用，能使受抑制的巨噬细胞和 T 细胞功能恢复到正常水平，并能调节抗体的产生。用于调节免疫的剂量约为治疗量的 1/3。

【注意事项】注射给药，时有发生中毒事故，因此单胃动物除肺线虫宜选用注射给药外，一般宜内服给药；对牛、羊、猪、禽、犬、猫等安全范围较大，口服剂量均无不良反应，马较敏感，慎用，骆驼十分敏感，绝对禁止使用；中毒时表现胆碱酯酶抑制剂过量而产生的毒蕈碱样（M 样）症状与烟碱样（N 样）症状，可用阿托品解救；易耐药，且日趋严重；孕畜慎用、泌乳期禁用。

【制剂、用法与用量】盐酸左咪唑片。25 mg、50 mg。内服，一次量，每千克体重，牛、羊、猪7.5 mg，犬、猫10 mg，禽25 mg。休药期，牛2 d，猪、羊3 d，禽28 d。

盐酸左咪唑注射液。2 mL：0.1 g、5 mL：0.25 g、10 mL：0.5 g。皮下、肌内注射，用量同盐酸左咪唑片。休药期，牛14 d，猪、羊28 d。

（三）四氢嘧啶类

噻嘧啶（Pyrantel）

【理化性质】又名噻吩嘧啶，其盐为黄色结晶，水溶液性质不稳定。

【作用与应用】本品为广谱驱线虫药，对马、猪、牛、羊、骆驼、鸡和犬等多种消化道线虫都有良好的驱虫作用。作用机制是去极化神经肌肉阻断剂，使寄生虫的虫体产生痉挛性麻痹，从而随粪便排出体外。临床上主要用于驱除蛔虫、蛲虫、钩虫等寄生虫，也用于牛、羊的捻转血矛线虫、毛圆线虫、食道口线虫等引起的线虫病；也用于对猪、鸡、犬的蛔虫病；同时可以作为预防用药。

【注意事项】噻嘧啶毒性较小，在特大剂量时，牛、猪可出现运动失调。

【制剂、用法与用量】双羟萘酸噻嘧啶。内服，一次量，每千克体重，马7.5～15 mg，2～8月龄每4周一次，8月龄以上每6周一次）；犬、猫体重2.2 kg以上每千克体重5 mg，2.2 kg以下每千克体重10～15 mg。

（四）哌嗪类

哌嗪（Piperazine）

【理化性质】又名磷酸哌嗪、驱蛔灵、宝塔糖等。为白色结晶性粉末或半透明结晶性颗粒，无臭，味酸，微有引湿性。在水中易溶，在甲醇中极微溶解，在乙醇、三氯甲烷、苯、乙醚或石油醚中不溶。

【作用与应用】其抗虫机制是阻断虫体的乙酰胆碱代谢，改变虫体肌肉细胞膜的通透性，影响能量的供应，麻痹虫体，使其由寄生部位脱开，随肠蠕动而排出。本品对畜禽体内的蛔虫有很好的活性，对成熟的虫体较敏感，未成熟的虫体可部分被驱除，幼虫则不敏感。与硫氯酚或左旋咪唑有协同作用。临床主要用于畜禽的蛔虫病，也用于马的蛲虫病和毛首线虫病。

【注意事项】本品毒性较低，在推荐剂量时仅见犬、猫出现呕吐、腹泻的不良反应。与氯丙嗪合用，可引起抽搐，故应避免合用；与噻嘧啶或甲噻嘧啶合用，出现拮抗作用；与泻药合用，可加速排出而达不到最大的药效。慢性肝、肾疾病和胃肠蠕动减慢的患畜慎用。

【制剂、用法与用量】磷酸哌嗪片。0.2 g、0.5 g。内服，一次量，每千克体重，马、猪0.2～0.5 g，犬、猫0.07～0.1g，禽0.2～0.5 g。马隔3～4周，猪隔2个月，犬、猫隔2～3周，禽隔10～14周应再次给药。休药期：牛、羊28 d，猪21 d，禽14 d。

（五）阿维菌素类

由阿维链霉菌产生的一组新型大环内酯类抗生素，是目前应用最广泛的广谱、高效、安全和用量小的理想抗体内、体表寄生虫药。

伊维菌素(Ivermectin)

【理化性质】 又名灭虫丁,为白色或淡黄色结晶性粉末,无臭、无味,难溶于水,易溶于多种有机溶剂,性质稳定,但易受光线的影响而降解。

【作用与应用】 本品为新型大环内酯类抗寄生虫药,具有广谱、高效、低毒等优点。本品内服、皮下注射,均能吸收完全。驱虫机理是伊维菌素为无脊椎动物的氯离子通道激动剂,阻断运动神经末梢的冲动传导,使虫体出现麻痹直至死亡。同时,伊维菌素可增加周围神经抑制性神经递质 γ-氨基丁酸(GABA)的释放,减少兴奋性递质释放而引起抑制,虫体麻痹死亡。进入体内的伊维菌素能分布于皮肤等大多数组织中,对线虫、昆虫和螨均具有高效驱杀作用。

本品对马、牛、羊、猪、犬胃肠道主要线虫(包括蛔虫)和肺丝虫成虫及其幼虫有效;对马胃蝇和牛皮蝇蚴以及疥螨、痒螨、毛虱、血虱等外寄生虫也有效。本品主要用于防治动物的胃肠道线虫病、马胃蝇和牛皮蝇蚴以及疥螨、痒螨、毛虱、血虱等外寄生虫病。

【注意事项】 本品注射液仅供皮下注射,不宜肌内或静脉注射,每个注射点不宜超过 10 mL;用于犬、马时易引起严重反应,柯利犬慎用。注射给药时,通常一次即可,对患病严重的动物每隔 7～9 d,再用药 2～3 次。伊维菌素粉驱除动物体内外寄生虫作用特别强,不能和其他驱虫药同用。泌乳动物及母牛临产前 1 个月禁用。

【制剂、用法与用量】 伊维菌素注射液。1mL∶10 mg、0.5 mL∶5 mg。皮下注射,一次量,每千克体重,牛、羊 0.2 mg,猪 0.3 mg,犬 0.16 mg。休药期:牛、羊 21 d,猪 20 d;弃奶期,20 d。

伊维菌素口服剂。含 0.6%伊维菌素。混饲,每日每千克体重,猪 0.1 mg,一次喂完,连用 7 d。休药期:猪 5 d。

阿维菌素(Avermectin)

【理化性质】 又名虫克星,为白色或淡黄色结晶性粉末,无味,几乎不溶于水,微溶于乙醇,易溶于三氯甲烷。

【作用与应用】 阿维菌素是由链霉菌中的阿维菌素链霉菌发酵产生的。它对体外寄生虫主要是体内线虫和节肢动物具有良好驱杀作用,其驱虫作用机理是促进突触前神经元释放γ-氨基丁酸(GABA),打开 GABA 介导的氯离子通道,对无脊椎动物神经和肌肉细胞位于GABA介导位点附近的谷氨酸介导的氯离子通道也具有选择性和高亲和力,从而干扰神经肌肉间的信号传递,导致虫体松弛麻痹,最终死亡或被排出体外。

本品驱虫谱广、效力强,主要用于驱除肠道线虫,对体外寄生虫,如蜱、螨、虱、蝇类及蝇类蚴(如鼻蝇蚴、肠蝇蚴)、耳羌虫等也有杀灭作用。本品的特点是用量极少(小于 1 mg/kg),口服或注射都有良好的驱虫效果。但本品没有驱除吸虫、绦虫的作用。

【注意事项】 本品对光敏感,应遮光密封阴凉干燥保存。马用药后可能引起过敏反应。

【制剂、用法与用量】 片剂。2 mg、5 mg。内服,一次量,羊、猪 0.3 mg/kg。

搽剂。2 mL∶10 mg、100 mL∶500 mg。浇注或涂擦,一次量,0.1 mL/kg,牛、猪由肩部向后沿背正中线浇注,犬、兔于两耳耳部涂擦。

多拉菌素(Doramectin)

【理化性质】 本品为白色或类白色结晶性粉末,有引湿性。在三氯甲烷、甲醇中溶解,在水中极微溶解。

【作用与应用】本品作用机制、主要作用和抗虫谱与伊维菌素相似，但抗虫活性稍强，毒性较小。应用与伊维菌素基本相同，对动物胃肠道线虫、肺线虫、虱、蜱、螨和伤口蛆有高效驱虫作用。临床上主要用于治疗动物的线虫病和螨病等体外寄生虫病。

【注意事项】①柯利血统犬慎用。②在阳光照射下本品迅速分解灭活，应避光保存。③对鱼类和水生动物有毒。

【制剂、用法与用量】多拉菌素注射液。50 mL：0.5 g、100 mL：1 g。肌内注射，一次量，每千克体重，猪 0.3 mg。休药期：猪 56 d。

（六）有机磷酸酯类

敌百虫（Dipterex）

【理化性质】为白色结晶粉或小粒，易溶于水。水溶液呈酸性反应，性质不稳定，宜现配现用，遇碱性可转化成毒性更强的敌敌畏。

【作用与应用】敌百虫驱虫范围广泛，既可驱除体内寄生虫，也可杀灭动物体外寄生虫。敌百虫驱虫的机理是其与虫体内胆碱酯酶相结合，使酶失去活性，不能水解乙酰胆碱，从而导致乙酰胆碱在虫体内蓄积，引起虫体肌肉兴奋、痉挛，麻痹而死亡。

内服或肌内注射对消化道内的大多数线虫及少数吸虫有良好的效果，对猪、牛、羊的毛圆线虫、食道口线虫，牛、羊的血矛线虫，犬的弓首蛔虫、钩口线虫，鸡的蛔虫和猪的姜片吸虫等都有驱虫作用，也可用于马胃蝇蛆、羊鼻蝇蛆等；外用可杀死疥螨，对蚊、蝇、蚤、虱等昆虫有胃毒和接触毒，对钉螺、血吸虫卵和尾蚴也有显著的杀灭效果。

【注意事项】①敌百虫在有机磷化合物中虽然属于毒性较低的一种，但其治疗量与中毒量十分接近，应用过量容易引起中毒。②不同动物对敌百虫的反应不一，家禽最敏感，易中毒，不宜应用。③不可与碱性物质配伍，以免其转化为敌敌畏使毒性增强。④泌乳动物不宜应用。

【制剂、用法与用量】敌百虫片。0.3 g、0.5 g。内服，一次量，每千克体重，牛 20～40 mg，极量 15 g/头；马 30～50 mg，极量 20 g/匹；绵羊、猪 80～100 mg，极量 5 g/只(头)；山羊 50～70 mg，极量 5 g/只；犬 75 mg。各种动物的休药期均为 28 d。

二、驱绦虫药

驱绦虫药是指用于治疗绦虫感染的药物，通过不同的机制杀死或驱逐寄生在动物体内的绦虫。驱绦虫药通常干扰绦虫头节吸附动物胃肠黏膜的作用，并影响虫体的蠕动，使其不能停留在动物的胃肠道中。绦虫发育过程中需要中间宿主，要彻底消灭动物绦虫病，不仅要使用驱绦虫药，还要控制、消灭绦虫的中间宿主，采取有效的综合防治措施，以阻断其传播流行。

氯硝柳胺（Niclosamide）

【理化性质】又名灭绦灵，为浅黄色或黄白色结晶性粉末，无臭，无味，难溶于水，微溶于乙醇、乙醚或三氯甲烷，置空气中易呈黄色。

【作用与应用】本品内服后在宿主消化道内极少吸收，毒性小，在肠道内保持较高浓度。

其作用机理是抑制虫体细胞内线粒体氧化磷酸化过程，导致 ATP 生成减少，从而使绦虫的头节和邻近节片变质，最终从肠壁脱落并随粪便排出体外。通常药物与虫体接触 1 h，虫体便出现萎缩，继而杀灭绦虫的头节及其近段，使绦虫从肠壁脱落而随粪便排出体外。

本品是一种杀绦虫药，对猪肉绦虫、牛肉绦虫、鱼绦虫等有较强的杀灭作用，对钉螺和日本血吸虫尾蚴也具有杀灭作用。对牛、羊的莫尼茨绦虫、无卵黄腺绦虫、曲子宫绦虫及隧状绦虫；马的裸头绦虫，鸡的赖利绦虫；犬和猫的多头绦虫、带属绦虫等均有良效。但对犬棘球绦虫、复孔绦虫作用不稳定；对牛、羊的前后盘吸虫也有效，还可杀灭血吸虫的中间宿主钉螺。临床上主要用于动物绦虫病的防治和反刍动物前后盘吸虫的感染。

【注意事项】本品安全范围较广，牛、羊、马应用安全；犬、猫稍敏感，2 倍治疗量，则出现暂时性下痢；鱼类敏感，易中毒致死。应用时应注意，动物给药前要禁食 12 h。

【制剂、用法与用量】氯硝柳胺片。0.5 g。内服，一次量，每千克体重，牛 40～60 mg，羊 60～70 mg，犬、猫 80～100 mg，禽 50～60 mg。休药期：牛、羊为 28 d。

氢溴酸槟榔碱（Arecoline Hydrobromide）

【理化性质】本品为白色或淡黄色结晶性粉末。无臭，味苦，性质较稳定。在水和乙醇中易溶，应置于避光容器中保存。

【作用与应用】本品对绦虫肌肉有较强的麻痹作用，可使虫体失去吸附肠壁的能力，加之其又有促进宿主肠管蠕动的作用，可使麻痹的虫体迅速排出体外。但其作用是暂时的，待虫体麻痹消失，再攀附时，其驱虫作用消失。

氢溴酸槟榔碱是一种生物碱，用量少，疗效好。对犬所有绦虫有效，可驱除犬豆状带绦虫、泡状带绦虫，也可驱除绵羊带绦虫、多头绦虫和细粒棘球绦虫。对禽类绦虫的驱除作用也较强。临床主要用于驱除犬细粒棘球绦虫和带属绦虫，也常用于驱除家禽的绦虫。

【不良反应】治疗量能使犬产生呕吐或腹泻症状，多可自愈。过量中毒可用阿托品解救。

【注意事项】①马属动物敏感，猫最敏感，不宜使用。②本品副作用较大，给药前应预先服稀碘液 10 mL（10 mL 水加碘酊 2 滴），极量为 120 mg。③本品应内服给药，皮下注射易出现胆碱样反应，而无驱虫效果。

【制剂、用法与用量】氢溴酸槟榔碱片。内服，一次量，每千克体重，犬 1.5～2 mg，鸡 3 mg，鸭、鹅 1～2 mg。

三、驱吸虫药

驱吸虫药是用于治疗吸虫病的药物，吸虫病是由吸虫属寄生虫引起的一类传染病。这些寄生虫主要寄生在动物的肝脏、胆管、肠道等器官内。常用药物主要有三氯苯达唑、阿苯达唑、硝氯酚、碘醚柳胺等。

硝氯酚（Niclofolan）

【理化性质】又名拜耳-9015 或羊肝酯，为黄色结晶性粉末，无臭，无味，不溶于水，其钠盐易溶于水，遮光密封保存。

【作用与应用】本品的作用机理是抑制虫体内三羧酸循环中的琥珀酸脱氢酶，导致 ATP 生成减少和糖有氧代谢受阻，使虫体内的能量供应枯竭，虫体麻痹死亡。本品对牛、羊、猪的肝片吸虫成虫有很好的驱杀作用，具有高效、低毒、用量小的特点，是反刍动物肝片吸虫较理想的驱虫药。对肝片吸虫的幼虫虽然有效,但需要较高剂量,安全性下降,无临床实际意义。临床上主要用于治疗牛、羊肝片吸虫病。

【注意事项】本品治疗量时无明显毒性,剂量过大,达到治疗量的3～4倍可出现中毒症状,如体温上升、心率和呼吸加快、精神沉郁、食欲减退、步态不稳、口流白沫,严重时因呼吸困难而死亡等。中毒可用强心药、葡萄糖及其他保肝药物解救,禁用钙剂,以免增加心脏负担。牦牛对本品最耐受,绵羊则较敏感。

【制剂、用法与用量】硝氯酚片。0.1 g。内服,一次量,每千克体重,黄牛3～7 mg,水牛1～3 mg,奶牛5～8 mg,牦牛3～5 mg,羊3～4 mg,猪3～6 mg。休药期:28 d。

三氯苯达唑(Triclabendazole)

【理化性质】本品为白色或类白色粉末,微有臭味,不溶于水。

【作用与应用】本品为新型咪唑类驱虫药,其作用机理是通过与微管蛋白结合,损害细胞内的运输机制,并干扰蛋白质的合成。本品对各种日龄的肝片吸虫均有明显驱杀效果。对牛、绵羊、山羊等反刍动物肝片吸虫,牛大片形吸虫,鹿肝片吸虫、大片形吸虫,马肝片吸虫等均有效。

【注意事项】本品对鱼类毒性较大,残留药物切勿污染水源。治疗急性肝片吸虫病,5周后应重复用药一次。泌乳期禁用。

【制剂、用法与用量】三氯苯达唑片。内服,一次量,每千克体重,牛12 mg,羊10 mg。休药期56 d。

三氯苯达唑混悬液。内服,一次量,每千克体重,牛6～12 mg,羊5～10 mg。休药期:56 d。

碘醚柳胺(Rafoxanide)

【理化性质】本品为灰白色或棕色粉末,不溶于水。

【作用与应用】本品对未成熟虫体和胆管内成虫有很强的驱杀作用,对牛、羊的片形吸虫、血矛线虫、仰口线虫和羊的鼻蝇蛆有很好的驱杀作用。临床主要用于治疗牛、羊肝片吸虫病。

【注意事项】本品内服后半衰期长,为彻底消除未成熟虫体,用药3周后重复用药一次。泌乳期禁用。

【制剂、用法与用量】碘醚柳胺混悬液。20 mL∶0.4 g。内服,一次量,每千克体重,牛、羊7～12 mg。休药期:牛、羊为60 d。

四、抗血吸虫药

抗血吸虫药是用于治疗血吸虫病的药物,血吸虫病是由血吸虫属寄生虫引起的传染病,主要通过接触含有血吸虫尾蚴的水体传播。血吸虫病是人兽共患寄生虫病,也是威胁人体健康最严重的寄生虫病。动物中耕牛易患,所以防治耕牛血吸虫病是消灭人血吸虫病的重要措施。抗血吸虫药可以分为锑剂和非锑剂两大类。锑剂的代表药物是酒石酸锑钾,但由于其毒性较大,现在已较少使用。非锑剂药物主要包括吡喹酮、硝硫氰胺及其衍生物硝硫氰酯等。其中,吡喹酮是目前治疗血吸虫病的主要药物,具有广谱、高效、低毒、疗程短的特点,已完全取代了酒石酸锑钾。

吡喹酮(Praziquantel)

【理化性质】又名环吡异喹酮,为白色或类白色结晶性粉末,不溶于水,易溶于乙酸、三氯甲烷及聚二乙醇等有机溶剂,应遮光密闭保存。

【作用与应用】吡喹酮的作用机制是通过与血吸虫体内的特定受体结合,导致虫体肌肉产生兴奋、收缩和痉挛,直至痉挛性麻痹,最后随血流进入肝,被肝网状内皮细胞吞噬灭活。吡喹酮是一种广谱驱吸虫和绦虫药物,适用于各种血吸虫病、华支睾吸虫病、肺吸虫病、姜片吸虫病以及绦虫病和囊虫病的治疗。临床主要用于动物的血吸虫病、吸虫病、绦虫病和囊尾蚴病。

【注意事项】本品是血吸虫病的首选药物。治疗过程中个别牛会出现体温升高、肌肉震颤等反应;大剂量注射可引起局部炎症甚至坏死;犬可引起呕吐、下痢、无力、昏睡等不良反应,但能耐过;静脉注射碳酸氢钠注射液、高渗葡萄糖溶液可减轻反应;本品不宜用于 4 周龄以内的犬和 6 周龄以内的猫,但与非班太尔配伍后,可用于任何日龄的犬、猫。

【制剂、用法与用量】吡喹酮片。0.2 g、0.5 g。内服,一次量,每千克体重,牛、羊、猪 10～35 mg(细颈囊尾蚴 75 mg),犬、猫 2.5～5 mg,禽 10～20 mg。休药期:28 d,弃奶期为 7 d。

硝硫氰胺(Nithiocyamine)

【理化性质】为黄色结晶粉末,无味,无臭,极难溶于水,易溶于脂类化合物。

【作用与应用】本品为合成的广谱驱虫药,内服易吸收,全身分布广,血药浓度低,胆汁中含量较高,持效时间长。本药杀虫作用迅速而彻底,主要通过干扰虫体的三羧酸循环代谢和糖原代谢来杀灭成虫。一般给药后 2 周虫体开始死亡,1 个月以后几乎全部死亡。

硝硫氰胺是一种广谱杀虫药,对钩虫、布氏姜片吸虫及蛔虫也有效,对血吸虫成虫及虫卵具有杀灭作用,但对童虫无效。临床治疗各型血吸虫病,主要用于牛、羊血吸虫病;对猪姜片吸虫病和钩虫病也有很好的疗效。

【不良反应】硝硫氰胺的毒副作用较大,主要表现为对神经系统和肝脏的毒性,大部分动物静脉注射给药后,可出现不同程度的呼吸加深加快、咳嗽、步态不稳、失明、身体向一侧倾斜以及消化机能障碍等不良反应。以上反应多能自行耐过,一般经 6～20 h 恢复正常。

【制剂、用法与用量】硝硫氰胺粉,硝硫氰胺胶囊。50 mg。内服,一次量,每千克体重,牛 60 mg。

学习单元三　抗原虫药

抗原虫药是指用于防治原虫病的药物,原虫是一类单细胞的微生物,包括球虫、锥虫、血孢子虫、滴虫、梨形虫、弓形虫、利什曼原虫和阿米巴原虫等。这些原虫可以寄生在人体或动物体内,引起各种疾病,有时会造成动物大批死亡,直接危害畜牧业的发展,如疟疾、血吸虫病、利什曼病等。抗原虫药的作用机制通常通过干扰原虫的生命周期、杀灭或抑制原虫的生长,达到治疗目的。目前球虫病主要依靠药物预防,这在极大程度上减少了球虫病造成的损失。抗原虫药分抗球虫药、抗锥虫药和抗梨形虫药。

一、抗球虫药

球虫病是由真球虫目的多种单细胞寄生虫引起的畜禽肠道寄生虫病，本病主要侵害幼畜，对雏鸡、幼兔、犊牛和羔羊的危害较大，常造成巨大的经济损失。抗球虫药是用于防治畜禽体内寄生的球虫，通过抑制或杀灭球虫，防止球虫病的发生和扩散的药物。

(一)抗球虫药的分类

根据抗球虫药的种类和作用机制，球虫药可分为以下几种：

(1)聚醚类离子载体抗生素。如莫能菌素、盐霉素、甲基盐霉素、拉沙洛菌素、马杜霉素、赛杜霉素、海南霉素等，这些药物通过干扰球虫的离子通道，阻止其正常的营养物质运输，抑制球虫的生长和繁殖。

(2)均三嗪类。如妥曲珠利、地克珠利等，这些药物主要作用于球虫的无性生殖阶段，通过干扰球虫的细胞核分裂和线粒体功能，影响其呼吸和代谢，最终导致球虫死亡。

(3)磺胺类。如磺胺喹噁啉、磺胺二甲嘧啶、磺胺氯吡嗪钠等，这些药物通过抑制球虫对硫胺素(维生素 B_1)的摄取，从而妨碍虫体细胞内的糖代谢过程，抑制球虫的发育。

(4)二硝基类。如二硝托胺、尼卡巴嗪等，这些药物主要作用于球虫的无性生殖阶段，通过干扰球虫的代谢过程，导致球虫死亡。

(5)其他类。如氯羟吡啶、氨丙啉、乙氧酰胺苯甲酯、氯苯胍、常山酮等，这些药物的作用机制各异，但都能够在不同程度上抑制或杀灭球虫。

(二)抗球虫药的常用术语

(1)作用峰期。指药物主要作用于球虫发育的某一生活周期或对药物最敏感的球虫生活史阶段。

(2)轮换用药法。指在防治球虫病时，季节性地或定期地合理变换用药，即一般一种抗球虫药连用数月或者在一个肉鸡饲养期结束后，换用另一种作用机理不同的抗球虫药的用药方法。

(3)穿梭用药。指在同一饲养期内，换用两种或两种以上不同性质的抗球虫药，即开始使用一种药物，到生长期时使用另外一种药物。例如，开始使用聚醚类抗球虫药，到生长期时则使用地克珠利等化学合成药。

(4)联合用药。指防治寄生虫病时，在同一个饲养期内使用两种或两种以上的抗寄生虫药，药物间的协同作用既可延缓耐药虫株的产生，又可增加药效和减少用量。

(三)常用药物

1. 聚醚类离子载体抗生素

莫能菌素(Monensin)

【理化性质】又名瘤胃素、莫能霉素、莫能星，为微白色或黄褐色颗粒或粉末，不溶于水，易溶于甲醇、乙醇、三氯甲烷等有机溶剂。

【作用与应用】本品抗虫谱广，作用机理是影响虫体离子平衡，导致虫体细胞破裂死亡，作用峰期为球虫感染后第 2 天，此时用药效果最好。对鸡常见的柔嫩、毒害、堆型、巨型、布氏、变位艾美耳球虫均有高效杀灭作用；对羔羊雅氏、阿撒地艾美耳球虫也很有效；对革兰氏阳性菌和猪痢疾密螺旋体有抑制作用；本品还能改善瘤胃消化过程，促进肉牛、羔羊的生长发育，增加体重，提高饲料利用率。临床上主要用于防治鸡、羔羊、犊牛、兔球虫病，并用于反刍动物的促生长。

【注意事项】本品不宜与其他抗球虫药合用，否则会大大增加毒性，禁止与泰妙菌素、沃尼妙林合用；本品对马属动物毒性较大，禁用；超过 16 周龄的产蛋鸡禁用；泌乳期奶牛禁用；10 周龄以上的火鸡、珍珠鸡和鸟类对本品敏感，不宜使用。

【制剂、用法与用量】莫能菌素预混剂。20%。以莫能菌素计，混饲，每 1 000 kg 饲料，禽 90～110 g，兔 20～40 g，羔羊 10～30 g，犊牛 17～30 g。休药期：鸡为 3 d。

盐霉素(Salinomycin)

【理化性质】又名沙得利霉素、优素精，为白色或淡黄色结晶，微有臭味，易溶于丙酮等有机溶剂，不溶于水。

【作用与应用】本品能够抑制革兰氏阳性菌的生长，为动物专用聚醚类抗球虫药，其抗球虫效应与莫能菌素相似，对鸡多种艾美耳球虫均有明显效果，作用峰期在第一代裂殖体阶段，对鸡球虫的子孢子以及第一、第二代无性周期子孢子、裂殖子均有明显作用。临床上主要用于预防鸡球虫病，以及牛、猪的促生长。

【注意事项】本品毒性较大，安全范围较窄，应严格控制用药浓度。成年火鸡、鸭和产蛋鸡禁用。禁止与泰妙菌素、沃尼妙林合用。

【制剂、用法与用量】盐霉素钠预混剂。以本品计，混饲，每 1 000 kg 饲料，鸡 60 g。休药期：鸡 5 d。

甲基盐霉素(Narasin)

【理化性质】又名那拉菌素，为白色或浅黄色结晶性粉末，不溶于水，易溶于乙醇、丙酮、三氯甲烷等有机溶剂。

【作用与应用】本品是从金色链霉菌培养液中提取的聚醚类离子载体抗生素，抗虫机理是通过干扰虫体的离子平衡，导致虫体破裂死亡。临床上主要用于预防鸡球虫病，对肉鸡的堆型、布氏、巨型、毒害艾美耳球虫有预防作用。

【注意事项】毒性比盐霉素更强，对鸡的安全范围较窄，使用时必须精确计量，蛋鸡产蛋期禁用。对鱼类毒性较大，用药后的鸡粪及残留药物的用具，不可污染水源。禁止与泰妙菌素、沃尼妙林合用。

【制剂、用法与用量】甲基盐霉素预混剂。以本品计，混饲，每 1 000 kg 饲料，鸡 60～80 g，猪(体重 20 kg 以上)15～30 g。休药期：鸡 5 d，猪 3 d。

拉沙洛西钠(Lasalocid Sodium)

【理化性质】又名球安，为白色或淡黄色粉末，不溶于水，溶于乙醇、丙酮等有机溶剂。

【作用与应用】本品为高效广谱离子载体抗球虫药，主要通过干扰球虫的离子平衡，导致球虫细胞破裂死亡。本品对球虫子孢子以及第一、第二代无性周期的子孢子和裂殖体均有抑杀作用。除对堆型艾美耳球虫作用不可靠外，对其他艾美耳球虫的效果比莫能菌素和盐霉素强。临床上主要用于预防和治疗鸡球虫病。与泰妙菌素合用具有协同促生长作用。

【注意事项】本品安全范围较宽，但马属动物和产蛋鸡敏感，禁用；突然停药易暴发更严重的球虫病。潮湿环境雏鸡高剂量添加易引起热应激增高死亡率。

【制剂、用法与用量】拉沙洛西钠预混剂。以拉沙洛西钠计，混饲，每 1 000 kg 饲料，鸡 75 g～125 g。休药期：鸡 3 d。

马杜米星(Maduramicin)

【理化性质】又名马度霉素，其铵盐为白色结晶性粉末，有特臭，微溶于水，易溶于三氯甲烷、甲醇、乙醇，在酸性介质中稳定。

【作用与应用】本品为动物专用聚醚类抗球虫药，能有效地控制和杀灭鸡多种艾美耳球虫，是目前聚醚类抗生素中用药浓度最低的一种，对球虫早期子孢子、滋养体和第一代裂殖体(即感染后第 1～2 天)均有抑杀作用，其抗球虫效力优于莫能菌素、盐霉素、尼卡巴嗪和氯羟吡啶等药物。对其他聚醚类离子载体抗生素已产生耐药性的球虫仍有效。此外，本品对大多数革兰氏阳性菌和部分真菌有杀灭作用，并有促进生长和提高饲料利用率的作用。临床主要用于防治鸡球虫病。

【注意事项】本品毒性大，除肉鸡外，禁用于其他动物。勿随意加大使用浓度，混料时必须充分混匀。禁止与竹桃霉素、泰妙菌素联合，禁止与甲硝唑、二甲硝唑配伍。鸡服用本品后的粪便不能作牛、羊等的饲料，否则可能引起中毒。

【制剂、用法与用量】马杜霉素铵预混剂。以马杜霉素计，混饲，每 1 000 kg 饲料，鸡 500 g。休药期：肉鸡 7 d。

2. 均三嗪类

地克珠利(Diclazuril)

【理化性质】又名杀球灵、三嗪苯乙腈，为白色或淡黄色的粉末，微有特异臭，易溶于丙酮、三氯甲烷等有机溶剂，不溶于水。

【作用与应用】本品是新型、广谱、高效、低毒的抗球虫药，有效用药浓度低。对鸡、鸭、犬和猫的球虫病防治效果明显，优于莫能菌素、氨丙啉、尼卡巴嗪、氯羟吡啶等，可有效防止感染。其作用峰期可能在子孢子和第一代裂殖体早期阶段。临床上主要用于预防鸡球虫病，对鸡球虫的子孢子以及第一、第二代无性周期子孢子、裂殖子均有明显作用，也用于猪的促生长。

【注意事项】本品药效维持时间短，必须连续用药以防球虫病再次暴发。由于用药浓度极低，药料必须充分拌匀。口服给药时，溶液需用适量的水稀释，宜现用现配，不超过 4 h。产蛋鸡禁用。

【制剂、用法与用量】地克珠利预混剂。100 g∶0.5 g。混饲，每 1 000 kg 饲料，禽 1 g(以地克珠利计)。休药期，鸡 5 d。

地克珠利溶液。100 mL∶0.5 g。混饮，每升水，鸡 0.5～1 mg；犬、猫用适量的水稀释后口服或混饮，犬、猫每千克体重 0.5～1mg，每日 1 次，连用 3～5 d(以地克珠利计)。休药期：鸡 5 d。

托曲珠利(Toltrazuril)

【理化性质】又名甲苯三嗪酮，为白色或类白色结晶粉末。

【作用与应用】本品具有广谱抗球虫活性，抗虫机理是通过干扰球虫细胞核分裂，影响虫体的呼吸和代谢功能，而对发育阶段的虫体（滋养体、裂殖体及配子体）产生直接杀灭作用。本品对家禽的多种球虫有杀灭作用，作用峰期是球虫裂殖生殖和配子生殖阶段，安全范围大，用药动物可耐受 10 倍以上的推荐剂量，不影响鸡对球虫免疫力的产生。对鹅、鸽球虫及其他对抗球虫药耐药的虫株有效；对哺乳动物球虫、住肉孢子虫和弓形虫也有效。临床上主要用于防治鸡球虫病。

【注意事项】连续应用可能会导致球虫产生耐药性，甚至存在交叉耐药性；药液污染工作人员眼或皮肤时，应及时冲洗；药液稀释后，超过 48 h，不宜饮用；药液稀释时应防止析出结晶，降低药效。

【制剂、用法与用量】托曲珠利溶液。100 mL：2.5 g、1 000 mL：25 g、5 000 mL：125 g。混饮，每升水，鸡 25 mg，连用 2 d。休药期：鸡 8 d。

3. 二硝基类

二硝托胺（Dinitolmide）

【理化性质】又名球痢灵，为淡黄色或淡黄褐色粉末，无臭味，溶于丙酮，微溶乙醇，不溶于水，性质稳定。

【作用与应用】本品为广谱、高效、安全、无残留的抗球虫药，用于饲料中能促进鸡生长。本品兼有预防和治疗的作用，对鸡的多种艾美耳球虫和火鸡、家兔的球虫有效，特别是对柔嫩艾美耳球虫和毒害艾美耳球虫效果好。其作用峰期在球虫第二个无性周期的裂殖体增殖阶段（感染后第 3 天）。治疗量对鸡的生长、发育、产蛋的孵化率均无不良影响，适用于蛋鸡和肉用种鸡。临床上主要用于预防和治疗家畜、家禽球虫病。

【注意事项】应用本品治疗量毒性小，较安全，球虫一般不易产生耐药性，预防量减半。产蛋期禁用。

【制剂、用法与用量】二硝托胺预混剂。以二硝托胺计，鸡，以 0.0125％混饲或 0.015％混水；兔，内服，每千克体重，50 mg，一日 2 次，连用 5 d。

尼卡巴嗪（Nicarbazin）

【理化性质】又名力更生，球虫净。尼卡巴嗪为 4,4′-二硝基苯脲和 2-羟基-4,6-二甲基嘧啶的复合物。为黄色或黄绿色粉末，无臭，稍具异味，在水、乙醇、三氯甲烷、乙醚中不溶。

【作用与应用】本品对鸡的多种艾美耳球虫，如柔嫩、脆弱、毒害、巨型、堆型、布氏艾美耳球虫均有良好的防治效果，主要抑制第二代无性增殖期裂殖体的生长繁殖，其作用峰期是感染后第 4 天。球虫对本品不易产生耐药性，对其他抗球虫药耐药的球虫，使用尼卡巴嗪多数仍然有效。临床上主要用于预防鸡和火鸡球虫病。

【注意事项】夏天高温季节应用本品易增加应激及死亡率，应慎用；对蛋的质量和孵化率有一定影响；对雏鸡有生长抑制作用，5 周龄以下雏鸡不宜使用。

【制剂、用法与用量】尼卡巴嗪预混剂。100 g：20 g。以本品计，混饲，每 1 000 kg 饲料，鸡 500～625 g。休药期：鸡 4 d。

尼卡巴嗪乙氧酰胺苯甲酯预混剂。100 g：尼卡巴嗪 25 g＋乙氧酰胺苯甲酯 1.6 g。以本品计，混饲，每 1 000 kg 饲料，鸡 500 g。休药期：鸡 9 d。

4. 磺胺类

可应用磺胺喹噁啉、磺胺氯吡嗪钠等药物，详见前文磺胺类药物部分。

5. 其他类

常山酮(Halofuginone)

【理化性质】又名卤夫酮，为白色或灰白色结晶性粉末，性质稳定。原为中药常山中提取的一种生物碱，现为人工合成。

【作用与应用】本品用量较小，抗球虫谱较广，对鸡多种球虫有效。对刚从卵囊内释出的子孢子，以及第一、第二代裂殖体均有杀灭作用。抗球虫的活性甚至超过聚醚类抗球虫药，常山酮因化学结构特殊，与其他抗球虫药物无交叉耐药性。临床上主要用于防治鸡和火鸡球虫病。

【注意事项】本品治疗量对鸡、火鸡、兔较安全，但抑制鸭、鹅生长，应慎用，珍珠鸡对常山酮最敏感，易中毒，禁用。禁止与其他抗球虫药并用，12 周龄以上的火鸡、8 周龄以上的肉鸡、产蛋鸡及水禽禁用。12 周龄以上火鸡、8 周龄以上雏鸡和蛋鸡产蛋期禁用。

【制剂、用法与用量】氢溴酸常山酮预混剂(商品名速丹)。0.6%。混饲，每 1 000 kg 饲料，鸡 500 g。肉鸡的休药期为 5 d，火鸡的休药期为 7 d。

氯羟吡啶(Clopidol)

【理化性质】又名克球粉、球定、可爱丹，为白色或类白色粉末，无臭，不溶于水，性质稳定。

【作用与应用】氯羟吡啶在国内是使用最广泛的抗球虫药之一，对 9 种鸡艾美耳球虫的防治效果良好，特别是对柔嫩艾美耳球虫的治疗作用最强。氯羟吡啶对球虫的活性高峰期是子孢子期(感染后第 1 天)，因此必须在感染前或感染时用药，才能充分发挥抗球虫的作用。效果比氨丙啉、二硝托胺、尼卡巴嗪好，且无明显毒副作用。缺点是能抑制鸡对球虫的免疫力，突然停药会造成球虫病复发。氯羟吡啶与甲苄氧喹啉合用，可产生协同效应。本品对兔球虫也有一定的防治效果。临床上主要用于禽、兔的球虫病防治。

【注意事项】①由于本品对球虫仅有抑制发育作用，加之对动物免疫力有明显抑制效应，因此，肉鸡必须连续应用而不能贸然停用，过早停药往往导致球虫病暴发。②由于长期广泛应用，目前我国多数球虫对氯羟吡啶已出现明显耐药现象。因此，养鸡场一旦发现耐药性，应立即停药，换用其他作用机理不同的药进行治疗。③蛋鸡禁用。

【制剂、用法与用量】氯羟吡啶预混剂。100 g∶25 g、500 g∶125 g。混饲，1 000 kg 饲料，鸡 500 g，兔 800 g。休药期：鸡、兔 5 d。

氨丙啉(Amprolium)

【理化性质】本品又名安宝乐，为白色结晶性粉末，无臭，易溶于水，可溶于乙醇，宜现用现配。

【作用与应用】本品结构与硫胺素相似，是硫胺素拮抗剂，通过干扰球虫对硫胺素的利用而发挥抗球虫作用。本品对鸡、火鸡、羔羊、犬、和犊牛的球虫感染有效，对于柔嫩艾美耳球虫和毒害艾美耳球虫抗虫作用最强，对于堆型艾美耳球虫疗效一般，对于巨型艾美耳球虫疗效较弱。其作用峰期在感染后的第 3 天，即第一代裂殖体。本品具有高效、安全、球虫不易对其产生耐药性等特点，也不影响宿主对球虫产生免疫力和鸡产蛋，是产蛋鸡和母鸡养育阶段的主要抗球虫药。临床主要用于防治禽球虫病。

【注意事项】本品抗球虫范围不广，临床常常与氨丙啉、乙氧酰胺苯甲酯、磺胺喹噁啉合用，增强疗效，扩大抗球虫范围。用量过大会使雏鸡患维生素 B_1（硫胺素）缺乏症。在使用氨丙啉期间，每千克饲料维生素 B_1 添加量应控制在 10 mg 以下。产蛋期禁用。

【制剂、用法与用量】盐酸氨丙啉可溶性粉。30 g∶6 g。以本品计，混饮，每升水，鸡 0.6 g，连用 5～7 d。

盐酸氨丙啉乙氧酰胺苯甲酯预混剂。盐酸氨丙啉 25%、乙氧酰胺苯甲酯 1.6%。以本品计，混饲，每 1 000 kg 饲料，鸡 500 g。休药期 3 d。

盐酸氨丙啉乙氧酰胺苯甲酯磺胺喹噁啉预混剂。盐酸氨丙啉 20%、乙氧酰胺苯甲酯 1%、磺胺喹噁啉 12%。以本品计，混饲，每 1 000 kg 饲料，鸡 500 g。休药期：7 d。

氯苯胍(Robenidine)

【理化性质】本品为白色或微黄色结晶粉末，有氯臭，味苦，难溶于水，易溶于乙醇。

【作用与应用】本品对鸡的多种球虫和鸭、兔的大多数球虫均有良好的防治效果。作用峰期是第一代裂殖体（感染后第 2 天），对第二代裂殖体和卵囊也有作用。临床主要用于畜禽球虫病的防治。

【注意事项】大剂量长期服用本品，可使鸡肉、鸡肝和鸡蛋等带异臭味。停药过早，常导致球虫病复发。蛋鸡产蛋期禁用。

【制剂、用法与用量】盐酸氯苯胍片。10 mg。内服，一次量、每千克体重，鸡、兔 10～15 mg。休药期：鸡 5 d，兔 7 d。

盐酸氯苯胍预混剂。100 g∶10 g、500 g∶50 g。混饲，每 1 000 kg 饲料，鸡 300～600 g，兔 1 000～1 500 g。休药期：鸡 5 d，兔 7 d。

乙氧酰胺苯甲酯(Ethopabate)

【理化性质】本品为白色或类白色粉末，无味或几乎无味。在甲醇、乙醇或三氯甲烷中溶解，在乙醚中微溶，在水中不溶。

【作用与应用】本品对氨丙啉、磺胺喹噁啉的抗球虫活性有增效作用，通常配成复方制剂使用。其作用机理与磺胺药和抗菌增效剂相似，能阻断球虫四氢叶酸的合成。本品对鸡巨型、布氏艾美耳球虫以及其他小肠球虫具有较强的作用，临床上主要用于畜禽球虫病防治。

【注意事项】乙氧酰胺苯甲酯对球虫的作用具有抑制作用，停药后，子孢子可重新发育。因此，必须在感染前或感染时用药，才能充分发挥抗球虫的作用。长期广泛应用易产生耐药现象，因此一旦发现耐药性，应立即停止使用，并且不能换用喹诺啉类抗球虫药。

【制剂、用法与用量】临床多用预混剂。盐酸氨丙啉乙氧酰胺苯甲酯预混剂和盐酸氨丙啉乙氧酰胺苯甲酯磺胺喹噁啉预混剂，用法与用量见氨丙啉。尼卡巴嗪乙氧酰胺苯甲酯预混剂，用法用量见尼卡巴嗪。

(四)抗球虫药的合理应用

合理应用抗球虫药，对于保证其防治效果和避免产生不良反应十分重要。涉及抗球虫药

合理应用的问题较多,主要有如下几个方面:

(1)防止球虫产生耐药性。为防止长期低剂量使用一种抗球虫药物而导致的耐药性或交叉耐药性,可以通过轮换或穿梭使用作用机理不同、抗球虫作用峰期不同的抗球虫药。

(2)注意抗球虫药物的合理选择。每一种抗球虫药物均有其抗虫谱,球虫处在不同发育阶段对药物的敏感性也有很大差异,因此,应根据球虫的种类及其发育阶段,合理地选择用药,以便更好地发挥药物的抗球虫效果。如氨丙啉对鸡主要致病的柔嫩、堆型艾美耳球虫作用最强,而对其他的球虫作用较弱,且作用峰期在感染第 3 天的第一代裂殖体。

(3)注意药物可抑制机体对球虫产生免疫力。一般认为,球虫的第二代裂殖体具有刺激机体产生免疫力的作用。因而,抗球虫作用峰期在第一代裂殖体之前的药物如丁氧喹啉、氯羟吡啶、莫能菌素等会抑制鸡对球虫产生免疫力。所以,这些药物适用于商品肉鸡球虫病的预防,而蛋鸡和种鸡应选用作用于第二代裂殖体的药物。

(4)注意药物对产蛋的影响和防止药物残留。有些药物如磺胺类、聚醚类、氯苯胍、尼卡巴嗪、乙氧酰胺苯甲酯等使用一段时间后能降低蛋壳质量和产蛋量,或在肉、蛋中出现药物残留,危害人体健康。因此,这些药物应禁用于产蛋鸡、肉鸡、肉兔,使用时应遵守休药期规定。

(5)加强饲养管理。畜禽舍内恶劣的饲养条件以及生病动物或带虫动物的粪便污染饲料、饮水、饲饮用具等,均可诱发球虫病。所以,在使用抗球虫药期间,应加强饲养管理,减少球虫病的传播,以提高抗球虫药物的防治效果。

二、抗锥虫药

家畜锥虫病是由寄生在血液和组织细胞间的锥虫引起的一类疾病。危害动物健康的锥虫主要有伊氏锥虫和马媾疫锥虫,其能引起马伊氏锥虫病、牛伊氏锥虫病和骆驼伊氏锥虫病、马媾疫锥虫病(马属动物)等。防治本类疾病,除应用抗锥虫药物外,平时应重视消灭其传播媒介——吸血昆虫,才能杜绝本病的发生,同时还需尽早合理用药。临床常用的药物有苏拉明、喹密胺和氯化氮氨菲啶盐酸盐。

苏拉明(Suramin)

【理化性质】又名萘磺苯酰脲、那加诺、那加宁、拜耳-205,本品通常呈白色、微粉红色或带有乳酪色粉末,易溶于水,在甲醇、乙醇中微溶,在三氯甲烷中不溶,水溶液呈中性,不稳定,宜现用现配。

【作用与应用】本品能与蛋白质结合,对锥虫的多种酶系(特别是糖酵解的重要酶系)起抑制效应,阻止虫体的正常代谢,导致分裂受阻,最终使虫体溶解死亡。本品对马、牛、骆驼的伊氏锥虫和马媾疫锥虫均有效。临床上主要用于治疗马、牛、骆驼和犬的伊氏锥虫病,但预防性给药时效果稍差。

【注意事项】本品安全范围较小,马、驴较敏感,牛次之,骆驼耐受性较大。马使用本品后往往出现发热,跛行,唇、生殖器、乳房等处水肿,行走困难甚至倒地不起。牛和骆驼的毒性反应轻微,用药后仅出现肌震颤、步态异常、精神委顿等轻微反应。为减轻以上副作用,可并用氯化钙、咖啡因等。体弱者可将一次量分为两次注射,间隔 24 h。用药期间应充分休息,加强饲养管理,适当牵遛。治疗时,两次用药间隔 1 d,在疫区进行预防时,应在发病季节每 2 个月使用 1 次。

【制剂、用法与用量】临用前用灭菌生理盐水配成 10%溶液进行静脉注射,一次量,每千克体重，马 10～15 mg，牛 15～20 mg，骆驼 8.5～17 mg。治疗伊氏锥虫病时，应于 20 d 后再注射一次；治疗马媾疫时，于 1～1.5 个月后重复注射。预防可采用一般治疗量，皮下或肌内注射。

喹嘧胺(Quinapyramine)

【理化性质】又名安锥赛、奎匹拉明，临床常用的有甲硫喹嘧胺和喹嘧氯胺。本品为白色或淡黄色结晶性粉末，无臭，味苦。有引湿性，在水中易溶，在有机溶剂中几乎不溶。

【作用与应用】本品对伊氏锥虫、马媾疫锥虫等均有杀灭作用。其作用机理是通过抑制虫体代谢，阻碍锥虫的细胞分裂，因此，当剂量不足时，锥虫极易产生耐药性。喹嘧胺抗锥虫范围较广，对伊氏锥虫、马媾疫锥虫、刚果锥虫、活跃锥虫作用明显，但对布氏锥虫作用较差。临床上主要用于防治马、牛、骆驼伊氏锥虫病和马媾疫锥虫病。甲硫喹嘧胺主要用于治疗锥虫病，而喹嘧氯胺则适用于预防。

【注意事项】本品常出现毒性反应，马属动物最敏感，可能出现兴奋不安、呼吸急促、肌肉震颤、心率增数、频排粪尿、腹痛、全身出汗等症状，严重者可致死。因此，用药后必须注意观察，必要时可注射阿托品及其他支持、对症疗法。本品严禁静脉注射，肌内或皮下注射时能引起注射部位肿块或结节，用量大时应分点注射。

【制剂、用法与用量】注射用喹嘧胺。500 mg：喹嘧氯胺 286 mg＋甲硫喹嘧胺 214 mg。临用时以注射用水配成 10％水悬液，肌内、皮下注射，一次量，每千克体重，马、牛、骆驼 4～5 mg。

氯化氮氨菲啶盐酸盐(Isometamidium Chloride Hydrochloride)

【理化性质】又名锥灭定、沙莫林，易溶于水，无臭。

【作用与应用】本品主要通过抑制锥虫 RNA 和 DNA 聚合酶，阻碍核酸的合成而杀虫。本品为长效抗锥虫药，对伊氏锥虫、刚果锥虫、活跃锥虫和布氏锥虫等均有杀灭作用。临床上主要用于预防和治疗牛、羊的锥虫病。

【注意事项】大部分耕牛使用本品后出现的兴奋、呼吸困难，继而食欲减退、精神沉郁等症状，通常可自行恢复。本品刺激性较强，应深层肌内注射，防止药液漏出。

【制剂、用法与用量】氯化氮氨菲啶盐酸盐粉针剂。0.125 g、1 g、10 g。肌内注射，一次量，每千克体重，牛 1 mg。

三、抗梨形虫药

抗梨形虫药是指用于治疗由梨形虫属寄生虫引起的疾病的药物，梨形虫又称焦虫，家畜梨形虫病由蜱传播，寄生于红细胞内，常发生于马、牛等动物。梨形虫的种类很多，病畜感染后多以发热、黄疸和贫血为主要临床症状，往往引起病畜大批死亡，造成严重的经济损失。消灭中间宿主蜱、虻和蝇是防治本病的重要环节，但目前很难做到，所以应用有效的抗梨形虫药物进行防治是目前重要的手段。临床常用药物有三氮脒、硫酸喹啉脲和双咪苯脲。这些寄生虫主要感染人类和家畜，导致各种疾病，如人类的阴道炎和家畜的消化道疾病等。

三氮脒(Diminazene Aceturate)

【理化性质】又名贝尼尔、二脒那嗪、血虫净，本品为黄色或橙黄色结晶性粉末，味微苦，易溶于水。

【作用与应用】本品为传统的广谱抗血液原虫药,其抗虫机理为干扰虫体的有氧糖酵解和DNA合成。本品对家畜的锥虫、梨形虫及无浆体均有作用。用药后血药浓度高,但持续时间较短,故主要用于治疗,预防效果差。对牛、马和犬的各种巴贝斯虫病和牛瑟氏泰勒虫病治疗作用较好,对牛环形泰勒虫病、无浆体感染也有效,对马媾疫锥虫疗效较好,严重病例可配合对症治疗,对水牛伊氏锥虫疗效不稳定,对猫巴贝斯虫无效。剂量不足时锥虫和梨形虫都可产生耐药性。

临床上本品主要用于家畜巴贝斯梨形虫病、泰勒梨形虫病、伊氏锥虫病机马媾疫锥虫病的治疗,为目前治疗梨形虫病较为理想的药物。

【注意事项】本品毒性较大,安全范围较窄,治疗量下有时也会出现不良反应,但通常能自行耐受。注射液对局部组织刺激性较强,尤其是在马身上,大剂量应用时应分点深部肌注。骆驼对本品非常敏感,应避免使用。马和水牛对本品也较为敏感,特别是连续应用时,容易出现毒性反应。此外,大剂量使用三氮脒可能会导致乳牛产量减少。肌内注射局部可出现疼痛、肿胀,经数天至数周可恢复,大剂量应分点注射。

【制剂、用法与用量】注射用三氮脒。1g。肌内注射,一次量,每千克体重,马 3~4 mg,牛、羊 3~5 mg,犬 3.5 mg。一般用 1~2 次,连用不超过 3 次,每次间隔 24 h,临用前用注射用水或灭菌生理盐水配成 5%~7%无菌溶液。休药期:牛、羊 28 d;弃奶期 7 d。

双脒苯脲(Imidocarb)

【理化性质】又名咪唑苯脲,为双脒唑啉苯基脲。本品为有机化合物,是一种白色针状结晶,易溶于水,稍溶于乙醇,不溶于乙醚。

【作用与应用】本品为新型抗梨形虫药,兼有预防和治疗梨形虫的作用。对巴贝斯虫病和泰勒虫病均有治疗作用,而且还具有较好的预防作用。临床上主要用于治疗和预防牛、马、犬的巴贝斯虫病。

【注意事项】本品有一定刺激性,禁止静脉注射;马属动物对本品敏感,尤其是驴、骡,高剂量使用时应慎重;本品有一定的毒性,治疗剂量可能会导致动物咳嗽、肌肉震颤、流泪、流涎、腹痛、腹泻等症状,一般能自行恢复,症状严重者可用小剂量的阿托品解救;本品宜首次用药间隔 2 周后重复用药一次,以根治梨形虫病。

【制剂、用法与用量】二丙酸双脒苯脲注射液。肌内、皮下注射,一次量,每千克体重,马 2.2~5 mg,犬 6 mg,牛 1~2 mg(锥虫病 3 mg)。休药期:28 d。

青蒿琥酯(Artesunate)

【理化性质】本品为菊科黄花蒿的提取物,白色结晶性粉末,无臭无味,溶于乙醇、丙酮或三氯甲烷,难溶于水。

【作用与应用】本品是青蒿素的衍生物,具有快速杀灭疟原虫红细胞内期无性体的作用,特别是对抗氯喹的恶性疟原虫有效。青蒿琥酯的作用机制与青蒿素相似,作用于疟原虫的食物泡膜、表膜、线粒体,以及核膜、内质网,对核内染色质也有一定影响。由于其最先作用于食物泡膜,阻断了营养摄取,疟原虫迅速出现氨基酸饥饿,形成自噬泡,并不断排出体外,导致疟原虫损失大量细胞内容物而死亡。

本品具有抗牛、羊泰勒虫及双芽巴贝斯虫的作用，能杀灭红细胞配子体，减少细胞分裂及虫体代谢产物的致热原作用。临床上主要用于防治牛、羊泰勒虫病和双芽巴贝斯虫。

【注意事项】本品有一定的胚胎毒性，因此孕畜应慎用。此外，青蒿琥酯溶解后应及时注射，如出现混浊则不可使用。极度严重的患者，首次剂量可加倍。静脉注射速度不宜太快，每分钟 3～4 mL。疟疾得到控制后，宜再用其他抗疟药根治。

【制剂、用法与用量】青蒿琥酯片。50 mg。内服，一次量，每千克体重，牛 5 mg，首次量加倍。一日 2 次，连用 2～4 d。

学习单元四　杀虫药

具有杀灭或驱赶体外寄生虫作用的化学药物称为杀虫药。螨、蜱、虱、蚤、蝇蛆、蚊等节肢动物均属于体外寄生虫，其引起的动物外寄生虫病，严重影响动物的健康及动物产品的品质，还传播许多人兽共患病，严重地危害人体健康，造成重大经济损失。因此，选用安全、高效、经济、使用方便的杀虫药具有重要的意义。正常情况下，杀虫药对动物也有一定的毒性，甚至在规定剂量内，也会出现不同程度的不良反应。因此，在使用杀虫药时，除严格掌握剂量与使用方法外，还需密切注意用药后的动物反应，一旦发生中毒，应立即采取解救措施。常用的杀虫药主要有有机磷类、拟除虫菊酯类和其他杀虫药。

一、有机磷类化合物

二嗪农(Diazinon)

【理化性质】又名二嗪磷、螨净，为无色油状液体，有淡酯香味。难溶于水，性质不稳定，在酸碱溶液中迅速分解。

【作用与应用】本品是广谱有机磷杀虫剂，对蝇、蜱、虱以及各种螨均有良好杀灭效果，灭蚊、蝇的药效可维持 6～8 周，且具有触杀、胃毒、熏蒸等作用，但内服作用较弱。临床主要用于驱杀动物体表的疥螨、痒螨和蜱、虱等。二嗪农项圈用于驱杀犬和猫体表的虱和蚤。

【注意事项】本品对高等动物较低毒，对鱼类低毒，但对鸭、鹅高毒，对蜜蜂高毒。奶牛、泌乳牛禁用，猫、禽敏感禁用，对蜜蜂剧毒禁用；药浴时必须准确计算剂量，动物全身浸泡 1 min 为宜。二嗪农不能与碱性农药及故椑混合使用，不能用铜、铜合金罐、塑料瓶盛装，使用二嗪农时应穿戴适当的防护服避免皮肤和眼睛接触，如果不慎接触到皮肤应立即用肥皂水及清水彻底冲洗，如果不慎摄入应立即漱口给饮足量温水催吐、洗胃并及时就医。

【制剂、用法与用量】二嗪农溶液。药浴，羊 0.02%溶液，牛 0.06%溶液；喷淋，猪 0.025%溶液，牛、羊 0.06%溶液。休药期：牛、羊、猪 14 d；弃奶期 3 d。

二嗪农项圈。100 g∶15 g。每只犬、猫一条，使用期 4 个月。

马拉硫磷(Malathion)

【理化性质】又名马拉松，是一种有机磷类杀虫剂，本品为无色或浅黄色油状液体，微溶于水，溶于酯、醇、植物油。

【作用与应用】本品具有广谱、低毒、使用安全等特点，对蚊、蝇、虱、蝉、螨、臭虫等都有杀灭作用，具有良好的触杀、胃毒和一定的熏蒸作用。主要用于防治多种昆虫和螨类，以及蚊、蝇幼虫和臭虫等。

【注意事项】本品对人体的毒性相对较低，但对蜜蜂有剧毒，对鱼类水生生物具有较高的毒性，1 月龄以内的动物禁用。在使用马拉硫磷时，应采取适当的安全措施，避免直接接触皮肤和眼睛。家畜体表用马拉硫磷后数小时内应避开日光照射和风吹。必要时隔 2～3 周可再处理一次。

【制剂、用法与用量】精制马拉硫磷溶液。100 mL∶45 g、100 mL∶70 g。以马拉硫磷计，药浴或喷雾，配成 0.2%～0.3%溶液。休药期：28 d。

辛硫磷(Phoxim)

【理化性质】常用其浓溶液，为微黄色或无色油状液体。

【作用与应用】本品具有高效、低毒、广谱、杀虫残效期长等特点，对螨、蚤、蝇、蚊的速杀作用仅次于敌敌畏和胺菊酯，具有触杀和胃毒作用，对鳞翅目幼虫非常有效。临床主要用于驱杀猪蜱、螨、虱等体外寄生虫。

【注意事项】本品对人、畜低毒。对蜜蜂有触杀和熏蒸毒性，禁用。水生生物对辛硫磷也比较敏感，特别是水生甲壳类动物，禁用。本品室内滞留残效期一般可达 3 个月左右，室外则短。

【制剂、用法与用量】辛硫磷浇泼溶液。外用，沿脊背从两耳根浇淋到尾根，每千克体重，猪 30 mg(耳根部感染严重者，可在每侧耳内另浇淋 75 mg)。休药期：14 d。

二、拟除虫菊酯类化合物

拟除虫菊酯类杀虫药是模仿天然除虫菊素由人工合成的一类杀虫药。这类杀虫药具有高效、广谱、低毒和能生物降解等优点。拟除虫菊酯类杀虫药对昆虫的毒性比哺乳类动物高，具有触杀和胃杀作用，因此，广泛用于卫生和农业领域等，是一类有发展前途的新型杀虫药，但长期应用易产生耐药性。

氰戊菊酯(Fenvalerate)

【理化性质】又名速灭杀丁，为黄色到褐色的黏稠油状液体，不溶于水。

【作用与应用】本品是一种广谱、高效的杀虫剂，主要通过触杀和胃毒作用杀死多种动物体外寄生虫。临床上主要用于驱杀动物体外寄生虫和环境中的蚊、蝇等。

【注意事项】①不要用碱性水稀释或与碱性物质混用。②对蜜蜂、鱼虾、家蚕等毒性高，使用时注意不要污染河流、池塘、桑园、养蜂场所。

【制剂、用法与用量】药浴或喷淋，以氰戊菊酯计，每升水加 40～80 mg。喷雾，稀释成 0.2%浓度，每立方米 3～5 mL，喷雾后密闭 4 h。

溴氰菊酯(Deltamethrin)

【理化性质】又名敌杀死、倍特，为白色结晶粉末，不溶于水。

【作用与应用】本品是一种拟除虫菊酯类杀虫剂，具有触杀和胃毒作用，作用机理是通过干扰昆虫的神经系统，使其失去正常的生理功能，从而达到杀虫目的。对动物体外寄生虫有很强的驱杀作用，具有广谱、高效、残效期长、作用迅速、低毒等特点。对蚊、蝇以及牛、羊各种虱，牛皮羌，羊痒螨，禽虱，犬、猫的螨虫、蜱和跳蚤等均有良好杀灭作用，药效时间长达 30 d。本品对有机磷、有机氯耐药的虫体仍有高效，临床主要用于防治动物体外寄生虫病和杀灭环境中的昆虫。

【注意事项】本品对哺乳动物的毒性相对较低，但对鱼类、蜜蜂、家蚕等有较大的毒性；对皮肤、黏膜、眼睛、呼吸道有较强的刺激性，药浴中及吹干前，严禁犬、猫等宠物舔舐到药物；对塑料制品有腐蚀性。

【制剂、用法与用量】溴氰菊酯溶液。以溴氰菊酯计，药浴，每升水，牛、羊 5～15 mg。休药期：28 d。

二氯苯醚菊酯(Permethrin)

【理化性质】为淡黄色油状液体，有芳香味，不溶于水，能溶于乙醇、丙酮、二甲苯等有机溶剂。

【作用与应用】本品为高效、速效、无残留、不污染环境的广谱、低毒杀虫药。对多种畜禽体表与环境中的害虫，如螨、蜱、虱、虻、蚊、蝇、蟑螂等具有很强的触杀及胃毒作用，作用强，杀虫速度快。

临床主要用于驱杀各种禽体表寄生虫，防治由螨、蜱、虱、蝇引起的各类外寄生虫病。也广泛用于杀灭周围环境中的昆虫。

【注意事项】①喷淋时，药物应直接滴淋至皮肤上，且 3 日内勿水洗。②猫及猫科动物敏感，对蜜蜂、家蚕、鱼、虾有剧毒，禁用。③避免使用碱性水，或与碱性药物合用，以防药液分解失效。

【制剂、用法与用量】二氯苯醚菊酯乳油(含二氯苯醚菊酯 10%或 40%)，喷淋时配成 0.2%～0.4%乳剂。

二氯苯醚菊酯气雾剂(含二氯苯醚菊酯 1%)，供喷雾用。

拜宠爽(二氯苯醚菊酯 50 mg＋吡虫啉 10 mg)喷淋，一次量，每千克体重，犬 0.05～0.2 mL。

三、异噁唑啉类杀虫药

阿福拉纳(Afulana)

又名尼可信，是一种异噁唑啉类杀虫药与杀螨剂。

【作用与应用】阿福拉纳通过作用于配体门控氯离子通道，尤其是抑制神经递质 γ-氨基丁酸(GABA)门控性通道，从而阻断氯离子从突触前膜到突触后膜的传递，导致昆虫神经元活性增加，兴奋过度而死亡，是一种强效而持久的杀虫药。服药后 2 h 开始杀蚤，6 h 可杀灭 100%蚤。临床主要用于防治动物蚤、蜱虫感染等。

【注意事项】①孕犬、8 周龄以下或体重 2 kg 以下犬慎用。②蚤和蜱虫必须接触犬并开始刺入时才可接触到药物的有效成分，因此不能排除通过以寄生虫为媒介进行疾病传播的风险。

【制剂、用法与用量】阿福拉纳咀嚼片(以阿福拉纳计)。内服,每千克体重,犬 2～7 mg,每月给药 1 次。

氟雷拉纳(Frellana)

又名贝卫多或一锭除,属于异噁唑啉类杀虫药,是一类全新的 GABA 门控氯离子通道干扰剂。

【作用与应用】氟雷拉纳是一种广谱、高效、安全低毒的长效杀虫药,对蜱目、蚤目、虱目、半翅目和双翅目等医学节肢动物均具有良好的杀灭活性。驱杀动物体表寄生虫时起效快,持续时间长,一次用药,作用可持续 12 周,还可阻止蚤产卵,破坏蚤的生命周期,从而降低虫媒病的传播风险。临床主要用于治疗犬的蠕形螨病以及动物体表的疥螨、耳螨、吸血虱、蚤和蜱等医学节肢动物的感染,还可辅助治疗因蚤而引起的过敏性皮炎。

【不良反应】极个别犬(1.6%)会出现轻微短暂的胃肠道反应,如腹泻、呕吐、食欲不振、流涎。

【注意事项】①本品不得用于 8 周以下的幼犬和/或体重低于 2 kg 的犬。②对本品过敏的犬勿用,给药间隔时间不得低于 8 周。③接触本品后,应立即用肥皂和水彻底清洗双手。

【制剂、用法与用量】氟雷拉纳咀嚼片(以氟雷拉纳计)。内服,一次量,每千克体重,犬 25～60 mg,每 12 周给药 1 次。

四、其他类化合物

双甲脒(Amitraz)

【理化性质】又名特敌克,为白色或浅黄色结晶性粉末或微黄色澄明液体,无臭,不溶于水。

【作用与应用】本品为接触性广谱杀虫剂,兼有胃毒和内吸作用,为高效、广谱、低毒的杀虫药。对牛、羊、猪、兔的体外寄生虫,如疥螨、痒螨、蜱、虱等各阶段虫体均有极强的杀灭效果,产生作用较慢,一般在用药后 24 h 使虫体解体,48 h 可使螨从体表脱落。本品残效期长,一次用药可维持药效 6～8 周。临床上主要用于防治牛、羊、猪、兔的疥螨、痒螨、蜱、虱等体外寄生虫病,也用于蜂螨。

【注意事项】严重感染动物用药 7 d 后再用一次,可彻底治愈。本品对人、畜安全,对鱼有剧毒,马敏感,禁用于产乳羊和水生动物。对皮肤有刺激作用,用时注意防护。用药 3 d 内不要用水冲洗用药动物。

【制剂、用法与用量】双甲脒溶液。含双甲脒 12.5%。药浴、喷淋或涂擦动物体表,配成含双甲脒 0.025%～0.05%的溶液。休药期:牛、羊 21 d,猪 8 d;弃奶期 2 d。

非泼罗尼(Fipronil)

【作用与应用】非泼罗尼是苯基吡唑类杀虫药,以胃毒作用为主,兼有触杀和一定的内吸作用。对 GABA 支配的氯化物代谢表现出严重的阻碍作用,可干扰氯离子在中枢神经系统突触前、后膜之间的正常传递,从而引起体外寄生虫中枢神经系统紊乱,导致其死亡。其杀虫谱广,较低剂量即对犬、猫等动物体表的蚤、螨、蜱、虱等体外寄生虫表现出超强杀灭效果。安全性高，对哺乳动物无毒副作用。一次用药，作用效果持久，对蜱效力持续 20 d，对蚤效力持续 30 d 以上。临床主要用于预防和治疗动物体表寄生虫的感染。

【注意事项】①本品使用后 2 日内不能给动物洗澡。②非泼罗尼对哺乳动物毒副作用小，妊娠动物及幼犬、柯利犬均可正常使用。③使用过程中应避免喷洒到脸部、破损处和眼睛内。④有致癌性，食品动物禁用。

【制剂、用法与用量】非泼罗尼喷剂。喷洒，每千克体重，犬、猫 7.5～15 μg，每周喷洒 1 次，连用 4 周。

环丙氨嗪(Cyromazine)

【理化性质】又名灭蛆灵，为白色结晶性粉末，无臭，微溶于水及乙醇。

【作用与应用】本品可有效控制和杀灭所有威胁动物养殖场的蝇类，包括家蝇、厩螫蝇、光亮扁角水虻和黄腹厕蝇，其作用机理是抑制蝇蛆幼虫的神经系统，导致幼虫形态上发生畸变，成虫羽化不全或受抑制，使蝇繁殖受阻。另外，还可控制跳蚤。蛋鸡、肉鸡、种鸡、鸽子、鹌鹑、猪均可使用本品。

【注意事项】本品对哺乳动物的毒性相对较低，但对鱼类、蜜蜂、家蚕等有较大的毒性。在使用时应采取适当的安全措施，避免接触皮肤和眼睛，并避免误食。使用前与饲料混合均匀；在蝇害始发期及时使用。

【制剂、用法与用量】环丙氨嗪可溶性粉。浇洒，每平方米 1 g，溶于 750 mL 水中浇洒于蝇蛆繁殖处。

课后思考

1. 简述抗寄生虫药物的作用机制与寄生虫耐药性产生的机制。

2. 如何避免动物抗寄生虫药中毒？

3. 列举广谱抗蠕虫的药物，比较它们在抗虫谱、作用和应用上的特点，哪些抗蠕虫药会发生毒性反应？应如何解救？

4. 伊维菌素的抗虫范围有哪些？其应用注意事项是什么？

5. 各举出一种抗肝片吸虫，猪蛔虫，犬蛔虫，牛、羊绦虫和牛、羊消化道线虫的首选药物。

6. 分别列出 2～3 种常用的抗线虫药、抗吸虫药、抗血吸虫药、抗绦虫药和抗球虫药。

7. 如何合理选择抗球虫药？

8. 专用的和兼用的抗球虫药各有什么特点？当鸡群出现球虫性血痢时，请制订一个抗球虫药给药方案。

案例分析

1. 某饲养场的孔雀精神沉郁、羽毛松乱、两翅下垂、闭眼嗜睡、冠髯发黑。剖检见肝肿胀，表面有大小不等近似圆形黄绿色坏死灶；两侧盲肠肿胀，肠壁增厚，黏膜有出血性溃疡，肠腔充满干酪样肠芯或坏疽块，肠管异常膨大。确诊感染柔嫩艾美耳球虫。请问该选用何种药物？

如何使用？

2. 某牛场近期部分病牛出现剧痒、皮肤损伤、脱毛、结痂、增厚，严重者出现皮肤皲裂及全身消瘦等症状，后在病健交界处的皮肤采集病料，显微镜下诊断为感染疥螨。请问该选用何种药物？如何使用？

思政园地

“春日载阳，有鸣仓庚。”

——《诗经·豳风·七月》

树立科学用药观

科学使用兽药不仅是对兽医技术的锤炼，更是社会责任与道德担当的体现。畜牧业作为国家食品安全的基石，其发展直接关系农业现代化的进程与人民群众食品安全。兽医专业学生应胸怀家国情怀，将个人所学融入国家发展战略，为农业强国梦添砖加瓦。

在兽医工作实践中，我们要坚持社会主义核心价值观中的公平正义原则，倡导公平正义与动物福利并重，确保每一只畜禽都能得到及时、合理的治疗，同时尊重它们的生命权利，以人道方式守护它们的健康。科技创新是推动可持续养殖的关键，同学们要勇于探索，参与研发高效、环保的药物，促进畜牧业绿色发展。

兽药的管理和使用必须严格遵守国家相关法律法规，这是兽医工作者的基本职业操守和底线，同学们一定要熟练掌握相关法律法规，做到依法执业，保护动物与公众安全。还要有人文精神，将动物保健视为对生命的尊重与关怀，用专业知识与爱心为动物健康护航。

总之，树立科学用药观，不仅是兽医技能的提升，更是职业素养与人文精神的双重修炼，为同学们今后成长为有责任、有担当、有爱心的优秀兽医奠定坚实基础。

自主学习

知识拓展　认识鸡球虫病

模块二学习情境三
在线自测

模块三 作用于内脏系统的药物

◆ 知识目标

1. 掌握消化系统药物的分类、常用药物的临床应用及注意事项。

2. 掌握呼吸系统药物的分类，以及祛痰、平喘、镇咳药物的临床合理应用。

3. 理解血液循环系统药物的基本概念、作用机理，掌握血液循环系统药物的分类、常用药物的临床作用和应用及注意事项等。

4. 掌握泌尿生殖系统药物的分类、利尿及脱水药物的合理利用。

◆ 技能目标

能够根据兽医临床中消化系统、呼吸系统、血液循环系统、泌尿生殖系统症状，合理选择并正确使用药物，综合治疗疾病，开出正确的处方。

◆ 素质目标

1. 培养人文关怀精神，具备珍爱动物生命、保护动物健康、解除动物痛苦、保护动物资源、维护公共卫生、维护兽医道德准则、甘于奉献的职业道德。

2. 提高团队协作和沟通能力，通过小组讨论、案例分析等教学活动，学会与他人合作，分享知识和经验，共同解决动物药理相关的问题。

学习单元一　消化系统药物

在临床实践中，动物消化系统疾病颇为常见，病因错综复杂。根据发病原因，可将其划分为原发性和继发性两大类。原发性消化系统疾病主要源于饲料品质不佳、饲养管理不善以及突发天气变化等因素，而继发性消化系统疾病则以传染病、寄生虫病、中毒性疾病等并发症的形式出现。

无论消化系统疾病的病因如何，其治疗原则相对一致，在消除病因、改善饲养管理的基础上，针对消化系统机能障碍，合理运用调节消化功能的药物，才能取得理想疗效。

消化系统药物主要通过调整胃肠运动、消化腺分泌功能以及保持胃肠道菌群结构稳定，恢复或改善消化系统功能。根据临床应用和药理作用，消化系统药物主要分为：健胃药与助消化药、制酵药与消沫药、抗溃疡药、泻药、缓泻药、止吐药、增强胃肠蠕动药等。

一、健胃药与助消化药

健胃药是一类能促进动物唾液和胃液分泌、调整胃部机能活动、提升食欲和加强消化的药物。根据其性质和药理作用特点，可将其分为苦味健胃药、芳香性健胃药和盐类健胃药等。前两类健胃药主要为植物性中药，而盐类健胃药包括氯化钠、碳酸氢钠和人工盐等。

（一）苦味健胃药

苦味健胃药主要来源于植物，如龙胆、大黄、马钱子等。这些药物具有较强的苦味，内服时可刺激舌味觉感受器，通过迷走神经反射性地兴奋食物中枢，从而增强唾液和胃液的分泌，提高食欲，促进消化。尽管许多含有生物碱等成分的植物如黄连、延胡索、益母草等具有较强烈的苦味，但因其具有特殊作用，不列为苦味健胃药，然而，这些药物在内服时仍具有一定的苦味健胃效果。

苦味健胃药主要用于动物食欲不振、消化不良等症状，通常在饲喂前每日投服。然而，长期使用同一种苦味健胃药可能导致味觉感受器适应性增强，从而降低药效。因此，需要与其他健胃药配合使用，并在使用几天后更换药物种类。对于中小动物，由于其对苦味的厌恶，该类药物的使用相对较少。

苦味健胃药使用注意事项：应用时，建议选用散剂、酊剂或舔剂，并通过口服途径给药，以确保与口腔味觉感受器充分接触，从而发挥其作用。切勿直接倒入胃部，否则可能影响药效。在动物饲喂前给药，使用剂量切勿过大，以免抑制胃酸分泌。同时，不宜长期或反复多次使用，以免产生适应性，从而降低药效。

龙胆（Radix Gentianae）

【理化性质】龙胆科植物龙胆或三花龙胆的干燥根茎和根，其主要有效成分为龙胆苦苷、龙胆糖、龙胆碱等。本品粉末为淡黄棕色，气微，味甚苦。常制成龙胆末、龙胆酊、复方龙胆酊等制剂。

【作用与应用】本品性寒味苦，强烈的苦味能刺激口腔内舌的味觉感受器，通过迷走神经反射性地兴奋食物中枢，使唾液、胃液的分泌增加以及游离盐酸也相应增多，从而加强消化和提高食欲。一般与其他药物配成复方，经口灌服。本品对胃肠黏膜无直接刺激作用，也无明显的吸收作用。临床主要用于治疗动物的食欲不振、消化不良或某些热性病的恢复期等。

【制剂、用法与用量】常用剂型为酊剂及复方龙胆酊，其酊剂是龙胆酊，由龙胆末 100 g，加 40%乙醇 100 mL 浸制而成。

复方龙胆酊即苦味酊。由龙胆 100 g、橙皮 40 g、草豆蔻 10 g，加 60%乙醇适量浸制成 1 000 mL。

龙胆酊。内服，一次量，马、牛 50～100 mL，羊 5～15 mL，猪 3～8 mL，犬、猫 1～3 mL。

复方龙胆酊。内服，一次量，马、牛 50～100 mL，羊、猪 5～20 mL，犬、猫 1～4 mL。

大黄(Radix Rhei)

【理化性质】本品粉末(最粗粉)气清香，味苦而微涩。常用其粉末与其他药物制成复方。如大黄流浸膏：大黄 1 000 g 加 60%乙醇适量浸制而成，棕色液体，味苦而涩；复方大黄酊：大黄橙皮 20 g、豆蔻 20 g 加 60%乙醇适量浸制而成。

【作用与应用】本品主要活性成分为大黄素、大黄酚等。在较小剂量内服时，本品主要发挥其苦味健胃作用，刺激口腔味觉感受器，进而反射性引起唾液和胃液分泌增加，以提高食欲和促进消化。随着剂量的增加，内服本品在中等剂量时，因分解出的大黄鞣酸而具备收敛和止泻的效能；在大剂量时，分解出的大黄素和大黄酸能够刺激肠黏膜和大肠壁，使肠道蠕动增强，从而引发下泻。大黄素和大黄酸具有显著的抗菌作用，对胃肠道内的某些细菌如大肠埃希菌、痢疾杆菌等具有抑制效应。此外，大黄还具有利胆、利尿、增加血小板、降低胆固醇等生理作用。在临床实践中，本品可作为健胃药和泻药，用于治疗食欲不振和消化不良等症状。

【注意事项】孕畜及哺乳期慎用。

【制剂、用法与用量】大黄末。内服，一次量，健胃：马 10～25 g，牛 20～40 g，羊 2～4 g，猪 1～5 g，犬 0.5～2 g；致泻：马、牛 100～150 g，驹、犊 10～30 g，仔猪 2～5 g，犬 2～4 g。

大黄流浸膏。内服，一次量，健胃：马 10～25 mL，牛 20～40 mL，羊 2～10 mL，猪 1～5 mL，犬 0.5～2 mL；致泻：驹、犊 10～30 mL，仔猪 2～5 mL，犬 2～4 mL。

复方大黄酊。内服，一次量，牛 30～100 mL，羊、猪 10～20 mL，犬、猫 1～4 mL。

马钱子酊(Semen Strychni tincture)

【理化性质】又名番木鳖酊。本品是马钱科植物番木鳖成熟种子的乙醇制剂，为棕色液体。有效成分为番木鳖碱，也称士的宁。味苦，有毒。

【作用与应用】番木鳖碱被小肠吸收后，可增强中枢神经系统的兴奋性，先是加强脊髓的反射兴奋性，随后兴奋延髓和大脑。剂量过大易致中毒。故临床应用时，必须严格控制剂量，连续用药不能超过一周，以免发生蓄积中毒。孕畜禁用，以免发生流产。口服后，主要发挥其苦味健胃作用。临床上常用于消化不良、食欲不振、前胃弛缓、瘤胃积食等。

【制剂、用法与用量】马钱子酊。内服，一次量，马 10～20 mL，牛 10～30 mL，猪、羊 1～2.5 mL，犬 0.1～0.6 mL。

(二)芳香健胃药

此类药物的健胃功效主要依赖其成分中的芳香性挥发油。内服后,芳香性挥发油作用于消化道黏膜,从而反射性地增加消化腺的分泌,促进胃肠蠕动。同时,此类药物还具有轻度的抑菌和制酵作用。在吸收过程中,部分药物成分经呼吸道排出,有助于增加呼吸道分泌,稀释痰液,进而发挥祛痰作用。

在临床实践中,本类药物常用于治疗消化不良、积食以及胃肠内轻度发酵气胀的情况。一般情况下,将其与其他健胃药物联合应用,可增强药效。因此,临床上通常将本类药物配制成复方使用。

陈皮(Pericarp Citri Reticulatae)

【理化性质】陈皮为芸香料植物柑橘成熟果实的干燥果皮,未成熟的果皮称青皮。含挥发油、川皮酮、橙皮苷、维生素 B_1 及肌醇等。

【作用与应用】陈皮有健胃、祛风等作用,常与本类其他药物配合,用于消化不良、积食、气胀等。

【制剂、用法与用量】粉剂。内服,马、牛 30～60 g/次,羊、猪 6～12 g/次。

酊剂。本品系由陈皮末(20%)、乙醇(60%)制成的橙黄色液体,有香气,味苦。应密闭置凉处保存。内服,马、牛 30～100 mL/次,羊、猪 10～20 mL/次。

桂皮(Cortex Cinnamomi)

【理化性质】又名肉桂,桂皮为樟科植物肉桂的树皮。含 1%～2%挥发油,挥发油主要成分为桂皮醛,占 75%～95%,并含少量乙酸桂皮酯与苯丙酸乙酯。

【作用与应用】桂皮油对胃肠有温和的刺激作用,能增强消化机能,排除消化道积气缓解胃肠痉挛。此外,又有中枢性及末梢性扩张血管的作用,能增强血液循环。常用于治疗消化不良、胃肠气胀、产后虚弱。孕畜慎用,以免引起流产。

【制剂、用法与用量】粉剂。内服,马、牛 15～45 g/次,羊、猪 3～9 g/次。

酊剂。由桂皮 200 g、60%乙醇 1 000 mL 制成。为黄色液体,有香气。应密闭置凉处保存。内服,马、牛 30～100 mL/次,羊、猪 10～20 mL/次。

小茴香(Fructus Foeniculi)

【理化性质】又名茴香,小茴香为伞形科植物茴香的干燥成熟果实,含挥发油 3%～8%,其中主要成分为苯甲醚、右旋小茴香酮等。

【作用与应用】本品对胃肠黏膜有温和的刺激作用,能增强消化液的分泌,促进胃肠蠕动,减轻胃肠气胀。配合氯化铵,可增强其祛痰作用。常用于消化不良、积食、气胀和痰液浓稠、干咳等的治疗。

【制剂、用法与用量】小茴香。内服,马、牛 15～60 g/次,羊、猪 6～10 g/次。

小茴香酊。由 20%小茴香末、60%乙醇制成。内服,马、牛 40～100 mL/次,羊、猪 15～30 mL/次。

(三)盐类健胃药

常用的盐类健胃药包括碳酸氢钠、人工盐、健胃散和氯化钠等。动物的胃肠消化液始终保持着酸与碱的动态平衡,然而,当饲养管理不善导致胃酸偏高时,酸碱平衡便受到破坏,进而引发消化不良。此时,可采用碳酸氢钠、人工盐、健胃散等碱性健胃药,以恢复正常的消化功能。此外,中性盐类氯化钠是饲料中不可或缺的成分,它能刺激食欲,增加胃肠分泌和蠕动,强化消化功能。

人工盐(Artificial Carlsbad Salt)

【理化性质】本品是由干燥硫酸钠 44%、碳酸氢钠 36%、氯化钠 18%和硫酸钾 2%混合制成的。为白色干燥粉末。易溶于水,水溶液呈弱碱性。应密封保存。

【作用与应用】本品具备各类盐类的协同效应。小剂量口服可增强胃肠蠕动,促进消化液分泌,进而提高消化吸收的效果。大剂量口服则作用与盐类泻药相似。此外,本品还具备利胆功效。广泛应用于消化不良、胃肠弛缓、早期大肠便秘、胆管炎等症状的治疗。

【不良反应】因本品为弱碱性药物,禁与酸性健胃药配合使用。内服作泻药应用时宜大量饮水。

【用法与用量】健胃:内服,马、牛 50～100 g/次,羊、猪 10～30 g/次,兔 1～2 g/次。犬、猫 1～5 g,每小时一次。

致泻:用量,马、牛 200～400 g/次,羊、猪 50～100 g/次,兔 4～6 g/次,犬、猫 20～50 g/次。

(四)助消化药

助消化药物是一类能够促进胃肠消化过程的药物,其主要成分多为消化液中的各种物质或促进消化液分泌的药物。在消化道分泌不足的情况下,助消化药物具有替代疗法的作用,能够促进食物消化,适用于消化道分泌功能减退所导致的消化不良。在兽医临床实践中,健胃与助消化药物常常联合应用,相辅相成,共同发挥作用。

胃蛋白酶(Pepsin)

【理化性质】本品为白色至淡黄色的粉末;有引湿性;水溶液呈酸性反应。但遇热(70 ℃以上)及碱性条件下易失效。

【作用与应用】本品由牛、羊、猪胃黏膜提取,内服能初步分解蛋白质,也能水解多肽,有助消化。用于胃蛋白酶缺乏症及胃液分泌不足引起的消化不良。当胃液分泌不足引起消化不良时,胃内盐酸也常不足,为充分发挥胃蛋白酶的消化作用,在用药时应同服稀盐酸。临床常用于胃液分泌不足或幼畜因胃蛋白酶缺乏引起的消化不良。

本品在 pH 1.6～1.8 酸性环境中作用最强,故常与稀盐酸同用,以确保充分发挥作用。禁与碱性药物、鞣酸、金属盐等配伍。

【用法与用量】内服。一次量,犬 80～800 U,猫 80～240 U,马、牛 4 000～8 000 U,羊、猪 800～1 600 U,驹、犊 1 600～4 000 U。

稀盐酸(Dilute Hydrochloric Acid)

【理化性质】为无色澄清液体,无臭,含盐酸约10%(重量/容量),呈强酸性反应。应置玻璃塞瓶内密封保存

【作用与应用】盐酸作为胃液的主要成分,由胃底腺的壁细胞分泌。在草食动物如牛的真胃内,胃液盐酸浓度平均为0.12%~0.38%,猪的胃液盐酸浓度为0.3%~0.4%,而肉食动物的胃酸浓度则稍高。在消化过程中,盐酸发挥着至关重要的作用。如在适当浓度下,盐酸可激活胃蛋白酶原,转化为胃蛋白酶,并维持其发挥作用所需的酸性环境。此外,盐酸能使蛋白质膨胀变性,有利于蛋白质的消化。酸性食糜刺激十二指肠黏膜,进而反射性地引起幽门括约肌收缩,促使十二指肠黏膜产生促胰液素,从而反射性地引发胰液、胆汁和胃液的分泌,有利于蛋白质和脂肪等物质的进一步消化。同时,盐酸使小肠上部食糜呈酸性,有利于钙、铁等盐类的溶解和吸收。此外,盐酸还能抑制细菌繁殖,防止胃内发酵等。

稀盐酸主要用于治疗由胃酸不足或缺乏引发的消化不良、胃内发酵、食欲不振、前胃弛缓、急性胃扩张、碱中毒等病症。在使用时,需将盐酸用水稀释约50倍,用量不可过大。否则,过高的食糜酸度会反射性地引起幽门括约肌痉挛,影响胃排空并导致腹痛。

【注意事项】忌与碱类、盐类健胃药,有机酸,洋地黄及其制剂配合应用。

【制剂、用法与用量】稀盐酸。含盐酸10%。内服,马10~20 mL/次,牛15~30 mL/次,猪15~20 mL/次,羊2~5 mL/次,犬0.15~0.5 mL/次。临用前加水稀释50倍。

干酵母(Dried Yeast)

【理化性质】又名食母生。为淡黄白色或黄棕色的薄片、颗粒或粉末。有酵母的特殊臭味,味微苦。本品为酵母科几种酵母菌的干燥菌体,蛋白质含量不少于44.0%,常制成片剂。

【作用与应用】本品含B族维生素,如维生素B_1、维生素B_2、烟酸、维生素B_6、维生素B_{12}、叶酸、肌醇及麦芽糖酶、转化酶等。这些成分多为体内酶系统的重要组成物质,故能参与体内糖、脂肪、蛋白质的代谢和生物氧化过程,因而能促进消化。常用于食欲不振、消化不良和B族维生素缺乏症。

【制剂、用法与用量】干酵母片。内服,一次量,马、牛120~150 g,猪、羊30~60 g,犬8~12 g。

二、制酵药与消沫药

凡能抑制细菌或酶的活动,阻止胃肠内容物发酵,使其不能产生过量气体的药物称制酵药。家畜采食大量发酵或腐败变质的饲料后,在细菌的作用下产生大量气体,当这些气体不能通过肠道或嗳气排出时,则引起瘤胃臌胀。治疗时,除危急病例可穿刺放气外,一般可使用制酵药,如鱼石脂、甲醛溶液、煤酚皂溶液、乙醇、大蒜酊等,抑制胃肠道内微生物发酵产气,并刺激胃肠黏膜,加强胃肠蠕动,以排出气体。临床上主要用于治疗反刍动物的瘤胃臌胀,也用于治疗马属动物的胃扩张及肠臌气。

消沫药是一类表面张力低,能迅速破坏起泡液的泡沫,而使泡内气体逸散的药物。这类药物如二甲硅油、松节油、各种植物油等,在兽医临床上主要用于治疗胃肠臌气,如牛、羊瘤胃臌气和马、骡肠臌气等。

采食大量容易发酵或腐败变质的饲料导致的臌胀，或急性胃扩张，除危急者可以穿刺放气外，一般可用制酵药或瘤胃兴奋药，加速气体排出。对其他原因引起的臌胀，除制酵外，还要对因治疗。

在常用的制酵药中，甲醛的作用确实可靠，但由于对局部组织刺激性强，加之能杀灭多种对机体有益的肠道微生物和纤毛虫，因此，除严重气胀外，一般情况下不宜选用。鱼石脂的制酵效果较好，刺激作用比较缓和，所以应用较多。鱼石脂与乙醇配合应用效果好。

瘤胃泡沫性臌胀时，如果选用制酵药，仅能制止气体的产生，对已形成的泡沫无消除作用。因此，必须选用消沫药。

鱼石脂(Ichthammol)

【理化性质】本品为棕黑色的黏稠性液体，有特臭。

【作用与应用】对皮肤和黏膜有温和的刺激作用和轻微抑菌作用，能消炎、消肿、促进肉芽生长;内服有制酵祛风作用。外用治疗慢性皮炎、蜂窝织炎、腱炎、腱鞘炎、慢性睾丸炎、冻伤、溃疡及湿疹等。内服用于瘤胃臌胀、前胃弛缓和胃肠气胀等。

【注意事项】①本品内服前，应先加 2 倍量乙醇溶解，再用水稀释成 2%～5%的溶液灌服。②禁与酸性药物如稀盐酸、乳酸等联合使用。③本品软膏由鱼石脂与凡士林按 1∶1 比例混合而成，仅供外用。

【用法与用量】内服。一次量，马、牛 10～30 g 羊、猪 1～5 g，先以倍量乙醇溶解，再加水稀释成 3%～5%溶液。鱼石脂软膏涂敷患处。

二甲硅油(Dimethicone)

【理化性质】又名聚甲基硅，本品为二甲基硅氧烷的聚合物，无色或微黄色澄清黏稠液体，不溶于水及乙醇，表面张力低。应密封保存。

【作用与应用】本品内服后能降低瘤胃内泡沫膜的局部表面张力，使泡沫破裂。作用迅速，用药后 5 min 左右起作用，15～30 min 作用最强，可使大量泡沫破裂、融合，有利于排出。用于治疗瘤胃泡沫性臌胀，疗效良好，尚未发现毒性作用。

【注意事项】鉴于本品药效较慢，在瘤胃蠕动停止时，药物难以抵达真胃，无法发挥预期疗效。若用量过高，反而可能抑制瘤胃蠕动，适得其反，加重病情。此外，本药物严禁用于患有胃肠炎的动物。

【制剂、用法与用量】二甲硅油粉剂。由二甲硅油(4%)、无水山梨醇单硬脂酸酯(0.4%)、聚乙烯醇(0.56%)和葡萄糖(加至 100%)组成。临用时，配成 2%～5%乙醇溶液或煤油溶液，最好用胃管投服。投服前、后应投少量温水，以减少局部刺激。

消胀片。每片含二甲硅油 25 mg 及氢氧化铝 40 mg。

上述两种制剂内服量(按有效成分二甲硅油含量计算)：牛 3～5 g/次，羊 1～2 g/次。

三、抗溃疡药

消化性溃疡是指在特定条件下，胃肠道黏膜遭受胃消化液侵蚀而引发的溃疡，主要包括胃及十二指肠溃疡。抗消化性溃疡药物通过抑制损伤因子、增强保护因子或兼而有之，实现分泌平衡，从而达到预防和治疗消化性溃疡的效果。抗溃疡药物主要包括三类：抗酸药、胃酸分泌抑制药、胃黏膜保护药。

(一)抗酸药

抗酸药是一类能降低胃内容物酸度的弱碱性无机物,如氧化镁、氢氧化镁、氢氧化铝等,可直接中和胃酸但不被胃肠吸收。

氧化镁(Magnesium Oxide)

【理化性质】本品为白色粉末,无臭,无味。不溶于水或乙醇,易溶于稀酸。在空气中可缓慢吸收二氧化碳。

【作用与应用】本品抗酸作用强而持久,但缓慢,不产生 CO_2 气体,与胃酸作用生成氯化镁,释放镁离子,刺激肠道蠕动引起腹泻。氧化镁又具吸附作用,故能吸附二氧化碳等气体,主要用于治疗胃酸过多、胃肠臌气及急性瘤胃臌气。

【制剂、用法与用量】氧化镁合剂,复方氧化镁合剂。内服,一次量,牛、马 50～100 g,羊、猪 2～10 g。

氢氧化铝(Aluminum Hydroxide)

【理化性质】本品为无味、无臭、白色无晶形粉末,不溶于水或乙醇,在稀无机酸或氢氧化钠溶液中溶解。

【作用与应用】本品为弱碱性化合物,抗酸作用较强,缓慢而持久。中和胃酸时产生的氧化铝有收敛及保护溃疡面等作用,能局部止血及引起便秘,主要用于治疗胃酸过多和胃溃疡等疾病。

【制剂、用法与用量】复方氢氧化铝片,氢氧化铝凝胶。内服,一次量,马 15～30 g,猪 3～5 g。

(二)胃酸分泌抑制药

本类药物包括:M_1 受体阻断药,如溴丙胺太林、格隆溴铵;H_2受体阻断药,如西咪替丁、雷尼替丁;胃质子泵抑制药,如奥美拉唑。

溴丙胺太林(Propantheline Bromide)

【理化性质】又名普鲁本辛,本品为白色或类白色的结晶性粉末,无臭,味极苦,微有引湿性,易溶于水、乙醇和三氯甲烷。

【作用与应用】本品为节后抗胆碱药,对胃肠道 M_1 受体选择性高,有阿托品样作用,治疗剂量对胃肠道平滑肌的抑制作用强且持久,能使唾液、胃液及汗液的分泌减少。此外,有神经节阻断作用。中毒量时,可阻断神经肌肉传导、麻痹呼吸。主要用于胃、十二指肠溃疡,胃炎,胆汁排出障碍,胃酸过多症及缓解胃肠痉挛等。本品可延长呋喃妥因与地高辛在肠内的停留时间,增加上述药物的吸收。

【不良反应】与阿托品相似(口干、眼干、排尿困难、心动过速、便秘等),但对眼和中枢神经系统的作用较小。猫可能发生呕吐和流涎。大剂量可能造成肠梗阻。

【注意事项】①对抗毒蕈碱药物有过敏史、甲状腺毒症、心功能不全、心肌缺血、急性出血、胃肠梗阻疾病、麻痹性肠梗阻、严重溃疡性结肠炎、尿路阻塞或重症肌无力的患畜禁用。②当病例确诊或疑为胃肠道感染时，抗毒蕈碱药需严格慎用。③患有自主神经疾病的患畜，抗毒蕈碱药也需严格慎用。④患有肝脏或肾脏疾病、高血压、心力衰竭、心动过速性心律失常、前列腺肥大、食道反流以及老年或幼龄的病例，抗毒蕈碱药应慎用。

【制剂、用法与用量】溴丙胺太林片。内服，一次量，小犬 5～7.5 mg，中犬 15 mg，大犬 30 mg；猫 5～7.5 mg。每 8 h 一次。马 0.04 mg/kg，静注。

格隆溴铵 (Glycopyrrolate Bromide)

【理化性质】又名胃长宁，本品为白色结晶性粉末，无臭，味苦，易溶于水及乙醇。

【作用与应用】本品为节后抗胆碱药。作用似阿托品。其特点是抑制胃酸分泌作用较强，而胃肠道解痉作用较弱。主要用于治疗胃酸分泌过多。

【用法与用量】胃长宁注射液。肌内或皮下注射，犬 0.01 mg/kg。

奥美拉唑(Omeprazole)

【理化性质】又名洛赛克，左旋体和右旋体各占 50%，白色至类白色结晶性粉末。

【作用与应用】奥美拉唑作为一种具有代表性的药物，可替代苯并咪唑，作为一种胃酸(质子)泵抑制剂。在酸性环境下，奥美拉唑可被激活为亚磺酰胺衍生物，并在胃壁细胞分泌表面与 H^+/K^+-ATP 酶不可逆地结合，从而抑制氢离子运输至胃部。在正常生理及刺激条件下，奥美拉唑均具有抑制胃酸分泌的作用，同时能抑制肝细胞色素 P-450 功能氧化酶系统。奥美拉唑可用于治疗胃和十二指肠溃疡，还可预防或治疗由诱发溃疡的药物(如阿司匹林)所引发的胃糜烂。此外，口服糊剂可用于治疗和预防马胃溃疡的复发。

【不良反应】在按照标注剂量使用的情况下，未见任何不良反应。有马在服用奥美拉唑后出现荨麻疹的个案。在有效剂量范围内，犬和猫均表现良好的耐受性。本品的潜在不良反应包括胃肠道反应(如厌食、腹痛、恶心、呕吐、胃肠胀气、腹泻等)，以及血液异常、尿道感染、蛋白尿或中枢神经系统障碍。

【注意事项】过敏者禁用。该药不能用于妊娠及泌乳雌马，用药后的动物禁止食用。不宜长期用药，可致胃内细菌滋生，还可抑制肝药酶活性。

【用法与用量】内服：一次量，犬 0.5～1.5 mg/kg，猫 0.75～1 mg/kg，每 24 h 一次。用于治疗食道炎，一次量，犬 0.7～2 mg/kg，每 12～24 h 一次。马 4 mg/kg，每 24 h 一次。猪 40 mg，每 24 h 一次，连续 2 d，禁食 48 h。

静注：一次量，犬 0.5～1.5 mg/kg，每 24 h 一次。

(三)胃黏膜保护药

硫糖铝(Sucralfate)

【理化性质】本品为白色粉末，无臭，无味，有引湿性。不溶于水、乙醇或三氯甲烷，易溶于稀盐酸和稀硫酸，略溶于稀硝酸。结构上与抗凝血药相似，但无抗凝血作用。此外，结构上与蔗糖相似，不会被机体当作糖利用。硫糖铝片剂应于室温密封贮存。

【作用与应用】本品系蔗糖硫酸酯的碱式铝盐，在胃部酸性环境下可聚合形成胶冻，紧密地附着于上皮细胞及溃疡基底膜表面，构建溃疡保护膜，从而抵御胃酸与消化酶的侵袭，减轻黏膜损伤。此外，本品还能激发胃部黏液及碳酸氢盐的分泌，对溃疡面具有保护作用。临床应用于食管、胃及十二指肠溃疡的治疗。

硫糖铝能降低西咪替丁、四环素或氟喹诺酮类药物（如恩诺沙星）的生物利用度。为确保药物疗效，使用硫糖铝时，至少应与上述药物相隔 2 h。鉴于硫糖铝在酸性环境下发挥作用，患畜应在服用西咪替丁（或其他 H_2受体拮抗剂）或抗酸药（至少 0.5 h）之后使用。

硫糖铝可与脂溶性维生素（A、D、E、K）结合，宜与这些饲用产品分开使用。

【不良反应】不常见，犬使用后最主要的不良反应是便秘。

【注意事项】可能引起便秘，应谨慎使用。在动物，缩短肠道通过时间可能是有害的。

【用法与用量】内服。一次量，体重＜20 kg 犬 500 mg，体重＞20 kg 犬 1～2 g，每 6～8 h 一次；猫 250 mg，每 8～12 h 一次。马 20～40 mg/kg，每 6～8 h 一次。

米索前列醇（Misoprostol）

【理化性质】为黄色黏稠液体，有发霉味道。

【作用与应用】本品系人工合成的前列腺素 E 类似物。能通过促进胃黏液与 HCO_3^- 分泌、增加局部血流量、抑制基础胃酸及组胺、促胃液素、食物刺激引发的胃酸与胃蛋白酶分泌，从而保护胃黏膜免受损伤，较西咪替丁更有效。临床应用于治疗胃、十二指肠溃疡及非甾体抗炎药引发的胃肠道溃疡出血等病症。米索前列醇可促使子宫收缩及宫颈软化/开放，可用作终止妊娠的辅助药物。本品不宜与庆大霉素同用。

【不良反应】主要不良反应为胃肠道功能受阻，表现为腹泻、腹痛、呕吐和气胀。这些不良反应通常为暂时性，几天后可恢复正常，可通过调整剂量或与食物同时服用的方式将其影响降至最低。雌性犬类可能出现子宫收缩和阴道出血的现象。

【用法与用量】预防和治疗胃肠溃疡：内服，一次量，犬 2～5 μg/kg，每 8 h 一次；猫 2～7.5 μg/kg，每 6～8 h 一次。

四、泻药

泻药是一类能增加肠内水分、软化粪便、润滑肠道、促进肠蠕动、加速排便的药物。其作用在于促进肠管蠕动、增加肠内容积或润滑肠腔、软化粪便，从而促进排粪。其主要用途包括治疗便秘以及清除消化道内的发酵腐败产物和有毒物质等。根据作用机理，可将其分为容积性泻药、润滑性泻药和刺激性泻药三类。此外，对肠道 M 受体产生作用的拟胆碱药，也能增强肠蠕动、促进排便，通常被称为神经性泻药。

在使用泻药时，应注意以下几点：首先，应防止泻下作用过于强烈，导致水分过多排出，进而引发患畜衰竭或继发肠炎。对于泻下作用剧烈的泻药，一般仅需投药一次，避免多次使用。对于幼畜、孕畜以及体弱畜，更应慎重选择或避免使用。其次，对于由脂溶性毒物、药物引起的家畜中毒，不宜使用动植物油类泻药，以防促进毒物吸收，加重病情。最后，在治疗肠便秘时，泻药常与制酵药、镇静药、强心药、补液药等联合应用。

（一）容积性泻药

多种盐类离子，如硫酸根离子、镁离子等，难以被肠壁吸收，然而它们在水中的溶解性良好，因此在肠腔内形成高渗盐溶液，保持大量水分，增加肠内容积，产生机械刺激，促进肠管蠕动并引发腹泻。盐类泻药的致泻效果与其溶液浓度密切相关，一般来说，略高于等渗浓度效果更佳。硫酸钠的等渗浓度为3.2%，硫酸镁为4%。若浓度过高，需由体内渗出水分以稀释溶液、增加容积以促进泻下。若体内水分不足或出现脱水状况，则可能影响泻下效果。在使用盐类泻药前后，增加饮水或进行补液，可提高致泻效果。

在导泻过程中，盐类泻药常配制成4%～6%的溶液灌服，主要用于缓解大肠便秘。单胃家畜在用药后3～9 h出现腹泻，反刍动物则需18 h以上。若与大黄、枳壳等植物药联合应用，可产生协同效应，显著提高致泻效果。

需注意的是，盐类溶液浓度过高（10%以上）不仅会延长致泻时间，降低致泻效果，还可能引发幽门括约肌痉挛，妨碍胃部排空，甚至引发肠炎。本类药物在临床上常用的有硫酸钠和硫酸镁两种，也称盐类泻药。

硫酸钠（Sodium Sulfate）

【理化性质】又名芒硝，本品为无色透明柱状结晶，无臭，味道清凉苦咸。易溶于水，有风化性，暴露于干燥空气中会逐渐风化成白色粉末。加热能溶解于自身的结晶水中，形成无色透明液体。芒硝的主要成分是硫酸钠，有苦咸味和寒性。芒硝是无水硫酸钠或干燥硫酸钠的别称，白色粉末，具有引湿性，应密封保存。

【作用与应用】①主要治疗大肠便秘，配成4%～6%溶液灌服。小肠阻塞时因阻塞部位接近胃，不宜选用盐类泻药；否则，易继发胃扩张。②用于去除肠内毒物或辅助驱虫药除虫时，本药较为安全。③牛第三胃阻塞时，可用25%～30%硫酸钠溶液250～300 mL直接注入第三胃，软化干结食团，有较好的效果。④化脓创口和瘘管的冲洗、引流，可用10%～20%硫酸钠溶液。

【注意事项】盐类泻药严禁长期或慢性应用。含钠泻药禁用于充血性心力衰竭或先天性巨结肠症的患畜。

【用法与用量】结晶硫酸钠的内服量，健胃：马、牛15～50 g；猪、羊3～10 g；犬0.2～0.5 g。导泻：马200～500 g；牛400～800 g；猪25～50 g；羊40～100 g；犬10～25 g。用时加水稀释成4%～6%浓度为宜。

硫酸镁（Magnesium Sulfate）

【理化性质】又名泻盐，本品为无色结晶，无臭，味苦咸，有风化性，易溶于水，微溶于乙醇。

【作用与应用】①硫酸镁的健胃、泻下作用同硫酸钠，比硫酸钠临床较少应用，这可能与镁离子较钠离子易吸收而造成某些副反应有关。

②镇痉作用：静注20%～25%硫酸镁注射液，有抑制中枢神经和松弛骨骼肌的作用。此外，内服本品可松弛胆道括约肌和平滑肌，有利胆作用，临床用于治疗胆管痉挛和黄疸等。

③外用：20%～25%硫酸镁溶液外敷，可吸取组织中的水分，故有消肿、消炎、排毒、止痛等作用，外科常用于治疗慢性炎症肿胀等。

【注意事项】①在某些情况下（如机体脱水或肠炎等），镁离子吸收增多会产生毒副反应。②中毒时可静脉注射氯化钙进行解救。③其他参见硫酸钠。

【用法与用量】用于泻下：马100～300 g/次，牛200～500 g/次，羊20～50 g/次，猪10～25 g/次，犬10～20 g/次，猫2～5 g/次，禽1～5 g/次，加水配成6%～8%溶液服用。

(二)刺激性泻药

本类药物内服后在胃内一般无变化,不发生作用,到达肠内后,分解出有效成分,对肠黏膜感受器产生化学性刺激,反射性地引起泻下作用。

蓖麻油(Castor Oil)

【理化性质】本品为淡黄色黏稠油液,有微臭,味淡带辛,能溶于醇,不溶于水。

【作用与应用】蓖麻油本身并无刺激性,内服到达十二指肠后,一部分经胰脂肪酶的作用,皂化分解为蓖麻油酸钠和甘油。蓖麻油酸钠可刺激小肠黏膜,促进小肠蠕动而引起下泻。另一部分未被分解的蓖麻油对肠道和粪块起润滑作用。蓖麻油酸钠能被小肠吸收,吸收后一部分经乳汁排出,故母畜服用后,有可能引起哺乳仔畜下泻。

本品主要用于小肠便秘,小家畜比较多用,犬、猫等宠物小肠便秘。中、小家畜内服后,经3~8 h发生泻下。对大家畜特别是牛致泻效果不确实。

【注意事项】内服时,应将蓖麻油煮沸,破坏其中的有毒蛋白质,以免应用后继发肠炎。本品不宜用于排出毒物,以免中毒。妊娠、肠炎动物禁用本品。不能长期反复应用,以免影响消化功能。

【用法与用量】内服,马、牛 200~300 mL/次,驹、犊 30~80 mL/次,羊、猪 20~60 mL/次,犬 5~25 mL/次,猫 4~10 mL/次,兔 5~10 mL/次。

(三)润滑性泻药

本类药物包括来源于矿物、植物和动物的一些中性油,故又称为油类泻药。其主要作用是润滑肠道、软化粪块和阻止肠内水分吸收,以利于粪便后移而起缓泻作用。常用于孕畜或肠炎病畜的便秘,但不能用其排出毒物,因为许多毒物易溶于油而吸收增多。

植物油与动物油

【理化性质】各种食用的动植物油,如豆油、菜籽油、花生油、棉籽油、麻油、猪油、酥油等。

【作用与应用】大量油类灌服后,只有小量在肠内被消化分解,大部分以原形通过肠道,润滑肠道,软化粪便,促进排粪。其作用缓和,适用于小肠便秘、瘤胃积食。孕畜和肠炎病畜也可应用。

【用法与用量】内服,马、牛 500~1 000 mL/次,羊 100~300 mL/次,猪 50~100 mL/次,犬 110~30 mL/次,鸡 5~10 mL/次。

液状石蜡(Liquid Paraffin)

【理化性质】又名石蜡油,本品为无色透明的油液,无臭,无味,中性,不溶于水和乙醇,能与许多油随意混合。

【作用与应用】液状石蜡是一种矿物油,在肠道内不被吸收,也不被消化。对肠壁及粪便具有滑润作用,并能阻碍肠内水分的吸收,因此还有软化粪便的作用。适用于小肠便秘。其作用缓和,对肠黏膜无刺激性,比较安全,孕畜也可应用。缺点是不宜多次服用,因其不仅可影响消化,阻碍脂溶性维生素及钙、磷的吸收,而且被覆于肠黏膜,可减弱肠黏膜对肠内容物刺激的感受性,从而使肠蠕动减弱。

【用法与用量】内服，一次量，牛、马 500～1 500 mL；驹、犊 60～120 mL；羊 100～300 mL；猪 50～100 mL；犬 10～30 mL；猫 5～10 mL；兔 5～15 mL；鸡 5～10 mL。可加温水灌服。

(四)神经性泻药

拟胆碱药通过对肠道 M 受体作用，也可使肠蠕动加强，促进排便，一般称神经性泻药。详见模块四中拟胆碱药。

五、止泻药

止泻药是一类能制止腹泻的药物。腹泻是多种疾病的一种症状，有时腹泻也是动物机体自身保护机能的表现，可将毒物排出体外，但会影响营养成分的吸收，久泻和剧烈腹泻可导致脱水和钾、钠、氯等电解质紊乱和酸中毒，治疗时应根据病因和病情采取综合措施治疗。根据药理作用特点，止泻药可分为四类：①保护性止泻药；②吸附性泻药；③抑制肠道平滑肌的止泻药；④抗菌止泻药。

(一)保护性止泻药

鞣酸蛋白(Tannalbin)

【理化性质】本品由鞣酸和蛋白质制备而成，含鞣酸 50%，为棕褐色的粉末；微臭，味微涩。本品几乎不溶于水和乙醇，常制成粉剂。

【作用与应用】鞣酸蛋白本身无活性，内服后，在胃内酸性环境下稳定，到达小肠后，在碱性肠液中受胰蛋白酶等作用的影响，蛋白质部分被消化，释出鞣酸，而发挥收敛和保护作用。这种作用持久且能到达肠管后部。临床上主要用于治疗急性肠炎和非细菌性腹泻。

【注意事项】对细菌感染引起的腹泻，宜先控制感染，再使用本品。

【用法与用量】内服，一次量，马 10～20 g，牛 10～25 g，羊 3～5 g，猪 2～5 g，犬 0.2～2 g，猫 0.15～2 g，兔 1～3 g，禽 0.15～0.3 g，水貂 0.1～0.15 g。

碱式硝酸铋(Bismuth Subnitrate)

【理化性质】又名次硝酸铋，为白色粉末；无臭或几乎无臭。本品不溶于水和乙醇，易溶于盐酸或硝酸。遇光易变质，应遮光、密闭保存。

【作用与应用】本品内服难吸收，在胃肠内能缓慢地解离出铋离子。铋离子既能与蛋白质结合发挥收敛作用，又能在肠内与硫化氢结合，形成不溶性硫化铋，覆盖于黏膜表面，保护肠黏膜，并减少硫化氢对肠壁的刺激而发挥止泻作用。外用时，在炎性组织中也能缓慢地解离出铋离子，与细菌、组织表层的蛋白质结合，产生收敛和抑菌消炎作用。

临床上内服用于治疗非细菌性肠炎和腹泻；外用治疗湿疹和烧伤，10%软膏可用于创伤或溃疡治疗。

【注意事项】①对由病原菌引起的腹泻，应先用抗菌药物控制感染后再用本品；②碱式硝酸铋在肠内溶解后，可形成亚硝酸盐，量大时能引起中毒。

【用法与用量】内服，一次量，马、牛 15～30 g，羊、猪、驹、犊 2～4 g，犬 0.3～2 g，猫、兔 0.4～0.8 g，禽类 0.1～0.3 g，水貂 0.1～0.5 g。

(二)吸附性止泻药

药用炭(Medical Charcoal)

【理化性质】又名活性炭。黑色微细粉末,无臭无味,不溶于水。在空气中吸收水分后药效降低,必须干燥密封保存。

【作用与应用】药用炭的粉末颗粒细小,表面积大(1 g药用炭总表面积达500～800 m^2),吸附作用强。内服后,不被消化也不被吸收,能吸附大量的气体、病原微生物、发酵产物、细菌毒素等,并能覆盖于黏膜表面,保护肠黏膜免受刺激,使肠蠕动减慢,达到止泻的作用。临床上用于治疗肠炎、腹泻、中毒等。外用于浅部创伤,有干燥、抑菌、止血和消炎作用。

【注意事项】本品禁止与抗菌药物、乳酶生合用,因其被吸附而降低药效。本品的吸附作用是可逆的,用于吸附毒物时必须用盐类泻药促使其排出。在吸附毒物的同时也能吸附营养物质,不宜反复应用。

【制剂、用法与用量】药用炭片。内服,一次量,马20～150 g,牛20～200 g,羊5～50 g,猪3～10 g,犬0.3～2 g。

(三)抑制肠道平滑肌蠕动的止泻药

当腹泻不止或有剧烈腹痛时,为了防止脱水,消除腹痛,可选用肠道平滑肌抑制药,如阿托品、颠茄等,松弛肠道平滑肌,减少肠管蠕动而止泻。

盐酸地芬诺酯(Diphenoxylate)

又名苯乙哌啶、止泻宁。

【作用与应用】本品属非特异性止泻药,是哌替啶的衍生物,通过对肠道平滑肌的直接作用,抑制肠黏膜感受器,减缓肠蠕动,同时增加肠道的节段性收缩,延迟内容物后移,以利于水分的吸收。大剂量时有镇痛作用。长期使用时能产生依赖性,若与阿托品配伍使用可减少依赖性的发生。主要用于急慢性功能性腹泻、慢性肠炎的对症治疗。

【注意事项】本品不宜用于细菌毒素引起的腹泻,其可使细菌毒素在肠道中停留时间过长而加重腹泻。本品用于猫时可能会引起咖啡因样兴奋,犬则表现为镇静。

【制剂、用法与用量】复方地芬诺酯片。内服,一次量,犬2.5 mg,每日3次。

(四)抗菌止泻药

家畜腹泻多由微生物感染引起,故临床上往往首先考虑使用抗菌药物,进行对因治疗,使肠道炎症消退而止泻。可选用庆大霉素、氟苯尼考、喹诺酮类和磺胺类等,这些药物有较强的抗菌止泻作用

六、止吐药

剧烈且持续的呕吐可能导致机体水分及电解质的丧失,进而引发水、电解质平衡失调,此时有必要采用止吐药物来控制呕吐。一部分止吐药物通过抑制呕吐反射弧的各个环节,从而抑制病理性呕吐;另一部分药物则通过保护或局部麻醉胃黏膜,使其免受刺激,进而发挥止吐作用。

常用的止吐药有：①抗组胺类，如苯海拉明、茶苯海明、氯苯甲酰、氯苯丁嗪等。②氯丙嗪类，如盐酸氯丙嗪等。③其他止吐药，如甲氧氯普胺、多潘立酮、维生素 B_6 等。④M_1 受体阻断剂（阿托品、东莨菪碱）对犬、猫也有止吐作用，主要应用于犬、猫的是甲氧氯普胺。

甲氧氯普胺（Metoclopramide）

【理化性质】又名灭吐灵、胃复安，为白色至淡黄色结晶或结晶性粉末，遇光变成黄色，毒性增强。能溶于水及乙酸等。

【作用与应用】甲氧氯普胺能够抑制催吐化学感受区而呈现强大的中枢性镇吐作用，止吐机制是阻断多巴胺 D_2 受体，抑制延髓催吐化学感受区，反射性地抑制呕吐中枢。本品内服或注射均能增加反刍次数，增强瘤胃收缩和肠管蠕动，增加排粪次数，并能使反刍持续期延长，嗳气次数增加。促进食管和胃的蠕动，加速胃的排空，有助于改善呕吐症状。本品还可调整胆汁分泌。

本品主要治疗胃肠胀满、恶心呕吐及用药引起的呕吐以及胆囊炎和胆石症等。

【不良反应】犬类常见的副反应包括精神和行为的改变，如过度运动和对抑制的过激反应，较少见。猫类可能会出现狂暴行为或无方向感。两种动物都可能出现便秘。成年马在静注给药后，会出现严重的中枢神经作用，包括镇静和兴奋交替出现、行为改变和腹痛。因此，不推荐该药用于成年马。其他在人体上报道的不良反应也可能在动物上出现，包括锥体束外效应、恶心、腹泻、短暂的高血压和催乳素水平升高。

【注意事项】犬、猫妊娠时禁用。本品忌与阿托品、颠茄制剂等配伍使用，以防降低药效。

【制剂、用法与用量】胃复安片。5 mg、10 mg、20 mg。内服，一次量，每千克体重，小牛 0.1～3 mg，牛 0.1 mg。2～3 次/d。

胃复安注射液。1 mL∶10 mg、1 mL∶20 mg。肌内、静脉注射，用量同片剂。

舒必利（Sulpiride）

【理化性质】又名止吐灵，为白色结晶性粉末。无臭，味苦，易溶于乙酸或稀乙酸，较难溶于乙醇，难溶于丙酮，不溶于水、乙醚、三氯甲烷和苯。

【作用与应用】本品属中枢性止吐药，止吐作用强大。内服止吐效果是氯丙嗪的 166 倍，皮下注射时是氯丙嗪的 142 倍。兽医临床上常用作犬的止吐药，止吐效果好于胃复安。

【用法与用量】内服，一次量，每 5～10 kg 体重，犬 0.3～0.5 mg。

七、增强胃肠蠕动药

本类药物包括瘤胃兴奋药和胃肠推进药。瘤胃兴奋药又称反刍促进药，是能促进瘤胃平滑肌收缩、加强瘤胃运动、促进反刍、消除瘤胃积食与气胀的一类药物。胃肠推进药主要是指通过增强胃肠运动，促进胃的正向排空和推动胃肠内容物从十二指肠向回盲肠部推进的药物。主要药物有甲氧氯普胺和多潘立酮。

多潘立酮（Domperidone）

【理化性质】又名吗丁啉、哌双咪酮，通常为片剂，属于直接作用于胃肠壁的多巴胺受体拮抗剂。

【作用与应用】为多巴胺受体拮抗剂。能促进胃排空，增强胃及十二指肠运动，使幽门舒张期直径增大，而不影响胃的分泌机能。对结肠运动无影响。可用于胃肠胀满、胃食管返流、恶心、呕吐症。本品口服易吸收，口服、肌注、静注或直肠给药均可。

【制剂、用法与用量】片剂。每片 10 mg。内服，犬 0.5～1 mg/(kg·次)，每日 3 次。

注射液。2 mL∶10 mg。肌内注射：犬 0.1～0.5 mg/(kg·次)，必要时重复给药。

课后思考

1. 健胃药与助消化药有何不同？如何合理应用？
2. 苦味健胃药为什么必须经口投服而不能用胃管投服？
3. 大黄的作用与用量有何关系，大黄致泻后为何会继发便秘？
4. 胃蛋白酶为什么要与稀盐酸合用？
5. 泻药分为哪几类？如何合理应用？
6. 硫酸钠和液状石蜡是如何产生泻下作用的？其适应证有哪些？
7. 止泻药分为哪几类？如何合理应用？

案例分析

一耕牛采食较多干草后发病，食欲废绝，反刍、嗳气停止，精神变差，临床检查可见左腹部增大，听诊瘤胃蠕动音消失，触诊瘤胃内容物坚实，缺乏弹性，手压凹陷，不易恢复，体温正常，鼻镜干燥，叩诊左肷部出现实音，确诊为瘤胃积食。请问该选择何种药物？如何使用？

思政园地

"匪面命之，言提其耳。"

——《诗经·大雅·抑》

马钱子之殇与李煜的启示

"春花秋月何时了，往事知多少。小楼昨夜又东风，故国不堪回首月明中。雕栏玉砌应犹在，只是朱颜改。问君能有几多愁，恰似一江春水向东流。"这首脍炙人口的《虞美人》是南唐后主李煜所作，该词哀婉悲凉、感情深沉，抒发了故国忧思，最终给李煜引来了杀身之祸，成了一代词人的绝命词。

李煜借《虞美人》一词抒发故国之思，不幸触怒宋太宗，被赐以"牵机药"，英年早逝。牵机药与钩吻、鹤顶红并称史上最有名的三大毒药。那"牵机药"是什么呢？就是大名鼎鼎的马钱子，又名番木鳖、苦实、马钱。马钱子味苦，性寒，有大毒，如不经炮制，过量服后立即中毒身亡。

马钱子虽为毒药，却也蕴含治疗之力。马钱子能够通络止痛、散结消肿，可用于风湿顽痹、麻木瘫痪、咽喉痹痛、跌扑损伤、痈疽肿痛、小儿麻痹后遗症、类风湿性关节痛等病症的治疗，经严格炮制与精准剂量控制，就能化害为利，造福患者。我们在学习动物药理等专业知识时，必须树立严谨的科学态度，培养一丝不苟的职业素养，以工匠精神对待每一次药物配制、每一次疾病治疗。用科技与创新为畜牧业带来健康与繁荣，将专业知识转化为服务社会、助力乡村振兴的实际行动，奋力书写新时代的辉煌篇章。

学习单元二　呼吸系统药物

动物呼吸系统疾病的主要症状包括咳嗽、气管及支气管分泌物增加以及呼吸困难。疾病的成因多样，包括物理化学刺激、过敏反应、病毒、细菌（如支原体、真菌）及蠕虫感染等。在动物中，更多的是由微生物引发的炎症性疾病，因此，治疗的首要步骤应为针对病因治疗。与此同时，适当运用祛痰、镇咳及平喘药物，以缓解相关症状。

一、祛痰药

祛痰药是能增加呼吸道黏液分泌，使痰液变稀、黏性降低，并易于排出的药物。祛痰药能清除痰液，减少呼吸道黏膜的刺激和细菌的繁殖，间接起镇咳、平喘、消炎的作用。

祛痰药可分为两类：①刺激性祛痰药，本类药物通过刺激呼吸道黏膜，使气管及支气管的腺体分泌增加，促进痰液稀释，使痰液易于排出，如氯化铵、碘化钾、酒石酸锑钾等。②黏液溶解药，又称黏痰液化药，是一类使痰液中黏性成分分解、黏度降低，使痰液易于排出的药，如乙酰半胱氨酸、盐酸溴己新等。

氯化铵（Ammonium Chloride）

【理化性质】又名氯化垭、卤砂。本品为白色结晶或无色结晶性粉末，无臭，味咸、凉。易溶于水，略溶于乙醇。有引湿性。应密封保存于干燥处。

【作用与应用】本品内服后由于刺激胃黏膜，经迷走神经分支传入中枢，反射地兴奋支配气管、支气管内腺体的迷走神经传出纤维，促使腺体分泌增加，使痰液稀释，稠度降低，易于咳出。吸收后有小量从支气管黏膜排出，在支气管腔内形成高渗，由于渗透压作用使一定水分到达管腔，也有助痰液变稀，并覆盖在发炎的支气管黏膜表面，使黏膜少受刺激，减轻咳嗽。此外，氯化铵还有间接的利尿作用。

临床应用：①用作祛痰药，适用于支气管炎初期，特别是黏膜干燥、痰稠不易咳出，有咳嗽症状者。②用作尿液酸化剂，预防或帮助溶解某些类型的尿结石；当机体发生有机碱类药物（如苯丙胺等）中毒时，可促进毒物的排出。

【不良反应】在药物给予过程中，必须进行严格监测，否则可能引发代谢性酸中毒，严重时可能有生命危险。在静脉注射时，局部注射部位可能产生疼痛感，减缓给药速度可有效缓解疼痛。口服该药物可能导致胃部刺激，引发恶心和呕吐等症状。

【注意事项】①单胃动物服用后恶心，偶尔出现呕吐。②肝、肾功能异常，酸中毒，胃炎患畜应慎用或禁用。③忌与重金属、碱性药物、磺胺药配伍。

【制剂、用法与用量】氯化铵片。0.3 g/片，祛痰，内服，一次量，牛 10～25 g，马 8～15 g，羊 2～5 g，猪 1～2 g，犬、猫 0.2～1 g。

氯化铵酸化剂。内服，一次量，牛 15～30 g，马 4～15 g，羊 1～2 g，犬 0.2～0.5 g，猫0.8 g。

碘化钾(Potassium Iodide)

【理化性质】 又名灰碘。本品为白色结晶或无色结晶性粉末,无臭,味咸,带苦味。微有引湿性。易溶于水,能溶于乙醇。

【作用与应用】 本品内服对胃黏膜有刺激作用,可反射性地增加支气管腺体分泌。同时,吸收后有一部分碘离子从呼吸道排出,能刺激支气管腺体分泌增加,使痰液变稀,易于排出,故有祛痰作用。因本品刺激性较强,故不适用于急性支气管炎,对亚急性和慢性支气管炎疗效较好。

临床常用于慢性或亚急性支气管炎及局部病灶注射,如牛放线菌病;也可作为助溶剂,用于配制碘酊和复方碘溶液,并可使制剂性质稳定。

【注意事项】 ①本品在酸性溶液中能析出游离碘。②肝、肾功能低下的患病动物慎用。③本品刺激性较强,不适用于治疗急性支气管炎症。④与氯化亚汞混合后能生成金属汞和碘化汞,使毒性增强;遇生物碱可生成沉淀。

【制剂、用法与用量】 碘化钾片。10 mg。内服,一次量,马 5～10 g,羊、猪 1～3 g,犬0.2～1 g。

乙酸半胱氨酸(Acetylcysteine)

【理化性质】 又名痰易净、易咳净,本品为白色结晶性粉末,性质不稳定,有类似蒜的臭气,味酸。有引湿性。易溶于水和乙醇。

【作用与应用】 本品为高效的黏液溶解性祛痰剂,能有效溶解痰液,适用于各类呼吸道疾病,如急慢性支气管炎、支气管扩张、肺炎等。其原理是降低痰液黏稠度,帮助痰液排出,缓解呼吸道阻塞。本品对呼吸道黏膜有刺激作用,可能导致支气管痉挛,但与异丙肾上腺素合用可预防痉挛并提高疗效。

乙酰半胱氨酸在兽医临床主要用作呼吸系统和眼的黏液溶解药,也用于小动物(犬、猫)对乙酰氨基酚中毒的治疗。

【注意事项】 ①本品可降低青霉素、头孢菌素、四环素等的药效,不宜混合或并用,必要时间隔 4 h 交替使用。②本品不宜与一些金属如铁、铜及橡胶、氧化剂接触,喷雾容器要用玻璃或塑料制品。③应用本品要新鲜配制,剩余溶液需保存在冰箱内,48 h 内用完。④支气管哮喘患畜慎用或禁用。⑤小动物于喷雾后宜运动,以促进痰液咳出,或叩击动物的两侧胸腔,以诱导咳嗽,将痰排出。

【制剂、用法与用量】 喷雾用乙酰半胱氨酸。喷雾,中等动物一次用 25 mL,每日 2～3 次,一般喷雾 2～3 d 或连用 7 d,犬、猫 20～50 mL,每日 2 次。

气管滴入,以 5%溶液滴入气管内,一次量,马、牛 3～5 mL,每日 2～4 次。

盐酸溴己新(Bromhexine Hydrochloride)

【理化性质】 又名溴苄环己铵、必消痰,本品为白色结晶性粉末,微溶于水,能溶于醇。

【作用与应用】 本品具备分解痰液中酸性糖胺聚糖纤维的特性,降低痰液中唾液酸含量,从而降低痰液黏度,使其易于咳出,达到缓解咳嗽、减轻症状的效果。此外,本品还能提高四环素类抗生素在支气管中的浓度,实现联合用药时的疗效提升。

本品主要用于治疗慢性支气管炎，促进黏稠痰液咳出，对胃肠道黏膜有刺激性，有胃炎或胃溃疡的患病动物慎用。

【制剂、用法与用量】盐酸溴己新片。内服，一次量，每千克体重，马 0.1～0.25 mg，牛、猪 0.2～0.5 mg，犬 1.6～2.5 mg，猫 1 mg。

盐酸溴己新注射液。肌内注射，一次量，每千克体重，马 0.1～0.25 mg，牛、猪 0.2～0.5 mg。

二、镇咳药

凡能抑制咳嗽中枢或咳嗽反射弧中的其他环节，从而减轻或制止咳嗽的药物，称为镇咳药或止咳药。咳嗽是呼吸系统的一种防御性反射，主要是呼吸道受异物或炎症产物的刺激而引起的，可清除进入呼吸道的异物或炎性产物。因此，轻微的咳嗽有助于祛痰和排出异物，清洁呼吸道，咳嗽自然缓解，无须应用镇咳药。但频繁而剧烈的咳嗽或胸膜炎等引起的频咳，易加重呼吸道损伤，造成肺气肿、心功能障碍等不良后果，此时除积极采取对因治疗外，还应配合使用镇咳药。

喷托维林(Pentoxyverine)

【理化性质】又名咳必清、维静宁，本品为白色结晶性粉末，无臭，味苦，有吸湿性，易溶于水，水溶液呈弱酸性。应密封保存于干燥处。

【作用与应用】本品为人工合成的非成瘾性中枢镇咳药，对咳嗽中枢具有选择性抑制作用，但作用较弱，部分药物经呼吸道排出，对呼吸道黏膜产生轻度局部麻醉作用。大剂量有阿托品样作用，可松弛支气管痉挛。

本品常与祛痰药合用，治疗伴有剧烈干咳的急性呼吸道炎症。多痰性咳嗽不宜单独使用。其不良反应轻，有时表现为腹胀与便秘(阿托品样作用)。

【用法与用量】枸橼酸喷托维林片。25 mg。内服，一次量，马、牛 0.5～1 g，猪、羊 0.05～0.1 g。3 次/d。

复方枸橼酸喷托维林糖浆。100 mL，含枸橼酸喷托维林 0.2 g、氯化铵 3 g、薄荷油 0.008 mL。内服，一次量，马、牛 100～150 mL，猪、羊 20～30 mL。3 次/d。

磷酸可待因(Codeine Phosphate)

【理化性质】为无色细微针状结晶性粉末，无臭，有风化性，味苦，易溶于水(1∶3.5)，微溶于醇。应遮光密封保存。

【作用与应用】本品属强效中枢性镇咳药，能直接抑制咳嗽中枢，发挥较强的镇咳作用。多用于无痰、剧痛性咳嗽及胸膜炎等疾患引起的干咳，不适用于呼吸道有大量分泌物的患畜，以免造成呼吸道阻塞。本品有易成瘾性，抑制呼吸中枢，易引起便秘，慎用。

【不良反应】镇静作用是其最常见的副作用。可能引发的胃肠道反应包括食欲不振、呕吐、便秘、肠梗阻以及胆囊和胰腺梗死。猫类动物使用阿片剂可能导致中枢神经系统兴奋，表现为过度兴奋、震颤以及癫痫发作。

【注意事项】用于猫时不能与对乙酰氨基酚配伍。

【用法与用量】磷酸可待因片。15 mg、30 mg。内服，一次量，牛、马 0.2～2 g；羊、猪 15～

60 mg；犬 15～30 mg；猫 0.25～4 mg。

三、平喘药

平喘药是一类能缓解支气管平滑肌痉挛和扩张支气管的药物。平喘药的作用原理是激活平滑肌细胞膜上的腺苷酸环化酶，使组织内环磷酸腺苷（cAMP）水平提高，产生支气管扩张作用，同时抑制肥大细胞释放组胺等化学物质，从而缓解支气管痉挛。

氨茶碱（Aminophylline）

【理化性质】氨茶碱为嘌呤类衍生物，是茶碱和乙二胺的复盐。白色或淡黄色颗粒或粉末，易结块。微有氨臭，味苦。易溶于水，微溶于乙醇。

【作用与应用】本品内服易吸收，分布于细胞外液和组织，能穿过胎盘并进入乳汁。氨茶碱对呼吸道平滑肌有较强的直接松弛作用，具有兴奋中枢神经系统、心脏，舒张血管，松弛平滑肌和利尿等作用。咖啡因对中枢神经兴奋作用较强，而氨茶碱松弛平滑肌和利尿的作用较突出。

本品主要用作支气管松弛药，常用于心力衰竭时的气喘、利尿及心性水肿的辅助治疗。

【注意事项】①静脉注射速度过快或浓度过高可能导致心律失常和惊厥，因此应缓慢注射，或用葡萄糖注射液稀释至 2.5%以下浓度再缓慢注入。②本品局部刺激性大，不宜皮下注射。③氨茶碱注射液为碱性，禁止与维生素 C、盐酸肾上腺素和四环素类盐酸盐等酸性药液配伍，以避免发生沉淀。

【制剂、用法与用量】氨茶碱注射液。5 mL：1.25 g，2 mL：0.5 g。深部肌内注射或静脉注射，一次量，每千克体重，牛、马 1～2 g；羊、猪 0.25～0.5 g；犬 0.05～0.1 g。

（2）氨茶碱片。0.1 g、0.2 g。内服，一次量，牛、马 1～2 g；羊、猪 0.25～0.5 g；犬、猫 0.01～0.15 g。

课后思考

1. 常用的祛痰药有哪些？请分别简述它们的作用和应用。
2. 氯化铵为何有祛痰作用？为何不能与磺胺类药物合并使用？
3. 平喘药分为哪几类？各举一个代表药并简述其平喘机制。
4. 常用的祛痰、镇咳、平喘药有哪些？其在临床上如何配合应用？

案例分析

杨某饲养一金毛犬，近期食欲不振、流鼻涕，咳嗽并有痰液咳出，临床检查人工诱咳呈阳性，血常规检查白细胞数增高，X 射线检查可见肺纹理紊乱、粗糙或有小斑片状阴影，诊断为感染支气管肺炎。请问该选择何种药物？如何使用？

学习单元三　血液循环系统药物

作用于血液循环系统的药物的主要作用是调节心血管和血液的功能。

一、止血药与抗凝药

(一)止血药

止血药是一种能促进血液凝固、抑制血凝块溶解,或增强小血管壁正常结构与收缩功能,从而实现止血的药物。在正常情况下,循环流动的血液不会在血管中凝固,其原因涉及多个方面。首要因素是血液中含有抗凝血物质和纤维蛋白溶解系统存在,同时血管内表面光滑,血液未与组织损伤面接触,无法激活相关凝血因子。止血药与抗凝血药通过影响血液凝固和溶解过程中的不同环节,实现止血与抗凝血作用。作用机制主要可分为三个方面:首先,止血药能提高凝血因子的活性,加速血液凝固过程;其次,止血药可以抑制纤维蛋白溶解过程;最后,止血药能够改善血管壁的正常结构,增强其收缩功能,以保持血管壁的完整性。根据临床应用特点,止血药可分为全身性止血药和局部止血药两大类。

酚磺乙胺(Etamsylate)

【理化性质】又名止血敏,本品为白色粉末,能溶于水,怕热和光。应密闭,在凉暗处保存。

【作用与应用】本品具备促进血小板增生的功效,能够诱导凝血活性物质及血小板释放,增强血小板功能与黏合力,缩短凝血时间,加速凝血块收缩。此外,本品还能提升毛细血管抵抗力,降低毛细血管壁通透性,从而实现止血效果。其止血作用迅速,毒性较低,并无明显副作用。本品适用于预防及治疗各类出血性疾病,如脑、鼻、胃、肾、膀胱、子宫出血以及外科手术出血等。

【用法与用量】酚磺乙胺注射液。1 mL∶0.25 g,2 mL∶0.5 g。肌内、静脉注射,一次量,马、牛 1.25～2.5 g,猪、羊 0.25～0.5 g。用于预防外科手术出血时,一般在手术前 15～30 min用药。

凝血质(Thromboplastin)

【理化性质】又名凝血活素,本产品为黄色或淡黄色软脂状固体或粉末形态,具有良好的醚溶性,且能与水形成稳定的胶态悬浮液。为确保产品稳定性,需在避光、避热的环境下保存。

【作用与应用】本品能使凝血酶原变为凝血酶而促进凝血过程。本品主要外用于局部止血,对内脏出血作用弱。

【注意事项】①可引起血栓形成,不可静脉注射;②局部止血时,可用灭菌纱布或脱脂棉浸润本品后,敷用或堵塞出血部位。

【制剂、用法与用量】注射液。皮下或肌内注射,一次量,马、牛 20～40 mL,羊、猪 5～10 mL。

维生素 K(Vitamin K)

天然维生素 K_1 存在于植物中,维生素 K_2 由肠道细菌合成,均为脂溶性。人工合成的维生

素 K_3 为白色结晶性粉末，无臭或微有特臭，有引湿性，遇光易分解，易溶于水，微溶于乙醇。

【理化性质】本品呈白色结晶性粉末，无臭或具有微弱的特异性气味，引湿性强，遇光易分解。本品在水中的溶解度较大，在乙醇中的溶解度较小。在使用过程中，应采取遮光和密封措施以保持其稳定性。

【作用与应用】维生素 K 为羧化酶的辅酶，是肝脏合成凝血酶原因子Ⅱ的必需物，还参与凝血因子Ⅶ、Ⅸ、Ⅹ的合成，如果缺乏维生素 K，将导致此上述凝血因子合成障碍，引起出血。

①用于畜禽维生素 K 缺乏所致的出血症。

②预防幼雏维生素 K 缺乏，可在 8 周龄前按每千克饲料拌 0.4 mg 维生素 K 混饲。

③防治因长期内服广谱抗菌药引起的继发性维生素 K 缺乏所致的出血症。

④胃肠炎、肝炎等引起的吸收障碍导致的维生素 K 缺乏症。

⑤牛、猪摄食霉烂变质草木樨，以及水杨酸钠中毒所致的低凝血酶原血症，杀鼠药“敌鼠钠”中毒的解救。

【注意事项】①本品较大剂量时可致幼畜溶血性贫血、高胆红素血症及黄疸。②不宜长期大量应用，可损害肝脏，肝功能不良患病动物宜改用维生素 K_1。③天然的维生素 K_1、维生素 K_2 是脂溶性的，无毒性，其吸收有赖于胆汁的增溶作用，胆汁缺乏时则吸收不良；维生素 K_3 因溶于水，内服可被机体直接吸收，也可肌内注射给药，但肌内注射部位可出现疼痛、肿胀等。④较大剂量的水杨酸类、磺胺药等可影响其作用；巴比妥类可加速其代谢，故均不宜合用。

【制剂、用法与用量】亚硫酸氢钠甲萘醌注射液。1 mL∶4 mg、10 mL∶40 mg。肌内注射，一次量，马、牛 100～300 mg，猪、羊 30～50 mg，犬 10～30 mg。2～3 次/d。

维生素 K_1 注射液。1 mL∶10 mg。肌内、静脉注射，一次量，每千克体重，小牛 1 mg，犬、猫 0.5～2 mg。

6-氨基己酸(6-Aminocaproic Acid)

【理化性质】又名氨己酸，本品为白色或黄白色结晶性粉末，无臭，味苦，可溶于水。其 3.52% 的水溶液为等渗溶液。在使用过程中应确保密闭保存。

【作用与应用】6-氨基己酸是抗纤维蛋白溶解药，能抑制血液中纤溶酶原激活因子，阻碍纤溶酶原转变为纤溶酶，从而抑制纤维蛋白的溶解，达到止血的目的。高浓度时，有直接抑制纤溶酶的作用。临床上适用于纤维蛋白溶解症所致的出血，如大型外科手术出血，淋巴结、肺、脾、上呼吸道、子宫及卵巢出血等。

【注意事项】本品主要由肾脏排泄，在尿液中浓度高，容易形成凝块，造成尿路阻塞，故泌尿系统手术后、血尿时慎用或不用。本品不能阻止小动脉出血，在手术时如有活动性动脉出血，须结扎止血。对一般出血不要滥用。

【制剂、用法与用量】6-氨基己酸注射液。10 mL∶1 g、10 mL∶2 g。静脉滴注，首次量：马、牛 20～30 g，加入 500 mL 生理盐水或 5% 葡萄糖溶液中；猪、羊 4～6 g，加入 100 mL 5% 葡萄糖溶液或生理盐水中。维持量：马、牛 3～6 g，猪、羊 1～1.5 g。每小时 1 次。

氨甲苯酸(Aminomethylbenzoic Acid)

【理化性质】又名对羧基苄胺，本品为白色结晶性粉末，无臭，味微苦，有引湿性，可溶于水。应避光密闭保存。

【作用与应用】氨甲环酸能抑制纤溶酶原的激活因子，使纤溶酶原不能被激活转变为具有活性的纤溶酶，抑制纤维蛋白的溶解，促进伤口血液凝固，产生止血作用。本品对创伤性止血效果显著，止血作用较强。

主用于纤维蛋白溶解系统活性升高引起的出血，如产科出血、内脏手术后出血，也用于手术前预防出血。

【注意事项】①肾功能不全及外科手术后有血尿的患畜慎用。②用药后可能发生恶心、呕吐、食欲减退、嗜睡等，停药后即可消失。

【制剂、用法与用量】氨甲环酸注射液。2 mL∶0.1 g、2 mL∶0.2 g、5 mL∶0.25 g、5 mL∶0.5 g。静脉注射，一次量，马、牛 2～5 g，羊、猪 0.25～0.75 g。临用前，每 0.25～0.5 g 加于 20%葡萄糖液 20 mL 中，缓慢静注。

安络血(Adrenosem)

【理化性质】又名肾上腺素色腙、安特诺新，本品为橙红色粉末，易溶于水及乙醇。遇光易变质，应避光密闭保存。

【作用与应用】能增强毛细血管对损伤的抵抗力，促进毛细血管断端回缩，降低毛细血管通透性，减少血液外渗。适用于毛细血管损伤或通透性增加所致的出血，如鼻出血、内脏出血、紫癜、产后出血、手术后出血等。

【注意事项】禁与催产素、青霉素、氯丙嗪混合注射，抗组胺药能抑制本品作用，联合应用时应间隔 48 h，对大出血或动脉出血基本无效。

【制剂、用法与用量】安络血注射液。1 mL∶5 mg、2 mL∶10 mg。肌内注射，一次量，马、牛 25～100 mg，羊、猪 10～20 mg。

吸收性明胶海绵(Absorbable Gelatin Sponge)

【理化性质】本品为白色或微黄色、质轻、软而多孔的海绵状物，能吸收本身质量 30 倍的水，在水中不溶。

【作用与应用】吸收性明胶海绵含无数小孔，敷于出血部位，血液流入小孔，血小板被破坏，释放凝血因子，促进血液凝固。同时具有机械压迫止血作用，在止血部位经 4～6 周可完全液化，被组织吸收。

用于创口小出血和渗出性出血。如外伤、手术时的止血、毛细血管渗血，鼻出血等。

【注意事项】①本品系灭菌制品，使用过程应无菌操作。②包装拆开后不宜再消毒，以免延长吸收时间。

【用法与用量】根据出血处的形状切成所需大小，贴于出血处，再用纱布按压。

(二)抗凝血药

抗凝血药，又称抗凝剂，是一种能有效抑制或减缓血液凝固的药物。在输血或血样检测过程中，为确保血液在体外不发生凝固，需加入抗凝剂，此种情况称为体外抗凝。而在手术后或患有易于形成血栓病症的患畜，为防止血栓生成及扩大，需向体内注射抗凝剂，此种情况称为体内抗凝。

一般将其分为 4 类：①主要影响凝血酶和凝血因子形成的药物，如肝素和香豆素类，主要用于体内抗凝;②体外抗凝血药,如枸橼酸钠,用于体外血样检查的抗凝;③促进纤维蛋白溶解药,对已形成的血栓有溶解作用,如链激酶、尿激酶、组织型纤溶酶原激活物等,主要用于急性血栓性疾病;④抗血小板聚集药,如阿司匹林、双嘧达莫(潘生丁)、右旋糖酐等,主要用于预防血栓形成。

肝素(Heparin)

【理化性质】本品系自牛、猪肠黏膜中提取的多糖类物质,为白色或类白色粉末,有吸湿性,易溶于水。

【作用与应用】肝素在体内外均有抗凝血作用。静脉注射后抗凝作用立即产生,可使凝血时间延长。其抗凝作用是通过激活血浆中的抗凝血酶Ⅲ(AT-Ⅲ)实现的。AT-Ⅲ是一种球蛋白,可与凝血因子Ⅱa,Ⅸa,Ⅹa,Ⅺa,Ⅻa 等结合成复合物并抑制这些因子,肝素与 AT-Ⅲ结合后,可显著加速 AT-Ⅲ的抑制作用,此外,肝素还可减少血小板的黏附性和聚集性。

肝素内服无效,须注射给药,多用于静注、静滴。①主要用于马和小动物的弥散性血管内凝血的治疗。②治疗潜在的血栓性疾病,如肾病综合征、心肌疾病等。③低剂量给药可用于减少心丝虫杀虫药治疗的并发症和预防性治疗马的蹄叶炎。④用于体外血液样本的抗凝。

【不良反应】过度的抗凝血可导致出血。不能用本品做肌内注射,因其可导致高度血肿;马连续应用几天可引起红细胞显著减少。肝素轻度过量时,停药即可,不必做特殊处理,如因过量而引起严重出血,除停药外,还需注射肝素特效解毒药——鱼精蛋白。其通过离子键与肝素结合形成稳定的复合物,使肝素失去抗凝活性。每毫克鱼精蛋白可中和 100 U 肝素,一般用 1%硫酸鱼精蛋白溶液缓慢静脉注射。

【注意事项】①肝素刺激性强,肌内注射可致局部血肿,应酌量加 2%盐酸普鲁卡因溶液。②用量过多可致自发性出血,表现为全身黏膜出血,伤口出血。发生严重出血时可静脉注射硫酸鱼精蛋白进行急救。③禁用于出血性素质和伴有血液凝固延缓的各种疾病,慎用于肾功能不全动物、孕畜、产后、流产、外伤及手术后动物。④肝素化的血液不能用作同类凝集、补体和红细胞脆性试验。⑤与碳酸氢钠、乳酸钠并用,可促进其抗凝作用。

【制剂、用法与用量】肝素钠注射液。1 mL∶12 500 U。治疗血栓栓塞症,皮下、静脉注射,一次量,每千克体重,犬 150～250 U,猫 250～375 U。3 次/d。治疗弥散性血管内凝血,马 25～100 U,小动物 75 U。

体外抗凝,每 500 mL 血液中用肝素钠 100 U。

实验室血样,每 1 mL 血样加肝素钠 10 U。

双香豆素(Dicoumarol)

【理化性质】又名败坏翘摇素,本品为白色或乳黄色结晶性粉末,微有香气,味稍苦,在水中几乎不溶,在强碱溶液内易溶,形成可溶性盐。

【作用与应用】本品作为一种口服抗凝药物,在体外条件下不具备抗凝作用。能够抑制血液中凝血酶原的生成。本品主要应用于预防及治疗血管内栓塞、术后血栓性静脉炎等疾病。

【注意事项】在使用本品过程中,需定期检测凝血酶原活性。当凝血酶原活性降低至 25%时,应立即停药。若出现口服过量导致的自发出血(如尿血、脑部或体腔出血),需停止用药,并注射维生素 K 或输血以进行救治。禁忌证与肝素相同。

【制剂、用法与用量】片剂。50 mg。内服，犬、猫第一日 4 mg/kg(体重)，以后每日 2.5 mg/kg(体重)。每日用量分 2～3 次内服。

华法林(Warfarin)

【理化性质】又名苄丙酮香豆素钠，本品为白色结晶性粉末，无臭，味微苦，极易溶于水，易溶于乙醇，几不溶于三氯甲烷和乙醚。

【作用与应用】华法林通过干扰维生素 K_1 合成凝血因子Ⅱ、Ⅶ、Ⅸ、Ⅹ而起间接的抗凝作用，其作用机制是阻断维生素 K 环氧化物还原酶的作用，阻止维生素 K 环氧化物还原为氢醌型维生素 K，从而不能合成凝血因子。临床上主要用于血栓性疾病的长期治疗(或预防)，通常用于犬、猫或马。

【注意事项】过量应用容易引起各种出血，如皮下出血、器官出血、消化道和泌尿道出血、伤口出血等。定期做凝血酶原时间试验，根据凝血酶原时间调整剂量与疗程，当凝血酶原的活性降到 25%以下时，必须停药。

【制剂、用法与用量】华法林钠片。内服，一次量，马每 450 kg 体重 30～75 mg，犬、猫每千克体重 0.1～0.2 mg，每日 1 次。

枸橼酸钠(Sodium Citrate)

【理化性质】又名柠檬酸钠，本品为无色结晶或白色结晶性粉末，无臭，味咸凉，易溶于水，难溶于乙醇。在湿空气中微有潮解性，在热空气中有风化性。应密封保存。

【作用与应用】钙离子参与凝血过程的每一个步骤，缺乏这一凝血因子时，血液便不能凝固。枸橼酸钠的枸橼酸根与血液中钙离子形成难解离的可溶性复合体，使血液中钙离子浓度迅速降低而产生抗凝血作用。

本品主要用于体外抗凝，如输血或化验室血样抗凝，配制成 2.5%～4%溶液，每 100 mL 全血中加 10 mL。采用静脉滴注输血时，所含枸橼酸钠并不引起血钙过低反应，因为枸橼酸钠在体内易氧化，机体氧化速度已接近其输入速度。

【注意事项】①输血时，枸橼酸钠用量不可过大，否则，血钙迅速降低，使动物中毒甚至死亡，此时可静脉注射钙剂缓解；②枸橼酸钠碱性较强，不适合用于血液生化检查。

【制剂、用法与用量】输血用枸橼酸钠注射液。10 mL∶0.25 g。体外抗凝，每 100 mL 血液加入 10 mL。

二、抗贫血药(补血药)

凡能补充造血物质，促进造血机能，用于治疗贫血的药物，皆称为抗贫血药或补血药。贫血是指循环血液单位容积中红细胞数和血红蛋白量低于正常值的病理状态。临床上常按其病因和发病原理，分为出血性贫血、溶血性贫血、营养性贫血及再生障碍性贫血。在治疗上，前二者主要是消除病因；营养性贫血主要是补充铁、铜、钴、维生素 B_{12} 及叶酸等造血物质；再生障碍性贫血治疗较为困难，在除去病因的同时可输血，并采用中西医结合的综合治疗手段，也可试用氯化钴、皮质激素、同化激素(如苯丙酸诺龙)等治疗。

硫酸亚铁(Ferrous Sulfate)

【理化性质】本品为透明淡蓝绿色柱状结晶或颗粒，无臭，味咸，易溶于水。在干燥空气中即风化，在湿空气中易氧化并在表面生成黄棕色的碱式硫酸铁。故须密封保存。

【作用与应用】铁为机体必需元素，是构成血红蛋白的必需物质，血红蛋白铁占全身含铁量的 60%，铁也是肌红蛋白和某些组织酶的重要组成原料，铁吸收到骨髓后，进入骨髓幼红细胞，在线粒体内与原卟啉结合形成血红素，后者再与珠蛋白结合成为血红蛋白，进而发育为成熟的红细胞。

本品以内服形式给予，以二价亚铁离子(Fe^{2+})的状态被十二指肠吸收。由于硫酸亚铁价格低廉、易吸收且刺激性较小，已成为最常用的铁制剂，用于慢性失血、营养不良、孕畜及哺乳仔猪等的缺铁性贫血。

【注意事项】①稀盐酸可促进 Fe^{3+} 转变为 Fe^{2+}，有助于铁剂吸收，对胃酸分泌不足的患畜尤为适用。②维生素 C 能防止 Fe^{2+} 氧化，有利于其吸收。③钙、磷酸盐、鞣酸及抗酸药物可使铁沉淀，妨碍其吸收。④铁与四环素类可形成络合物，互相妨碍吸收。⑤对胃肠黏膜有刺激性，大量内服可引起肠坏死、出血，严重时可致休克，宜饲后投药。⑥铁与肠道内硫化氢结合，减少硫化氢对肠蠕动的刺激作用，可致便秘，并排黑粪。⑦禁用于消化道溃疡、肠炎等患畜。

【制剂、用法与用量】硫酸亚铁片。0.1 g。内服，一次量，牛、马 2～10 g；羊、猪 0.5～3 g；犬、兔、猫 0.05～0.5 g(配成 0.2%～1%溶液使用)；鸡按每 1 千克饲料混合 130～200 mg 使用。

右旋糖酐铁(Iron Dextran)

【理化性质】又名葡聚糖铁注射液，本品系由右旋糖酐与铁离子络合而成的灭菌胶体溶液，呈深褐色。

【作用与应用】本品作用同硫酸亚铁。肌内注射后主要通过淋巴系统缓慢吸收，本品中解离的铁立即与蛋白分子结合形成含铁血黄素、铁蛋白或转铁蛋白。

本品主要用于重症缺铁性贫血或不宜内服铁剂的缺铁性贫血。

【注意事项】①严重肝、肾功能减退患畜忌用。②局部刺激性强，宜深部肌注。③易过量而致中毒，应严格控制剂量。④需冷藏，久置可发生沉淀。

【制剂、用法与用量】右旋糖酐铁片。25 mg(Fe)。内服，一次量，仔猪 100～200 mg。

右旋糖酐铁注射液。2 mL：0.1 g(Fe)、2 mL：0.2 g(Fe)、10 mL：0.5 g(Fe)、10 mL：1 g(Fe)、50 mL：2.5 g(Fe)、50 mL：5 g(Fe)。肌内注射，一次量，仔猪 100～200 mg。

维生素 B_{12}(Vitamin B_{12})

【理化性质】又名氰钴胺。维生素 B_{12}是含金属元素钴的维生素。为深红色结晶或结晶性粉末。无臭、无味。引湿性强，在水或乙醇中略溶。应遮光、密封保存。

【作用与应用】维生素 B_{12}具有广泛的生理作用。参与机体的蛋白质、脂肪和糖类代谢，帮助叶酸循环利用，促进核酸合成，为动物生长发育、造血、上皮细胞生长及维持神经髓鞘完整性所必需。缺少维生素 B_{12}时，常可导致猪的巨幼红细胞贫血，小牛发育停滞，猪、犬、鸡等生长发育障碍，猪运动失调等。成年反刍动物瘤胃内能合成维生素 B_{12}，其他草食动物也可在肠内合成。

主要用于治疗维生素 B_{12}缺乏所致的巨幼红细胞贫血。也可用于神经炎、神经萎缩、再生障碍性贫血、放射病、肝炎等的辅助治疗。

【注意事项】维生素 B_{12}在体内经血浆蛋白转运，分布至全身各组织，主要储存在肝脏中。大量注射时，超出血浆蛋白结合与转运能力的部分，都从尿液排泄，剂量越大，排泄越多。因此，盲目大剂量应用，不但对治疗无益，而且造成浪费。

【制剂、用法与用量】维生素 B_{12}注射液。1 mL：0.1 mg，1 mL：0.5 mg，1 mL：1 mg。肌内注射，一次量，马、牛 1～2 mg，猪、羊 0.3～0.4 mg，犬、猫 0.1 mg。每日或隔日一次，持续 7～10 次。

叶酸(Folic Acid)

【理化性质】本品为黄橙色结晶粉，极难溶于水，遇光失效，应遮光贮存，广泛存在于酵母、绿叶蔬菜、豆饼、苜蓿粉、麸皮、籽实类中，动物内脏、肌肉、蛋类含量很多。药用叶酸多为人工合成品。

【作用与应用】叶酸是核酸和某些氨基酸合成必需的物质。当叶酸缺乏时，红细胞的成熟和分裂停滞，造成巨幼红细胞贫血和白细胞减少；猪生长迟缓、贫血；雏鸡发育停滞，羽毛稀疏，有色羽毛褪色；母鸡产蛋率和孵化率下降，食欲不振、腹泻等。家畜消化道内微生物能合成叶酸，一般不易发生缺乏症。但长期使用磺胺类等肠道抗菌药物时，家畜也可能发生叶酸缺乏症。雏鸡、猪、狐、水貂等必须从饲料中摄取补充叶酸。

临床上主要用于叶酸缺乏所引起的巨幼红细胞贫血、再生障碍性贫血和母畜妊娠期等。常作为饲料添加剂，用于鸡和皮毛动物狐、水貂的饲养。叶酸与维生素 B_{12}、维生素 B_6 等联用可提高疗效。

【注意事项】长期饲喂广谱抗生素或磺胺类药物时，因其抑制合成叶酸的细菌生长，可能导致叶酸缺乏。

【制剂、用法与用量】叶酸片。5 mg。内服，一次量，犬、猫 2.5～5 mg。叶酸注射液。1 mL：15 mg。肌内注射，一次量，雏鸡 0.05～0.1 mg，育成鸡 0.1～0.2 mg。

三、血容量扩充剂

本类药物主要为高分子化合物，能够较长时间维持以至增加血容量。主要用于大量失血、大面积烧伤、剧烈吐泻等而使循环血容量降低所引起的休克。

右旋糖酐(Dextran)

临床上常用的有分子量不同的三种产品：中分子右旋糖酐(Dextran 70)，分子量约为 7 万；低分子右旋糖酐(Dextran 40)，分子量约为 4 万；小分子右旋糖酐(Dextran 10，代血浆 409)，分子量约为 1 万。

【理化性质】本品为白色粉末，无臭，无味，易溶于水。水溶液为稍带黏性的澄清液体。

【作用与应用】本品具有较大分子量，通过静脉注射可提高血浆渗透压，从而扩大血容量。在肾脏排泄过程中，它具有渗透性利尿作用。值得注意的是，右旋糖酐分子量越大，肾脏排泄所需时间越长。中分子右旋糖酐的血容量扩张作用可维持约 12 h，而小分子右旋糖酐的作用时间仅为 3 h。低分子和小分子右旋糖酐有助于改善微循环，预防弥漫性血管内凝血。中分子右旋糖酐主要应用于血容量不足性休克的治疗。低分子与小分子右旋糖酐可用于中毒性休克、外伤性休克、弥漫性血管内凝血的救治，还可应用于血栓性静脉炎等血栓形成疾病的治疗。

【注意事项】①与维生素 B_{12} 混合可发生变化，与氨基苷类抗生素合用可增加其毒性。②静脉注射宜缓慢，用量过大可致出血。③充血性心力衰竭、出血性疾病患畜禁用，肝肾疾病患畜慎用。④偶见过敏反应(发热、荨麻疹等)，立即停用，必要时注射抗过敏药或肾上腺素。⑤失血量如超过 35%，应用本品可继发严重贫血，须进行输血。

【制剂、用法与用量】右旋糖酐 40 葡萄糖注射液。500 mL∶30 g 右旋糖酐 40 与 25 g 葡萄糖，静脉注射，一次量马、牛 500～1 000 mL，羊、猪 250～500 mL。

右旋糖酐 40 氯化钠注射液。500 mL∶30 g 右旋糖酐 40 与 4.5 g 氯化钠。用法同右旋糖酐 40 葡萄糖注射液。

右旋糖酐 70 葡萄糖注射液。500 mL∶30 g 右旋糖酐 70 与 25 g 葡萄糖，静脉注射，一次量，马、牛 500～1 000 mL，羊、猪 250～500 mL。

右旋糖酐 70 氯化钠注射液。500 mL∶30 g 右旋糖酐 70 与 4.5 g 氯化钠，用法同右旋糖酐 70 葡萄糖注射液。

小分子右旋糖酐(代血浆 409)注射液。为 12%小分子右旋糖酐的等渗氯化钠溶液，每瓶 500 mL。静脉注射剂量与低分子右旋糖酐注射液相同。

四、强心药

心功能不全，也称心力衰竭，是心肌收缩力减弱或衰竭导致的临床综合征。此病症会使心脏排血量减少、静脉回流受阻，进而引发全身血液循环障碍。若病情延误且未得到有效控制，可演变为慢性心功能不全，也称充血性心力衰竭(CHF)。临床表现主要以呼吸困难、水肿和发绀等为主要症状。

能够提升心肌兴奋性、加强心肌收缩力以及改善心脏功能的药物，临床应用于急性和慢性心功能不全的治疗，均可界定为强心药。根据其改善心功能的不同作用机制，可以将强心药划分为以下几类。

(1)肾上腺素能 β 受体激动剂。如异丙肾上腺素、肾上腺素等。近年来，又有一系列新型拟儿茶酚胺类药物如盐酸多巴酚丁胺等。

(2)中枢兴奋剂。如咖啡因、氧化樟脑等。

(3)能量补充剂。如葡萄糖等。

(4)强心苷类。一类具有相似构架苷元、选择性作用于心脏、增强心肌收缩性能的药物。

(5)非强心苷类正性肌力作用药。为一类非强心苷、非儿茶酚胺类增强心肌收缩能力的药物。

(6)其他。如钙离子、胰高血糖素等。

(一)强心苷类药物

强心苷是兽医临床常用的治疗心功能不全的药物。

家畜心功能不全多见于中毒、过劳、贫血、维生素 B_1 缺乏、心肌炎及心瓣膜疾病等原因引起的心肌损害。临床治疗除消除原发病外，主要使用强心苷，改善心功能，增强心肌收缩力。各类强心苷对心脏作用基本相同，但在作用上有强弱、快慢以及持续长短的不同。一般按其作用快慢分为两类。

快作用类。包括毒毛花苷、毛花丙苷等。作用出现快，维持时间短，体内代谢快，蓄积性小，适用于急性心功能不全或慢性心功能不全的急性发作。

慢作用类。包括洋地黄、洋地黄毒苷、地高辛等，作用出现慢，维持时间长，体内代谢缓慢，蓄积性大，适用于慢性心功能不全。

注意事项：

(1)强心苷安全范围窄，应用时一般应监测心电图变化，以免发生毒性反应，用药后一旦出现精神抑郁、共济失调、厌食、呕吐、腹泻、脱水和心律不齐等症状，应立即停药。

(2)若在过去 10 d 内用过其他强心苷，使用时剂量应减小，以免发生中毒。在使用钙盐或拟肾上腺素药(如肾上腺素)后，使用强心苷应慎重，可发生协同作用。

(3)肝、肾功能障碍患病动物应酌减剂量。除非发生充血性心力衰竭，处于休克、贫血、尿毒症等情况下才可考虑使用此类药物。

(4)在发生心内膜炎、急性心肌炎、创伤性心包炎等情况下忌用强心苷。

(5)在房性期前收缩、室性心搏过速或房室传导过缓时禁用。

洋地黄毒苷(Digitoxin)

【理化性质】又名地吉妥辛，为玄参科植物紫花洋地黄的干叶或叶粉的提纯制剂。白色或黄白色微结晶粉末，无臭、味极苦。不溶于水，溶于乙醇、三氯甲烷，微溶于乙醚。

【作用与应用】洋地黄毒苷对心脏具有高度选择作用，治疗剂量能明显加强衰竭心脏的收缩力(即正性肌力作用)，减慢心率和房室传导速率(抑制传导)。药物能使衰竭的心脏功能得到改善，同时增加肾脏血流量，产生利尿作用，减缓慢性心功能不全引起症状(如呼吸困难、浮肿、瘀血)。

本品主要用于慢性心功能不全。治疗马、牛、犬等充血性心力衰竭，心房纤维性颤动或室上性心动过速等。

【注意事项】①由于洋地黄毒苷具有蓄积作用，在用药前应先询问用药史，只有在 2 周内未曾用过洋地黄类药的患病动物才能按常规给药。②用药期间，不宜使用肾上腺素、麻黄碱及钙剂，以免增强毒性。③禁用于急性心肌炎、心内膜炎、牛创伤性心包炎及主动脉瓣闭锁不全病例。④安全范围窄，易引起中毒，必须严格控制用量。中毒时，动物出现传导阻断或窦性心动过缓，可皮下注射阿托品。治疗及预防轻度的中毒可补充钾盐。

【制剂、用法与用量】洋地黄片。0.1 g。内服，全效量，每千克体重，马 0.033～0.066 mg，犬 0.03～0.04 mg。

洋地黄毒苷注射液。1 mL：0.2 mg，5 mL：1 mg，10 mL：2 mg。静脉注射，全效量，每千克体重，马、牛、犬 0.006～0.012 mg。

强心苷的传统用法常分为两步，即首先在短期内(24～48 h)应用足量的强心苷，使血中迅速达到预期治疗浓度，称为洋地黄化，所用剂量称为全效量；然后每天继续用较小剂量维持疗效，称为维持量。

全效量给药方法有两种。

①缓给法：将全效量分为 8 次内服，每 8 h 一次。首次剂量应占全效量的 1/3，第二次占 1/6，以后各次均占 1/12。本法适用于病情不太严重的患畜。

②速给法：首次内服全效量的1/2，每6 h一次，第二次为1/4，以后各次均为1/8。本法适用于严重病畜。速给法也可选用强心苷注射液，首次缓慢静注全效量的1/2，以后每2 h静注一次，剂量为全剂量的1/10～1/8，待药起效后，改用维持量。

地高辛(Digoxin)

【理化性质】又名狄戈辛，本品为白色结晶或结晶性粉末，无臭，味苦。不溶于水和乙醚，易溶于吡啶中，微溶于烯醇，在三氯甲烷中极微溶解。

【作用与应用】本品可加强心肌收缩，减缓心率，抑制心脏传导，主要用于急性心力衰竭、慢性心力衰竭和室上性、快速性心律失常的治疗。

【不良反应】经常和高或毒性血药浓度有关：心脏作用可能包括几乎所有类型的心律不齐与其导致的心功能不全症状的恶化。常见心外症状：轻微胃肠不适、食欲不振、消瘦、腹泻。

【注意事项】

①近期用过其他洋地黄类药物的动物慎用。

②本品不宜与酸、碱类配伍。

③心室颤动、毛地黄中毒、多感觉症，患有肥厚性心肌病的猫严禁使用该药物。

④其余参见洋地黄毒苷。

【制剂、用法与用量】地高辛片。0.25 mg。内服，每1 kg体重，全效量，马0.06～0.08 mg，每8 h一次，连续5～6次；犬0.02 mg，每12 h一次，连用3次；维持量，马0.01～0.02 mg，犬0.01 mg。

地高辛注射液。2 mL∶0.5 mg。静注，每1 kg体重，全效量，马0.014 mg，犬0.01 mg；维持量，马0.007 mg，犬0.005 mg，每12 h一次。

毒毛花苷K(Strophanthin K)

【理化性质】又名毒毛旋花子苷K、毒毛苷、康毗箭毒子素，本品为白色或微黄色结晶性粉末，能溶于水与乙醇。应遮光密封保存。

【作用与应用】本品的作用与洋地黄相似，但比洋地黄、毛花丙苷作用快而强，维持时间短。口服吸收不规则，只宜静脉注射。静脉注射后3～10 min可显效，1～2 h达最大效应，维持10～20 h。排泄快，蓄积作用小。适用于急性心力衰竭和慢性心力衰竭症状的危急病例。

【不良反应】参见洋地黄毒苷。

【注意事项】①近1～2周内用过强心苷的患畜不宜用，以免中毒。②不宜与碱性溶液类配伍。③其余参见洋地黄毒苷。

【用法与用量】毒毛花苷K注射液。1 mL∶0.25 mg、2 mL∶0.5 mg。静脉注射，一次量，马、牛1.25～3.75 mg，犬0.25～0.5 mg，临用前用5%葡萄糖注射液稀释10～20倍后缓慢注射。

(二)非强心苷类正性肌力作用药

非强心苷类正性肌力作用药系一类在化学结构上既不属于强心苷类，也不属儿茶酚胺类的正性肌力作用药，具有增强心肌收缩性能以及直接扩张血管的作用。在增加心肌收缩能力的同时，并不增加心肌耗氧量；其作用也不被β受体阻断剂所对抗，与体内儿茶酚胺的储量无关；该类药物作用并不激活心肌细胞膜的腺苷酸环化酶。

匹莫苯丹(Pimobendan)

【理化性质】匹莫苯丹是一种苯并咪唑哒嗪酮衍生物，其在水中的溶解度较低，但能溶于有机溶剂。在常温下较为稳定，但在光照、高温或潮湿环境下可能会发生一定程度的降解。

【作用与应用】通过增强心肌纤维对钙离子的敏感性，增加心肌细胞内钙离子浓度，激活心肌收缩蛋白，使心肌收缩更有力，从而提高心脏的泵血功能。抑制磷酸二酯酶(III 型)活性，减少环磷酸腺苷(cAMP)的降解，使 cAMP 水平升高，进而舒张血管，降低心脏后负荷。减少 cAMP 的降解，进一步增强其正性肌力和血管舒张作用。

用于治疗由心脏瓣膜关闭不全(二尖瓣和/或三尖瓣反流)或扩张型心肌病引起的犬充血性心力衰竭。用于大型犬临床前扩张型心肌病(无症状，经超声心动图诊断伴随左心室收缩末期和舒张末期直径加大)的治疗，可延迟犬发生心力衰竭或突然死亡的年龄，并延长犬的存活时间。

【注意事项】禁用于肥大型心肌病或由临床非功能性或生理性原因(如大动脉狭窄)不宜增加心输出量的患犬。由于本品主要经肝脏代谢，禁用于严重肝功能不全的患犬。尚未有用于怀孕或哺乳期母犬的安全性研究数据，应在兽医进行利益/风险评估指导下使用。

【制剂、用法与用量】匹莫苯丹咀嚼片。内服，每 1 kg 体重，犬 0.25 mg，一日 2 次。

五、抗心律失常药

心脏发生自动节律性异常或冲动传导障碍，可引起心动过速、过缓或心律不齐，统称为心律失常。心律失常可分为快速型和缓慢型两类。引起快速型心律失常的原因如下：①心肌自律性增高，如交感神经兴奋、心肌缺血缺氧、强心苷中毒、低血钾等均可引起快速型心律失常。②冲动传导障碍，由冲动传导障碍引起的心律失常被认为是伴随折返激动发生的。抗心律失常药可降低异位起搏活动而不影响窦房结功能，降低去极化组织的传导性、兴奋性，延长不应期，而不影响正常极化状态的组织。兽医临床常用药物有奎尼丁、普鲁卡因胺、异丙吡胺。

奎尼丁(Quinidine)

【理化性质】奎尼丁为白色有丝绸光泽的细小结晶，无臭，味苦，在光线中颜色渐变暗，难溶于水。来源于金鸡纳树皮所含的生物碱，是抗疟药奎宁的右旋体，常用其硫酸盐。

【作用与应用】奎尼丁对心脏节律有直接和间接的作用，能降低心肌兴奋性、传导性和收缩性，使心肌不应期延长，从而防止折返激动的发生和增加传导次数。奎尼丁还具有抗胆碱能神经的活性，使迷走神经的张力变弱，并促进房室结的传导。

本品主要用于小动物或马的室性心律失常的治疗，阵发性心动过速、室上性心律失常伴有异常传导的综合征和急性心房纤维性颤动和早搏(期前收缩)等。

【不良反应】犬主要表现为厌食、呕吐、腹泻、衰弱、低血压等。马静脉注射时可能出现消化紊乱，伴有呼吸困难的鼻黏膜肿胀、蹄叶炎、荨麻疹、房室传导阻滞、循环性虚脱，甚至突然死亡。

【注意事项】对马的毒性作用有荨麻疹、胃肠功能紊乱(食欲减退、腹痛、腹泻)、鼻黏膜水肿、血管性虚脱、跛行、充血性心力衰竭和突然死亡。荨麻疹和胃肠功能紊乱一般无须停药,其他毒性反应则较危险,应及时停药。在症状出现的早期,应用抗炎皮质激素可防止严重跛行。兴奋、出汗、肌颤、共济失调等,是血管性虚脱的先兆。出现充血性心力衰竭时,可静脉注射洋地黄制剂。

【制剂、用法与用量】硫酸奎尼丁片。内服,一次量,每千克体重,犬 6～16 mg,猫 4～8 mg,每日 3～4 次。马第 1 天 5 g(试验剂量,如无不良反应可继续治疗),第 2、第 3 天 10 g(每日 2 次),第 4、第 5 天 10 g(每日 3 次),第 6、第 7 天 10 g(每日 4 次),第 8、第 9 天 10 g(每 5 h 1 次),第 10 天及以后 15 g(每日 4 次)。

普鲁卡因胺(Procainamide)

【理化性质】又名普鲁卡因酰胺。本品是普鲁卡因的衍生物,是以酰胺键取代酯键的产物。为白色或淡黄色结晶性粉末,无臭,有引湿性,极易溶于水,易溶于醇。

【作用与应用】本品对心脏的作用与奎尼丁相似,但很弱,能延长心房和心室的不应期,降低心肌的兴奋性、自律性,使传导速度减慢,抗胆碱作用弱于奎尼丁。

适用于室性早搏综合征、室性或室上性心动过速的治疗,常与奎尼丁交替使用。本品控制室性心律失常比控制房性心律失常的效果好。

【不良反应】与奎尼丁相似。静脉注射速度过快可引起血压显著下降,故最好能监测心电图和血压。肾功能衰竭的患病动物应适当减少使用剂量。

【注意事项】重症肌无力患畜不能使用普鲁卡因胺;强心苷中毒时应极度慎用普鲁卡因胺,病畜有严重肝肾疾病或充血性心力衰竭时也应慎用。

【制剂、用法与用量】盐酸普鲁卡因胺片。0.125 g,0.25 g。内服,一次量,每千克体重,犬 8～20 mg,4 次/d。

普鲁卡因注射液。0.1 g/mL。静脉注射,一次量,每千克体重,犬 6～8 mg(在 5 min 内完成),然后改为肌内注射,一次量,每千克体重,6～20 mg,每 4～6 h 一次。肌内注射,每千克体重,马 0.5 mg,每 10 min 一次,直至总剂量为 2～4 mg。

异丙吡胺(Disopyramide)

【理化性质】又名丙吡胺、达舒平。本品为白色结晶性粉末,易溶于水,常用磷酸盐。

【作用与应用】本品的作用与应用同奎尼丁,属广谱抗心律失常药,不良反应很小,为奎尼丁和普鲁卡因胺的替代药品,主要用于室性、房性早搏,阵发性心动过速,房颤等。

【制剂、用法与用量】异丙吡胺片。100 mg。内服,一次量,每千克体重,犬 6～15 mg,4 次/d。

课后思考

1. 举例说明强心苷分为哪几类。
2. 根据强心苷的作用特点,说明临床上应如何有效地选用强心苷。
3. 临床上应如何合理选用止血药?

4. 临床上怎样合理使用铁制剂？

5. 维生素 K 在临床上有何用途？

案例分析

一拉布拉多犬，11 岁，主述该犬最近在陪其散步时，运动过程中会突然停步不前，坐地咳嗽、气喘，并伴有呼吸困难，在夜间偶尔也能见到呼吸困难的症状。可视黏膜发白，临床检查表现为心脏听诊缩期杂音，叩诊左右两侧浊音区扩大，颈静脉怒张，肺水肿。诊断为心功能不全。请问该选择何种药物？如何使用？

自主学习

知识拓展　肝素的发现

模块三学习单元一至三
在线自测

学习单元四　泌尿生殖系统药物

一、利尿药与脱水药

（一）利尿药

利尿药，其主要作用部位为肾脏，具备增加尿量、缓解水肿的药理功效。水肿，作为心、肝、肾脏疾病的一种常见表现，尽管其病理过程各具特色，但都体现为细胞间液的显著增多。事实上，钠离子的滞留是导致细胞间液增加的关键因素。因此，利尿药通过促进钠离子从尿液中排出，能有效减轻乃至消除水肿症状。

按其作用强度和作用部位一般分为三类：强效利尿药（呋塞米、依他尼酸等）、中效利尿药（氢氯噻嗪、氯噻酮等）和低效利尿药（螺内酯、氨苯蝶啶等）。

呋塞米(Furosemide)

【理化性质】又名呋喃苯胺酸、速尿、利尿磺胺。呋塞米系磺胺类衍生物,为白色或类白色结晶性粉末,无臭、几乎无味,不溶于水,略溶于乙醇。

【作用与应用】本品为强效利尿药,能抑制肾小管髓袢升支对氯离子的重吸收,使钠、钾、水的排出量增多。此外,还有降低肾血管阻力,增加肾血流量和降压等作用。内服后 30 min 左右排尿增加,1～2 h 达高峰,维持 4～6 h。适用于各种原因引起的水肿,并可促进尿道上部结石的排出。也可用于预防急性肾功能衰竭。呋塞米常用于所有种类动物的利尿。常用于治疗小动物的充血性心肌病、肺水肿、高钙血症肾病、尿毒症,高钾血症的辅助治疗,并且偶尔用作抗高血压剂。它还用于治疗牛产后乳房水肿,预防或减少赛马的运动诱发性肺出血。

【注意事项】由于强大的利尿作用,可出现低血容量、低血钾、低血钠和低血氯,有时还可降低血钙的含量。大量静注可引起听力下降。为避免听力下降,忌与氨基糖苷类抗生素合用。为防止低血钾症,可采取间歇疗法,即用药 1～2 d,停药 2～4 d,并补充钾盐或与留钾利尿药氨苯蝶啶合用。

【制剂、用法与用量】呋塞米片。20 mg,40 mg。内服,一次量,每千克体重:牛、马、羊、猪 2 mg,犬、猫 2.5～5 mg。2 次/d。连服 3～5 d,停药 2～4 d 再用。

呋塞米注射液。20 mg∶2 mL,50 mg∶5 mL,100 mg∶10 mL。肌内注射或静脉注射,一次量,每千克体重,牛、马、羊、猪 0.5～1 mg,犬、猫 1～5 mg,1 次/d,必要时 6～12 h 一次。

氢氯噻嗪(Hydrochlorothiazide)

【理化性质】又名双氢克尿塞,本品为白色结晶性粉末,有特异微臭,微溶于水,在热乙醇、丙酮或碱性溶液中溶解。应密闭保存。

【作用与应用】本品为中效利尿药。适用于心性、肝性及肾性等各种水肿,对乳房浮肿,胸、腹部炎性肿胀及创伤性肿胀,可作为辅助治疗药。

对心性水肿效果较好,是中、轻度心性水肿的首选药。也可用于某些急性中毒,加速毒物排出,如食盐中毒、溴化物中毒及巴比妥类中毒。

【不良反应】低钾血症,低氯血性碱中毒,其他电解质失衡,高尿酸血症,胃肠道反应。

【注意事项】长期应用易引起低钾血症及低氯血症,宜与氯化钾合用,以免发生低钾血症。本品忌与洋地黄配合使用。

【用法与用量】氢氯噻嗪片。25 mg、250 mg。内服,一次量,每千克体重,牛、马 1～2 mg;猪、羊 2～3 mg;犬、猫 3～4 mg。

氢氯噻嗪注射液。1 mL∶25 mg,5 mL∶125 mg,10 mL∶250 mg。肌注或静注,牛 100～250 mg;马 50～150 mg;猪、羊 50～75 mg;犬 10～25 mg。

螺内酯(Spironolactone)

【理化性质】又名安体舒通,本品为淡黄色粉末,味稍苦,可溶于水和乙醇,其化学结构与醛固酮相似,是醛固酮的拮抗剂。

【作用与应用】本品为醛固酮的竞争性拮抗剂。主要作用于远曲小管的钾、钠离子交换过程,可拮抗醛固酮的保钠排钾作用,使尿中钠、氯离子增多而利尿,但钾的排泄减少。其利尿作用较弱，显效缓慢，但作用持久。很少单独作利尿药，主要与强、中效利尿药合用治疗严重水肿，以增强利尿作用。

【不良反应】高钾血症、低钠血症和脱水症；酸中毒导致的肾脏损伤。消化道损伤（呕吐、食欲减退等），神经系统影响（精神短少、昏睡、共济失调、头痛等），内分泌失调。

【注意事项】慎用于任何肾脏损伤或肝脏的疾病。

【制剂、用法与用量】螺内酯片。20 mg。内服，一次量，每千克体重，犬、猫 2～4 mg。

螺内酯胶囊。20 mg、100 mg，内服，每千克体重，各种家畜 0.5～1.5 mg，3 次/d。

氨苯蝶啶(Triamterene)

【理化性质】又名三氨蝶啶，本品为黄色结晶性粉末，可溶于水。应密封遮光保存。

【作用与应用】本品为保钾性利尿剂，能抑制远曲小管的钾、钠交换。一般认为是由于氨苯蝶啶能直接抑制远曲小管分泌钾、再吸收钠的功能。因此，尿中的钠和氯含量均增多，而尿中钾的含量却减少或不变。氨苯喋啶的利尿作用较弱，为非首选利尿剂，常与氢氯噻嗪等排钾利尿药合用或交替应用，不仅利尿排钠作用加强，而且减少排钾的不良反应。适用于氢氯噻嗪或螺内酯无效的病例。

【不良反应】长期应用本品可发生高钾血症。

【注意事项】严重肾功能不全者禁用。

【制剂、用法与用量】氨苯蝶啶片。50 mg。内服，一次量，每千克体重，马、牛、羊、猪 0.5～3 mg。

(二)脱水药

凡能消除组织水肿的药物均称为脱水药，又称渗透性利尿药。脱水药是一种非电解质类物质，在体内不被代谢或代谢较慢，但能迅速提高血浆渗透压，且很容易从肾小球滤过，在肾小管内不被重吸收或吸收很少，从而提高肾小管内渗透压。临床主要用于消除肺水肿、脑水肿，抑制房水生成，降低眼内压及治疗急性肾功能不全等。

本类药物包括甘露醇、山梨醇、尿素和高渗葡萄糖等。尿素不良反应多，葡萄糖可被代谢并部分转运到组织，持续时间短，疗效很差，故临床上甘露醇、山梨醇用得较多。

甘露醇(Mannitol)

【理化性质】本品为白色结晶性粉末；无臭、味甜；能溶于水，微溶于乙醇。常制成注射液。临床多用其 20%的高渗溶液。

【作用与应用】本品为渗透性利尿药。静脉注射后，主要在血液中迅速形成高渗透压，不为肾小管再吸收，大部分无变化，经肾脏排出体外，产生脱水及利尿作用。其利尿作用较尿素强，排泄速度也较快。静脉注射后 20 min 出现脱水、利尿作用，2～3 h 达高峰，可维持 6～8 h。

本品用于治疗脑瘤、颅脑外伤、脑部感染、脑组织缺氧、食盐中毒等引起的脑水肿，降低颅内压，缓解神经症状；用于急性少尿症肾衰竭，以促进利尿作用；还用于加快阿司匹林、巴比妥类和溴化物等毒物的排泄。

【不良反应】体液和电解质失衡，胃肠道反应（恶心、呕吐），心血管反应（肺水肿、慢性充血性心力衰竭、心动过速），中枢神经系统反应（头晕、头痛等）。

【注意事项】①本品为高渗性脱水剂，大剂量或长期应用可引起水和电解质平衡紊乱。

②静脉注射过快可能引起心血管反应,如肺水肿及心动过速等。③静脉注射时药物漏出血管可使注射部位水肿,皮肤坏死。④严重脱水、肺充血或肺水肿、充血性心力衰竭、心功能不全、心源性水肿以及进行性肾衰竭的患畜禁用。⑤脱水动物在治疗前应适当补充体液。⑥不可与高渗盐水并用,因氯化钠可促进其迅速排出。⑦本品低温保存时易析出结晶,微热溶解后再用,不影响药效。

【制剂、用法与用量】甘露醇注射液。20 g∶100 mL,50 g∶250 mL。应保存于20～30 ℃室温下,天冷时易析出结晶,可用热水(80 ℃)加温振摇溶解后再用。静脉注射,一次量,牛、马1 000～2 000 mL,羊、猪100～250 mL,2～3次/d。每千克体重,犬、猫0.25～0.5 mg,一般稀释成5%～10%溶液(缓慢静脉注射,4 mL/min)。

山梨醇(Sorbitol)

【理化性质】本品是甘露醇的同分异构体,为白色结晶粉末,无臭,味略甜,易溶于水,5.4%溶液为等渗溶液,常用25%高渗液。

【作用与应用】山梨醇的作用与甘露醇相似。山梨醇进入体内后,部分在肝脏转化为果糖,因而其高渗性减弱,药效也减弱,但其价格便宜,水溶性较大,不良反应较轻,临床上也常使用,常配成25%注射液静脉注射。

【注意事项】①本品进入机体后,部分在肝脏转化为果糖,故相同浓度的作用效果较甘露醇弱。②局部刺激比甘露醇大。

【制剂、用法与用量】山梨醇注射液。25 g∶100 mL、62.5 g∶250 mL、125 g∶500 mL。静脉注射,一次量,牛、马100～200 mL,羊、猪100～250 mL。

(三)利尿药与脱水药的合理选用

(1)中、轻度心性水肿除按常规用强心苷外,一般首选氢氯噻嗪。重度心性水肿除应用强心苷外,首选呋塞米。

(2)心功能降低,肾循环障碍且肾小球滤过率低下时可用氨茶碱。

(3)急性心功能衰竭时,一般首选大剂量呋塞米。急性肾炎所致的水肿,宜选用中草药及高渗葡萄糖,一般不用利尿药。对慢性肾炎所致的水肿,首选利尿中草药,也可选氢氯噻嗪并按常规补钾。

(4)脑水肿时,首选甘露醇等脱水药,次选呋塞米。

(5)肺充血所致的肺水肿,可选用甘露醇。

(6)食盐、巴比妥类、溴化物中毒时,一般配合输液,选用氢氯噻嗪或呋塞米。

二、生殖系统药物

哺乳动物的生殖系统受神经和体液的双重调节、但通常以体液调节为主。当生殖激素分泌不足或过多时,机体的生殖系统机能将发生紊乱,引发产科疾病或繁殖障碍。性激素及其类似物广泛用于控制动物的发情周期,提高或抑制繁殖能力,调控繁殖进程,治疗内分泌紊乱引起的繁殖障碍及增强抗病能力等。

(一)子宫收缩药

常用的药物有缩宫素、垂体后叶素、麦角制剂和益母草。临床上用于催产、排出胎衣和治疗产后子宫出血、产后子宫复原等。

缩宫素(Oxytocin)

【理化性质】又名催产素,从牛或猪脑垂体后叶中提取或化学合成。为白色结晶性粉末,能溶于水,水溶液呈酸性。

【作用与应用】本品能直接兴奋子宫平滑肌,加强其收缩。缩宫素对子宫收缩的强度及性质与用药剂量、体内激素水平有关。对非妊娠子宫,小剂量缩宫素能加强子宫的节律性收缩,大剂量则可引起子宫的强直性收缩;对妊娠子宫,妊娠早期不敏感,妊娠后期逐渐加强,临产时最强,产后缩宫素对子宫的作用逐渐降低。雌激素可提高子宫对缩宫素的敏感性,而孕激素则相反。催产时,缩宫素对宫体的收缩作用强,对宫颈的收缩作用较弱,有利于胎儿娩出。另外,本品还能促进乳腺腺泡和腺导管周围的肌上皮细胞收缩,能增强乳腺平滑肌收缩,促进排乳,也可促进乳汁分泌。

①催产和引产:对于宫颈口开放,宫缩乏力的临产母畜,可注射小剂量本品催产。②产后子宫出血:较大剂量使子宫强直收缩,压迫血管而止血。③产后疾病:用于胎衣不下,排出死胎,子宫复旧不全,子宫脱垂。④催乳:用于新分娩母猪的缺乳症。

【注意事项】①用于催产时,胎位不正、产道狭窄、宫颈口未开放时禁用。②严格掌握剂量,以免引起子宫强直收缩,造成胎儿窒息或子宫破裂。

【制剂、用法与用量】缩宫素注射液。1 mL∶10 U,5 mL∶50 U。皮下、肌内注射,一次量,牛 75～100 U,马 75～150 U,猪、羊 10～50 U,犬 2～10 U。

垂体后叶素(Pituitrin)

【理化性质】从牛或猪脑垂体后叶中提取的水溶性成分。能溶于水,不稳定。

【作用与应用】含缩宫素和加压素,对子宫的作用同缩宫素,但有抗利尿、收缩小血管引起血压升高的副作用。在催产、子宫复原等方面的应用,同缩宫素。

【注意事项】①临产时,若产道阻塞、胎位不正、骨盆狭窄、宫颈口尚未开放,则禁用;②用量大时可引起血压升高、少尿及腹痛。

【制剂、用法与用量】垂体后叶素注射液。5 mL∶50 U,1 mL∶10 U。皮下、肌内注射,一次量,马、牛 50～100 U,羊、猪 10～50 U,犬 2～10 U,猫 2～5 U。

麦角(Ergot)

【理化性质】麦角是寄生于黑麦或其他禾本植物上的一种麦角菌的干燥菌核。现用人工培养法生产,麦角新碱已能人工合成。常用其马来酸盐,其马来酸盐为白色或类白色结晶性粉末,无臭,微有引湿性,略溶于水,微溶于乙醇。遇光易变质,须避光保存。

【作用与应用】麦角对子宫平滑肌具有很强的选择性兴奋作用,与缩宫素不同的是作用强大而持久,且引起宫体和宫颈同时收缩,剂量稍大即可引起子宫强直性收缩,压迫胎儿,胎儿难以娩出而使胎儿窒息,甚至子宫破裂。故临床上不适用于催产或引产,适用于产后子宫出血、产后子宫复旧不全和胎衣不下。

【注意事项】①对宫体和宫颈都具兴奋效应，临产前子宫或分娩后子宫最敏感。但稍大剂量即可引起强直性收缩，故不适用于催产和引产。②胎儿未娩出前或胎盘未剥离排出前均禁用。③与缩宫素或其他麦角制剂有协同作用，不宜与其联用。

【制剂、用法与用量】马来酸麦角新碱注射液。1 mL：0.5 mg，1 mL：2 mg。肌注或静注，一次量，马、牛 5～15 mg，猪、羊 0.5～1.0 mg，犬 0.1～0.5 mg。

益母草流浸膏(Leonurus Liquid Extract)

【理化性质】益母草流浸膏为唇形科植物益母草的制剂，有效成分为益母草碱。

【作用与应用】益母草碱能增强子宫的收缩力，增加收缩频率，并提高其张力，作用较麦角弱，临床上常用益母草流浸膏代替麦角流浸膏，副反应小。主要用于产后子宫出血，产后子宫复旧不全和胎衣不下。

子宫收缩药的合理选用原则如下：

①引产：猪、羊、马可选用 $PGF_{2\alpha}$。

②难产：一般只选用缩宫素。

③产后出血：应首选麦角新碱，次选缩宫素。

④产后子宫复旧不全：应首选益母草流浸膏。

⑤死胎：选用缩宫素为宜，也可应用小剂量的麦角新碱、新斯的明。

⑥胎衣不下：可选用大剂量的缩宫素或小剂量的麦角新碱或拟胆碱药，大家畜需手术剥离。

⑦子宫内膜炎：冲洗子宫及宫内投入抗菌消炎药后，配合使用麦角新碱或拟胆碱药或己烯雌酚，能促进炎性产物的排出。

(二)前列腺素

前列腺素为一类有生理活性的不饱和脂肪酸，广泛分布于机体各组织和体液中，由动物精液或猪、羊的羊水中提取。现已能人工合成，已有多种类型的新衍生物，对机体有广泛的生理、药理功能。但在畜牧业生产中，主要是利用其溶解黄体和兴奋子宫平滑肌的作用。

前列腺素 $F_{2\alpha}$(Prostaglandin $F_{2\alpha}$)

【理化性质】又名地诺前列素、$PGF_{2\alpha}$，本品是从动物精液或猪、羊的羊水中提取的，目前多用人工合成品。本品为无色结晶，溶于水。

【作用与应用】本品对生殖、循环、呼吸具有广泛作用。其中对生殖系统的作用表现为：能兴奋子宫平滑肌，特别是妊娠子宫；使黄体退化或溶解，促进发情，缩短排卵期，使母畜在预定时间发情、排卵；促进输卵管收缩，影响精子运行至受精部位及胚胎附植；作用于丘脑-垂体前叶，促进黄体生成素(LH)的释放；影响精子的发生和移行。

在母畜繁殖中本品常用于溶解黄体，引起发情或使畜群同期发情；治疗马、牛持久黄体引起的不发情；治疗马、牛发情不明显；治疗卵巢黄体囊肿和用于母猪催情等。在公畜繁殖上，利用本品来增加精子的射出量和提高人工授精效果。兽医临床上，本品用于催产、引产和人工流产。

【注意事项】本品应避光，置冰箱中保存。用于缩宫时，注意剂量，防止宫缩过强而发生子宫破裂。给猪引产时，可见排粪次数略有增多，呼吸加快，并有轻微神经过敏表现。

【制剂、用法与用量】甲基前列腺素 $F_{2\alpha}$注射液。1 mL∶5 mg。肌内注射或宫颈内注射，一次量，每千克体重，马、牛 2～4 mg，羊、猪 1～2 mg。休药期，牛、猪、羊 1 d。

氯前列醇(Cloprostenol)

【理化性质】本品为人工合成的 $PGF_{2\alpha}$同系物。为淡黄色油状黏稠液体。常用其钠盐，溶于水和醇。

【作用与应用】本品有强烈溶解黄体及收缩子宫的作用，对怀孕 10～150 d 的母牛给药后 2～3 d 流产，而非妊娠牛于用药后 2～5 d 发情。临床用于肉牛或乳牛的催产、引产及同期发情、子宫蓄脓等。此外，还可用来诱导母猪分娩。

【注意事项】①因药物可诱导流产，不需要流产的妊娠动物禁用；②药物可导致急性支气管痉挛；③易通过皮肤吸收，不慎接触后应立即用肥皂和水进行清洗；④不能与非类固醇类抗炎药同时应用。

【制剂、用法与用量】氯前列醇钠注射液。2 mL∶0.2 mg。牛，肌内注射 2～4 mL，宫内注射 1～2 mL；猪，肌内注射 1 mL。休药期：牛、猪 1 d。

(三)性激素与促性腺激素

性激素为性腺所分泌的甾体类激素，包括雌激素、孕激素和雄激素三类，临床上应用的制剂多为人工合成的代用品。促性腺激素包括垂体前叶促性腺激素、绒毛膜激素和孕马血清等，它们的作用是促使性腺生殖细胞发育和分泌性激素。

兽医临床及畜牧业生产应用性激素的主要目的是补充动物体内不足、防治产科疾病、诱导同期发情及提高畜禽繁殖性能等。促性腺激素主要用于诱导同期发情、诱发排卵、提高受胎率以及治疗卵巢囊肿等疾病。

1. 雌激素

雌激素又称动情激素，它由卵巢的成熟卵泡上皮分泌。从卵巢卵泡液中提纯的雌激素称为雌二醇，从孕畜尿中提取的为雌醇和雌三醇，均为雌二醇的代谢产物。现在已人工合成一些雌激素，作用与天然激素相同，如己烯雌酚、己烷雌酚等。

己烯雌酚(Diaethylstibestrol)

【理化性质】本品为人工合成的雌激素，为无色结晶或白色结晶性粉末，难溶于水，易溶于醇及脂肪油。应遮光密封保存。

【作用与应用】本品可促进子宫、输卵管、阴道和乳腺的生长与发育。除维持成年母畜的性特征外，还能使阴道上皮、子宫平滑肌、子宫内膜增生，刺激子宫收缩。小剂量可促进黄体生成素的分泌；大剂量则可抑制垂体促卵泡激素的分泌。也能抑制泌乳。该药对反刍动物有明显的促蛋白质合成的作用，还可增加体内水分，加速增重和加快骨盐的沉积。

临床应用：①利用其收缩子宫的作用，可治疗动物子宫炎、子宫蓄脓、胎衣不下、死胎等，或作冲洗子宫时的宫颈松弛药。②作催情药，主要用于卵巢机能正常而发情不明显的家畜。③用于治疗持久黄体。每天肌注 20～40 mg，连用 3 d。治疗慢性输卵管炎时，每隔 2 d 注射一次，共 2～3 次。④母畜分娩时预先注射能增强催产素的效果。

【注意事项】①家畜妊娠或肝、肾功能严重减退时忌用。②用于催情时应尽量配合原有的发情周期。③由于肉品中残留的己烯雌酚对人有致癌作用，并危害未成年人的生长发育，本品被禁止用于食品动物饲料添加剂和皮下埋植剂。

【制剂、用法与用量】己烯雌酚片。0.25 mg，0.5 mg，1 mg，内服，一次量，马 10～20 mg，牛 15～25 mg，猪、羊 3～10 mg，犬 0.1～1 mg，猫 0.05～0.1 mg。

丙酸己烯雌酚注射液。1 mL∶1 mg，1 mL∶3 mg，1 mL∶5 mg。肌内注射，一次量，马、牛 10～20 mg，猪 3～10 mg，羊 1～3 mg，犬 0.2～0.5 mg。

雌二醇(Estradiol)

【理化性质】又名求偶二醇。本品为白色结晶性粉末，无臭，难溶于水，略溶于丙酮，易溶于油。本品内服无效，必须肌内注射，临床用其灭菌油溶液。

【作用与应用】本品对生长期母畜有促进性器官形成及第二性征发育作用，对成年母畜具有维持第二性征和增强输卵管、子宫的肌肉及黏膜生长发育作用。公畜应用雌二醇后，能使第二性征发育受到抑制，使性欲减弱。雌二醇能维持生殖道的正常功能和形态结构，还能使子宫、输卵管、阴道等器官血管增生和腺体分泌，出现发情征象。雌二醇能使处女母牛和母羊乳房发育和泌乳，也可促进食欲，促进蛋白质合成。但由于肉品中残留的雌二醇对人体有致癌作用，并危害儿童及未成年人的生长发育，禁止用雌激素类药物作各类动物的饲料添加剂和皮下埋植剂。

雌二醇临床常用于胎衣不下、排出死胎及子宫炎和子宫蓄脓，排出子宫内的炎性物质，配合催产素治疗分娩时子宫无力等。小剂量可用于牛发情征象较弱或无发情征象时催情。对前列腺肥大、老年犬或犬阉割后的尿失禁、母畜性器官发育不全、雌犬过度发情及假孕、犬乳房胀痛诱导泌乳等均可采用本药物进行治疗。

【不良反应】大剂量、长期或不恰当使用，可引起牛发生卵巢囊肿或慕雄狂、流产、母畜卵巢萎缩、性周期停止等不良反应。

【注意事项】①妊娠早期的动物禁用，以免引起流产或胎儿畸形。②可以治疗用，但不得用于食品动物。③可引起犬、猫等小动物的血液恶病质，多见于年老动物或大剂量应用时。起初血小板和白细胞增多，但逐渐发展为血小板和白细胞减少，严重时可致再生障碍性贫血。④可引起囊性子宫内膜增生和子宫蓄脓。⑤过量应用可使牛发情期延长、泌乳减少、早熟、卵泡囊肿或慕雄狂、流产、卵巢萎缩及性周期停止等。调整剂量可减轻或消除这些不良反应。妊娠家畜或肝、肾功能严重减退时忌用。

【制剂、用法与用量】苯甲酸雌二醇注射液。1 mL∶1 mg，1 mL∶2 mg。肌内注射，一次量，马 10～20 mg，牛 5～20 mg，猪 3～10 mg，羊 1～3 mg，犬、狐 0.2～0.5 mg，猫、貂、兔 0.1～0.2 mg。休药期：28 d，弃奶期 7 d。

2. 孕激素

孕激素又称黄体激素，为卵泡排卵后形成的黄体所分泌。自妊娠第四个月开始，黄体萎缩，转由胎盘分泌。从黄体中分离出来的天然孕激素是黄体酮。目前临床上应用的孕激素制剂，多为人工合成的代用品。

黄体酮(Progesterone)

【理化性质】又名孕酮。本品为白色或微黄色结晶性粉末，不溶于水，在乙醇或植物油中溶解。应避光密封保存。常制成注射液和复方缓释圈。

【作用与应用】主要作用是“安胎”、抑制发情和排卵，作用于子宫内膜，能使雌激素所引起的增殖期转化为分泌期，为孕卵着床做好准备；并抑制子宫收缩，降低子宫对缩宫素的敏感性，有安胎作用。此外，与雌激素共同作用，可促使乳腺发育，为产后泌乳做准备。

临床应用：①作为保胎药用于预防和治疗流产，与维生素 E 同用效果更好；治疗牛卵巢囊肿引起的慕雄狂，可皮下埋植黄体酮来对抗发情。②用于母畜同期发情，在用药后数日内即可发情和排卵，但第一次发情时配种受胎率低(一般只有 30%左右)，故常在第二次发情时配种，受胎率可达 90%～100%。③用于抑制母畜发情。

【制剂、用法与用量】黄体酮注射液。1 mL∶10 mg，1 mL∶50 mg。肌内注射，一次量，马、牛 50～100 mg，猪、羊 15～25 mg，犬、猫 2～5 mg，母鸡醒抱 2～5 mg。

复方黄体酮注射液。每毫升含黄体酮 20 mg 与苯甲酸雌二醇 2 mg。用法、用量同黄体酮注射液，疗效较好。

复方黄体酮缓释圈。为一种淡灰色螺旋形弹性橡胶圈，内含黄体酮 1.55 g，橡胶圈的一端黏附一粒胶囊，内含苯甲酸雌二醇 10 mg。将一个缓释圈置入母牛阴道后，经 12 d 取出残余橡胶圈，并在取出后 48～72 h 配种。

醋酸甲地孕酮(Megestrol Acetate)

【理化性质】醋酸甲地孕酮是一种合成的黄体酮，为基本无臭，无味，白色或乳白色的晶状粉末。不溶于水，略溶于乙醇，微溶于不挥发性油。

【作用与应用】为高效黄体激素，用药后可使卵泡生长、成熟及排卵受阻，发情停止。

用于母畜的同期发情和治疗早期流产、先兆性流产等。

【注意事项】泌母乳期及食品动物禁用。休药期，羊 30 d。

【用法与用量】醋酸甲地孕酮阴道海绵栓。阴道给药，一次量，1 个。给药后 12～14 h 取出。

3. 雄激素

天然品称睾酮，也称睾丸素或睾丸酮，由睾丸间质细胞分泌，肾上腺皮质及卵巢也能少量分泌。临床应用多为人工合成睾酮及其衍生物，如甲睾酮、丙酸睾酮、苯丙酸诺龙等。雄激素既有雄性样作用，又有蛋白质同化作用。雄性样作用减弱而蛋白同化作用增强的雄激素称同化激素，如苯丙酸诺龙等。对于雄激素，以抗应激、提高饲料报酬、促进动物生长为目的在食品动物饲养过程中使用已被禁止。

甲睾酮(Methyltestosterone)

【理化性质】又名甲基睾丸酮，本品为白色结晶性粉末，不溶于水，溶于脂肪油。应避光密封保存。

【作用与应用】本品作用与天然睾酮相同，但口服有效。主要作用是促进雄性生殖器官发育成熟，保持第二性征。大剂量可抑制垂体前叶分泌促性腺激素，对抗雌激素的作用。此外，具有明显的促进蛋白质合成的作用,并可使体内蛋白质分解减少,增加氮和无机盐在体内潴留,使肌肉发达,体重增加。较大剂量可刺激骨髓的造血功能,促进红细胞和白细胞的生成。

临床上用于:①治疗雄性动物雄激素缺乏所致的隐睾症;治疗成年公畜雄激素分泌不足而引起的性欲缺乏,诱导发情。②治疗雌性动物乳腺囊肿,抑制泌乳。治疗母犬的假妊娠,抑制母犬、母猫发情,但效果不如黄体酮。③作为贫血治疗的辅助药。

【注意事项】本品能损害雌性胎儿,孕畜禁用。前列腺肿患犬和泌乳母畜禁用。本品禁用于所有食用动物的促生长及饲料添加剂。

【制剂、用法与用量】甲睾酮片、甲睾酮胶囊。5 mg、10 mg。内服,一次量,家畜 10～40 mg,犬 10 mg,猫 5 mg。

苯丙酸诺龙(Nandrolone Phenylpropionate)

【理化性质】又名苯丙酸去甲睾酮,本品为人工合成的同化激素,为白色或乳白色结晶性粉末,几乎不溶于水,易溶于乙醇、脂肪油等。常制成注射液。遮光、密封保存。

【作用与应用】本品为蛋白同化激素,其雄性样作用较小。本品能促进蛋白质合成,抑制蛋白质分解,增加氮的潴留,促进钙在骨质中沉积,因而增加体重、促进生长和促进骨骼形成。临床上主要用于热性病和各种消耗性疾病所引起的体质衰弱、严重的营养不良、贫血、发育迟缓及犬瘟热、严重的寄生虫病等。用于促进组织修复,如大手术后、骨折、创伤等。

【注意事项】①不得用于食品动物。②禁止作为促生长剂。③肝、肾功能不全时慎用。④可引起钠、钙、钾、水、氯和磷潴留以及繁殖机能异常,也可引起肝脏毒性。

【制剂、用法与用量】苯丙酸诺龙注射液。1 mL∶10 mg,1 mL∶25 mg。皮下、肌内注射,一次量,马、牛 200～400 mg,驹、犊、猪、羊 50～100 mg,犬 25～50 mg,猫 10～20 mg。2 周 1 次。休药期:28 d,弃奶期 7 d。

4. 促性腺激素

促性腺激素分两类:一类是垂体前叶分泌的垂体促卵泡激素(FSH)和黄体生成素(LH)。这两种激素可用于促进母畜发情、排卵,提高同期发情率。FSH 对雄性可促使精子生成;LH 则促使分泌睾酮。另一类是非垂体促性腺激素,主要有绒毛膜促性腺激素及马促性腺激素等。促性腺激素主要用于同期发情、诱发排卵、提高受胎率以及治疗卵巢囊肿等疾病。

促卵泡激素(Follicle Stimulating Hormone)

【理化性质】又名卵泡刺激素,本品为白色或类白色的冻干块状物或粉末。应密封在冷暗处保存。

【作用与应用】本品主要作用是刺激卵泡的生长和发育。与少量黄体生成素合用,可促使卵泡分泌雌激素,使母畜发情;与大剂量黄体生成素合用,能促进卵泡成熟和排卵。促卵泡激素能促进公畜精原细胞增生,在黄体生成素的协同下,可促进精子的生成和成熟。

本品主要用于母畜卵巢停止发育、卵泡停止发育或两侧交替发育、多卵泡症及持久黄体等疾病的治疗。还可用于增强发情同期化以及提高公畜的精子密度。

【注意事项】临床必须根据卵巢情况,决定用药剂量及次数。剂量过大,易引起卵巢囊肿或超数排卵。

【制剂、用法与用量】注射用垂体促卵泡激素。50 mg。静脉、肌内、皮下注射,一次量,马、牛 10～50 mg，猪、羊 5～25 mg，犬 5～15 mg(临用前用 5～10 mL 生理盐水溶解)。

黄体生成素(Luteinizing Hormone)

【理化性质】又名促黄体素，本品为白色或类白色的冻干块状物或粉末。应密封在冷暗处保存。

【作用与应用】本品在卵泡刺激素的作用基础上，可促进雌性成年动物卵泡成熟和排卵，形成黄体，分泌黄体酮，具有早期安胎作用，可作用于家畜间质细胞，促进睾酮的分泌，提高性欲，促进精子形成，增加精液量。

主要用于成熟卵泡排卵障碍、卵巢囊肿、早期习惯性流产、不孕及雌性动物性欲减退、精液量减少等。

【注意事项】应用本品促进母马排卵时应做直肠检查，卵泡直径在 2.5 cm 以下时不能用本品。反复注射可导致抗体产生，降低药效。

【制剂、用法与用量】注射用黄体生成素。100 U、150 U、200 U。肌内注射，一次量，马 200～3 000 U，牛 100～200 U。临用前，用灭菌生理盐水 2～5 mL 稀释。治疗卵巢囊肿时，剂量应加倍。

促性腺激素释放激素(Gonadotropin Releasing Hormone)

【理化性质】又名戈那瑞林，促性腺激素释放激素是下丘脑神经细胞分泌的一种神经激素。目前已提纯了黄体生成素释放激素，并能人工合成，有乙酸盐和盐酸盐两种制剂。

【作用与应用】本品能促使动物垂体前叶合成与释放黄体生成素(LH)和促卵泡激素(FSH)，对黄体生成素的作用强。

本品用于治疗乳牛卵巢囊肿、排卵障碍、卵巢静止及促排卵。

【制剂、用法与用量】促性腺激素释放激素注射液。肌内注射，一次量，乳牛 100～200 μg。

绒促性素(Chorionic Gonadotropin)

【理化性质】又名绒毛膜促性腺激素、普罗兰，本品由孕妇胎盘绒毛膜产生，从孕妇尿中提取。为白色或灰白色冻干块状物或粉末，易溶于水，其溶液为无色或微黄色。应置遮光容器内在阴凉处保存。常制成粉针剂。

【作用与应用】本品的主要作用与黄体生成素相似，也有较弱的垂体促卵泡素样作用。能促使成熟的卵泡排卵并形成黄体，延长黄体持续时间，刺激黄体分泌孕酮。对公畜能促进睾丸间质细胞分泌雄激素，促使性器官、副性征的发育、成熟，使隐睾病畜的睾丸下降，并促进精子生成。提高性欲。

临床上主要用于诱导排卵、提高受胎率、增加同期发情的效果，治疗卵巢囊肿、习惯性流产、公畜性机能减退及隐睾症等。

【注意事项】①治疗习惯性流产应在怀孕后期每周注射 1 次。②治疗性机能障碍、隐睾症应每周注射 2 次，连用 4～6 周。③提高母畜受胎率，应于配种当天注射。④本品是一种异性蛋白，具有抗原性，若多次应用，可产生抗体，降低疗效。

【制剂、用法与用量】注射用绒促性素。500 U、1 000 U、2 000 U、5 000 U。肌内注射，一次量，马、牛 1 000～5 000 U，猪 500～1 000 U，羊 100～500 U，犬 100～500 U，猫 100～

200 U。每周 2～3 次(临用前用注射用水或生理盐水溶解)。

孕马血清促性腺激素(Pregnant Mare Serum Gonadotropin)

【理化性质】又名孕马血促性素、孕马血清。本品是孕马子宫内膜杯状细胞产生的一种糖蛋白,从怀孕 40～120 d 的孕马血清中分离制得。包括促卵泡激素和黄体生成素两种成分。为白色或类白色粉末,溶于水,水溶液不稳定。

【作用与应用】本品主要表现为促卵泡激素样作用,也有轻度黄体生成素样作用。可促使卵泡发育和成熟,引起发情,促进成熟卵泡排卵甚至超数排卵。对公畜能促进雄激素分泌,提高性欲。

本品主要用于不发情或发情不明显的母畜,诱导其发情和排卵;用于同期发情、提高受胎率;猪、羊使用本品,可引起超数排卵,增加窝产仔数和产仔窝数;母牛应用本品,可引起超数排卵,用于胚胎移植。

【注意事项】配好的溶液应在数小时内用完,用于单胎动物时,也可超数排卵,不要在本品诱发的发情期配种。反复使用可出现过敏反应,也可引起体内产生抗体,降低疗效,故不宜反复使用。直接用孕马血清时,供血马必须健康。

【制剂、用法与用量】孕马血清促性腺激素粉针。400 U、1 000 U、3 000 U。皮下、肌内、静脉注射,一次量,马、牛 1 000～2 000 U,猪、羊 200～1 000 U,犬、猫 25～200 U,兔、水貂 30～50 U(临用前用灭菌生理盐水溶解)。

课后思考

1. 利尿药与脱水药有何区别?
2. 使用呋塞米和氢氯噻嗪时为什么会出现低血钾?如何应对?
3. 使用甘露醇时应注意什么?
4. 性激素分哪几类?其代表药物各有何作用与用途?
5. 如何合理选用子宫收缩药?为什么?
6. 前列腺素 $F_{2\alpha}$ 类激素有何作用?使用时应注意什么?为什么?
7. 孕激素有何作用?在兽医临床和畜牧生产上有何用途?
8. 对家畜繁殖有影响的生殖激素有哪些?它们有什么用途?

案例分析

1. 一布偶猫,雌性,3 岁,体重 2.4 kg。主述近半年消瘦,食欲一般。最近 3 天气喘,不能活动,张口呼吸。临床检查:体温 40.3 ℃。听诊心音亢进。肺部水泡音。患猫大小便失禁。小便深红色血性尿液。双目瞳孔光反射正常。痛觉反射正常。鼻腔泡沫样鼻涕。影像学检查:心脏肥大。主动脉、后腔静脉扩张。左肺部肺叶间质型。腹部细节毛玻璃样。胸腔积液。初步诊断为心力衰竭、胸腹水。请问该选用何种药物?如何使用?

2. 一头母牛于 5 月 20 日进行人工授精冷配,妊娠 6 个多月,主诉该母牛常空腹冷饮,2 d

前有腹泻，牛体虚弱，出现流产征兆，先前已有2次流产病史。临诊可见该牛呈间歇性起卧不安，嚎叫，频频回顾腹部并做排尿性姿势，阴道流血，体温正常。根据主述及临诊并结合既往饲养病史，确诊为习惯性流产。请问该选择何种药物？如何使用？

自主学习

知识拓展　促性腺激素与卵泡发育

模块三学习单元四
在线自测

模块四　作用于神经系统的药物

◆ 知识目标

1. 掌握中枢兴奋药的分类、作用特点及临床应用。
2. 掌握中枢抑制药的作用特点及临床应用。
3. 掌握外周神经系统用药的类型、作用特点及临床应用。

◆ 技能目标

1. 在兽医临床治疗中能够正确选择并使用各种中枢抑制药和中枢兴奋药。
2. 能正确进行各种动物手术前的保定、全身麻醉及术中、术后镇痛等。
3. 能够正确选择局部麻醉药并按照需要选择适当的麻醉方式进行局部麻醉。
4. 在兽医临床治疗中能够正确选择并使用拟胆碱药、抗胆碱药、拟肾上腺素药及抗肾上腺素药。

◆ 素质目标

1. 树立职业道德和责任感，认识到在动物医疗领域中正确使用药物的重要性，以及药物使用不当可能对动物健康和公共卫生造成的危害。
2. 培养严谨、负责的工作作风及勇于创新、坚持不懈、团结协作的精神。
3. 关爱动物，珍爱生命，远离毒品，严格遵守《麻醉药品和精神药品管理条例》，合法合规地使用该类药物，培养诚信守法精神和职业道德。

神经系统是动物体内起主导作用的功能调节系统，分为中枢神经系统和周围神经系统两大部分。作用于神经系统的药物也分为作用于中枢神经系统的药物和作用于周围神经系统的药物。

中枢神经系统由脑和脊髓组成，脑又包括大脑、脑干和小脑。中枢神经系统由数以亿计的神经元组成，其活动形式表现为兴奋与抑制。作用于中枢神经系统的药物分为中枢兴奋药与中枢抑制药两大类。中枢兴奋药是指能够增强中枢神经的机能活动的药物，包括大脑皮层兴奋药、延髓兴奋药和脊髓兴奋药；中枢抑制药物是指能抑制中枢神经系统机能的药物，包括全身麻醉药、化学保定药和安定药、镇静药、抗惊厥药，可用于麻醉、化学保定、催眠、镇静、缓解痉挛等。

学习单元一　中枢兴奋药

中枢兴奋药是指能增强中枢神经系统机能活动的药物。虽然中枢兴奋药对于不同部位具有一定的选择性，但是一般说来对整个中枢神经系统均有兴奋作用。其作用的强弱、范围与药物的剂量和中枢神经系统机能状态有关。

一、分类

1. 大脑皮层兴奋药

其主要作用是维持清醒状态，增加随意运动。大脑皮层兴奋药能提高大脑皮层神经细胞的兴奋性，促进脑细胞代谢，改善大脑机能，如咖啡因、茶碱、苯丙胺等。这类药物通常具有许多其他的药理作用，因此对其应有全面的了解。

2. 延髓兴奋药

其主要作用是兴奋呼吸中枢，拮抗抑制呼吸中枢的一切药物、毒物的有害作用。直接或间接作用于呼吸中枢，增加呼吸频率和呼吸深度，又称呼吸兴奋药，对血管运动中枢也有不同程度的兴奋作用，如尼克刹米、多沙普仑、二甲弗林（回苏灵）、戊四氮、樟脑等。

3. 脊髓兴奋药

脊髓兴奋药是典型的致惊厥药物，能选择性兴奋脊髓，对脑中枢的兴奋作用尤其是呼吸中枢的兴奋作用非常弱，包括士的宁、一叶萩碱等。

二、应用

1. 适应证

中枢兴奋药的适应证主要是各种病因所致的缺氧，如中毒性呼吸中枢麻痹、全麻后促进苏醒和兴奋呼吸，以及各种窒息等。

2. 禁忌证与注意事项

中枢兴奋药的禁忌证包括中枢抑制药中毒、呼吸肌麻痹所致的呼吸抑制、循环骤停引起的呼吸衰竭。

应用中枢兴奋药时应当注意：①中枢兴奋药的作用弱，且是非特异性的；②安全范围小；③个体差异大。

三、临床常用药物

咖啡因(Caffeine)

【理化性质】又名咖啡碱。本品为白色或带极微黄绿色、有丝光的针状结晶或结晶性粉末，质轻，柔软；无臭；有风化性，略溶于水，难溶于醇；应密封保存。本品与佐剂苯甲酸钠等量混合，可增加水中溶解度，制成便于使用的剂型，如苯甲酸钠咖啡因粉，简称“安钠咖”粉。

【作用与应用】本品的作用主要表现为：①对中枢神经系统的作用。咖啡因对中枢神经系统各主要部位均有兴奋作用，特别是对大脑皮质有选择性兴奋作用：小剂量能增强对外界的感应性，精神表现兴奋症状；治疗量时，兴奋大脑皮质，能消除疲劳，加强肌肉收缩力；大剂量时，直接兴奋脊髓，易引起呼吸中枢麻痹，甚至死亡。②对心血管系统的作用。具有对中枢神经和周围神经的双重作用，且两方面作用表现相反：小剂量兴奋延髓的迷走神经中枢；中等剂量时，直接兴奋心肌，使心率加快；大剂量时，直接兴奋血管平滑肌，促使血管舒张。③利尿作用。咖啡因能增强肾血流量，提高肾小球滤过作用，抑制肾小管对钠离子的重吸收，具有利尿作用，并能直接兴奋骨骼肌，使其作用加强，还能影响糖和脂肪代谢等。

本品主要应用于高热、中毒或中暑(日射病、热射病)等引起的急性心力衰竭，作强心药，可调整病畜机能，使心脏收缩力加强，增加心排血量；也可用于中枢神经抑制药物中毒、危重传染病和过度劳役引起的呼吸循环障碍等。本品与溴化物合用，可调节大脑皮质的活动，恢复大脑皮质的兴奋与抑制过程的平衡，还可用于心、肝、肾病引起的水肿等。

【注意事项】①本品属于限剧药，剂量过大时可引起心跳加快和呼吸急促、体温升高、流涎、呕吐、腹痛，机体甚至发生强直性痉挛而死亡。②中毒时可用溴化物、水合氯醛、巴比妥类等中枢抑制药对症治疗，但不能用麻黄碱、肾上腺素等强心药，以防毒性增强。③本品禁用于代偿性心力衰竭和器质性心功能失常、末梢性血管麻痹以及心动过速的动物(每分钟搏动 100 次以上)。④本品与氨茶碱合用毒性增强；与氟喹诺酮类药合用，可提高其血药浓度；注射液禁止与盐酸四环素、盐酸土霉素等酸性药配伍，否则可产生沉淀。⑤休药期：牛、羊、猪 28 d，弃奶期 7 d。

【制剂、用法与用量】苯甲酸钠咖啡因(安钠咖)。内服，一次量，马、牛 2～8 g，猪、羊 1～2 g，犬 0.2～0.5 g，鸡 0.05～0.1 g。一般每日给药 1～2 次，重症时给药间隔为 4～6 h。

安钠咖注射液。10 mL∶1 g。皮下、肌内、静脉注射，一次量，马、牛 2～5 g，猪、羊 0.5～2 g，犬 0.1～0.3 g。

尼可刹米(Nikethamide)

【理化性质】又名可拉明、二乙酰胺。本品为无色或淡黄色的澄明油状液体，放置冷处，即成结晶；有轻微的特臭；有引湿性。本品能与水、乙醇、三氯甲烷或乙醚任意混合。应遮光、密封保存。

【作用与应用】本品直接兴奋延髓呼吸中枢，并能刺激颈动脉体和主动脉弓的化学感受器，反射性兴奋呼吸中枢，当呼吸处于抑制状态时作用明显，可使呼吸加深加快，并提高呼吸中枢对二氧化碳气体的敏感性。对大脑、心血管运动中枢和脊髓的作用微弱，但过量时也可使其过度兴奋，引起阵发性惊厥甚至死亡。临床上主要用于麻醉药中毒、严重疾病所致呼吸衰竭、一氧化碳中毒、溺水和新生幼畜窒息等。对呼吸肌麻痹则效果不佳。

【不良反应】剂量过大可引起血压升高、出汗、心律失常、震颤及肌肉强直，也可引起惊厥。

【注意事项】①本品静脉注射速度不宜过快。②如出现惊厥，应及时静脉注射地西泮或小剂量硫喷妥钠。③兴奋作用之后，常出现中枢抑制现象。

【制剂、用法与用量】尼可刹米注射液。2 mL∶0.5 g。皮下、肌内、静脉注射，一次量，马、牛 2.5～5 g，猪、羊 0.25～1 g，犬 0.125～0.5 g。

士的宁(Strychnine)

【理化性质】本品是从马钱科植物马钱的种子中提取的生物碱，又名番木鳖碱。其盐酸盐或硝酸盐为无色结晶性粉末。味极苦，易溶于水。应避光、密封保存。

【作用与应用】士的宁吸收后，对脊髓具有选择性兴奋作用，对中枢神经系统的其他部位也有兴奋作用。治疗剂量时能提高脊髓的反射机能，缩短脊髓反射时间，使已降低的反射机能得以恢复，并能增强听觉、味觉、视觉和触觉的敏感性，增强骨骼肌的紧张度和改善肌无力状态。

常用于治疗脊髓性的不全麻痹，如直肠、膀胱括约肌的不全麻痹，因挫伤引起的臀部、尾部与四肢的不全麻痹以及颜面神经麻痹，猪、牛产后麻痹等。本品对延髓的作用没有选择性，因此一般不用作兴奋呼吸的治疗。

【不良反应】本品毒性大，安全范围小，过量易出现肌肉震颤、脊髓兴奋性惊厥、角弓反张等。

【注意事项】①肝肾功能不全、癫痫及破伤风患畜禁用。②孕畜及中枢神经系统兴奋症状的患畜禁用。③本品排泄缓慢，长期应用易蓄积中毒，故使用时间不宜太长，反复给药应酌情减量。④因过量出现惊厥时应保持动物安静，避免外界刺激，并迅速肌内注射巴比妥类等进行解救。

【制剂、用法与用量】硝酸士的宁注射液。1 mL∶2 mg。皮下注射，一次量，马、牛 15～30 mg，猪、羊 2～4 mg，犬 0.5～0.8 mg。

多沙普仑(Doxapram)

【理化性质】又名多普兰、吗啉吡咯酮、吗乙苯吡酮，为白色或无色结晶，无味，于光及空气中性质稳定，溶于水。

【作用与应用】为人工合成的新型呼吸兴奋剂。作用比尼可刹米强，而用途及不良反应均与尼可刹米相似。可用作：①马、犬、猫麻醉中或麻醉后兴奋呼吸活动及加速苏醒，恢复反射；②难产或剖宫产后新生犬、猫刺激呼吸；③巴比妥类和吸入麻醉药引起呼吸中枢抑制的专用兴奋药。

【注意事项】剂量过大时，可引起动物反射亢进、心动过速或惊厥。

【制剂、用法与用量】盐酸多沙普仑注射液。20 mg、40 mg。静脉注射或静脉滴注，一次量，每千克体重，马 0.5～1 mg(每 5 min 一次)；驹(复苏时)0.02～0.05 mg(每分钟一次)；牛、猪 5～10 mg；犬 1～5 mg；猫 5～10 mg。

回苏灵(Dimefline)

【理化性质】又名盐酸二甲弗林。本品为人工合成的黄酮衍生物，溶于水，常制成盐酸盐注射液。

【作用与应用】本品对延髓呼吸中枢有强烈的兴奋作用，可增大肺泡通气量，效力比尼可刹米、山梗菜碱强。作用快，但维持时间短。可用于中枢抑制药中毒和严重疾病引起的中枢性呼吸抑制。

【注意事项】过量易引起动物惊厥，此时应停药。严重时可用安定或短效巴比妥类药物解救。孕畜禁用本品。

【制剂、用法与用量】回苏灵注射液。肌内、静脉注射，一次量，每千克体重，牛、马 40～80 mg，羊、猪 8～16 mg。静脉注射时用葡萄糖注射液稀释后缓慢注入。

樟脑(Camphor)

【理化性质】由樟脑树中提取制得的具有挥发性的固体物质，也可人工合成。为白色半透明的结晶性粉末或晶块，易挥发，易燃烧。难溶于水，易溶于乙醇或脂肪油中。

【作用与应用】本品能反射性地兴奋呼吸中枢和血管运动中枢，吸收后也可直接兴奋延髓呼吸中枢，使呼吸加深加快，心肌收缩力加强，心输出量增加。

本品内服可刺激胃肠黏膜，使胃肠蠕动加强和腺体分泌增加，而呈现祛风、止酵作用。本品还可反射性地增加呼吸道腺体分泌，有止咳化痰作用。

外用可作为刺激药，能加速炎性渗出物的消散，促进慢性炎症的好转与恢复。

兽医临床上作为强心药和呼吸中枢兴奋药，用于治疗各种原因引起的中枢抑制，对伴有循环障碍的急性热性病，其强心功能和呼吸兴奋作用尤好。内服可作为健胃剂，用于消化不良、胃肠积气等；外用可治疗挫伤、肌肉风湿症、蜂窝组织炎、腱炎、腱鞘炎等。

【注意事项】宰前动物或泌乳动物禁用樟脑，以免影响肉、乳品的质量；动物处于严重缺氧状态时忌用；幼畜对樟脑敏感，应慎用。

【制剂、用法与用量】樟脑磺酸钠注射液。1 mL：0.1 g，5 mL：0.5 g，10 mL：1 g。皮下、肌内、静脉注射，一次量，牛、马 1～2 g，猪、羊 0.2～1 g，犬 0.05～0.1 g。

氧化樟脑注射液。10 mL：0.05 g。皮下、肌内、静脉注射，一次量，牛、马 0.05～0.1 g，猪、羊 0.02～0.05 g。

美解眠(Megimide)

【理化性质】又名贝美格，为白色结晶性粉末，无臭，味苦，可溶于水和乙醇。

【作用与应用】本品中枢兴奋作用类似戊四氮，但较弱，毒性也较低。对巴比妥类及其他中枢抑制药都有对抗作用。适用于巴比妥类和水合氯醛等药物中毒的解救。

【注意事项】过量或注射太快可引起动物抽搐、惊厥。此时可用短效巴比妥类药物解救。

【制剂、用法与用量】注射液。10 mL：50 mg。静脉注射，犬、猫 15～20 mg/(kg·次)。宜用 5%葡萄糖注射液稀释后缓慢注射或滴注。

学习单元二　中枢抑制药

一、镇静药、安定药与抗惊厥药

镇静药是能对中枢神经系统产生抑制作用，主要作用于大脑皮层，使动物机能活动减弱，从而缓解烦躁不安、恢复安静的一类药物。其特点是对中枢神经系统的抑制作用有明显的剂量依赖关系，小剂量时镇静，较大剂量时催眠，大剂量时还可呈现抗惊厥和麻醉作用。常用的镇静药和催眠药有水合氯醛、巴比妥类、苯二氮卓类、α_2 受体激动剂等。

安定药是指能在不影响动物意识清醒的情况下，使精神异常兴奋的动物转为安定，使凶猛的动物驯服而易于接近的一类药物。安定药能减弱动物的攻击性，降低动物对外界因素的反应，使动物表现淡漠、安静、驯服，可用于动物的调教，也可用作麻醉前给药。与镇静药不同的是安定药对不安和紧张等异常兴奋具有选择性抑制作用，剂量加大可引起睡眠但易被唤醒，大剂量也不引起麻醉，单独应用时抗惊厥作用不明显。代表药物是氯丙嗪和地西泮。

抗惊厥药是指对抗或缓解中枢神经因病变而造成的过度兴奋状态，从而消除或缓解全身骨骼肌不自主地强烈收缩的一类药物，主要用于全身强直性痉挛或间歇性痉挛的对症治疗，如癫痫样发作、破伤风、士的宁和农药中毒等。常用药物主要有硫酸镁注射液、巴比妥类药、水合氯醛、地西泮。

氯丙嗪(Chlorpromazine)

【理化性质】又名氯普马嗪、冬眠灵。本品为白色或乳白色结晶性粉末；有微臭；有引湿性；遇光渐变色；水溶液呈酸性反应。本品在水、乙醇中易溶，在乙醚或苯中不溶。应遮光、密封保存。兽医临床上常用盐酸氯丙嗪。

【作用与应用】①镇静、安定作用：对实验动物或家畜用药后，能明显减少自发性活动，易诱导入睡，减少动物的攻击行为，使之驯服和易于接近，呈现安定作用。但动物对刺激有良好的醒觉反应，与巴比妥的催眠不同，加大剂量也不引起麻醉。②止吐作用：小剂量时能抑制延髓的化学催吐感受区，大剂量能直接抑制呕吐中枢，但对刺激消化道或前庭器官反射性兴奋呕吐中枢引起的呕吐无效。③降温作用：抑制丘脑下部体温调节中枢，降低基础代谢，使体温下降 1～2 ℃，但与一般解热药不同，本品能使正常体温下降。④抗休克作用：氯丙嗪能阻断肾上腺素受体，可致血管扩张，血压下降，改善微循环，具有抗休克作用。氯丙嗪也可阻断 M 受体，但作用较弱。⑤有一定的镇痛作用。

本品用于有攻击行为的猫、犬和野生动物，使其安静；缓解大家畜因脑炎、破伤风引起的过度兴奋以及作为食道梗塞、肠痉挛的辅助治疗药；用于麻醉前给药；用于严重外伤、烧伤、骨折等麻醉时减少麻醉药的用量，防止休克和镇痛；还可用于减少高温季节长途运输动物时的应激反应。

【不良反应】①用本品常兴奋不安，易发生意外，马属动物慎用。②过大剂量可使犬、猫等动物出现心律不齐，四肢与头部震颤，甚至四肢与躯干僵硬等不良反应。

【注意事项】①不可与 pH 5.8 以上的药液配伍，如青霉素钠(钾)、戊巴比妥钠、苯巴比妥钠、氨茶碱和碳酸氢钠等。②过量引起的低血压禁用肾上腺素解救，但可选用去甲肾上腺素。③有黄疸、肝炎和肾炎的患畜及年老体弱动物慎用。

【制剂、用法与用量】片剂。12.5 mg、25 mg、50 mg。内服，每千克体重，一次量，犬、猫 2～3 mg。鸡 30～50 mg，1 次/d。或以 500 mg/kg 混饲，以预防应激反应。

盐酸氯丙嗪注射液。2 mL∶0.05 g，10 mL∶0.25 g。肌内注射，每千克体重，一次量，马、牛 0.5～1 mg；猪、羊 1～2 mg；犬、猫 1～3 mg；虎 4 mg；熊 2.5 mg；单峰骆驼 1.5～2.5 mg；野牛 2.5 mg；恒河猴、豺 2 mg。休药期：28 d，弃奶期 7 d。

复方氯丙嗪注射液。每支(2 mL)含盐酸氯丙嗪和盐酸异丙嗪各 50 mg。用于镇静和抗过敏，肌内注射，每千克体重，一次量，各种家畜 0.5～1 mg。

地西泮(Diazepam)

【理化性质】又名安定、苯甲二氮䓬。本品为白色或类白色结晶性粉末，无臭。本品在丙酮或三氯甲烷中易溶，在乙醇中溶解，在水中几乎不溶。

【作用与应用】本品具有安定、镇静、催眠作用，使动物安静和易于接近和管理。较大剂量时可使骨骼肌松弛，有较强的抗惊厥、抗癫痫和增强麻醉药的作用。主要用于各种动物的镇静与保定，如治疗癫痫、狂躁等，也可用于基础麻醉及麻醉前给药。

【不良反应】①猫可产生行为改变(受刺激、抑郁等)，并可能引起肝损害。经 5～11 d 内服治疗可出现临床食欲减退、昏睡、ALT/AST 比例增加和高胆红素血症。②犬可出现兴奋效应，不同个体可出现镇静或癫痫两种极端效应，犬还表现食欲增强。③马在镇静剂量时，可引起肌肉震颤、乏力和共济失调。

【注意事项】①孕畜忌用。②肝肾功能障碍患畜慎用。③与镇痛药(如哌替啶)合用时，应将后者的剂量减少 1/3。④本品能增强其他中枢抑制药的作用，若同时应用应注意调整剂量。⑤静脉注射宜缓慢，以防造成心血管和呼吸抑制。

【制剂、用法与用量】地西泮片。2.5 mg、5 mg。内服，一次量，犬 5～10 mg，猪 2～5 mg，水貂 0.5～1 mg。

地西泮注射液。2 mL∶10 mg。肌内、静脉注射，一次量，每千克体重，马 0.1～0.15 mg；牛、羊、猪 0.5～1 mg，犬、猫 0.6～1.2 mg，水貂 0.5～1 mg。休药期：28 d。

溴化物(Bromide)

【理化性质】溴化物类药物包括溴化钠、溴化钾、溴化铵及溴化钙。临床上常用的制剂是溴化钠、溴化钾及溴化钙。溴化物多为人工合成的白色结晶性粉末，无臭，味苦，有引湿性，易溶于水，微溶于乙醇。

【作用与应用】溴化物在体内释放出的溴离子，可加强大脑皮质的抑制过程，并能使抑制过程集中，对大脑皮质的感觉区和运动区也有一定的抑制作用，故有镇静和抗惊厥作用。本品与咖啡因配用，可促进恢复被破坏的兴奋与抑制过程，使之由不平衡转为平衡状态，从而有助于调节内脏神经，在一定程度上缓解胃肠痉挛，减轻腹痛。

本品用于治疗中枢神经过度兴奋的病畜，如破伤风引起的惊厥、脑炎引起的兴奋、猪因食盐中毒引起的神经症状以及马、骡疝痛引起的疼痛不安等。

【注意事项】①本品排泄很慢，连续用药可引起蓄积中毒，中毒时立即停药，并给予氯化钠制剂，加速溴离子排出。

②本品对局部组织和胃肠道黏膜有刺激性，内服应配成 1%～3% 的水溶液，静注不可漏出血管外。

【制剂、用法与用量】三溴片。含溴化钾 0.12 g、溴化钠 0.12 g、溴化铵 0.06 g。内服，一次量，马 15～50 g，牛 15～60 g，猪 5～10 g，羊 5～15 g，犬 0.5～2 g，家禽 0.1～0.5 g。

溴化钠注射液。10 mL∶1 g。静脉注射，一次量，牛、马 5～10 g。

安溴注射液。100 mL∶溴化钠 10 g＋安钠咖 2.5 g。静脉注射，一次量，牛、马 80～100 mL，猪、羊 10～20 mL。

苯巴比妥(Phenobarbital)

【理化性质】本品为白色有光泽的结晶性粉末，无臭；饱和水溶液显酸性反应。本品在乙醇或乙醚中溶解，在三氯甲烷中略溶，在水中极微溶解；在氢氧化钠或碳酸钠溶液中溶解。

【作用与应用】抗惊厥药。本品具有镇静、催眠和抗惊厥的作用，对各种癫痫发作都有效，但对癫痫小发作疗效较差。本品还能增强解热镇痛药的镇痛作用。用于缓解脑炎、破伤风、士的宁中毒所致的惊厥。

【不良反应】①犬可能表现抑郁与躁动不安综合征，犬、猪有时出现运动失调。②猫对本品敏感，易致呼吸抑制。

【注意事项】①肝肾功能不全、支气管哮喘或呼吸抑制的患畜禁用。严重贫血、心脏疾患的患畜及孕畜慎用。②中毒时可用安钠咖、戊四氮、尼可刹米等中枢兴奋药解救。③内服本品中毒的初期，可先用 1∶2 000 的高锰酸钾洗胃，再以硫酸钠(忌用硫酸镁)导泻，并结合用碳酸氢钠碱化尿液以加速药物排泄。

【制剂、用法与用量】苯巴比妥片。15 mg、30 mg、100 mg。内服，一次量，每千克体重，犬、猫 6～12 mg。

注射用苯巴比妥钠。0.1 g、0.5 g。肌内注射，一次量，羊、猪 0.25～1 g；每千克体重，犬、猫 6～12 mg。休药期：28 d，弃奶期 7 d。

氟哌啶醇(Haloperidol)

【作用与应用】又名氟哌啶苯。氟哌啶醇是第一个合成的丁酰苯类药物，是这类药物的典型代表。本品通过阻断多巴胺受体(D_2)而产生镇静作用。具有较强的抗狂躁作用及镇吐作用。与哌替啶合用可增强其镇痛作用。

临床上可与镇痛药合用以产生安定镇静作用，以便于进行某些外科手术；也可用于治疗呕吐。氟哌啶醇与静松灵、EDTA、盐酸二氢埃托啡的复方制剂即为速眠新，广泛用于小动物的麻醉。

【注意事项】不良反应为锥体外系症状；对自主神经及心脏、肝功能影响较小；可引起头晕、乏力、口干、便秘、皮疹及抑郁等。有致畸报道，孕畜忌用。

硫酸镁注射液(Magnesium Sulfate Injection)

【理化性质】本品为硫酸镁灭菌水溶液，为无色的澄清液体。

【作用与应用】注射给药，吸收后的镁离子浓度过低时可致激动，随着剂量增加，可抑制中枢神经系统，产生镇静、抗惊厥与全身麻醉作用，但产生麻醉作用的剂量能麻痹呼吸中枢，故不宜单独作全身麻醉药，应与水合氯醛合用。同时镁离子对神经肌肉有阻断作用，使骨骼肌松弛。常用于治疗破伤风、脑炎、士的宁等中枢兴奋药中毒所致的惊厥，也用予治疗膈肌痉挛及分娩时子宫颈痉挛等。

【不良反应】静脉注射速度过快或过量可导致血镁过高，可引起血压剧降，呼吸抑制，心动过缓，神经肌肉兴奋传导阻滞，甚至死亡。

【注意事项】①静脉注射宜缓慢，遇有呼吸麻痹等中毒现象时，应立即静脉注射钙剂解救。②肾功能不全、严重心血管疾病、呼吸系统疾病的患畜慎用或不用。③与硫酸黏菌素、硫酸链霉素、葡萄糖酸钙、盐酸普鲁卡因、四环素、青霉素等药物存在配伍禁忌。

【制剂、用法与用量】硫酸镁注射液。10 mL∶1 g、10 mL∶2.5 g。以硫酸镁计。肌内、静脉注射，一次量，牛、马 10～25 g，猪、羊 2.5～7.5 g，犬、猫 1～2 g。

二、麻醉性镇痛药

麻醉性镇痛药是指能选择性地作用于中枢神经系统的疼痛中枢，以减轻或解除疼痛的药物。本类药物在动物保定和驯服动物上有重要应用价值。剧痛可引起动物生理机能紊乱，甚至诱发神经性休克。在疼痛时，动物意识清醒，其他感觉不受影响。此时，适当地应用镇痛药不仅能解除疼痛，而且能防止神经性休克的发生。镇痛药和麻醉药合用也有利于施行外科手术。

临床上根据药物作用的性质不同而将镇痛药分为麻醉性镇痛药和非麻醉性镇痛药（解热镇痛抗炎药）两类。

①麻醉性镇痛药：指经典镇痛药，如吗啡及其代用品，为阿片受体激动剂。这类药物对中枢神经系统有抑制作用，镇痛作用强大，但反复应用易于成瘾，故又称成瘾性（麻醉性）镇痛药。这类药物对锐痛和钝痛都有止痛效果，但不宜长期应用。

②解热镇痛抗炎药：作用部位不在中枢神经系统，缓解疼痛作用较弱，多用于钝痛，同时还有解热、抗炎作用，临床上用于肌肉痛、神经痛、关节痛等慢性痛，久用不会成瘾，为非麻醉性镇痛药。

解热镇痛抗炎药详见模块五。

麻醉性镇痛药是选择性地作用于中枢神经系统特定部位的阿片受体，消除或缓解痛觉的药物，又称为阿片样镇痛药。麻醉性镇痛药在产生作用的同时不影响其他感觉（触觉、听觉、视觉和嗅觉等）并保持意识清醒。本类药物反复应用在人易产生依赖性或成瘾性，易导致药物滥用和停药的戒断现象，所以多数被归入管制药品之列，目前国外只在宠物上有应用，在国内属于管制药品，兽医临床难以获得。本节内容只介绍其危害和实际应用价值。此类药物多数属于阿片类生物碱，如吗啡、可待因等，还有一些人工合成代用品，如哌替啶、芬太尼等。本类药物的主要应用包括外伤、腹痛和术后等镇痛，以及麻醉前给药、止咳、催吐和止泻。

吗啡(Morphine)

【理化性质】本品是从阿片（以前称鸦片）中提取的一种生物碱，常用制剂为盐酸吗啡。盐酸吗啡为白色、有丝光的针状结晶或结晶性粉末，无臭，味苦，可溶于水及乙醇，遇光易变质。

【作用与应用】①本品有强大的中枢性镇痛作用，镇痛范围广，对各种疼痛都有效。②对中枢神经系统具有兴奋或抑制作用，且与动物的种属差异有关。猫、猪、羊、马、狮子、熊和狐等动物在给药后经一定潜伏时间呈现兴奋状态，为兴奋型；犬、兔、豚鼠、鸡等在给药后仅有短暂的兴奋状态，出现唾液分泌，呕吐和排粪，而后痛觉迟钝，睡眠逐渐加深，甚至难以苏醒，为抑制型。③本品有较强的镇咳作用，对各种原因引起的咳嗽均有效。治疗量能够抑制各种动物的呼吸中枢，降低呼吸中枢对 CO_2 的敏感性，小剂量时即可表现出来，过大剂量时使动物呼吸中枢麻痹。

本品小剂量时可缓解反刍动物及马肠道痉挛，但能提高括约肌张力而引起继发性便秘；大剂量时先引起肠道机能亢进而腹泻，继而引起便秘，常见于犬和猫等动物。

本品治疗剂量时对血管和心律无明显作用。大剂量吗啡可使外周血管扩张，引起血压下降。

本品用于犬麻醉前给药，可减少全麻药用量；也用于缓解剧痛（如创伤、烧伤等疼痛）。

【注意事项】①本品不宜用于产科镇痛。②胃扩张、肠阻塞及臌胀动物禁用；肝、肾功能异常动物慎用；对牛、羊、猫易引起强烈兴奋，须慎用；幼畜对本品敏感，慎用或不用。③纳洛酮、烯丙吗啡可特异性拮抗吗啡的作用，过量中毒时首选。④可引起组胺释放、呼吸抑制、支气管收缩、中枢神经系统抑制。⑤可引起呕吐、肠蠕动减弱以及便秘（犬）、体温过高（牛、羊、马和猫）或过低（犬、兔）等。⑥连续应用可成瘾。⑦忌与氯丙嗪、异丙嗪、氨茶碱、巴比妥类、苯妥英钠、哌替啶等药物混合注射。

哌替啶（Pethidine）

【理化性质】又名杜冷丁，其盐酸盐为白色结晶性粉末，无臭或几乎无臭。本品是人工合成的麻醉性镇痛药，可作为吗啡的良好代用品，溶于水，常制成注射液。

【作用与应用】①本品作用与吗啡相似，但镇痛作用比吗啡弱。②与吗啡等效剂量时，对呼吸有相同程度的抑制作用，但作用时间短。③对胃肠平滑肌有类似阿托品的作用，强度为阿托品的 1/20～1/10，能解除平滑肌痉挛。在消化道发生痉挛时可同时起镇静和解痉作用。④对催吐化学感受区也有兴奋作用，易引起恶心、呕吐。

本品临床上主要用作镇痛药，治疗家畜痉挛性疝痛、手术后疼痛及创伤性疼痛等；也用于猪、犬、猫等麻醉前给药，减少麻醉药的用量。

【注意事项】①本品与阿托品合用，可解除平滑肌痉挛，增强止痛效果；与氯丙嗪、异丙嗪配伍用于抗休克和抗惊厥等。②具有心血管抑制作用，易致血压下降；过量中毒可致呼吸抑制、惊厥、心动过速、瞳孔散大等。除用纳洛酮对抗呼吸抑制外，尚需配合使用巴比妥类药物对抗惊厥。③本品久用可成瘾。④不宜用于妊娠、产科手术动物。⑤禁用于患有慢性阻塞性肺疾病、支气管哮喘、肺源性心脏病和严重肝功能减退的动物。⑥对局部有刺激性，不能皮下注射。⑦可导致猫过度兴奋。

芬太尼（Fentanyl）

【理化性质】芬太尼化学结构与哌替啶相似，是目前临床常用的合成镇痛药之一。通常使用的制剂为枸橼酸芬太尼，为人工合成品。为白色晶性粉末，无臭，味苦，易溶于水（1∶40）。

【作用与应用】主要用于各种原因引起的剧痛，因其对心肌收缩几乎无影响，常用于心脏外科手术。注射给药可用于术后镇痛和分娩止痛；口腔黏膜黏附制剂可用于缓解对阿片类镇痛药耐受的癌症动物的暴发性疼痛；与氟哌利多合用，作为犬和实验动物的安定镇痛药和用于神经松弛镇痛，帮助完成某些令动物痛苦的小手术或医疗检查，如烧伤换药、内窥镜检查等；与氧化亚氮或其他吸入麻醉剂合用，可增强麻醉效果。

【不良反应】主要不良反应与其他受体激动药相似，也会引起明显欣快感、呼吸抑制和药物依赖性。芬太尼用于麻醉时，可引起肌肉僵直，主要见于腹部和胸部。本品单用于马时，可使马兴奋，曾被非法作为赛马的中枢兴奋剂。

【注意事项】①大量或长期使用有成瘾性。②静脉注射宜缓慢，以免产生呼吸抑制。

三、全身麻醉药

（一）概念

全身麻醉药简称全麻药，是一类能可逆的、广泛性的抑制中枢神经系统，暂时使动物的意识、感觉、运动及反射机能减弱或消失、骨骼肌松弛，但仍保持延髓生命中枢（血管运动中枢和呼吸中枢）功能的药物。其麻醉作用是一个由浅入深的过程，主要用于外科手术的麻醉。目前使用的全麻药单独应用都不理想，临床常采用联合用药或辅以其他药物。常用的麻醉方式有麻醉前给药、诱导麻醉、基础麻醉、配合麻醉和混合麻醉等。

根据全麻药的理化性质和使用方法不同将其分为吸入性麻醉药和非吸入性麻醉药两类。吸入性麻醉药包括挥发性液体（如乙醚、甲氧氟烷、恩氟烷等）和气体（氧化亚氮、环丙烷等）。吸入性麻醉药具有体内代谢破坏极少（由肺部吸入、呼出）、麻醉深度易于控制的优点；缺点是麻醉从始至终必须由专人控制，需要特殊的麻醉装置，药物对支气管黏膜有一定的刺激性，且这些药物易燃易爆，兽医临床上很少用于大动物麻醉。非吸入性麻醉药包括巴比妥类、水合氯醛、乙醇、氯胺酮、舒泰等，优点是麻醉诱导期短，一般不出现兴奋期，操作简便，给药途径多（如静脉注射、肌内注射、腹腔注射、口服及直肠灌注等）；缺点是麻醉深度、用药剂量与麻醉维持时间不易控制，排泄慢，苏醒期也长。

（二）麻醉方式

为了克服全麻药的不足，减少麻醉药用量，增强麻醉效果，减少毒副反应，增加麻醉安全性，扩大麻醉药应用范围，常采用以下几种联合用药的方式进行复合麻醉。

（1）麻醉前给药。在应用全麻药前，先用一种或几种药物以补救麻醉药的不足或增强麻醉效果，减少全麻药的毒副作用和用量。如给予阿托品或东莨菪碱以减少乙醚刺激呼吸道分泌，防止迷走神经兴奋所致的心跳减慢。

（2）混合麻醉。用两种或两种以上药物配合在一起进行麻醉，取长补短，以减少每种药物的使用剂量，降低毒性。如氟烷与乙醚混合使用等。

（3）配合麻醉。常用局麻药配合全麻药进行麻醉。如先用水合氯醛引起浅麻醉，再在有关部位施用局麻药，以减少水合氯醛的用量及毒性。为满足手术对肌肉松弛的要求，往往在麻醉同时应用琥珀胆碱等肌肉松弛药。

（4）基础麻醉。先用硫喷妥钠等巴比妥类药物，使其达到浅麻醉状态，在此基础上再用其他麻醉药物来维持麻醉深度，可减轻麻醉药不良反应及增强麻醉效果。

（5）诱导麻醉。为避免全麻药诱导期过长的缺点，一般选用诱导期短的硫喷妥钠，使之快速进入外科麻醉期，然后改用乙醚等其他药物维持麻醉。

（三）麻醉注意事项

（1）麻醉前检查及用药。对动物要有全面的了解，如体质、呼吸、心脏等。对于极度衰弱、患有严重呼吸器官、肝和心血管系统疾病的动物以及妊娠母畜，不宜做全身麻醉，为达到理想的麻醉效果，通常采用联合用药。

（2）麻醉过程中的观察。在麻醉过程中，时刻注意动物的呼吸、心搏、瞳孔等变化，并经常观察角膜反射和肛门反射。如麻醉程度不足，可适当追加麻醉，如麻醉过深，应及时解救。

（3）正确选用麻醉药。要根据动物种类和手术需要，选择合适的麻醉方式、麻醉药物、剂量等，能用局部麻醉的，不用全麻，能浅不深。一般来说，马属动物和猪对全麻药比较耐受，但巴比妥类有时可引起明显的兴奋。反刍动物在麻醉前宜停饲 12 h 以上，不宜单用水合氯醛做全身麻醉，多以水合氯醛与普鲁卡因做配合麻醉。

（四）麻醉分期

（1）第一期为自主兴奋期（随意运动期）。指从麻醉给药开始，到意识消失为止。此期较短，不易被察觉，也没有显著的临床意义。主要是抑制网状结构上行激活系统与大脑皮层感觉区。

（2）第二期为非自主兴奋期（不随意运动期）。指从意识丧失开始的时期。此期血药浓度升高，大脑皮层功能抑制加深，失去对皮层下中枢的调节与抑制作用，因此动物表现出不随意运动。非自主兴奋期易发生意外事故，不宜进行任何手术。自主兴奋期与非自主兴奋期合称麻醉诱导期。

（3）第三期为外科麻醉期。指从兴奋转为安静、呼吸由不规律转为规律后的时期。麻醉进一步加深，间脑、中脑和脑桥受到不同程度的抑制，脊髓机能由后向前逐渐被抑制，但延髓中枢机能仍保持。外科麻醉期又分为轻度麻醉期、中度麻醉期、深度麻醉期、极深度麻醉期、极度麻醉期，理想的麻醉深度在中度麻醉期，兽医临床上一般在此期进行手术。

（4）第四期为麻痹期（中毒期）。指从呼吸肌完全麻痹至循环完全衰竭为止。随着麻醉程度的加深，心肺功能逐渐被抑制，当心肺功能接近极度抑制时，机体出现呼吸暂停，心跳持续一段较短的时间。外科麻醉期的极深度麻醉期和第四期很难区分，外科麻醉禁止达到此期。

麻醉后的苏醒顺序与麻醉相反，在完成手术后，应使苏醒过程尽量缩短，以减少在苏醒过程中因动物挣扎而造成的意外损伤。

（五）临床常用药物

1. 非吸入麻醉药

非吸入麻醉药是指用于非吸入途径给药进行麻醉的药物。兽医临床使用的主要有巴比妥类、氯胺酮、水合氯醛等。巴比妥类药物能抑制脑干网状结构上行激活系统，具有镇静、催眠、抗惊厥和麻醉作用。根据作用时间的长短，分为长效（苯巴比妥钠）、中效（异戊巴比妥钠）、短效（戊巴比妥钠）和超短效（硫喷妥钠）四种类型。

硫喷妥钠（Thiopental Sodium）

【理化性质】又名戊硫巴比妥钠，为乳白色或淡黄色粉末。有蒜臭味，味苦；有潮解性；易溶于水和乙醇，水溶液不稳定，放置后逐渐分解；煮沸时产生沉淀。

【作用与应用】本品为全身麻醉药，属于超短效巴比妥类药物。静脉注射后动物通常在30 s～1 min进入麻醉状态；持续时间很短，如犬每千克体重静脉注射15～17 mg，可持续7～10 min麻醉；静脉注射18～22 mg，可持续10～15 min。加大剂量或重复给药，可增强麻醉强度和延长麻醉时间。常用于动物的诱导麻醉，如牛、猪、犬的全麻药或基础麻醉药以及马属动物的基础麻醉药；也用于中枢兴奋药中毒、脑炎、破伤风引起的惊厥。

【不良反应】①犬用硫喷妥钠后易导致心律失常。②猫注射后可出现呼吸暂停、轻度高血压。③马可出现兴奋和严重的运动失调（单独应用时）。④一过性白细胞减少症、高血糖、窒息、心动过速和呼吸性酸中毒。

【注意事项】①本品只供静脉注射，对巴比妥类药物有过敏史和心血管疾病患畜禁用。②肝、肾功能障碍、重病、衰弱、休克、腹部手术、支气管哮喘（可引起喉头痉挛、支气管水肿）等情况下禁用。③因溶液碱性很强，因此静脉注射时不可漏出血管外，否则易引起静脉周围组织炎症；而快速静脉注射会引起明显的血管扩张和高血糖。④反刍动物麻醉前注射阿托品，可减少腺体分泌。⑤因本品可引起溶血，因此不得使用浓度小于2%的注射液。⑥本品过量引起的呼吸与循环抑制，除采用支持性呼吸疗法和心血管支持药物（禁用肾上腺素类药物）外，还可用戊四氮等呼吸中枢兴奋药解救。

【制剂、用法与用量】注射用硫喷妥钠。0.5 g、1 g。以硫喷妥钠计，静脉注射，一次量，每千克体重，马、牛、羊、猪10～15 mg；犊15～20 mg；犬、猫20～25 mg；临用前，加灭菌注射用水或氯化钠注射液配成2.5%溶液。

戊巴比妥钠(Pentobarbital Sodium)

【理化性质】本品为人工合成品。为白色结晶颗粒或晶粉，无臭，味微苦，有引湿性。易溶于水，水溶液呈碱性，遇热易分解，水溶液沉淀后加氢氧化钠能重新溶解。

【作用与应用】本品属于短效巴比妥类药物。作用与苯巴比妥相似，只是显效快，维持时间较短。麻醉时间，羊为15～30 min，狗为1～2 h。苏醒期长，一般需6～18 h才能完全恢复，猫可长达24～72 h。主要用于中、小动物的全身麻醉，成年马、牛的复合麻醉（如戊巴比妥与水合氯醛、硫喷妥钠配伍，或与盐酸普鲁卡因等进行复合麻醉），也可用作各种动物的镇静药、基础麻醉药、抗惊厥药，以及用于中枢神经兴奋药中毒的解救。

【注意事项】①用戊巴比妥麻醉的猫，给予氨基糖苷类抗生素能引起神经肌肉的传导阻滞，新生幼猫不宜用其麻醉。②麻醉剂量对呼吸有明显抑制作用，故静脉注射时应先以较快速度注入半量，然后根据动物的反应而缓慢注射余下药量。与氯丙嗪配合做强化麻醉时，戊巴比妥钠的量可减少1/2～2/3。③肝、肾功能不全的动物应慎用。

【制剂、用法与用量】注射用戊巴比妥钠。0.1 g。静脉注射（麻醉），一次量，每千克体重，马、牛15～20 mg，羊30 mg，猪10～25 mg，犬25～30 mg；肌内、静脉注射（镇静），每千克体重，马、牛、猪、羊5～15 mg。

异戊巴比妥钠(Amobarbital Sodium)

【理化性质】又名导眠钠、阿米奴巴比妥钠，为白色的颗粒或粉末；无臭，味苦。本品极易溶于水，常制成粉末。

【作用与应用】本品为全身麻醉药，作用与苯巴比妥相似。小剂量能镇静、催眠，随剂量增加能产生抗惊厥和麻醉作用，麻醉维持时间约为30 min。临床主要用于中、小动物的镇静、抗惊厥和麻醉。

【不良反应】在苏醒时有较强烈的兴奋现象。

【注意事项】①肝功能、肾功能及肺功能不全患畜禁用。②苏醒期较长，动物手术后在苏醒期应加强护理。③本品中毒可用戊四氮等解救。④静脉注射不宜过快，否则可出现呼吸抑制或血压下降。

【制剂、用法与用量】注射用异戊巴比妥钠。0.1 g、0.25 g。以异戊巴比妥钠计，静脉注射，一次量，每千克体重，猪、犬、猫、兔2.5～10 mg；临用前用灭菌注射用水配成3%～6%的溶液。

氯胺酮(Ketamine)

【理化性质】又名开他敏，本品为白色结晶性粉末；无臭。本品在水中易溶，在热乙醇中溶解，在乙醚中不溶。

【作用与应用】本品为全身麻醉药，具有明显快速的镇痛作用。既可抑制下丘脑新皮层的冲动传导，使动物进入浅麻状态，痛觉完全消失，又能兴奋脑干与大脑边缘系统，使来自脊髓丘脑的传导并未完全停止，从而使意识模糊存在，这种麻醉状态称为分离麻醉。麻醉期间动物表现意识模糊，对环境刺激无反应，痛觉消失，眼球凝视或转动，骨骼肌张力不变或增加，呈木僵状态。

临床用于马、牛、猪、羊、野生动物的基础麻醉和化学保定，但仅能用于与肌肉松弛无关的小手术，也可与水合氯醛、二甲苯胺噻唑进行混合麻醉。多以静脉注射给药，作用快且维持时间短。如马以每千克体重 1 mg 静脉注射，约 1 min 起效，药效维持 10 min；牛以每千克体重 8 mg 静脉注射，药效维持 10～20 min。

本品毒性较小，常用剂量对心血管系统无明显抑制作用，对呼吸影响轻微，常用作牛、马、羊、猪及野生动物的基础麻醉药及化学保定药。

【不良反应】①本品可使动物血压升高、唾液分泌增多、呼吸抑制和呕吐等。②高剂量可产生肌肉张力增加、惊厥、呼吸困难、痉挛、心脏停搏和苏醒期延长等。

【注意事项】①怀孕后期动物禁用。②马静脉注射应缓慢。③对咽喉或支气管的手术或操作，不宜单用本品，必须合用肌肉松弛剂。④反刍动物应用时，麻醉前常需禁食 12～24 h，并给予小剂量阿托品抑制腺体分泌；应用时，常用赛拉嗪等作麻醉前给药。

【制剂、用法与用量】盐酸氯胺酮注射液。2 mL：0.1 g，2 mL：0.3 g，10 mL：0.1 g，20 mL：0.2 g。以氯胺酮计，静脉注射，一次量，每千克体重，马、牛 2～3 mg，猪、羊 2～4 mg。肌内注射，一次量，每千克体重，猪、羊 10～15 mg，犬 10～20 mg，猫 20～30 mg，灵长动物 5～10 mg，熊 8～10 mg，鹿 10 mg，水貂 6～14 mg。

复方氯胺酮注射液。本品为盐酸氯胺酮、盐酸赛拉嗪与盐酸苯乙哌酯的灭菌水溶液，含上述 3 种成分分别为 15%、15%和 0.005%。用于家畜和野生动物的基础麻醉、全身麻醉和化学保定。肌内注射，一次量，以本品计，每千克体重，猪 0.1 mL，犬 0.033～0.067 mL，猫0.017～0.02 mL，马、鹿 0.015～0.025 mL。

水合氯醛(Chloral Hydrate)

【理化性质】又名水化氯醛、含水氯醛。为无色透明的结晶；有刺激性臭味，味微苦，易溶于水和乙醇。配制注射剂时不可煮沸灭菌。

【作用与应用】小剂量产生镇静；中等剂量产生催眠，但对呼吸中枢有一定的抑制作用；大剂量产生全身麻醉与抗惊厥。还能降低新陈代谢，抑制体温中枢，可使体温下降 1～5 ℃。主要用于马、猪、犬的全身麻醉和疝痛、子宫直肠脱出，脑炎、破伤风、士的宁中毒等的镇静、镇痛、解痉。

【注意事项】本品刺激性大，内服 5%以上溶液即能使胃肠黏膜发生炎症；静脉注射时不可漏出血管；内服或灌注时，宜用 10%的淀粉浆配成 5%～10%浓度。静脉注射时，先注入 2/3 的剂量，余下 1/3 剂量应缓慢注入，待动物出现后躯摇摆、站立不稳时，即可停止注射并助其缓慢倒卧。有严重心、肝、肾疾病的病畜禁用。因能抑制体温中枢,故在寒冷季节应注意保温。过量中毒可用樟脑、尼克剎米等缓解,但不可用肾上腺素。麻醉时一般做基础麻醉,超过浅麻醉量可抑制延髓呼吸中枢、血管运动中枢及心脏活动而发生中毒甚至死亡。因此,本品不是一个理想的全麻药;牛、羊应用易导致腺体大量分泌与瘤胃臌胀,故应慎用,且在应用前注射阿托品。

【制剂、用法与用量】水合氯醛,水合氯醛硫酸镁注射液,水合氯醛乙醇注射液。内服、灌肠(镇静),一次量,每千克体重,牛、马 10～25 g;羊、猪 2～4 g;犬 0.3～1 g。内服、灌肠(催眠),一次量,马 30～60 g;羊、猪 5～10 g。静脉注射,一次量,每千克体重;牛、马 0.08～0.12 g;水牛 0.13～0.18 g;猪 0.15～0.17 g;

异丙酚(Propofol)

【理化性质】又称丙泊酚。在水中不溶,制剂是用豆油、甘油和卵磷脂制成的水包油型乳剂。

【作用与应用】具有很强的催眠、麻醉作用,作用强度约为硫喷妥钠的 1.6～1.8 倍。本品通过加强 GABA 效应抑制中枢神经系统,产生镇静、催眠、麻醉作用,起效快、作用时间短、苏醒迅速;肌肉松弛作用较好,能抑制咽喉反射,有利于气管插管;可降低颅内压和眼内压;无镇痛作用;对循环系统有抑制作用,使全身血管阻力下降,引起血压下降;对呼吸系统有抑制作用,大剂量或注射速度过快,可导致呼吸暂停。

可用作诱导麻醉药、维持麻醉药、镇静催眠药和癫痫症的治疗药。尤其是短小的手术,恢复快,意识清楚,恶心、呕吐的发生率低。

【注意事项】①诱导麻醉常引起呼吸暂停,持续时间超过 30 s。若与阿片类药合用,呼吸暂停发生率更高,持续时间更长。②可引起血压下降。③注射局部疼痛。

【用法与用量】诱导麻醉:一次量,每千克体重,犬 6.5 mg,猫 8.0 mg。麻醉前给药:一次量,每千克体重,犬 4.0 mg,猫 6.0 mg。

舒泰(Zoletil)

【理化性质】本品为一种复合麻醉剂,由替来他明与唑拉西泮 1∶1 混合而成。替来他明是一种分离麻醉剂,作用持久,具有良好的止痛作用;唑拉西泮是苯二氮卓类的镇静剂,具有良好的肌肉松弛作用和抗惊厥作用。这两种药物在药物动力学上有互补作用。常制成注射液。

【作用与应用】本品安全范围较大,对肌肉和静脉的刺激性小,可进行肌内注射或静脉注射。①麻醉迅速,静脉注射后 1 min 机体即可进入外科麻醉状态,肌内注射后 5～8 min 麻醉作用起效。②有止痛作用,降低机体对痛觉的反射而达到深度止痛效果。③肌肉松弛效果与吸入麻醉药类似。本品主要用于小动物的外科手术。

【注意事项】①用药前禁食 12 h。②用药期间动物眼睛张开并伴有瞳孔扩张,可应用眼膏避免角膜干燥;同时必须不断检测体温,注意保温。③动物的苏醒与动物的状况(如年龄、体重)和给药途径有关,静脉注射动物通常恢复较快。④使用本品后,动物非常沉稳,不会因为外界声音或光刺激而变得烦躁不安。⑤在麻醉前与麻醉后避免使用含氯霉素的药物,否则会延迟麻醉药的排出;也禁止与含氯霉素的药物合用,否则会造成体温过低和心脏抑制反应。

【用法与用量】 肌内注射，一次量，每千克体重，犬 7～25 mg，猫 5～15 mg；静脉注射，一次量，每千克体重，犬 5～10 mg，猫 5～7.5 mg。

速眠新

【理化性质】 又名 846 合剂，为无色透明液体。本品主要成分有赛拉唑、氟哌啶醇（神经安定药）、噻芬太尼（镇痛药）、氯胺酮等，常制成注射液。

【作用与应用】 本品具有中枢性镇痛、镇静及肌肉松弛作用。麻醉作用时间可达 40～90 min。本品用于大、小动物的保定及麻醉。

【注意事项】 ①对心血管系统、呼吸系统有一定的抑制作用，使心率减慢、呼吸次数减少。危重病例、心脏病、呼吸系统疾病动物禁用。②苏醒灵与 846 合剂、静松灵、保定宁、眠乃新等有特异性的拮抗作用。

【制剂、用法与用量】 速眠新Ⅱ注射液。每支 1.5 mL，可肌内注射或静脉给药，但静脉给药剂量应为肌内注射量的 1/3～1/2。肌内注射，每千克体重，杂种犬 0.08～0.1 mL，纯种犬 0.04～0.08 mL；猫 0.2～0.3 mL。

2. 吸入性麻醉药

吸入性麻醉药或挥发性麻醉药是一类在室温和常压下以液态或气态形式存在，容易挥发成气体的麻醉药物。吸入性麻醉药的特点：作用能迅速逆转，麻醉和肌肉松弛的质量高，药物的消除主要靠肺呼吸而不是肝或肾的功能，用药成本较低，给药需要使用特殊的装置，有的易燃易爆。

氧化亚氮是最古老的吸入性麻醉药。环丙烷、麻醉乙醚、甲氧氟氯乙炔和恩氟烷为易燃品，氟烷、异氟烷、地氟烷、七氟烷为非易燃品。非易燃品现已在临床上广泛使用，最常用的是异氟烷。

异氟烷（Isoflurane）

【理化性质】 本品在常温下为无色透明液体，有刺鼻臭味。为非易燃易爆品。

【作用与应用】 异氟烷能有效地抑制中枢神经系统，同时具有良好的肌肉松弛作用。其麻醉特点是麻醉诱导快，动物苏醒快，麻醉的深度能迅速调整，对各种动物的安全范围都大（约为氟烷的 2 倍）。对肝功能的损害是吸入麻醉药中最小的，能通过胎盘而对胎儿发挥抑制作用。

临床用于诱导麻醉或维持麻醉，适合于各种动物，如犬、猫、马、牛、羊、猪、鸟类、动物园动物和野生动物。

【注意事项】 不得用于食品动物，可通过胎盘抑制胎儿。

【制剂、用法与用量】 借助麻醉机吸入。诱导麻醉：浓度 3%～5%（在吸入气体中所占比例），犬、猫 3～5 L/min，牛、驹、猪 5～7 L/min；维持麻醉：浓度 1%～3%，犬、猫 3～5 L/min，牛、驹、猪 5～7 L/min。

四、化学保定药

在不影响动物意识和感觉的情况下，可使动物情绪转为平静和温顺，嗜睡与肌肉松弛，停止抗拒与挣扎，以达到类似保定目的，这类药物称为化学保定药，广泛用于动物园动物、野生动物以及马、牛等大家畜的运输、人工授精、诊疗检查等。目前，我国兽医临床上常用的有赛拉唑、赛拉嗪及其制剂。

赛拉嗪(Xylazine)

【理化性质】又名二甲苯胺噻嗪、隆朋、麻保静。本品为白色结晶性粉末,味微苦;难溶于水,可与盐酸结合制成易溶于水的盐酸赛拉嗪。

【作用与应用】本品为化学保定药,具有明显的镇静、镇痛和肌肉松弛的作用,可引起反刍动物的唾液分泌增多、呼吸频率下降和兴奋子宫平滑肌的作用。

用于各种动物的化学保定,控制烈性动物及捕捉野生动物,马、犬、猫、反刍兽的麻醉前给药。常与氯胺酮配合用于全身麻醉,马疝痛、犬腹痛时的镇痛及犬、猫中毒时的催吐。

【不良反应】①犬、猫用药后常出现呕吐、肌肉震颤、心搏徐缓、呼吸频率下降等,另外在猫出现排尿增加。②反刍动物对本品敏感,用药后表现唾液分泌增多、瘤胃迟缓、臌胀、逆呕、腹泻、心搏缓慢和运动失调等,妊娠后期的牛会出现早产或流产。③马属动物用药后可出现肌肉震颤、心搏徐缓、呼吸频率下降、多汗,以及颅内压增加等。

【注意事项】①产乳供人食用的牛、羊,在泌乳期不得使用。②马静脉注射速度宜慢,给药前可先注射小剂量阿托品,以免发生心脏传导阻滞。③牛用本品前应禁食一定时间,并注射阿托品;手术时应采用伏卧姿势,并将头放低,以防异物性肺炎及减轻瘤胃胀气时压迫心肺。妊娠后期牛不宜应用。④犬、猫用药后可引起呕吐。⑤有呼吸抑制、心脏病、肾功能不全等症状的患畜慎用。⑥中毒时,可用 α_2 受体阻断药及阿托品等解救。

【制剂、用法与用量】盐酸赛拉嗪注射液。2 mL∶0.2 g、5 mL∶0.1 g、10 mL∶0.2 g。以赛拉嗪计。肌内注射:一次量,每千克体重,马 1～2 mg,牛 0.1～0.3 mg,羊 0.1～0.2 mg,犬、猫 1～2 mg,鹿 0.1～0.3 mg。休药期:牛、羊 14 d,鹿 15 d。

赛拉唑(Xylazole)

【理化性质】又名二甲苯胺噻唑、静松灵。本品为我国 20 世纪 80 年代自行合成的镇静保定新药。为白色结晶性粉末,味微苦,易溶于水,水溶液遇冷即析出结晶,可加热溶解后使用。与依地酸组成可溶性盐,取名为保定宁。

【作用与应用】本品为镇痛性化学保定药,作用与赛拉嗪相似,具有镇静、镇痛和肌肉松弛作用,但有明显的种属和个体差异,牛最敏感,马、犬、猫、猪敏感性较差,兔、鼠反应不一。对胃肠痉挛引起的疼痛有较好的效果,对皮肤创伤性疼痛效果较差。

临床主要用于家畜和野生动物的化学保定,控制狂躁兴奋难以控制的动物及捕捉野生动物,也可用于基础麻醉。小剂量用于动物运输、换药以及子宫脱出整复等小手术;马、犬、猫、反刍兽的麻醉前给药;常与氯胺酮配合用于全身麻醉,马疝痛、犬腹痛时的镇痛及犬、猫中毒时的催吐。

【不良反应】①反刍动物对本品敏感,用药后表现唾液分泌增多、瘤胃迟缓、臌胀、逆呕、腹泻、心搏缓慢和运动失调等,妊娠后期的牛会出现早产或流产。②马属动物用药后可出现肌肉震颤、心搏徐缓、呼吸频率下降、多汗,以及颅内压增加等。

【注意事项】①为避免本品对心、肺的抑制作用和减少腺体分泌,在用药前给予小剂量阿托品。②牛大剂量应用时,应先停饲数小时,卧倒后宜将头放低,以免唾液和瘤胃液进入肺内,并应防止瘤胃臌胀。③猪对本品有抵抗,不宜用于猪。④妊娠后期禁用。⑤中毒时,可用 α_2 受体阻断药及阿托品等解救。

【制剂、用法与用量】盐酸赛拉唑注射液。5 mL∶0.1 g、10 mL∶0.2 g。肌内注射，一次量，每千克体重，马、骡 0.5～1.2 mg，驴 1～3 mg，黄牛、牦牛 0.2～0.6 mg，水牛 0.4～1 mg，羊 1～3 mg，鹿 2～5 mg。休药期：牛、羊 28 d，弃奶期 7 d。

氯化琥珀胆碱(Suxamethonium Chloride)

【理化准质】本品为白色或几乎白色的结晶性粉末；无臭。本品在水中极易溶解，在乙醇或三氯甲烷中微溶，在乙醚中不溶。

【作用与应用】本品为去极化型肌肉松弛药。能选择性地与骨骼肌运动终板处 N_2 受体(烟碱型受体)结合，使骨骼肌松弛，顺序为：首先是头部的眼肌、耳肌等小肌肉，其次是头部、颈部肌肉，再次为四肢和躯干肌肉，最后是膈肌，当过量时，常因膈肌麻痹，引起动物窒息死亡。该药作用快、持续时间短，但因动物种类不同存在差异。

临床主要作为肌肉松弛性化学保定药，主要用于动物的化学保定和外科辅助麻醉。常用于动物骨折整复、断角、锯茸、捕捉、运输时动物的保定；手术时用作麻醉辅助药，国外多用于马、犬、猫的手术。

【不良反应】①本品过量易引起呼吸肌麻痹。②本品使肌肉持久去极化而释放出钾离子，使血钾升高。③本品使唾液腺、支气管腺和胃腺的分泌增加。

【注意事项】①年老体弱、营养不良及妊娠动物禁用。②高血钾、心肺疾患、电解质紊乱和使用抗胆碱酯酶药时慎用。③反刍动物对本品敏感，用药前应停食半日，以防影响呼吸或造成异物性肺炎，用药前可注射阿托品以制止唾液腺和支气管腺的分泌。④用药过程中如发现呼吸抑制或停止时，应立即将舌拉出，施以人工呼吸或输氧，同时静脉注射尼可刹米，但不可应用新斯的明解救。⑤琥珀胆碱在碱性溶液中可水解失效。

【制剂、用法与用量】氯化琥珀胆碱注射液。1 mL∶50 mg、2 mL∶100 mg。以氯化琥珀胆碱计。肌内注射：一次量，每千克体重，马 0.07～0.2 mg，牛 0.01～0.016 mg，猪 2 mg，犬、猫 0.06～0.11 mg，鹿 0.08～0.12 mg。

课后思考

1. 中枢兴奋药按其作用部位可分为哪几类？其代表药物有哪些？中毒时用何种药解救？
2. 比较中枢兴奋药咖啡因、尼可刹米、士的宁的作用和应用。
3. 比较全身麻醉药、镇静药、抗惊厥药、化学保定药的概念及其作用。
4. 通常中枢抑制药随剂量不同会出现哪些作用？
5. 简述全身麻醉药的概念、麻醉分期及麻醉方式。
6. 为克服全身麻醉药的不足，增强其安全范围和作用强度，应采取哪些有效措施？
7. 中枢抑制药中毒时，按不同类型分别用什么药解救？

案例分析

1. 2024 年 5 月 20 日上午 10 点左右，张姓主人带一只 9 个月大的贵宾犬到某宠物医院做绝育手术，该犬体重 4.5 kg。主治医师需要制订一个手术方案，请你帮助他完成其中手术麻醉方案的制订。

2. 早春，某水牛，先见精神沉郁，意识茫然，无目的行走，惊恐不安，有时哞鸣，食欲反常。继而高度兴奋，不听使唤，不避障碍，狂奔乱走，触物顶墙，气促喘粗。因步态踉跄而倒地抽搐。临床检查，体温 40 ℃，脉搏 100，眼球突出，皮肤及感官（视、听）反射消失。初步诊断为脑膜脑炎。请问该选用何种镇静药配合抗生素治疗？如何使用？使用时需要注意什么？

思政园地

"慎尔出话，敬尔威仪，无不柔嘉。"

——《诗经·大雅·抑》

正确看待阿片类药物，合理合法开展治疗

常见的止痛药大致可以分成两种，麻醉性镇痛药和非麻醉性镇痛药。有成瘾风险的是前者，又称"阿片类镇痛药"，主要用于中到重度疼痛治疗，如癌性疼痛。癌性疼痛通常需要长时间高剂量的阿片类止痛药治疗，会导致耐受和依赖。

阿片（opium）其实就是鸦片。阿片类镇痛药主要包括可待因、双氢可待因、氢吗啡酮、羟考酮、美沙酮、吗啡、芬太尼和哌替啶（杜冷丁）等。这类药物属于处方药，且受到国家严格管制。

滥用阿片类镇痛药，除了出现思维混乱又荒唐、情绪变化大以及个性的极大改变，还会产生生不如死的戒断症状。这也是为什么各国严格管制具有依赖性的麻醉性、精神性等药品。针对这些既是药品，也有可能被滥用变成毒品的镇痛药物，大家一定要谨遵医嘱，用在合理的地方。

同时，作为未来动物生命健康的守护者，我们更应珍视每一次用药决策，确保药物使用的合理性与合法性，用实际行动践行"仁心仁术"的医学精神，成为有担当、有责任感的新时代青年，为构建和谐社会贡献自己的力量。

自主学习

知识拓展　什么是药物成瘾

学习单元三　外周神经系统药物

外周神经系统由传入神经(感觉神经)和传出神经组成,传出神经包括运动神经和自主神经。作用于外周神经系统的药物包括传入神经药和传出神经药,传入神经药主要是局部麻醉药,传出神经药包括肾上腺素能药和胆碱能药。

一、局部麻醉药

(一)概念

局部麻醉药(局麻药)是一类作用于神经末梢或神经干,可逆性地阻滞神经冲动的传导,使局部的感觉尤其是痛觉消失,而又不影响意识的药物,临床主要用于局部手术和治疗。

局部麻醉药对各种类型的神经轴突均产生传导阻滞。一般是细的神经纤维比粗的神经纤维麻醉快,恢复慢;无髓神经纤维比有髓神经纤维麻醉快,恢复慢。在混合神经干内,局部麻醉药阻止冲动的顺序是痛觉在先,其次是冷觉、温觉、压觉,最后是运动神经元,所以局部麻醉药在高浓度时也能引起运动麻痹。

第一个具有临床意义的局麻药是1880年发现的生物碱——可卡因,1885年即用于犬和马的外科手术,15年后应用于人。1905年,第一个人工合成的局麻药——普鲁卡因诞生。

(二)作用机理

神经冲动的产生和传导有赖于神经细胞膜对离子通透性的一系列变化。静息状态下,钙离子与细胞膜上的磷脂蛋白结合,阻止钠离子内流。当神经受到刺激兴奋时,钙离子离开结合点,钠离子通道开放,钠离子大量内流,产生动作电位,从而产生神经冲动传导。局部麻醉药的作用在于它能竞争钙离子,并牢固地占据神经细胞膜上的钙离子结合点,当神经再次受到刺激时,局部麻醉药却不能离开结合点,钠离子内流受阻,动作电位不能产生,神经冲动传导被阻断,而产生局部麻醉作用。

局麻药对急性炎症、损伤性或缺氧性疼痛组织的作用减弱或无效,因为炎症组织常常处于酸性环境,使注入的麻醉药不易转变成具有穿透能力的非离子型,降低了到达神经细胞膜的药物量,因而明显地降低了局部麻醉药的临床药效。

(三)局部麻醉方式

(1)表面麻醉(黏膜麻醉)。将药液滴入或涂敷于黏膜的表面,使黏膜下的感觉神经末梢麻醉。主要用于口、眼、咽、鼻、尿道等处的小手术。临床应选用表面穿透力强的丁卡因、利多卡因。

(2)浸润麻醉。将药液注入皮下或深部组织,使药液浸润区域的神经传导受阻。主要用于体表小手术。最常用的是普鲁卡因,其次是利多卡因。

(3)传导麻醉(阻断麻醉,神经干麻醉)。将药液注入神经干周围,以阻断神经干的传导,使其所支配的区域产生麻醉。主要用于口腔、腹壁、四肢手术,或做跛行诊断。常用普鲁卡因或利多卡因,注射时,勿进入血管。

(4)椎管内麻醉。将药液注入椎管内的麻醉,可麻醉该部位的脊神经或脊神经根。适用于后肢、腹部手术。常用普鲁卡因、利多卡因。

硬膜外腔麻醉,将药液注入硬脊膜外腔;蛛网膜下腔麻醉,将药液注入蛛网膜下腔。

(5)封闭疗法。将药液注入患部周围或神经通路上,以阻断病灶部位的不良冲动向中枢传递,减少疼痛,改善神经营养。封闭疗法常用低浓度的普鲁卡因,适用于蜂窝织炎、风湿病、久不愈合的创伤、蹄真皮炎、烧伤、疝痛等,有炎症时常配合使用青霉素。封闭疗法也可行穴位封闭注射。

(四)临床常用药物

盐酸普鲁卡因(Procaine Hydrochloride)

【理化性质】又名奴佛卡因。本品为白色结晶或结晶性粉末;无臭。本品在水中易溶,在乙醇中略溶,在三氯甲烷中微溶,在乙醚中几乎不溶。

【作用与应用】局部麻醉药,临床上应用最广、效果较好。

临床主要用于浸润麻醉、传导麻醉,硬膜外麻醉和封闭疗法;还可用于犬的瘙痒症及某些过敏性疾病等。普鲁卡因静脉注射还可用于治疗疝痛、烧灼烫伤、关节炎、蜂窝织炎和风湿症等引起的难以消除的剧痛以及顽固性水肿、久治不愈的创伤等。

【注意事项】①剂量过大易出现吸收作用,可引起中枢神经系统先兴奋后抑制的中毒症状,应进行对症治疗。马对本品比较敏感。②本品应用时常加入0.1%盐酸肾上腺素注射液,以减少普鲁卡因吸收,延长局麻时间。

【制剂、用法用量】盐酸普鲁卡因注射液。5 mL∶0.15 g,10 mL∶0.1 g、0.2 g、0.3 g,50 mL∶1.25 g、2.5 g。以盐酸普鲁卡因计,浸润麻醉、封闭疗法:0.25%~0.5%溶液。传导麻醉:2%~5%溶液,每个注射点,小动物2~5 mL,大动物10~20 mL。硬膜外麻醉:2%~5%溶液,马、牛20~30 mL。

盐酸丁卡因(Tetracaine Hydrochloride)

【理化性质】本品盐酸盐为白色结晶性粉末;无臭,味苦,有麻木感,易溶于水。

【作用与应用】本品麻醉作用强,是普鲁卡因的10~15倍;作用持久,比普鲁卡因长1倍,可达3 h左右,但用药后,作用产生较慢,需5~15 min;组织穿透力强;毒性大,为普鲁卡因的10~12倍,毒性反应发生率也高。临床主要用于表面麻醉。

【注意事项】由于盐酸丁卡因毒性大,作用出现慢,注射后吸收快,所以一般不用于浸润麻醉和传导麻醉,但可与普鲁卡因或利多卡因配成混合液应用。

【制剂、用法用量】盐酸丁卡因注射液。5 mL∶50 mg。表面麻醉,0.5%~1%溶液用于眼科麻醉;1%~2%溶液用于鼻、咽部喷雾;0.1%~0.5%溶液用于泌尿道黏膜麻醉。应用时可加入0.1%盐酸肾上腺素溶液,以减少吸收毒性,延长局麻时间。

盐酸利多卡因(Lidocaine Hydrochloride)

【理化性质】又名昔罗卡因。本品为白色结晶性粉末;无臭。本品在水或乙醇中易溶,在三氯甲烷中溶解,在乙醚中不溶。

【作用与应用】本品为局部麻醉药，局麻作用强而快，较普鲁卡因强 1～3 倍，维持药效时间长，可达 1.5～2 h；对组织的穿透力及弥散性强，可用于表面麻醉；毒性随浓度上升，0.5%时与普鲁卡因的毒性几乎相等，2%时则增加一倍；大剂量静脉注射能抑制心室的自律性，缩短不应期。

临床主要用于表面麻醉、传导麻醉、浸润麻醉和硬膜外麻醉和治疗心律失常。

【不良反应】推荐剂量使用有时出现呕吐；过量使用主要有嗜睡、共济失调、肌肉震颤等反应；大剂量吸收后可引起中枢兴奋，甚至发生呼吸抑制。

【注意事项】①当本品用于硬膜外麻醉和静脉注射时，不可加肾上腺素。②剂量过大易出现吸收作用，可引起中枢抑制、共济失调、肌肉震颤等。

【制剂、用法与用量】盐酸利多卡因注射液。5 mL∶0.1 g，10 mL∶0.2 g、0.5 g，20 mL∶0.4 g。以盐酸利多卡因计。浸润麻醉：配成 0.25%～0.5%溶液；表面麻醉：配成 2%～5%溶液；传导麻醉：配成 2%溶液，每个注射点，马、牛 8～12 mL，羊 3～4 mL；硬膜外腔麻醉：配成 2%溶液，马、牛 8～12 mL。

二、传出神经药

传出神经兴奋时通过神经末梢释放化学物质（神经递质），进而与相应的受体结合进行信息传递。作用于传出神经的药物能直接作用于受体或影响递质的释放、储存、转化，产生与递质相似或拮抗的作用。

（一）分类

根据药物作用的主要部位（受体）及作用性质（相似或拮抗、激动或阻断），将作用于传出神经的药物进行如下分类（表 4-1）。

表 4-1　作用于传出神经的药物分类

分类		药物	作用机制
拟胆碱药	节前、节后拟胆碱药	乙酰胆碱、卡巴胆碱、槟榔碱	兴奋 N、M 受体
	节后拟胆碱药	氨甲酰甲胆碱、毛果芸香碱	兴奋 M 受体
	抗胆碱酯酶药	新斯的明、毒扁豆碱、加兰他敏	抑制胆碱酯酶
抗胆碱药	节后抗胆碱药	阿托品、东莨菪碱	阻断 M 受体
	肌肉松弛药	琥珀胆碱、筒箭毒碱、泮库溴铵	阻断 N_2 受体
拟肾上腺素药		肾上腺素	兴奋 α、β 受体
		麻黄碱	兴奋 α、β 受体并促进递质释放
		去甲肾上腺素	兴奋 α 受体
		异丙肾上腺素	兴奋 β 受体
抗肾上腺素药		酚妥拉明	阻断 α 受体
		普萘洛尔	阻断 β 受体

(二)临床常用药物

1. 拟胆碱药

拟胆碱药是一类直接或间接作用于副交感神经,药理作用与神经递质乙酰胆碱相似的药物。

拟胆碱药的主要作用:使位于平滑肌和腺体的M受体兴奋,可导致支气管、气管、胃、肠、膀胱、胆囊、虹膜、睫状肌等部位平滑肌收缩,支气管、胃、肠、汗腺、胰腺、唾液腺、泪腺、鼻咽等部位腺体分泌,血管内皮细胞释放一氧化氮;位于心脏的M受体兴奋,导致心率下降,心肌收缩力和房室传导性降低;突触前M受体兴奋,能抑制乙酰胆碱或去甲肾上腺素释放,导致胃、肠和膀胱括约肌松弛;神经节的M受体兴奋,刺激节后神经元而引起交感和副交感神经兴奋,此作用相对较小。

氨甲酰甲胆碱(Bethanechol)

【理化性质】又名碳酰胆碱。本品为人工合成的白色或淡黄色小棱柱形结晶或结晶性粉末,有潮解性,极易溶于水,耐高温。

【作用与应用】本品直接兴奋M受体和N受体,是拟胆碱药中作用最强的一种,性质稳定(因其酸性部分不是乙酸而是氨甲酸,氨甲酸酯不易被胆碱酯酶水解),作用强而持久。M受体兴奋时,腺体分泌增加,胃肠、膀胱、子宫等器官的平滑肌收缩加强,小剂量即可促使消化液分泌,加强胃肠蠕动,促进内容物迅速排出,增强反刍兽的反刍机能。对骨骼肌和心血管系统作用不明显。

临床主要用于治疗胃肠蠕动减弱的疾病如胃肠迟缓、肠便秘、胃肠积食、术后肠管麻醉及子宫弛缓、胎衣不下、子宫蓄脓等;也可点眼治疗青光眼。

【注意事项】禁用于孕畜,体质衰弱、机械性肠梗阻及肠管吻合术未愈等患畜;禁止肌内注射和静脉注射;治疗牛前胃弛缓积食时,应先软化胃内容物,再用小剂量皮下注射;中毒时可用阿托品进行解毒,但效果不理想;为避免不良反应,可将一次量分2～3次注射,每次间隔30 min左右。

【制剂、用法与用量】氯化氨甲酰甲胆碱注射液。1 mL∶0.25 mg、5 mL∶1.25 mg。皮下注射,一次量,马、牛1～2 mg,猪、羊0.25～0.5 mg,犬0.025～0.1 mg;治疗前胃弛缓用量,牛0.4～0.6 mg,羊0.2～0.3 mg。

毛果芸香碱(Pilocarpine)

【理化性质】又名匹鲁卡品。本品为毛果芸香属植物提取的生物碱,现已能人工合成。其硝酸盐为有光泽的无色结晶,无臭,味微苦,遇光易变质。在水中易溶,在乙醇中微溶,在三氯甲烷和乙醚中不溶。

【作用与应用】本品能选择性地兴奋M受体,产生与节后胆碱能神经兴奋时相似的效应。对N受体作用微弱。其特点是对多种腺体和胃肠道平滑肌有强烈的兴奋作用。促进腺体分泌作用强大,收缩胃肠平滑肌的作用显著。对心血管系统及其他器官影响较小。缩瞳作用明显,无论是局部点眼还是注射,都能使瞳孔明显缩小,降低眼内压。

不良反应主要是流涎、呕吐和出汗等。

临床主要用于胃肠弛缓和前胃弛缓；与散瞳药交替滴眼可用于虹膜炎，防止粘连。

【注意事项】①本品能促进唾液腺及汗腺大量分泌，故对严重脱水的病畜使用能使脱水加剧，用药前应补液，并灌服盐类泻药以软化粪便；②禁用于老年、体弱、妊娠、心肺疾病的患畜；③忌用于肠道完全阻塞性便秘，以防肠管剧烈收缩，导致肠破裂；④中毒时可用阿托品解救。

【制剂、用法与用量】硝酸毛果芸香碱注射液。1 mL∶30 mg、5 mL∶150 mg。皮下注射，一次量，马、牛 50～150 mg，羊 10～50 mg，猪 5～50 mg，犬 3～20 mg。

新斯的明(Neostigmine)

【理化性质】又名普洛色林、普洛斯的明。本品为白色结晶性粉末，无臭，有引湿性。本品在水中极易溶解，在乙醇中易溶。

【作用与应用】本品为拟胆碱药，能可逆性地抑制胆碱酯酶的活性，使乙酰胆碱在体内浓度增高，呈现拟胆碱样作用，并能直接兴奋骨骼肌运动终板的 N_2 受体。本品对骨骼肌的兴奋作用最强，对胃肠道、子宫和膀胱平滑肌的兴奋作用较强，对各种腺体、心血管系统、支气管平滑肌和虹膜括约肌的作用较弱，对中枢作用不明显。

临床主要用于胃肠弛缓、重症肌无力、术后腹胀及产后子宫复位不全、胎衣不下及尿潴留等。

【不良反应】治疗剂量副作用较小。过量可引起出汗、心动过缓、肌肉震颤或肌麻痹。

【注意事项】①机械性肠梗阻或支气管病的患畜禁用。②中毒时可用阿托品对抗其对 M 受体的兴奋作用。③本品可延长和加强去极化型肌肉松弛药氯化琥珀胆碱的作用；与非去极化性肌肉松弛药有拮抗作用。

【制剂、用法与用量】甲硫酸新斯的明注射液。1 mL∶0.5 mg、1 mg，5 mL∶5 mg，10 mL∶10 mg。以甲硫酸新斯的明计，皮下或肌内注射，一次量，马 4～10 mg，牛 4～20 mg，猪、羊 2～5 mg，犬 0.25～1 mg。

2. 抗胆碱药

抗胆碱药又称胆碱受体阻断药，是一类阻断节后胆碱能神经兴奋效应的药物。根据抗胆碱药对 M 受体或 N 受体作用的选择性及临床主要用途不同，将其分为 M 受体阻断药，如阿托品、东莨菪碱；N 受体阻断药，其又可分为 N_1 受体阻断药（如美加明、六甲双铵）与 N_2 受体阻断药（如琥珀胆碱、筒箭毒碱）；中枢性抗胆碱药，如二苯羟乙酸奎宁酯。N_1 受体阻断药和中枢性抗胆碱药在兽医临床无应用价值。

（1）M 胆碱受体阻断药。

阿托品(Atropine)

【理化性质】本品是从颠茄（曼陀罗）或莨菪等茄科植物中提取的一种生物碱，也可人工合成。临床常用其硫酸盐。硫酸阿托品为白色结晶性粉末，无臭，味极苦。有风化性，易溶于水及乙醇。遇光易变质。水溶液久置或遇碱性物质可分解。

【作用与应用】本品为抗胆碱药，具有解除平滑肌痉挛、抑制腺体分泌等作用。对胆碱能神经支配的内脏平滑肌具有松弛作用，一般对正常活动的平滑肌影响较小，当平滑肌过度兴奋时，松弛作用极显著。本品对胃肠道、输尿管平滑肌和膀胱括约肌松弛作用较强，但对支气管平滑肌松弛作用不明显、对子宫平滑肌一般无效，对眼内平滑肌的作用是虹膜括约肌和睫状肌松弛，表现为瞳孔散大、眼内压升高。阿托品可抑制多种腺体的分泌，能明显地抑制唾液腺、气管腺及汗腺（马除外）分泌，引起口干舌燥、皮肤干燥和吞咽困难等。大剂量阿托品可直接松弛外周与内脏血管平滑肌，扩张外周及内脏血管，解除小血管的痉挛，增加组织血流量，改善微循环，较大剂量的阿托品还可解除迷走神经对心脏的抑制作用，对抗因迷走神经过度兴奋所致的传导阻滞及心律失常，使心率加快。大剂量阿托品有明显的中枢兴奋作用，可兴奋迷走神经中枢、呼吸中枢、大脑皮层运动区和感觉区，对治疗感染性休克和有机磷中毒有一定意义。中毒量时，使大脑和脊髓强烈兴奋，动物表现异常兴奋，随后转为抑制，终因呼吸麻痹，窒息死亡。毒扁豆碱可对抗阿托品的中枢兴奋作用，其他拟胆碱药无对抗作用。

临床应用：①用于胃肠痉挛、肠套叠等，以调节胃肠蠕动。②用于麻醉前给药，减少呼吸道腺体分泌，以防腺体分泌过多而影响呼吸或误咽而引起肺炎。③用于有机磷农药中毒和拟胆碱药中毒时的解救。另外，对洋地黄中毒引起的心动过缓和房室传导阻滞有一定防治作用。④大剂量时用于治疗失血性休克及中毒性菌痢、中毒性肺炎等并发的休克。⑤用作散瞳剂。以 0.5%～1%溶液点眼，治疗虹膜炎和周期性眼炎及进行眼底检查。

【不良反应】本品副作用与用药目的有关，其毒性作用往往是使用过大剂量所致。在麻醉前给药或治疗消化道疾病时，易致肠臌胀和便秘等。所有动物的中毒症状基本类似，即表现为口干、瞳孔扩大、脉搏快而弱、兴奋不安和肌肉震颤等，严重时则出现昏迷、呼吸浅表、运动麻痹等，最终可因惊厥、呼吸抑制及窒息而死亡。

【注意事项】①本品宜密闭避光保存。②用于治疗消化道疾病时，胃肠蠕动将显著减弱，消化液分泌也剧减甚至停止，而全部括约肌收缩，故易发生胃肠臌胀甚至胃肠破裂。③本品选择性差，作用范围广，使用大剂量或中毒量时会产生严重后果。本品的不良反应主要有口干、吞咽困难、便秘、呕吐及尿潴留等。应注意多给水，注意导尿、穿刺放气以防发生肠臌胀。④大剂量有明显的中枢兴奋作用，表现为兴奋不安、运动失调，最后又转为抑制、昏迷，最终发生呼吸麻痹而死亡。⑤中毒解救时宜采用对症性支持疗法，极度兴奋时可试用毒扁豆碱、短效巴比妥类、水合氯醛等药物对抗。禁用吩噻嗪类药物如氯丙嗪治疗。

【制剂、用法与用量】硫酸阿托品注射液。1 mL∶0.5 mg、5 mg，2 mL∶1 mg，5 mL∶25 mg，5 mL∶50 mg。以硫酸阿托品计。肌内、皮下或静脉注射，一次量，每千克体重，麻醉前给药，马、牛、羊、猪、犬、猫 0.02～0.05 mg；解除有机磷中毒，马、牛、猪、羊 0.5～1 mg，犬、猫 0.1～0.15 mg，禽 0.1～0.2 mg。

硫酸阿托品片。0.3 mg。以硫酸阿托品计，内服，一次量，每千克体重，犬、猫 0.02～0.04 mg。

硫酸阿托品滴眼剂。0.5%～1%溶液。

氢溴酸东莨菪碱（Scopolamine Hydrobromide）

【理化性质】本品为无色结晶或白色结晶性粉末；无臭；微有风化性。

【作用与应用】本品为抗胆碱药，具有解除平滑肌痉挛、抑制腺体分泌、散大瞳孔等作用。作用与阿托品相似，但对中枢的作用因剂量及动物种属的不同存在差异，如犬、猫用小剂量可出现中枢抑制作用，大剂量产生兴奋作用，表现不安和运动失调；而对马均产生明显的兴奋作用。

临床主要用于动物兴奋不安、胃肠道平滑肌痉挛、有机磷酸酯类中毒等的解救，本品抗震颤作用是阿托品的 10～20 倍；用于麻醉前给药，优于阿托品。

【不良反应】①马属动物常出现中枢兴奋。②胃肠蠕动减弱、腹胀、便秘、尿潴留或心动过速等。

【注意事项】心律失常患畜慎用。

【制剂、用法与用量】氢溴酸东莨菪碱注射液。1 mL：0.3 g、0.5 g。以氢溴酸东莨菪碱计。皮下注射：一次量，牛 1～3 mg，羊、猪 0.2～0.5 mg。

(2)N_2胆碱受体阻断药(肌肉松弛药)。

这类药物主要作用于神经肌肉接头，能与 N_2受体结合，阻断神经肌肉接头的传导，使骨骼肌松弛，故又称神经肌肉阻断药。根据作用机制分为神经-肌肉阻断药、中枢性肌肉松弛药和外周性肌肉松弛药，肌肉松弛药没有镇痛和麻醉作用，不能单独用于外科手术。常用药物见化学保定药琥珀胆碱。

3. 拟肾上腺素药

又称肾上腺素受体激动药。这类药物能与肾上腺素受体结合，并兴奋受体，产生与递质去甲肾上腺素相似的药理作用。拟肾上腺素药的作用与结构有密切关系。肾上腺素、去甲肾上腺素、异丙肾上腺素、多巴胺等苯环 3-位、4-位上都有羟基，形成儿茶酚，故又称为儿茶酚胺类化合物。

肾上腺素(Epinephrine)

【理化性质】又名副肾素。本品是肾上腺髓质嗜铬细胞分泌的激素。药用肾上腺素由动物肾上腺提取或人工合成。本品为白色或类白色结晶性粉末，无臭，味苦，与空气接触或受日光照射时易氧化变质。本品极微溶解于水，但其盐酸盐易溶于水，在中性或碱性水溶液中不稳定。注射液变色后不能使用。

【作用与应用】本品通过兴奋 α、β 受体产生作用，其作用因剂量、机体的生理与病理情况的不同存在差异。对 β 受体的作用强于 α 受体。

①强心作用。动物表现心脏兴奋性提高，使心肌收缩力加强，传导加速，心率加快，心脏输出量增加；扩张冠状血管，改善心肌血液供应，呈现快速强心作用。但当剂量过大或静脉注射过快时，因其使心肌代谢增强，耗量增加，加之心肌兴奋性提高，此时可引起心律失常，出现期前收缩，甚至心室颤动。

②收缩或扩张血管作用。可引起皮肤、黏膜和内脏(如肾)血管强烈收缩(此处 α 受体占优势，且数量多)，骨骼肌、冠状血管扩张(此处 β 受体为主)。肾上腺素对小动脉、毛细血管作用强，而对大动脉、静脉作用弱。

③升高血压的作用。小剂量使收缩压升高，舒张压不变或下降，较大剂量静脉注射时，收缩压和舒张压均升高。

④松弛支气管平滑肌的作用。当支气管平滑肌痉挛时，作用更显著。

⑤对代谢产生影响。肾上腺素活化代谢，促进肝糖原与肌糖原分解，并降低外周组织对葡萄糖的摄取作用，从而使血糖升高，血中乳酸量增加。加速脂肪分解，使血中游离脂肪酸增多。

⑥其他作用。可使马、羊等动物发汗，兴奋竖毛肌。收缩脾被膜平滑肌，使脾中储备的红细胞进入血液循环，增加血液中红细胞数。

临床主要用于：①作为心脏骤停的急救药，用于麻醉过度、一氧化碳中毒、溺水、手术意外、药物中毒等引起的心脏骤停；②治疗过敏反应，如血清反应、荨麻疹、青霉素过敏性休克等；③与普鲁卡因等局麻药配伍，减少局麻药的吸收，延长局麻时间；④作为局部止血药，用于鼻黏膜出血、齿龈出血等。

【不良反应】本品可诱发兴奋、不安、颤抖、呕吐、高血压（过量）、心律失常等。局部重复注射可引起注射部位组织坏死。

【注意事项】①本品如变色即不得使用。②与全麻药如水合氯醛合用时，易发生心室颤动。也不能与洋地黄、钙剂合用。③器质性心脏疾患、甲状腺功能亢进、外伤性及出血性休克等患畜慎用。④不宜与强心苷、氯化钙等具有强心作用的药物并用。⑤急救时，可根据病情将0.1%肾上腺素注射液做10倍稀释后静脉输入。必要时可做心室内注射，并配合有效的人工呼吸、心脏按压和纠正酸中毒等综合治疗措施。

【制剂、用法与用量】盐酸肾上腺素注射液。1 mL∶1 mg、5 mL∶5 mg。以肾上腺素计。皮下注射：一次量，马、牛2～5 mL，猪、羊0.2～1.0 mL，犬0.1～0.5 mL。静脉注射：一次量，马、牛1～3 mL，猪、羊0.2～0.6 mL，犬0.1～0.3 mL。

去甲肾上腺素(Norepinephrine)

【理化性质】又名正肾素，药用其酒石酸盐。本品为白色或类白色结晶性粉末，无臭，遇光和空气易变质。本品在水中易溶，在乙醇中微溶，在三氯甲烷或乙醚中不溶。

【作用与应用】本品为拟肾上腺素药，具有强烈的收缩血管、升高血压作用。主要激动α受体，对β受体的兴奋作用较弱，尤其对支气管平潜肌和血管上皮的影响很小。对冠状血管以外的小动脉和小静脉大部分都有收缩作用，其中以皮肤黏膜和肾血管的收缩最强，从而使总外周阻力增加，可升高血压，增加休克时心、脑等重要器官的血液供应，故有利于休克恢复。

临床主要用于治疗休克或急性低血压患病动物，维持血压。

【不良反应】①静滴时间过长、剂量过高或药液外漏，可引起局部缺血坏死。②静滴时间过长或剂量过大，可使肾脏血管剧烈收缩，导致急性肾功能衰竭。

【注意事项】①出血性休克禁用，器质性心脏病、少尿、无尿及严重微循环障碍等禁用。②因静脉注射后药物在体内迅速被组织摄取，作用仅维持几分钟，故应采用静脉滴注，以维持有效血药浓度。③限用于休克早期的应急抢救，并在短时间内小剂量静脉滴注。若长期大剂量应用可导致血管持续地强烈收缩，加重组织缺血、缺氧，使休克的微循环障碍恶化。

【制剂、用法与用量】重酒石酸去甲肾上腺素注射液。1 mL∶2 mg，2 mL∶10 mg。以重酒石酸去甲肾上腺素计，静脉滴注：一次量，马、牛8～12 mg，猪、羊2～4 mg；临用前稀释成每毫升中含4～8μg的药液。

4. 抗肾上腺素药

抗肾上腺素药又称肾上腺素受体阻断药，该类药物能与肾上腺素受体结合，阻碍去甲肾上腺素能神经递质或拟肾上腺素药与肾上腺素受体结合，从而产生抗肾上腺素作用。依据与不同受体的结合，分为α肾上腺素受体阻断药（α受体阻断药）和β肾上腺素受体阻断药（β受体阻断药）两类。

酚妥拉明(Phentolamine)

【理化性质】本品为白色或类白色结晶性粉末,无臭,味苦;易溶于水和乙醇。

【作用与应用】酚妥拉明与 α_1 受体的结合力弱,作用短暂,为短效 α 受体阻断药。对 α_1 受体和 α_2 受体的选择性均低,但对 α_1 受体的阻断作用弱于对 α_2 受体的作用。主要作用:①扩张血管。使血压下降,这与其对 α_1 受体的阻断作用和对血管的直接扩张作用有关;②兴奋心脏。使心脏收缩力增强,心率加快,心排血量增加,这与其阻断 α_2 受体和反射性地兴奋交感神经有关;③拟胆碱作用。使胃肠平滑肌张力增加。

主要用于血管痉挛性疾病,如肢端动脉痉挛症、感染中毒性休克等。用于犬休克的治疗。

【注意事项】应用时需补充血容量,最好与去甲肾上腺素同用。

【制剂、用法与用量】甲基磺酸酚妥拉明注射液。静脉滴注,一次量,犬、猫 5 mg,以 5%葡萄糖注射液 100 mL 稀释滴注。

普萘洛尔(Propranolol)

【理化性质】又名心得安。本品为白色或类白色结晶性粉末;无臭,味微甜后苦;易溶于水。

【作用与应用】本品有较强的 β 受体阻断作用,但对 β_1 受体、β_2 受体的选择性低。可阻断心脏 β_1 受体,抑制心脏收缩力,减慢心率,减少循环血流量,降低血压。可阻断平滑肌 β_2 受体,使支气管和血管收缩。

用于治疗多种原因所致的心律失常,如房性及室性早搏(效果较好)、窦性及室上性心动过速、心房颤动等,但对室性心动过速宜慎用。锑剂中毒引起的心律失常,当其他药物无效时,可试用本品。

【制剂、用法与用量】盐酸普萘洛尔片、盐酸普萘洛尔注射液。内服,一次量,马每 450 kg 体重 150～350 mg;犬 5～40 mg;猫 25 mg,3 次/d。静脉注射,一次量,马每 100 kg 体重 5.6～17 mg;2 次/d;犬 1～3 mg(以 1 mg/min 的速度注入);猫 0.25 mg(稀释于 1 mL 生理盐水中注入)。

课后思考

1. 临床常用局部麻醉药有哪些?各有哪些具体应用?
2. 简述局部麻醉药的概念及麻醉方式。
3. 比较盐酸普鲁卡因和利多卡因在应用上的注意事项。
4. 作用于传出神经系统的药物分为哪几类?简述其主要作用及临床应用。
5. 什么是拟胆碱药、抗胆碱药及拟肾上腺素药?举出常用的代表药物。
6. 试述阿托品的药理作用、临床应用及不良反应。
7. 根据肾上腺素的作用机理,简述其对机体机能的影响和在临床中的应用。
8. 比较毛果芸香碱和新斯的明的作用和应用有何不同。

案例分析

1. 一病犬起初兴奋不安，肌肉痉挛，轻则震颤，重则抽搐，四肢肌肉阵挛时，病犬频频踏步，横卧时则做游泳动作。瞳孔缩小，严重时呈线状。大量流涎、流泪，腹痛、肠音高朗、不断拉稀水，甚至排便失禁。怀疑为有机磷中毒。请问该选择何种药物？如何使用？

2. 一比熊犬，1岁，体重5 kg，病犬主要表现出顽固性呕吐、腹泻、血便、腹痛等症状，腹部触诊时病犬表现敏感，在右下摸到坚实而有弹性的类似香肠样肿块，初步判定为肠套叠，对其进行手术治疗。请问该选何种局部麻醉药物？如何使用？

思政园地

“敬之敬之，天维显思。”

——《诗经·周颂·敬之》

为什么麻黄素要限制管理

麻黄素是从植物药麻黄中提取的生物碱，又称麻黄碱，现在可通过化学合成制得。临床上常用的是其盐酸盐，主要用于舒张呼吸道平滑肌，治疗哮喘，其次是制成滴鼻剂，消除因伤风、鼻炎等使鼻黏膜充血所致的鼻塞症状。此外还有升压作用，用于治疗慢性低血压。麻黄素有显著的中枢兴奋作用，长期使用可引起病态嗜好及耐受性，但这尚不足以要限制管理，麻黄素要限制管理的关键是麻黄素经过化学反应可制成去氧麻黄素（又称甲基苯丙胺），而苯丙胺类药物有严重的依赖性，该类药物已成为国际上滥用最严重的中枢兴奋剂。因此，国家禁止去氧麻黄素的生产、销售与使用。

实际上高纯度的甲基苯丙胺就是所谓的“冰毒”。“大力丸”“摇头丸”都是苯丙胺类物质。“冰毒”可由麻黄素制取，工艺简单，属于易制毒品。

同学们一定要深入社会实践、关注现实问题，牢固树立法治观念，珍爱生命，远离毒品。

自主学习

知识拓展　常用局部麻醉麻及作用比较

知识拓展　认识传出神经

模块四　在线自测

模块五 解热镇痛抗炎药

◆ 知识目标

1. 理解解热镇痛抗炎药的基本作用机制。
2. 掌握不同类型解热镇痛抗炎药的药理特点及临床应用。
3. 掌握解热镇痛抗炎药的不良反应和使用注意事项。

◆ 技能目标

1. 能根据病畜发热症状及诊断结果选药用药，开写处方，同时提出对动物发热症状标本兼治的方法和措施。
2. 能合理选用解热镇痛抗炎药。

◆ 素质目标

1. 培养团结协作、与人友善、爱岗敬业、吃苦耐劳、谦逊恭谨、开拓创新、锐意进取的职业素养。
2. 增强适应性，能够面对行业变化，如新技术的应用、新疾病的挑战等，灵活调整知识结构和技能。

学习单元一 概述

解热镇痛抗炎药是一类具有解热、镇痛作用，而且大多数还有抗炎、抗风湿作用的药物。它们在化学结构上虽属不同类别，但都可抑制体内前列腺素的生物合成而发挥解热、镇痛、抗炎作用。由于其特殊的抗炎作用，本类药物又称非甾体抗炎药(NSAIDs)。

一、解热作用

解热镇痛抗炎药能降低发热动物的体温，而对体温正常动物几乎没有影响。这与氯丙嗪对体温的影响不同，在物理降温配合下，氯丙嗪能使动物体温降低至正常值以下。

下丘脑体温调节中枢通过对产热和散热两个过程的精细调节，使体温维持在相对恒定的水平。传染病引起发热，是由于病原体及其毒素刺激中性粒细胞，产生与释放内源性致热原，进入中枢神经系统，作用于体温调节中枢，将调定点提高至正常体温以上，这时产热增加、散热减少，体温升高。其他能引起内源性致热原释放的各种因素也都可引起发热。内源性致热原并非直接作用于体温调节中枢，可能使中枢合成与释放的致热原增多，致热原再作用于体温调节中枢而引起发热。一般认为，解热镇痛药是通过抑制中枢致热原合成而发挥解热作用的。

发热是机体的一种防御反应，而且热型也是诊断疾病的重要依据。故对一般发热患畜可不必急于使用解热药；但热度过高和持久发热消耗体力，严重者可危及生命，这时应用解热药降低体温，缓解高热引起的并发症。但解热药只是对症治疗，仍应着重对因治疗。

二、镇痛作用

解热镇痛抗炎药仅有中等程度的镇痛作用，对各种严重创伤性剧痛及内脏平滑肌绞痛无效；对临床常见的慢性钝痛(如神经痛、肌肉或关节痛等)则有良好的镇痛效果；不产生兴奋性与成瘾性，故临床上应用广泛。

本类药物镇痛作用部位主要在周围神经系统。在组织损伤或发炎时，局部产生与释放某些致炎物质如缓激肽等，产生致痛效应，同时产生与释放致热原。缓激肽作用于痛觉感受器引起疼痛；致热原可使痛觉感受器对缓激肽等致痛物质的敏感性提高。因此，在炎症过程中，致热原的释放对炎性疼痛起到了放大作用，而致热原本身也有致痛作用。解热镇痛药可防止炎症时致热原的合成，因而对持续性钝痛有镇痛作用。

三、抗炎、抗风湿作用

大多数解热镇痛药都有抗炎作用，对控制风湿性及类风湿性关节炎的症状有一定疗效，但不能根治，也不能防止疾病发展及并发症的发生。

致热原是参与炎症反应的活性物质，而发炎组织(如类风湿性关节炎)中有大量致热原存在；致热原与缓激肽等致炎物质有协同作用。解热镇痛药抑制炎症反应时致热原的合成，从而缓解炎症。抗风湿作用是解热作用、镇痛作用和抗炎作用的综合结果。

四、分类

本类药物常按其化学结构和主要作用分为以下几类：

①以解热作用为主的苯胺类药物。如非那西丁、对乙酰氨基酚等。

②以镇痛作用为主的吡唑酮类药物。如氨基比林、安替比林及保泰松等。

③以抗风湿作用为主的水杨酸类药物。如阿司匹林、水杨酸钠等。

④以消炎为主的吲哚类药物。如吲哚美辛、苄达明等。

⑤以抗炎、抗风湿作用为主的苯并噻嗪类药物。如吡罗昔康。

此外，还有近年来在猪病临床上用于缓解发热、炎性疾患及肌肉疼痛等症状的非甾体解热镇痛消炎药——氟尼辛葡甲胺注射液（商品名为福乃达注射液）。

学习单元二　常见解热镇痛抗炎药

一、苯胺类

本类药物为苯胺的衍生物，包括乙酰苯胺、非那西丁、对乙酰氨基酚等。因乙酰苯胺毒性大，兽医临床不再使用。

非那西丁（Phenacetin）

【理化性质】又名乙酰氧乙苯胺、对乙酰氨基苯乙醚。本品为人工合成药，呈白色鳞状结晶，无臭，无味；不溶于水，难溶于热水。

【作用与应用】本品抑制丘脑下部前列腺素的合成与释放的作用很强，而对周围神经作用差，故解热作用强，镇痛抗炎作用弱。原形及其代谢物对乙酰氨基酚均有解热效果，药效强度与阿司匹林相当，作用缓慢而持久。本品主要用作解热药，不用于消炎、抗风湿等。

【不良反应】大剂量或长期反复使用可引起高铁血红蛋白血症，出现组织缺氧、发绀。

【注意事项】本品内服易吸收，服后 20～30 min 出现药效，持续 5～6 h，不易进入脑脊液，主要在肝脏代谢。猫及肾、肝功能损害的家畜禁用。

【制剂、用法与用量】非那西丁片。内服，一次量，牛、马 10～20 g；猪 1～2 g；羊 1～4 g；犬0.1～1 g。

对乙酰氨基酚（Paracetamol）

【理化性质】又名扑热息痛、醋氨酚。本品是苯胺的衍生物，人工合成品，为白色或淡白色结晶粉末，无臭，味微苦；在热水或乙酰中易溶，在水中微溶。

【作用与应用】①本品具有解热镇痛作用，其作用与阿司匹林相似，强而持久，副作用小。②抗炎及抗风湿作用较弱，无实际疗效。

本品主要用于中、小动物的解热镇痛。

【不良反应】偶见发绀、厌食、恶心、呕吐等副作用，停药后自行恢复。

【注意事项】①猫对本品敏感，用药后可引起严重毒性反应，如结膜发绀、脸部水肿、贫血、黄疸、排血红蛋白尿、肝坏死，甚至死亡。②大剂量引起肝、肾损害，可在给药后 12 h 内应用乙酰半胱氨酸或蛋氨酸以预防肝损害。肝、肾功能不全患畜或幼畜慎用。③长期过量应用，可诱发再生障碍性贫血。

【制剂、用法与用量】对乙酰氨基酚片。0.15 g，0.3 g，0.5 g。内服，一次量，牛、马 10～

20 g;羊 1～4 g;猪 1～2 g;犬 0.1～1 g。

对乙酰氨基酚注射液。1 mL∶75 mg、2 mL∶250 mg。肌内注射,一次量,牛、马 5～10 g;羊 0.5～2 g;猪 0.5～1 g;犬 0.1～0.5 g。

二、吡唑酮类

吡唑酮类常用药物都是安替比林的衍生物,有氨基比林、安乃近、保泰松、羟基保泰松等,均有解热、镇痛,消炎、抗风湿的作用。其中氨基比林和安乃近解热作用强,保泰松消炎效果好。

氨基比林(Aminophenazone)

【理化性质】又名匹拉米酮。本品为白色结晶性粉末,无臭,味微苦;遇光渐变质;溶于水,水溶液呈碱性。

【作用与应用】①本品内服吸收迅速,即时产生镇痛作用,半衰期为 1～4 h。其解热镇痛作用强而持久,为安替比林的 3～4 倍,也强于非那西丁和对乙酰氨基酚。②与巴比妥类合用能增强其镇痛作用。③对急性风湿性关节炎的疗效与水杨酸类相似。

本品主要用于治疗肌肉痛、关节痛和神经痛,也用于马、骡疝痛。

【不良反应】①长期连续用药,可引起粒细胞减少症。②偶有皮疹和剥脱性皮炎。

【注意事项】①在胃酸条件下与食物作用,可形成致癌性亚硝基化合物,如亚硝胺。②服用本品后出现红斑或水肿症状应立即停药。

【制剂、用法与用量】氨基比林片。0.5 g;复方氨基比林注射液,2 mL,5 mL、10 mL。内服,一次量,牛、马 8～20 g;羊、猪 2～5 g;犬 0.13～0.4 g。皮下或肌内注射,一次量,牛、马 0.6～1.2 g;羊、猪 50～200 mg;兔 5～10 mg。

氨基比林注射液。10 mL∶0.2 g、20 mL∶0.2 g。皮下或肌内注射,一次量,牛、马 0.6～1.2 g;猪、羊 0.05～0.2 g。

安痛定注射液。由 5%氨基比林、2%安替比林、0.9%巴比妥制成的灭菌水溶液,为无色或带极微黄色的澄明溶液,2 mL、5 mL、10 mL。皮下或肌内注射,牛、马 0.6～1.2 g;羊、猪50～200 mg。

安乃近(Metamizole Sodium)

【理化性质】又名罗瓦尔精、诺瓦精。本品为氨基比林与亚硫酸钠结合而成的化合物,为白色或黄色结晶性粉末,无臭,味微苦;易溶于水,溶液久置逐渐变黄,虽不影响药效,但增强了刺激性;略溶于乙醇,不溶于乙醚;应遮光、密闭保存。

【作用与应用】①本品解热作用较显著,镇痛作用也较强,肌内注射吸收迅速,药效维持 3～4 h。②具有一定的抗炎抗风湿作用。

本品主要用于解热、镇痛、抗风湿,也常用于肠痉挛等症。

【不良反应】长期使用本品可引起粒细胞减少症;还会抑制凝血酶原形成、加重出血的倾向;剂量过大易导致大汗而产生虚脱,应慎用。

【注意事项】①不能与氯丙嗪合用,以防引起体温剧降。②剂量过大时出汗过多而引起虚脱。③不宜用于穴位注射,尤其不适用于关节部位,易引起肌肉萎缩及关节功能障碍。

【制剂、用法与用量】安乃近片。0.25 g,0.5 g。内服,一次量,牛、马 4～12 g;羊、猪 2～5 g;犬 0.5～1 g。

安乃近注射液。1 mL∶0.25 g,2 mL∶0.5 g,5 mL∶1.5 g,10 mL∶3 g。肌内注射,一次量,牛、马 3～10 g;猪 1～3 g;羊 1～2 g;犬 0.3～0.6 g。静脉注射,一次量,每千克体重,牛、马 3～6 g。

保泰松(Phenylbutazone)

【理化性质】又名布他酮、布他唑丁。本品为白色或微黄色结晶性粉末,味微苦;难溶于水,能溶于乙醇和乙醚,易溶于碱液及三氯化碳;性质比较稳定。

【作用与应用】保泰松具有较强的消炎抗风湿作用,解热作用较差,因毒性较大,一般不作解热镇痛药,临床主要用于风湿病、关节炎、腱鞘炎、黏液囊炎及睾丸炎等。在治疗风湿病时,必须连续应用,直至病情好转为止。

【不良反应】短期使用不良反应发生较少。对胃肠刺激性较大,可出现食欲下降、呕吐、抑郁或腹泻等。

【注意事项】①长期过量使用,可引起胃肠道反应,肝、肾损害,水、钠潴留等。②可抑制骨髓,引起粒细胞减少症,甚至再生障碍性贫血。③对食品动物禁用。

【制剂、用法与用量】保泰松片。100 mg。内服,一次量,每千克体重,马第 1 天用4.4 mg,2 次/d,第 2～4 天用 2.2 mg,2 次/d,以后 1 次/d;每千克体重,牛、猪 4～8 mg,犬 20 mg,2 次/d。

保泰松注射液。1 mL∶200 mg。静脉注射,一次量,每千克体重,马 3～6 mg,2 次/d;牛、猪 4 mg,1 次/d。

羟基保泰松(Oxyphenbutazone)

【理化性质】又名羟布宗。本品为白色结晶或结晶性粉末,无臭,几乎无味,几乎不溶于水,溶于乙醇。

【作用与应用】本品为保泰松在机体内的有效代谢产物。其作用类似原化合物,但稍强。具有解热、镇痛、消炎和抗风湿作用。副作用比保泰松低。主要用于关节炎和风湿病。

【不良反应】长期或过量使用可能导致激素依赖、内分泌紊乱等。

【注意事项】①脱水、低血容量、低血压患病动物或患胃肠疾病、血凝障碍的动物禁用。②在动物尚未完全苏醒和血压尚未恢复正常的情况下,不得用于围手术期的镇痛。③怀孕动物或 6 周龄以下动物禁用。

【制剂、用法与用量】片剂。0.1 g。内服,每千克体重,马前 2 d 12 mg,后 5 d 6 mg,一日一次。

三、水杨酸类

水杨酸类是苯甲酸类的衍生物,有水杨酸、水杨酸钠和阿司匹林等。水杨酸由于刺激性大,不适宜内服,只供外用,有抗真菌和溶解角质的作用。水杨酸钠和阿司匹林内服有解热镇痛、消炎、抗风湿作用。

阿司匹林(Aspirin)

【理化性质】又名乙酰水杨酸、醋柳酸。本品为白色结晶或结晶性粉末,无臭或略带醋酸臭,味微酸;微溶于水,易溶于乙醇,能溶解于三氯甲烷或乙醚;应在干燥处密封保存。

【作用与应用】本品具有较强的解热、镇痛及消炎、抗风湿和促进尿酸排泄的作用。其作用机理主要与抑制前列腺素的合成有关。

本品作用与水杨酸相似,但较水杨酸强2～3倍,其疗效确实,严重不良反应较少。本品内服后在胃内不易被破坏,故对胃黏膜的刺激性比水杨酸钠小。其镇痛作用较弱,但较水杨酸钠强。抗风湿作用显著,用药后症状明显减轻。用较大剂量时,可抑制肾小管对尿酸的重吸收,使尿酸的排出增加。

临床上,本品常用于治疗多种原因引起的高热、感冒、风湿症、神经肌肉痛和痛风症。

【不良反应】对消化道有刺激作用,剂量较大时,易致食欲缺乏、恶心、呕吐乃至消化道出血。

【注意事项】①本品大剂量或长期应用,可抑制凝血酶原形成,发生出血倾向,可用维生素K治疗。②对消化道有刺激作用,不宜空腹投药,可与碳酸钙同服以减轻对胃的刺激。③治疗痛风时,可同服等量的碳酸氢钠,以防尿酸在肾小管内沉积。④本品对猫毒性大,不宜使用。

【制剂、用法与用量】阿司匹林片。0.3 g、0.5 g。内服,每千克体重,一次量,马、牛20～100 mg,1～2次/d;猪、羊10 mg,3次/d;犬25 mg,2次/d;猫25 mg,1次/d。

复方阿司匹林片(APC片)。每片含阿司匹林226.8 mg、非那西丁162 mg、咖啡因32.4 mg。内服,一次量,马、牛30～100片;猪、羊2～10片。

四、芬那酸类

芬那酸类也称为灭酸类,为邻氨基苯甲酸衍生物。1950年就发现其有镇痛、解热和消炎作用,药物有甲芬那酸、氯芬那酸、甲氯芬那酸、氟芬那酸、双氯芬酸等。本类药物通过对环氧合酶的强效抑制作用而减少前列腺素的合成,发挥抗炎、解热、镇痛作用。

甲芬那酸(Mefenamic Acid)

【理化性质】又名扑湿痛、灭甲酸。本品为白色或类白色结晶粉末,味初淡而后微苦;不溶于水,略溶于乙醇;久露于光则色变暗。

【作用与应用】本品具有镇痛、消炎和解热作用。镇痛、抗炎效果好,比阿司匹林强2.5倍和5倍,比氨基比林强4倍,但不如保泰松,解热作用较持久。本品用于治疗犬运动系统慢性炎症及马急慢性炎症,如关节炎、跛行等。

【不良反应】长期服用可表现嗜睡、恶心、腹泻、皮疹等。

【注意事项】哮喘患畜慎用。

【制剂、用法与用量】甲芬那酸片。0.25 g。内服,一次量,每千克体重,马22 mg,犬11 mg。

甲氯芬那酸(Meclofenamic Acid)

【理化性质】又名抗炎酸、甲氯灭酸。本品为无色结晶粉末;可溶于水,水溶液呈碱性,常用其钠盐。

【作用与应用】本品消炎效果强于阿司匹林、氨基比林、保泰松和吲哚美辛，镇痛效果与阿司匹林相似，但不及氨基比林，用于治疗运动系统障碍，如风湿性、类风湿性关节炎。本品对胃肠道副作用小。

【不良反应】可见腹泻、腹痛等胃肠道反应，也可能出现消化道溃疡、出血。

【注意事项】反刍动物内服本品后，在 0.5 h 达血药浓度高峰。药时曲线呈双峰现象，马内服后 0.5～4 h 达血药浓度高峰。

【制剂、用法与用量】甲氯芬那酸片。0.25 g。内服，一次量，每千克体重，马 22 mg，犬 11 mg，奶牛 10 mg。

甲氯芬那酸注射液。肌内注射，一次量，每千克体重，奶牛 20 mg；真胃注射，一次量，每千克体重，奶牛 10 mg。

氟芬那酸(Flufenamic Acid)

【理化性质】本品为淡黄色至淡黄绿色的结晶或结晶性粉末，味苦，几乎不溶于水，溶于乙醇。

【作用与应用】本品的解热、消炎作用比阿司匹林、氨基比林、保泰松强，镇痛作用较差。不良反应较小。

【不良反应】偶见胃部不适、腹泻、皮疹、蛋白尿、血尿、水肿。

【注意事项】有胃肠道反应。哮喘患畜慎用。

【制剂、用法与用量】片剂。0.2 g。内服(试用量)，马、牛 1～2 g/次，羊、猪 0.4 g/次，犬 0.05～0.2 g/次。一日 2～3 次。

氯芬那酸(Clofenamic Acid)

【理化性质】本品为白色结晶性粉末，无臭，难溶于水。

【作用与应用】本品为我国独创的邻氨基苯甲酸类消炎镇痛药。具有消肿、解热、镇痛作用。对关节肿胀有明显的消炎消肿作用，可恢复关节活动，使红细胞沉降率恢复正常。不良反应较小，疗程可长达 2～3 个月。

【不良反应】可见头晕、头痛、嗜睡、恶心、呕吐及腹泻等。

【注意事项】急需镇痛时可空腹口服，吸收快；长期用药宜与食物同服。

【制剂、用法与用量】片剂。0.2 g。内服(试用量)，马、牛 1～4 g/次，羊、猪 0.4～0.8 g/次，犬 0.05～0.4 g/次。1 日 2～3 次。

双氯芬酸(Diclofenac)

【理化性质】双氯芬酸是一种非甾体抗炎药，为白色或类白色结晶性粉末，无臭，味微苦，熔点约 147 ℃。其在水中溶解度较低，但易溶于乙醇、丙酮等有机溶剂。在酸性环境中较稳定，但在碱性条件下易水解。光照、高温和高湿度等环境因素可能影响其稳定性，因此需遮光、密闭保存。

【作用与应用】为强效解热镇痛抗炎药。镇痛、抗炎及解热作用比吲哚美辛、阿司匹林、萘普生等强，是阿司匹林的 26～50 倍。该药还具有降低中性粒细胞内游离花生四烯酸水平的作用。

临床主要应用于类风湿性关节炎、骨关节炎、强直性脊柱炎、痛风性关节炎;非关节性的软组织风湿痛,如肩痛、腱鞘痛、滑囊炎、肌痛等;急性轻中度疼痛,如术后疼痛、扭伤、劳损、痛经、头痛、牙痛;各种药理学炎症所致发热等。

【不良反应】不良反应轻,除与阿司匹林相同外,偶见肝功能异常,白细胞减少。

五、芳基烷酸类

萘普生(Naproxen)

【理化性质】又名消痛灵,甲氧萘丙酸。本品为白色或类白色结晶性粉末,无臭;溶于甲醇、乙醇或三氯甲烷,略溶于乙醚,水溶解度与 pH 有关,pH 高时易溶,pH 低时不溶。

【作用与应用】①本品抗炎作用明显,也有镇痛和解热作用;对类风湿性关节炎、骨关节炎、强直性脊椎炎、痛风、运动系统(如关节、肌肉及腱)的慢性疾病以及轻中度疼痛的药效比保泰松强。②对前列腺素合成酶的抑制作用为阿司匹林的 20 倍。

本品用于治疗风湿、肌腱炎、痛风、肌炎、软组织炎疼痛所致的跛行和关节炎等。

【不良反应】犬对本品敏感,可见出血或胃肠道毒性。

【注意事项】①本品毒性小,但犬对本品敏感,可见出血或胃肠道毒性。②能明显抑制白细胞的游走,对血小板黏着和聚集反应也有抑制作用,可延长出血时间。③与呋塞米或氢氯噻嗪利尿药并用时,可使利尿药排钠和降压作用下降。④丙磺舒可明显延长本品的半衰期,阿司匹林可加速本品的排出。

【制剂、用法与用量】萘普生片。250 mg。内服,一次量,每千克体重,马 5～10 mg;犬 2～5 mg。首量加倍。

萘普生注射液。2 mL∶0.1 g,2 mL∶0.2 g 。静脉注射,一次量,每千克体重,马 5 mg。

布洛芬(Ibuprofen)

【理化性质】又名异丁苯丙酸、芬必得、异丁洛芬。本品为白色结晶性粉末,稍有特异臭,几乎无味;易溶于乙醇、乙醚、丙酮、三氯甲烷,在水中几乎不溶。

【作用与应用】本品解热、镇痛、抗炎作用比阿司匹林、保泰松强,镇痛作用比阿司匹林弱,但毒副作用比阿司匹林小。本品主要用于狗的肌肉、骨骼系统功能障碍伴发的炎症、疼痛及风湿性关节炎等。使用后 2～6 h 犬可见呕吐,2～6 周可见胃肠受损。

【不良反应】可见呕吐、胃肠道受损等。

【注意事项】①本品犬内服吸收迅速,0.5～3 h 达血药浓度高峰,半衰期为 4～6 h。②猫禁用。

【制剂、用法与用量】布洛芬片。0.1 g、0.2 g。内服,每千克体重,一次量,马、牛 2～4 mg,猪、羊 4～6 mg,犬 10 mg。2 次/d。

卡洛芬(Carprofen)

【理化性质】又名炎易妥、卡布洛芬。本品结晶熔点为 197～198 ℃。

【作用与应用】具有镇痛、消炎与解热作用。对炎性疼痛与病变的疗效与吲哚美辛相当。适用于风湿症、关节炎和手术后及外伤引起的疼痛。

【不良反应】可见呕吐、腹泻、食欲下降等。

【注意事项】心、肝、肾疾病及消化道溃疡患畜慎用。

【制剂、用法与用量】片剂。20 mg、50 mg。内服,犬 2～4 mg/kg(体重),分 2 次服,连用 7 日;之后 2 mg/kg(体重),每日 1 次。

注射液。20 mL∶1 g。静脉注射,马 0.7 mg/kg(体重),如果需要,1 d 后重复注射;犬 4 mg/kg(体重)。皮下注射,犬用同静脉注射量。

酮洛芬(Ketoprofen)

【理化性质】又名优洛芬、酮基布洛芬。本品为白色结晶性粉末,无臭,无味;极易溶于甲醇,几乎不溶于水。

【作用与应用】本品为芳基烷酸类化合物,具有强大的抗炎、镇痛、解热作用。治疗风湿性关节炎,本品比阿司匹林、萘普生、布洛芬、双氯芬酸和吡罗昔康等作用强,副作用小,毒性低。对于术后疼痛,镇痛比哌替啶有效,并比与对乙酰氨基酚、可待因合用的药效长。与保泰松相比,本品毒副作用极低。在兽医上,目前本品主要用于马和犬的风湿性关节炎、痛风、外伤及手术后抗炎镇痛。

【不良反应】可见呕吐、腹泻、食欲下降等。

【注意事项】本品内服后吸收迅速,1 h 达血药浓度高峰,在血中与血浆蛋白结合力强,半衰期为 0.6～1.9 h,在 24 h 内随尿液排出 30%～90% ,主要以葡萄糖醛酸结合物形式排出。

【制剂、用法与用量】酮洛芬丸。50 mg/丸。内服,每千克体重,犬 0.25 mg,猫 1 mg。

酮洛芬注射剂。15 g/100 mL。肌内注射,每千克体重,犬 2 mg。皮下注射:每千克体重,猫 2 mg。静脉注射,每千克体重,马 2.2 g,每 24 h 一次,连用 5 d,用药后 2 d 内生效,12 d 效果明显。

六、吲哚衍生物

吲哚美辛(Indometacin)

【理化性质】又名消炎痛。本品为人工合成的吲哚衍生物,呈白色或微黄色结晶性粉末,几乎无臭,无味;溶于丙酮,略溶于甲醇、乙醇、三氯甲烷和乙醚,不溶于水。

【作用与应用】本品具有消炎、解热、镇痛和肌肉松弛作用,其中抗炎作用最强,比保泰松强 84 倍,比氢化可的松也强,与这些药物合用,可减少它们的用量及副作用。本品解热、镇痛效果较差,但对炎性疼痛的效果比保泰松、安乃近和水杨酸钠强,对痛风性关节炎和骨关节炎的效果最强,能有效地减轻症状,主要用于慢性风湿性关节炎、神经痛、腱炎、腱鞘炎及肌肉损伤等。

【不良反应】本品不良反应多,主要表现为消化道症状。犬、猫可见恶心、腹痛、下痢,有时形成溃疡、肝功受损等。

【注意事项】肾病及胃溃疡患畜慎用。

【制剂、用法与用量】消炎痛片。25 mg。内服,一次量,每千克体重,马、牛 1 mg,猪、羊 2 mg。

苄达明(Benzydamine)

【理化性质】又名炎痛静、消炎灵。本品为白色结晶性粉末,无臭,味辛辣;易溶于水,乙醇或三氯甲烷。

【作用与应用】①本品具有解热、镇痛和抗炎作用,对炎性疼痛的镇痛作用较吲哚美辛强,抗炎作用与保泰松相似或稍强。②还具有罂粟碱样解痉作用。③与抗生素或磺胺类药合用可增强疗效。

本品主要用于手术、外伤、风湿性关节炎等炎性疼痛,与抗生素合用可治疗牛支气管炎和乳房炎。

【不良反应】本品主要有食欲不振、恶心、呕吐等副作用。

【注意事项】①本品副作用少,但连续用药可产生轻微的消化道障碍和白细胞减少。②本品对湿疹性耳炎及齿龈炎无效。

【制剂、用法与用量】炎痛静片。25 mg。内服,一次量,每千克体重,马、牛 1 mg,猪、羊 2 mg。

七、苯并噻嗪类

吡罗昔康(Piroxicam)

【理化性质】又名炎痛喜康。本品为类白色或微黄绿色的结晶性粉末,无臭,无味,几不溶于水,微溶于乙醇。在酸中溶解,在碱中略溶。

【作用与应用】本品为新型抗炎镇痛药,其作用略强于吲哚美辛,为目前较好的长效抗风湿药。作用迅速而持久,无蓄积作用,不良反应小。用于治疗风湿症、关节炎等。

【不良反应】可见恶心、呕吐、腹泻、食欲不振等。

【注意事项】对妊娠子宫有微弱的兴奋作用,故孕畜忌用。

【制剂、用法与用量】胶囊剂,10 mg、20 mg;片剂,10 mg、20 mg。内服,犬0.3 mg/kg(体重),隔日 1 次。

美洛昔康(Meloxicam)

【理化性质】为淡黄色或黄色粉末,主要制剂有美洛昔康口服液和美洛昔康片。

【作用与应用】通过选择性抑制环氧合酶-2 阻止前列腺素和炎症因子的释放而产生抗炎、镇痛和解热作用。

主要用于治疗并控制骨骼、肌肉病所引起的疼痛与炎症反应,也用于术后止痛和关节炎治疗。

【注意事项】不良反应较少,偶见胃肠道消化不良反应和肾损伤,本品长期应用,胃黏膜损伤及胃肠出血发生率低于萘普生、双氯芬酸和吡罗昔康。。

【用法与用量】主要适用动物为犬、猫。口服,每千克体重猫首次剂量 0.2 mg,维持量 0.1 mg,1 次/日。每千克体重,犬首次给药剂量 0.133 mL,维持量 0.067 mL。

八、其他类

氟尼辛葡甲胺(Flunixin Meglumine)

【理化性质】本品为白色或类白色结晶性粉末，无臭，溶于水，常制成颗粒剂和注射液。

【作用与应用】本品是一种强效的环氧化酶抑制剂，具有解热、镇痛、抗炎和抗风湿作用。

用于小动物的炎性疾病，以及肌肉痛和软组织痛等。如犬的发热、内毒素炎症及败血症。注射给药常用于控制牛呼吸道疾病和内毒素血症所致的高热；马和犬的发热；马、牛、犬的内毒素血症；内服可治疗马属动物的骨骼肌炎症及疼痛。

【不良反应】大剂量或长期使用，马可发生胃肠溃疡，牛可出现便血和血尿，犬出现呕吐和腹泻。

【注意事项】①马、牛不宜肌内注射，易引起局部炎症。②不得与抗炎性镇痛药、非甾体抗炎药合用，否则毒副作用增大。③不得用于泌乳期和干乳期奶牛、肉用小牛和供人食用的马等动物。

【制剂、用法与用量】氟尼辛葡甲胺颗粒。内服，一次量，每千克体重，犬、猫 2 mg，2 次/d，连用不超过 5 d。

氟尼辛葡甲胺注射液。肌内、静脉注射，一次量，每千克体重，牛、猪 2 mg，犬、猫 1～2 mg。2 次/d，连用不超过 5 d。

柴胡(Rupleuri Radix)

【理化性质】本品为伞形科植物狭叶柴胡的干燥根或全草；柴胡含有挥发油、柴胡皂苷、柴胡醇等；茎叶中还含有芸香苷。

【作用与应用】本品具有镇痛、镇静、镇咳、抗炎及降低血液中胆固醇的作用，常用于感冒及上呼吸道感染等的治疗。

【不良反应】按规定剂量使用，暂未见不良反应。

【注意事项】本品内服或肌内注射吸收迅速，1～1.5 h 达血药浓度高峰。

【制剂、用法与用量】柴胡注射液。每 1 mL 相当于生药 1 g。肌内注射，一次量，每千克体重，牛、马 20～40 g；羊、猪 5～10 g。内服，一次量，每千克体重，牛、马 15～45 g；羊、猪 10～20 g。

课后思考

1. 试述解热镇痛抗炎药物的作用机理。
2. 临床常用的解热镇痛抗炎药有哪些？其作用特点和用途是什么？
3. 简述各类解热镇痛抗炎药的作用特点。
4. 简述解热镇痛抗炎药的不良反应和应对措施。
5. 比较解热镇痛药与氯丙嗪降温机制的不同点。
6. 为什么阿司匹林长期服用有时会引起胃肠道出血？
7. 简述氨基比林的药理作用和临床应用。
8. 猫不能使用哪些解热镇痛抗炎药？

案例分析

赣州市章贡区王某家的2岁公暹罗猫，体重2 kg，因鱼刺卡喉，咽喉肿痛、发热、呕吐、不爱吃食，畜主给猫口服半片对乙酰氨基酚(250 mg)，1 h后患猫出现流口水、呕吐、舌头发紫、呼吸困难，随后将其送到赣州某宠物医院就诊。经临床检查：体温39.5 ℃，脉搏114次/min，呼吸46次/min，白细胞数为9 100/mm^3，红细胞数为29万/mm^3，血红蛋白11 g/100 mL。根据病史情况、临床检查和血液学变化，初步诊断为对乙酰氨基酚中毒。请问可以采取哪些治疗措施？

自主学习

模块五　在线自测

模块六　电解质平衡和营养调节药

◆ 知识目标

1. 理解调节水盐代谢药的概念，掌握常见调节水盐代谢药的临床合理选用。
2. 掌握临床常用调节酸碱平衡药的作用机制及其临床应用。
3. 掌握常见维生素的分类、临床应用及注意事项。
4. 掌握常用微量元素药的临床应用。
5. 掌握生化制剂的作用、不良反应及其临床应用。

◆ 技能目标

能根据动物病例提示和药物特点合理选用调节代谢的药物及其他药物，并开写处方。

◆ 素质目标

1. 强化科学思维和创新意识，在动物药理的学习和实践中积极探索新的治疗方法和药物应用，培养解决实际问题的能力。

2. 坚守正确、安全、不滥用药物的良好职业道德，用科学、严谨、求实的作风与精神做好兽医工作。

学习单元一　调节水盐代谢药

体液是机体的重要组成部分，由水和溶于水的电解质、葡萄糖和蛋白质等成分组成。其含量稳定，可使体液保持一定的渗透压和酸碱平衡，保证机体的新陈代谢。体液分为细胞内液和细胞外液，细胞内液主要电解质为 K^+、Mg^{2+}、PO_4^{3-}；细胞外液的主要电解质为 Na^+、Cl^-、HCO_3^-，这是维持正常生命活动的必要条件。

正常情况下，体液占动物体重的 60%～70%，但在病理情况下，如久病停食、停饮，以及瘤胃积食，肠阻塞、呕吐，腹泻、大汗等使体液大量排出，加之摄入量不足，必将引起水盐代谢障碍和酸碱平衡紊乱，出现不同程度的脱水。如果损失体重 10%的体液，可引起机体严重的物质代谢障碍；损失体重 20%～25%的体液就会引起死亡。因此，为了维持动物机体正常的新陈代谢，恢复体液平衡，必须根据脱水程度和脱水性质及时补液。

脱水按程度有轻、中、重度之分；按性质有高渗、低渗、等渗脱水之分。临床上以等渗脱水较为常见。轻度脱水畜体通过代偿可以恢复；中、重度脱水必须补液。补液方法有多种，常采用内服补液、腹腔注射、静脉注射等方法。补液量依脱水程度而定，原则是缺多少补多少。

氯化钠(Sodium Chloride)

【理化性质】又名食盐。本品为无色立方形结晶或白色结晶性粉末，无臭，味极咸；置于空气中，有引湿性；易溶于水，难溶于醇，水溶液呈中性反应。

【作用与应用】①钠离子是细胞外液中极为重要的阳离子，是保持细胞外液渗透压的重要成分。②钠离子还以碳酸氢钠形式构成缓冲系统，对调节体液的酸碱平衡具有重要作用。③钠离子也是维持细胞兴奋性、神经肌肉应激性的必要成分。机体丢失大量钠离子可引起低钠综合征，表现为全身虚弱、肌肉痉挛、循环障碍等，重则昏迷直至死亡。

等渗氯化钠溶液用于防治低血钠综合征；用于出汗过多、传染性高热、呕吐、腹泻及大面积烧伤等引起的等渗或低渗性脱水；也可用于失血过多、血压下降或中毒，以维持血容量；外用冲洗伤口、洗鼻、洗眼等；还常用于稀释其他注射液。

复方氯化钠溶液含有氯化钠、氯化钾和氯化钙，也常作为水、电解质平衡调节药。另外，应用口服补液盐(氯化钠 3.5 g、氯化钾 1.5 g、碳酸氢钠 2.5 g、葡萄糖粉 20 g 和常水 1 000 mL)，补充机体损失的水分和电解质，也可获得良好效果。

本品主要用于调节体内水和电解质的平衡，在大量出血而又无法进行输血时，可输入本品以维持血容量进行急救。

【不良反应】①输注或内服过多、过快，可致水钠潴留，引起水肿，血压升高，心率加快。②过量地给予高渗氯化钠可致高钠血症。③过多、过快地给予低渗氯化钠可致溶血、脑水肿等。

【注意事项】①脑、肾、心脏功能不全及血浆蛋白过低时慎用。②肺水肿病畜禁用。③生理盐水所含氯离子比血浆氯离子浓度高，易发生酸中毒。已发生酸中毒的犬、猫，如大量应用，可引起高氯性酸中毒，此时可改用碳酸氢钠-生理盐水或乳酸钠-生理盐水。

【制剂、用法与用量】氯化钠粉(食盐)。内服，一次量，每千克体重，牛 20～50 g；马 10～25 g；羊 5～10 g；猪 2～5 g。

复方氯化钠注射液。500 mL/瓶、1 000 mL/瓶。静脉注射，一次量，每千克体重，牛、马

1 000～3 000 mL；羊、猪 250～500 mL；犬 100～500 mL；猫 40～50 mL。

浓氯化钠注射液。50 mL∶5 g、250 mL∶25 g。一次量，每千克体重，家畜 0.1 g。

氯化钾(Potassium Chloride)

【理化性质】本品为无色长菱形或立方形结晶或白色结晶性粉末，无臭，味咸；易溶于水，不溶于乙醇。

【作用与应用】①钾离子为细胞内主要阳离子，是维持细胞内渗透压的重要成分。②钾离子通过与细胞外的氯离子交换参与酸碱平衡的调节。③钾离子是心肌、骨骼肌、神经系统维持正常功能所必需的。适当浓度的钾离子，可保持神经肌肉的兴奋性。④钾离子参与糖、蛋白质的合成及二磷酸腺苷转化为三磷酸腺苷的能量代谢。缺钾则导致神经肌肉间的传导障碍，心肌自律性增高。

本品主要用于钾离子摄入不足或排钾过量所致的钾缺乏症或低血钾症，也可用于强心苷中毒引起的阵发性心动过速等。

【不良反应】静脉滴注过量时可出现疲乏、肌张力减低、反射消失、循环衰竭、心率减慢甚至心脏停搏。

【注意事项】①静脉滴注时，速度宜慢，溶液浓度一般不超过 0.3%，否则不仅引起局部剧痛，且可导致心脏骤停。②脱水病例一般先给不含钾的液体，等排尿后再补钾。③肾功能障碍或尿少时慎用，无尿或血钾过高时禁用。④内服本品溶液对胃肠道有较强的刺激性，应稀释并于食后灌服，以减少刺激性。

【制剂、用法与用量】氯化钾片。内服，一次量，牛、马 5～10 g；羊、猪 1～2 g；犬 0.1～1 g。

氯化钾注射液。10 mL∶1 g，一次量，每千克体重，牛、马 2～5 g；羊、猪 0.5～1 g。

学习单元二　调节酸碱平衡药

动物机体在新陈代谢过程中不断地产生大量的酸性物质，还常由饲料摄入各种酸性或碱性物质。机体的正常活动，要求保持相对稳定的体液酸碱度(pH)，体液 pH 的相对稳定性，称为酸碱平衡。血液缓冲体系、肺和肾能维持和调节体液的酸碱平衡。肺、肾功能障碍，机体代谢失常，以及高热、缺氧、剧烈腹泻或某些其他重症疾病都会引起酸碱平衡紊乱。此时，给予酸碱平衡调节药，可改善病情。常用药物有碳酸氢钠、乳酸钠等。

碳酸氢钠(Sodium Bicarbonate)

【理化性质】又名重碳酸氢钠、小苏打。本品为白色结晶性粉末，无臭，味咸；易溶于水，呈弱碱性；固体在潮湿空气中缓慢分解，放出 CO_2，变为碳酸钠，碱性增强；应密封保存。

【作用与应用】①本品呈弱碱性，内服后能迅速中和胃酸，减轻胃痛，但作用时间短。②内服或静脉注射本品能直接增加机体的碱储，迅速纠正代谢性酸中毒，并碱化尿液，可用于加速体内酸性物质的排泄。

本品主要用于犬、猫严重酸中毒、胃肠卡他；碱化尿液，防止磺胺类药物对肾脏的损害；提高庆大霉素等对泌尿道感染的疗效，也可用于高钾血症、高钙血症的辅助治疗。

【不良反应】用量大易导致碱中毒。

【注意事项】①本品注射液应避免与酸性药物、复方氯化钠、硫酸镁、盐酸氯丙嗪注射液等混合应用。②本品对组织有刺激性，静脉注射时勿漏出血管外。③纠正严重酸中毒时，用量要适当。④充血性心力衰竭、肾功能不全，水肿、缺钾等病例慎用。

【制剂、用法与用量】碳酸氢钠注射液。为 5%浓度，临用时需以 5%～10%葡萄糖注射液稀释成 1.5%的等渗溶液，忌与酸性药物混合注射。静脉注射，一次量，牛、马 15～30 g；羊、猪 2～6 g；犬 0.5～15 g，宜缓慢注入。

碳酸氢钠片。内服，一次量，牛 30～100 g；马 15～60 g；猪 2～5 g；犬 0.5～2 g。

乳酸钠(Sodium Lactate)

【理化性质】本品为无色或几乎无色的澄明黏稠液体；无臭或略有臭，稍有咸味；有引湿性；易溶于水和乙醇；应遮光，密封保存。

【作用与应用】本品为纠正酸血症的药物，其高渗溶液注入体内后，在有氧条件下经肝脏氧化、代谢，转化成碳酸根离子，纠正血中过高的酸度，但其作用不及碳酸氢钠迅速和稳定。本品用于治疗代谢性酸中毒，特别是高钾血症等引起的心律失常伴有酸血症的病例。

【不良反应】用量大易导致碱中毒。

【注意事项】乳酸钠比碳酸氢钠作用慢，且疗效不稳定。主要用于治疗代谢性酸中毒和高钾血症。休克、缺氧、水肿患畜慎用。肝功能障碍和高乳酸血症患畜禁用。使用过量易发生碱中毒。乳酸钠注射液与红霉素、四环素注射液不宜混合使用，易出现混浊或沉淀。

【制剂、用法与用量】静脉注射，一次量，每千克体重，牛、马 200～400 mL，猪、羊 40～60 mL，犬 40～50 mL。临用时用注射用水或 5%葡萄糖注射液稀释 5 倍后使用。

学习单元三　钙、磷及微量元素

一、钙与磷

钙和磷是构成动物骨骼和牙齿的重要成分，钙也是血液凝固所必需的物质，在维持酸碱平衡中有重要作用。磷不仅在骨骼形成中起作用，而且在碳水化合物和脂肪代谢中有着重要功能，即参加所有活细胞重要结构的组成，并在酸碱平衡的维持中以其盐类形式起重要作用。

氯化钙(Calcium Chloride)

【理化性质】本品为白色坚硬的碎块或颗粒，无臭，味微苦；有引湿性；极易溶于水，易溶于乙醇。

【作用与应用】①促进骨骼和牙齿钙化，保证骨骼正常发育，维持骨骼的正常结构和功能。钙不足时，成年家畜表现骨软化症，幼畜表现佝偻病，奶牛产后瘫痪，母鸡所产蛋壳脆弱易破，产蛋少，均可用钙盐防治。本品常与维生素 D 合用，以促进钙的吸收与利用。②钙离子能增强毛细血管的致密度，降低其通透性，减少炎症渗出和防止组织水肿；同时，能兴奋网状内皮系统，增强白细胞的吞噬能力，具有消炎、消肿和抗过敏作用。本品可用于过敏性疾病，如荨麻疹、渗出性水肿，皮肤瘙痒等；也可用于防治缺钙引起的抽搐和痉挛、牛的产前或产后瘫痪、马的泌乳抽搐、猪的产前截瘫等。③钙离子是重要的凝血因子，为正常的凝血过程所必需。钙离子也是维持心脏正常节律性、紧张度和收缩力的重要因素，故有一定的强心作用。在中枢神经系统中，钙和镁相互拮抗，镁中毒时可用钙解救，钙中毒时可用镁解救。

【不良反应】静脉注射过快时血钙浓度骤升，导致低血压，心律失常，甚至心搏骤停。

【注意事项】①本品具有较强的刺激性，不宜肌内或皮下注射，静脉注射时避免漏出血管，以免引起局部肿胀或坏死。②在应用强心苷、肾上腺素期间禁用钙剂。③常与维生素 D 合用，可促进钙的吸收，提高对佝偻病、骨质疏松症、产后瘫痪等的疗效。

【制剂、用法与用量】氯化钙葡萄糖注射液。含氯化钙 5%、葡萄糖 10%～25%。20 mL/支、50 mL/支、100 mL/支。静脉注射，一次量(以氯化钙计)，牛、马 5～15 g；羊、猪 1～5 g；犬 0.1～1 g。

葡萄糖酸钙(Calcium Gluconate)

【理化性质】本品为白色结晶或颗粒状粉末，无臭，无味；能溶于水，不溶于乙醇。

【作用与应用】本品作用与应用同氯化钙，但刺激性很小，比氯化钙安全，用途很广泛，常用于钙质代谢障碍及缺乏症的治疗。

【不良反应】心脏或肾脏疾病的患病动物，可能产生高钙血症。

【注意事项】①刺激性小，比氯化钙安全。②注射液若析出沉淀，宜微温溶解后使用。③静脉注射宜缓慢，应注意对心脏的影响，禁与强心苷、肾上腺素等药物合用。

【制剂、用法与用量】葡萄糖酸钙注射液。20 mL∶1 g、50 mL∶5 g、100 mL∶10 g 、500 mL∶50 g 。静脉注射，一次量，牛、马 20～60 g；羊、猪 5～15 g；犬 0.5～2 g。

碳酸钙(Calcium Carbonate)

【理化性质】为白色极细微的结晶性粉末，无味，不溶于水。

【作用与应用】用于治疗钙缺乏引起的佝偻病、骨软化症及产后瘫痪等疾病。

【不良反应】内服给药对胃肠道有一定的刺激性。

【注意事项】①防治佝偻病、骨软化症、产后瘫痪等时，最好与维生素 D 联用。②与四环素类药物或苯妥英钠同用，可减少二者从胃肠道的吸收。

【制剂、用法与用量】碳酸钙粉剂。内服，一次量，马、牛 30～120 g，羊、猪 3～10 g，犬 0.5～2 g。2～3 次/d。

乳酸钙(Calcium Lactate)

【理化性质】为白色或类白色结晶粉末，几乎无臭，易于热水。

【作用与应用】用于治疗钙缺乏引起的佝偻病、骨软化症及产后瘫痪等疾病。

【不良反应】偶见便秘。

【注意事项】防治佝偻病、软骨症、产后瘫痪等时，最好与维生素 D 联用。

【制剂、用法与用量】乳酸钙片。内服，一次量，马、牛 10～30 g，羊、猪 0.5～2 g，犬、猫 0.2～0.5 g。

磷酸氢钙(Calcium Hydrogen Phosphate)

【理化性质】为白色极细微的结晶性粉末,无味,不溶于水。

【作用与应用】具有补充钙、磷的作用。主要用于防治动物钙、磷等缺乏症。

【不良反应】按规定的制剂、用法与用量使用尚未见不良反应。

【注意事项】防治佝偻病、骨软化症、产后瘫痪等时,最好与维生素D联用。

【制剂、用法与用量】磷酸氢钙片。内服,一次量,马、牛 12 g;羊、猪 2 g,犬、猫 0.6 g。

磷酸二氢钠(Sodium Dihydrogen Phosphate)

【理化性质】本品为无色结晶或白色结晶性粉末,无臭,味咸、酸,易溶于水,常制成注射液、片剂。

【作用与应用】①磷是骨骼和牙齿的主要成分。②维持细胞膜的正常结构和功能。③磷是体内磷酸盐缓冲液的组成成分,参与调节体内酸碱平衡。④磷是核酸的组成成分,可参与蛋白质的合成。⑤参与体内脂肪的转运与贮存。

本品为磷补充剂,用于低磷血症的预防和治疗,或用于其缺乏引起的佝偻病、骨质疏松症、产后瘫痪等的治疗。

【不良反应】①有较强的水钠潴留和排钾作用。②有较强的免疫抑制作用。③妊娠后期大剂量使用可引起流产。④犬可导致迟钝,被毛干燥,体重增加,喘息,呕吐,腹泻,肝脏药物代谢酶升高,胰腺炎,胃肠溃疡,脂血症,引发或加剧糖尿病,肌肉萎缩,行为改变(沉郁、昏睡、富于攻击性),可能需要中止给药。⑤猫偶尔可见多饮、多食、多尿、体重增加、腹泻或精神沉郁。长期高剂量给药治疗可导致皮质激素分泌紊乱。

【注意事项】①本品与钙剂合用,可提高疗效。②妊娠早期及后期母畜禁用。③严重肝功能不良、骨软化症、骨折治疗期、创伤修复期、疫苗接种期动物禁用。④严格掌握适应证,防止滥用。⑤对细菌性感染应与抗菌药合用。⑥长期用药不能突然停药,应逐渐减量,直至停药。

【制剂、用法与用量】磷酸二氢钠片,磷酸二氢钠注射液。内服,一次量,牛、马 90 g;静脉注射,一次量,每千克体重,牛 30~60 g。

二、微量元素

微量元素是指在动物体内含量低于0.01%的元素,动物机体所必需的微量元素有铁、铜、锰、锌、钴、钼、铬、镍、钒、锡、氟、碘、硒、硅、砷 15 种,铁、铜、锌、锰、硒、钴、碘 7 种元素是动物需要的主要微量元素,对机体可能是必需的但尚未确定的有钡、镉、锶、溴等。另有 15~20 种元素存在于体内,但生理作用不明显,甚至对机体有害,如铝、铅、汞。微量元素虽在畜禽体内含量很少,但其生理功能却很重要,是构成动物体内一系列酶、激素和维生素等生物活性物质的重要成分,对机体的正常代谢和生存有着十分重要的意义。微量元素的缺乏、过剩或比例不当,都会引起动物发病,甚至死亡。

(一)铜

铜的原发性缺乏是因饲料中铜含量太少,或铜摄入不足,主要表现是体内含铜酶活力下降及其相关症状;继发性缺乏是指饲料中铜含量在正常范围以内,但含有一些如钼、硫等干扰铜吸收和利用的因素，造成体内铜摄入不足或排泄过多，引起动物缺铜。机体缺铜后，引起动物贫血，羔羊表现运动失调、行走时左右摇摆等，羊毛可由黑色变成灰白色，羊毛变直，弹性降低，生长受阻；骨骼发育不良，软骨基质不能骨化，长骨皮质变薄，关节肿大，易出现骨折等。

硫酸铜(Copper Sulfate)

【理化性质】本品为深蓝色或蓝色结晶性颗粒或粉末，无臭；有风化性；略溶于乙醇，易溶于水；应密封保存。

【作用与应用】①铜是机体利用铁合成血红蛋白必需的物质，能促进骨髓生成红细胞。②铜是多种酶的成分，参与机体代谢。例如，酪氨酸酶既能使酪氨酸氧化成黑色素，又能在角蛋白合成中将巯基氧化成二硫键，促进羊毛的生长并保持一定的弯曲度。③参与机体的骨骼形成并促进钙、磷在软骨基质上的沉积。④铜可参与血清免疫球蛋白的构成，提高机体免疫力。

主要用于铜缺乏症，促进动物生长，也可用于浸泡治疗奶牛的腐蹄病。

【不良反应】绵羊和犊牛易引起溶血性贫血、血红蛋白尿、黄疸和肝损害等。

【注意事项】应用过程中应注意用法和用量，防止中毒。绵羊和犊牛对铜较敏感，灌服或摄取大量铜能引起急性或慢性中毒，其主要症状为溶血性贫血、血红蛋白尿、黄疸和肝损害，严重时可因缺氧和休克而死。对铜中毒的绵羊，每日给予钼酸铵 50～100 mg、硫酸钠 0.1～1 g，内服，连用 3 周，可减少小肠对铜的吸收，加速血液和肝中铜的排泄。

【制剂、用法与用量】治疗铜缺乏症，内服，一次量，每千克体重：牛 2 g，犊 1 g，羊 20 mg。作为生长促进剂，混饲，每 1 000 kg 饲料，猪 800 g，禽 20 g。

（二）锌

锌缺乏症是饲料中锌含量绝对或相对不足引起的，其基本特征是生长缓慢，皮肤角化不全，繁殖功能紊乱及骨骼发育异常。各种动物均可发生，在猪和鸡较为常见。动物对锌的需要量受年龄、生长阶段和饲料组成等因素的影响。

硫酸锌(Zinc Sulfate)

【理化性质】本品为无色透明的棱柱状或细针状结晶性粉末，无臭，味涩，极易溶于水。

【作用与应用】锌是动物体内多种酶（如 DNA 聚合酶、RNA 聚合酶、胸腺嘧啶核苷酸酶、碱性磷酸酶等）的成分或激活剂，可催化多种生化反应。锌是胰岛素的成分，可参与糖类的代谢。参与蛋白质和核酸合成，维持 RNA 的结构与构型，影响体内蛋白质的生物合成和遗传信息的传递。参与氨基酸和黏多糖代谢，维持上皮组织健康与被毛正常生长。参与骨骼和角质的生长并能增强机体免疫力，促进创伤愈合。

主要用于防治锌缺乏症；也可用作收敛药，治疗结膜炎等。

【不良反应】按规定的用法用量使用尚未见不良反应。

【注意事项】锌摄入过多可影响蛋白质代谢和钙的吸收，并导致铜缺乏症等。

【制剂、用法与用量】硫酸锌粉。内服，一次量，牛 0.05～0.1 g，羊、猪 0.2～0.5 g，禽 0.05～0.1 g。1 次/d。

（三）铁

铁的缺乏症是指饲料中缺乏铁，动物铁摄入不足或丢失过多，引起幼畜贫血、疲劳、活力下降等症状。主要发生于幼畜。多见于仔猪，其次为牛、羔羊和幼犬。临床上常用硫酸亚铁（见模块三）。

（四）锰

锰的缺乏症是由于日粮中锰供给不足或机体对锰的吸收受干扰，如饲料中钙、磷以及植酸盐含量过多，可影响机体对锰的吸收、利用。临床表现为生长停滞、骨骼畸形、生殖功能障碍以及新生动物运动失调等特征。家禽对缺锰最为敏感，发病较多。表现为骨骼畸形、关节肿大、骨质疏松，母鸡产蛋率下降，蛋壳变薄，孵化率下降等；公畜性欲下降，精子形成困难。

硫酸锰（Manganese Sulfate）

【理化性质】本品为浅红色结晶性粉末，易溶于水。

【作用与应用】锰既是动物体内精氨酸酶和脯氨酸肽酶的成分，又是碱性磷酸酶、肠肽酶、羧化酶、磷酸葡萄糖变位酶等酶的激活剂，参与蛋白质、糖类、脂肪及核酸的代谢。参与骨骼基质中硫酸软骨素的形成，从而影响到骨骼的发育。催化性激素的前体胆固醇的合成，影响动物的繁殖。

主要用于防治锰缺乏症。

【不良反应】超量添加会导致动物中毒。

【注意事项】储存于阴凉、通风、干燥处。

【制剂、用法与用量】硫酸锰预混剂。混饲，每吨饲料，禽 100～200 g。

（五）硒

硒缺乏症各种动物均有发生，但羔羊、仔猪、雏禽较为多发，牛次之，幼驹较少。硒缺乏症导致骨骼肌、心肌、肝脏等组织器官的变性、坏死性损害，是由细胞及亚细胞结构遭受过氧化物作用所致。过量可导致动物中毒。

亚硒酸钠（Sodium Selenite）

【理化性质】本品为白色结晶性粉末，无臭，在空气中稳定。本品在水中溶解，常制成注射液和预混剂。

【作用与应用】①硒有抗氧化作用，是谷胱甘肽过氧化物酶的组成成分，此酶可分解细胞内过氧化物，防止对细胞膜的氧化破坏作用，保护生物膜免受损害。②参与辅酶 Q 的合成，辅酶 Q 在呼吸链中起传递氢的作用，参与 ATP 的生成。③提高抗体水平，增强机体的免疫力。④有解毒功能，硒能与汞、铅、镉等重金属形成不溶性硒化物，降低重金属对机体的毒害作用。⑤维持精细胞的结构和机能，公猪缺硒可导致睾丸曲细精管发育不良，精子数量减少。

本品主要用于防治犊牛、羔羊、仔猪的白肌病和雏鸡渗出性素质病。

【不良反应】硒毒性较大，猪单次内服亚硒酸钠的最小致死剂量为 17 mg/kg；幼年羔羊一次内服 10 mg 亚硒酸钠将引起精神抑制、共济失调、呼吸困难、频尿、发绀、瞳孔扩大、臌胀和死亡，病理损伤包括水肿、充血和坏死，可涉及许多系统。

【注意事项】①本品与维生素 E 联用，可提高治疗效果。②肌内注射有局部刺激性。③安全范围很小，在饲料中添加时，应注意混合均匀。④超量肌内注射易致动物中毒，中毒时表现为呕吐、呼吸抑制、虚弱、中枢抑制、昏迷等症状，严重可致死亡。

【制剂、用法与用量】

亚硒酸钠维生素 E 注射液。1 mL/支、5 mL/支、10 mL/支，每毫升含亚硒酸钠 1 mg、维生素 E 50 IU。肌内注射，一次量，牛、马 30 ～50 mg；驹、犊 5～8 mg；羔羊，仔猪 1～2 mg。

亚硒酸钠维生素 E 预混剂。混饲，每 1 000 kg 饲料，畜禽 500～1 000 g。

(六)碘

碘的缺乏除引起马驹等幼畜的甲状腺增生、肥大外，更多地表现为母畜繁殖功能减退，胎儿生长发育停滞，母畜产弱胎、死胎，公畜精液品质下降，影响繁殖。

碘化钾(Potassium Iodide)

【理化性质】本品为无色结晶或白色结晶性粉末，无臭，味苦，极易溶于水。

【作用与应用】碘是机体甲状腺素的组成成分，能促进蛋白质的合成，提高基础代谢率，可活化 100 多种酶，促进动物生长发育，维持正常的繁殖功能等。体内一些特殊蛋白质(如角蛋白)的代谢和胡萝卜素向维生素 A 的转化都离不开甲状腺素。

主要用于碘缺乏症。也可作为祛痰药，用于动物亚急性及慢性支气管炎的治疗等。

【不良反应】按规定的用法用量使用尚未见不良反应。

【注意事项】①碘化钾在酸性溶液中能析出游离碘。②碘化钾溶液遇生物碱能产生沉淀。③肝、肾功能不全的动物慎用。

【制剂、用法与用量】碘化钾片。混饲，一次量，猪 0.03～0.36 mg/kg(体重)，1 次/d。

(七)钴

钴缺乏症是因饲料或饮水中缺少钴，引起反刍动物畏食、消瘦和贫血等现象。仅发生于牛、羊等反刍动物，杂食动物和食肉动物不发生。

氯化钴(Cobalt Chloride)

【理化性质】本品为红色或紫红色结晶，在干燥空气中稍有风化性，易潮解；极易溶于水和醇；水溶液呈桃红色，醇溶液呈蓝色；宜密封保存。

【作用与应用】①钴是维生素 B_{12} 的组成成分，能促进血红素的形成，具有抗贫血的作用。②钴作为核苷酸还原酶和谷氨酸变位酶的组成成分，参与 DNA 的生物合成和氨基酸的代谢等。

本品用于治疗钴缺乏症引起的反刍动物食欲减退、生长缓慢，腹泻、贫血等。

【不良反应】摄入过量可导致红细胞增多症。

【注意事项】本品只能内服，注射无效，因为注射给药，钴不能为瘤胃微生物所利用。

【制剂、用法与用量】氯化钴片或氯化钴溶液。内服，一次量，每千克体重，治疗：牛 500 mg，犊 200 mg，羊 100 mg，羔羊 50 mg；预防：牛 25 mg，犊 10 mg，羊 5 mg，羔羊 2.5 mg。1 次/d，10～15 d 为 1 疗程，停药 10～15 d，视病情可反复用药。

学习单元四　维生素

一、脂溶性维生素

脂溶性维生素包括维生素 A、维生素 D、维生素 E、维生素 K 等，能溶于油或脂而不溶于水。肠道内脂溶性维生素的吸收与脂肪吸收有密切关系。胆汁缺乏，腹泻或其他能够影响脂肪吸收的因素，会使脂溶性维生素的吸收大大减少；饲料中钙盐含量过高，也会影响脂肪及脂溶性维生素的吸收。

维生素 A (Vitamin A)

【理化性质】又名维生素甲、甲种维生素。纯品维生素 A 为黄色片状结晶，不溶于水，易溶于脂肪及油中；不纯品一般为无色或淡黄色油状物，遇光、空气或氧化剂易分解失效。

【作用与应用】维生素 A 参与视网膜内杆状细胞中视紫红质的合成。缺乏维生素 A 可引起视觉障碍，在弱光中视物不清(夜盲症)，甚至丧失视力。维生素 A 还参与维持皮肤黏膜和上皮组织的完整，能促进黏多糖的合成。黏多糖对细胞起着黏合、保护作用，缺乏时，可引起皮肤、黏膜、腺体、气管、支气管的上皮组织过度角化，使皮肤干燥、被毛脱落。特别是生殖道黏膜上皮角化，会导致怀孕母畜流产或死胎，抑制种公畜精子形成等。此外，维生素 A 还可促进幼畜的生长发育和齿、骨骼的成长。本品主要用于防治维生素 A 缺乏症，如眼干燥症、夜盲症、角膜软化症和皮肤粗糙等；也可用于增强机体抗感染的能力和治疗皮肤、黏膜炎症及局部创伤、烧伤等。

【不良反应】过量可致中毒。维生素 A 的急性毒性表现为兴奋、视力模糊、脑水肿、呕吐；慢性毒性表现为厌食、皮肤病变与内脏受损等。

【注意事项】本品过量可导致中毒。鸡表现精神沉郁，采食量下降，以致完全拒食。猪被毛粗糙，对触觉特别敏感，易骨折，腹部和腿部瘀点性出血，粪尿带血，不时发抖，最终死亡。兔能引起流产。母畜于妊娠早期应用维生素 A 过量可引起胚胎死亡，后期则导致胎儿畸形。猫表现以局部或全身性骨质疏松为主症的骨质疾患。中毒时，一般停药 1 ～2 周，中毒症状可逐渐缓解和消失。

【制剂、用法与用量】维生素 A 胶囊，每粒 200 U；维生素 AD 注射液，每毫升含维生素 A 50 000 U、维生素 D 5 000 U。内服或肌内注射，一次量，牛、马 510 mL；羊、猪 24 mL；仔猪、羔羊 0.5～1 mL；犬、猫 0.5～1 mL；禽 0.05～0.1 mL。

维生素 D (Vitamin D)

【理化性质】又名维生素丁，本品为无色针状结晶或白色结晶性粉末，无臭，无味；在空气或日光下易变质；应遮光、密封保存。

【作用与应用】维生素 D 对骨骼有双重作用：促进钙盐沉积和溶解骨质。这两种作用随机体需要而变。当动物缺乏维生素 D 时，骨生长受阻，幼年动物出现佝偻病，成年动物出现骨软化症，特别是怀孕或泌乳母畜较严重，奶牛产乳量下降，母鸡产蛋率降低，且蛋壳易碎。维生素 D 一般添加于饲料中，以防治佝偻病和骨软化症。犊、猪、犬、禽易发生佝偻病，牛、马常发生骨软化症。应用时，连续数周给予大剂量维生素 D，为日需要量的 10～15 倍。本品也用于孕畜、幼畜、泌乳家畜及骨折病畜补充维生素 D。

【不良反应】长期大剂量使用本品，可使骨脱钙变脆，并易于变形和发生骨折。此外，还可因钙、磷酸盐过多导致心律失常和神经功能紊乱等症状。

【注意事项】①应用维生素 D 的同时应给动物补充钙剂。②本品与噻嗪类利尿药同时使用，可引起高钙血症。③中毒时应立即停止使用本品和钙剂。

【制剂、用法与用量】维生素 AD 注射液。同上。

维生素 D_2 胶性钙注射液。呈乳白色，每毫升含钙 0.5 mg、维生素 D_2 5 000 U。皮下或肌内注射，一次量，每千克体重，牛、马 5～10 mL；羊、猪 2～4 mL；犬 0.5～1 mL。

维生素 D_3 注射液。1 mL∶7.5 mg (30 万 U)、1 mL∶15 mg (60 万 U)。注射后需补充钙剂。肌内注射，一次量，每千克体重，家畜 1 500～3 000 U。

维生素 E (Vitamin E)

【理化性质】又名生育酚。本品为微黄色或黄色透明的黏稠液体，几乎无臭；不易被酸、碱或热所破坏，但易被氧化；遇光颜色变深，应遮光、密封保存。

【作用与应用】①本品的主要作用是抗氧化，对保护和维持细胞膜结构的完整性起重要作用，与硒合用可提高作用效果。②维持正常的繁殖机能，本品可促进性激素的分泌，调节性机能，缺乏时影响繁殖机能。③保证肌肉的正常生长发育，缺乏时肌肉中能量代谢受阻，易患白肌病。④维持毛细血管的结构完整与中枢神经系统的机能健全，缺乏时雏鸡毛细血管通透性增加，易患渗出性素质病。⑤增强免疫机能，本品可促进抗体的生成及淋巴细胞的增殖，增强机体的抗病力。

【不良反应】本品毒性小，但过量可导致凝血障碍，日粮中高浓度可抑制动物生长，并加重钙、磷缺乏引起的骨钙化不全。

【注意事项】①动物对维生素 E 的需要量取决于日粮成分，尤其是日粮中硒和不饱和脂肪酸水平以及其他抗氧化剂的存在与否。饲料中不饱和脂肪酸含量越高，动物对维生素 E 的需要量越大。②饲料中的矿物质、糖的含量变化，其他维生素(如胆碱)的缺乏等，均可加重维生素 E 缺乏症。

【制剂、用法与用量】内服，一次量，驹、犊 0.5～1.5 g，羔羊、仔猪 0.1～0.5 g，犬 0.03～0.1 g，禽 5～10 mg。皮下、肌内注射，一次量，驹、犊 0.5～1.5 g，羔羊、仔猪 0.1～0.5 g，犬 0.01～0.1 g。

二、水溶性维生素

水溶性维生素包括 B 族维生素(维生素 B_1、维生素 B_2、维生素 B_6、烟酸、泛酸、生物素、叶酸和维生素 B_{12} 等)和维生素 C，都能溶于水而不溶于油。水溶性维生素一般不在体内贮存，在补充了机体需要和组织贮存量达到饱和后，多余的部分会较快地随尿排出体外。

维生素 B_1 (Vitamin B_1)

【理化性质】又名硫胺素。本品为白色结晶或结晶性粉末，微臭，味苦；易溶于水，水溶液呈酸性；微溶于乙醇，遇碱性物质易变质。

【作用与应用】维生素 B_1 在维持动物正常物质和能量代谢，维持神经、心肌和胃肠道的正常功能，加快生长发育，提高免疫机能及防止神经组织萎缩等方面都起着重要作用。维生素 B_1 还可促进胃肠道对糖的吸收，参与糖代谢过程，刺激乙酰胆碱形成，并使其活性增强等。维生素 B_1 缺乏时，体内丙酮酸和乳酸蓄积，动物食欲不振、生长缓慢，表现多发性神经炎，运动失调、惊厥、昏迷等症状。对维生素 B_1 缺乏最敏感的是家禽，家禽缺乏时可出现特有的"观星状"（角弓反张）症状；其次是猪。本品主要用于防治维生素 B_1 缺乏症引起的多发性神经炎及各种原因引起的疲劳和衰竭、感觉异常、肌肉酸痛、肌力下降等；还可作为治疗神经炎、心肌炎、肌肉收缩无力、食欲不振、胃肠功能障碍（如腹泻、便秘、消化不良等）、高热、重度使役及牛酮血症等的辅助治疗药物。动物输入大量葡萄糖时，用本品促进糖代谢。

【不良反应】①蕨类植物中含有硫胺素拮抗物，反刍动物食后发生中毒，其症状类似维生素 B_1 缺乏症。②快速静脉注射可出现轻度血管扩张，血压微降，抑制神经节传递，在神经肌接头处呈现轻度箭毒样作用，产生支气管收缩和轻度抑制胆碱酯酶作用。

【注意事项】①生鱼肉，某些鲜海产品内含大量硫胺素酶，能破坏维生素 B_1 的活性，故不可生喂。②本品对氨苄西林、头孢菌素、多黏菌素和制霉菌素等均具不同程度的灭活作用，故不宜混合注射。③影响抗球虫药氨丙啉的活性。

【制剂、用法与用量】维生素 B_1 片。10 mg、50 mg。内服，一次量，牛、马 100～500 mg；羊、猪 25～50 mg；犬 10～50 mg；猫 5～30 mg；兔 10～20 mg；鸡 2～5 mg。混饲，每 1 000 kg 饲料，家畜 1～3 g；雏鸡 18 g。

维生素 B_1 注射液。1 mL：10 mg、1 mL：25 mg、10 mL：250 mg。皮下或肌内注射，一次量，牛、马 100～500 mg；羊、猪 25～50 mg；犬 10～25 mg；猫 5～15 mg。

维生素 B_2（Vitamin B_2）

【理化性质】又名核黄素。维生素 B_2 主要来源于植物性饲料和动物蛋白，为橙黄色结晶性粉末，微臭、味微苦，易溶于水。

【作用与应用】为机体内黄素酶类的两种辅基，即黄素腺嘌呤二核苷酸（FAD）和黄素单核苷酸（FMN）的合成原料，起着传递氢的作用，参与物质代谢。缺乏时，雏鸡患曲趾病，用跗关节行走，腿麻痹；母鸡产蛋率、孵化率及雏鸡成活率下降；猪发生皮炎，皮毛粗糙，脱毛，妊娠母猪早产，胚胎死亡及胎儿畸形等。

主要用于防治维生素 B_2 缺乏症，如口角炎、脂溢性皮炎、角膜炎及雏鸡曲趾病等。

【不良反应】内服后尿液呈黄绿色。

【注意事项】①对多种抗生素（如氨苄西林、四环素、金霉素、土霉素、链霉素、卡那霉素、林可霉素、多黏菌素等）均有不同程度的灭活作用。②常与维生素 B_1 合用。

【制剂、用法与用量】维生素 B_2 片。内服，一次量，马、牛 100～150 mg，羊、猪 20～30 mg，犬 10～20 mg，猫 5～10 mg。

维生素 B_2 注射液。皮下、肌内注射，一次量，马、牛 100～150 mg，羊、猪 20～30 mg，犬 10～20 mg，猫 5～10 mg。

维生素 PP（Vitamin PP）

【理化性质】即烟酸与烟酰胺的总称。为白色结晶或结晶性粉末，无臭或微臭，味微酸，溶于沸水，常制成注射液和片剂。

【作用与应用】烟酸和烟酰胺具有相同的生理功能。烟酸在动物体内可转化为烟酰胺，烟酰胺在体内与核糖、磷酸、腺嘌呤构成辅酶Ⅰ(NAD)和辅酶Ⅱ(NADP)，成为许多脱氢酶的辅酶。起着传递氢的作用，可维持皮肤和消化器官的正常功能。缺乏时，动物表现生长缓慢、食欲下降。如鸡可表现口炎、羽毛生长不良和坏死性肠炎等。

本品主要用于烟酸缺乏症。

【不良反应】超剂量可引起鸡脚趾明显发红、腹痛性痉挛等症。

【注意事项】常与维生素 B_1 和维生素 B_2 合用，对多种疾病进行综合治疗。

【制剂、用法与用量】烟酸。内服，一次量，每千克体重，家畜 3～5 mg。

烟酰胺。内服，一次量，每千克体重，家畜 3～5 mg，幼畜 3 mg；混饲，每 1 000 kg 饲料，鸡 15～30 g。肌内注射，一次量，每千克体重，家畜 0.2～0.6 mg，幼雏不得超过 0.3 mg。

维生素 B_6 (Vitamin B_6)

【理化性质】本品为白色或类白色结晶或结晶性粉末，无臭，味酸苦，易溶于水。

【作用与应用】维生素 B_6 在机体内以转氨酶和脱羧酶等多种酶系统的辅酶形式参与氨基酸、蛋白质、脂肪和糖类的代谢。能促进血红蛋白中原卟啉的合成，提高抗体水平等。维生素 B_6 缺乏时，动物生长缓慢或停滞，皮肤发炎脱毛，心肌变性。鸡异常兴奋，惊跑，脱毛，下痢，产蛋率及种蛋孵化率降低等；猪表现腹泻，贫血，运动失调，阵发性抽搐或痉挛，肝脏发生脂肪性浸润等。

主要用于防治维生素 B_6 缺乏症，如皮炎、周围神经炎等。

【不良反应】注射用药偶见过敏反应，如出现皮疹、瘙痒、过敏性休克。

【注意事项】常用于配合治疗维生素 B_1、维生素 B_2 及烟酸或烟酰胺等的缺乏症。

【制剂、用法与用量】维生素 B_6 片剂。内服，一次量，马、牛 3～5 g，羊、猪 0.5～1 g，犬 0.02～0.08 g。

维生素 B_6 注射液。皮下、肌内、静脉注射，一次量，马、牛 3～5 g，羊、猪 0.5～1 g，犬 0.02～0.08 g。

维生素 C (Vitamin C)

【理化性质】又名抗坏血酸。本品为白色结晶或结晶性粉末，无臭，味酸；久置颜色变黄；易溶于水和醇，水溶液呈酸性反应，遇空气，碱性物质或加热易氧化失效；应遮光，密封保存。

【作用与应用】①参与体内氧化还原反应。维生素 C 很容易氧化脱氢，具有很强的还原性，参与体内许多氧化还原反应，起到递氢作用。维生素 C 能促进叶酸转变为四氢叶酸，参与核酸形成过程。维生素 C 在肠道内促使三价铁还原为二价铁，有利于铁在肠道内被吸收，可作贫血的辅助治疗药。②参与细胞间质的合成。维生素 C 是合成胶原蛋白所必需的物质。胶原蛋白是细胞间质的主要成分，起着黏合剂的作用。维生素 C 能促进胶原组织，骨、结缔组织，软骨、牙质和皮肤等细胞间质形成。当缺乏维生素 C 时，创伤，溃疡不易愈合，骨、齿脆弱，毛细血管脆性或通透性增加，易出血。③解毒。维生素 C 通过自身很强的还原性来保护巯基酶和其他活性物质不被毒物破坏，并促进抗体生成，中和细菌内毒素，增强粒细胞吞噬功能，提高机体的抵抗力和解毒能力。本品对铅、汞、砷、苯等中毒和高铁血红蛋白血症(与亚甲蓝并用)有一定疗效,也可用于磺胺类或巴比妥类中毒的解救。④能激活胃肠道各种消化酶(淀粉酶除外)的活性,有助于消化,还有抗炎,抗过敏作用。动物在正常情况下不易发生维生素C缺乏症,一般在发生感染性疾病、处于应激状态和饲料明显缺乏时,有必要在饲料中补充维生素C。⑤缺乏维生素C,会使物质代谢障碍、心肌营养不良,并使机体对疾病的抵抗力降低。

临床上除常用于防治缺乏症外,维生素C还常作为急性传染病、慢性传染病、热性心源性和感染性休克及慢性消耗性疾病、重金属中毒及各种贫血、烧伤的辅助治疗药物,也用于风湿、关节炎、骨折与创伤愈合不良、慢性出血、过敏性皮炎、过敏性紫癜和湿疹等的辅助治疗。

【不良反应】给予高剂量时,可增加尿酸盐、草酸盐或胱氨酸结晶形成的风险。

【注意事项】①本品不宜与维生素K_3、维生素B_2、碱性药物、钙剂等混合注射。②本品在瘤胃中易被破坏,故反刍动物不宜内服。③本品对氨苄西林、四环素,金霉素、土霉素、多西环素、红霉素、卡那霉素、链霉素、林可霉素和多黏菌素等均有不同程度的灭活作用。

【制剂、用法与用量】维生素C片。0.1 g。内服,一次量,马1～3 g;猪0.2～0.5 g;犬0.1～0.5 g。

维生素C注射液。无色或微黄色澄明液体,2 mL∶0.1 g、2 mL∶0.25 g、5 mL∶0.5 g、10 mL∶1 g、20 mL∶2.5 g。肌内或静脉注射,一次量,牛2～4 g;马1～3 g;羊、猪0.2～0.5 g;犬0.02～0.1 g;猫0.1 g。

泛酸钙(Calcium Pantothenate)

【理化性质】本品为白色粉末,无臭,味微苦,易溶于水,常制成片剂。

【作用与应用】泛酸是辅酶A的组成成分,参与糖、脂肪和蛋白质三大营养物质的代谢,促进脂肪代谢及类固醇和抗体的合成,是动物生长所必需的元素。泛酸缺乏,雏鸡表现生长缓慢,皮炎,眼内分泌物增多,眼睑周围结痂;母鸡产蛋率及孵化率下降等;猪表现鳞片状皮炎,脱毛,呕吐,胃肠功能紊乱,腹泻,便血,腿内弯,呈"鹅行步伐"。

本品主要用于动物泛酸缺乏症。

【不良反应】按规定剂量使用,暂未见不良反应。

【注意事项】本品在B族维生素中最易出现缺乏,单胃动物易缺乏,反刍动物不易缺乏。

【制剂、用法与用量】混饲,一次量,每1 000 kg饲料,猪10～13 g,禽6～15 g。

生物素(Biotin)

【理化性质】又名辅酶R。本品为白色针尖状结晶,能溶于水,对热稳定,但在氧化剂、强酸、强碱环境中易破坏。

【作用与应用】生物素进入机体后,被转运到以肝脏和肾脏为主的细胞中发挥作用。生物素在细胞中发挥作用后,大部分被降解为双降生物素,连同未降解的生物素一起从尿中排出,而未被小肠吸收的生物素则由粪中排出。

生物素为动物酶体系中的辅酶。雏鸡缺乏时,发育缓慢,脚、喙、眼及周围发炎。产蛋鸡缺乏时,产蛋率和孵化率降低,死胚较多,新孵化出的雏鸡产生骨短粗症等畸形症状。毛皮动物缺乏时,出现被毛卷曲、换毛障碍等症状。母猪缺乏时,裂蹄概率升高。

临床上主要用于生物素的缺乏症。

【不良反应】按规定的制剂、用法与用量使用尚未见不良反应。

【注意事项】储存于阴凉、通风、干燥处。

【制剂、用法与用量】2%生物素。即罗维素 H-2,是维生素类添加剂。混饲,每吨饲料中,猪 100～200 mg,禽 100～250 mg,毛皮动物 200～300 mg。

三、其他维生素

氯化胆碱(Choline Chloride)

【理化性质】本品为白色结晶粉末,味咸苦,极易溶于水,常制成溶液。

【作用与应用】①胆碱是卵磷脂的重要组分,是维护细胞膜正常结构和功能的关键物质。②胆碱可提高肝脏对脂肪酸的利用,促进脂蛋白的合成和脂肪酸的转运,防止脂肪在肝脏中蓄积。③胆碱是体内甲基的供体,参与一碳基团代谢。④胆碱还是神经递质乙酰胆碱的重要构成部分。可维持正常神经冲动传导。动物体内胆碱不足,表现为生长缓慢、脂肪代谢和转运障碍,发生脂肪变性、脂肪浸润、骨骼及关节畸变等。鸡易患骨短粗症,跗关节肿胀变形,运动失调;猪呈犬坐姿势,运动失调,母猪繁殖力下降。

本品主要用于防治畜禽胆碱缺乏症及脂肪肝;也用于治疗家禽的急、慢性肝炎,马的妊娠毒血症等;此外,也用于动物的促生长。

【不良反应】按规定的制剂、用法与用量使用尚未见不良反应。

【注意事项】饲料中充足的胆碱可减少甲硫氨酸的添加量。叶酸和维生素 B_{12} 可促进甲硫氨酸和丝氨酸转变成胆碱,这两种维生素缺乏时,也可引起胆碱的缺乏。

【制剂、用法与用量】氯化胆碱溶液。内服,一次量,马 3～4 g,牛 1～8 g,犬 0.2～0.5 g,鸡 0.1～0.2 g。混饲,每 1 000 kg 饲料,猪 250～300 g,禽 500～800 g。

甜菜碱(Betaine)

【理化性质】为白色或淡黄色结晶性粉末,味甜,易溶于水。

【作用与应用】作为高效的甲基供体,替代甲硫氨酸和胆碱的供甲基功能,参与酶促反应。促进脂肪代谢,提高瘦肉率,防止脂肪肝。可通过促进体内磷脂的合成,降低肝脏中脂肪合成酶的活力,促进肝脏中载体脂蛋白的合成,加速肝中脂肪的迁移,降低肝脏中三酰甘油的含量,有效地防止肝中脂肪蓄积。具有甜味和鱼虾敏感的鲜味以及适合鱼类嗅觉和味觉感受器的化学结构,并增加其他氨基酸的味感受效应,具有诱食作用。具有抗应激和提高免疫力的作用。

主要用于动物促生长,防治脂肪肝;也用作水产诱食剂。

【不良反应】按规定的制剂、用法与用量使用尚未见不良反应。

【注意事项】与盐霉素、莫能霉素等聚醚类离子载体抗球虫药同时使用,能够保护肠道细胞的正常功能和营养吸收,提高抗球虫药疗效。

【制剂、用法与用量】盐酸甜菜碱预混剂。混饲,每 1 000 kg 饲料,5 kg。

二氢吡啶(Dihydropyridine)

【理化性质】本品呈淡黄色粉末或针状结晶,无味。本品最早被用作动植物油的抗氧化剂，在我国 1996 年被批准为新兽药类添加剂。本品几乎不溶于水，常制成预混剂。

【作用与应用】①本品具有抗氧化功能，能显著提高血清中 SOD 活性，从而有效减少体内超氧自由基对白细胞、吞噬细胞等免疫细胞生物膜的氧化危害，以保持生物膜的完整性。②调节动物内分泌，提高繁殖性能。甲状腺激素-三碘甲腺原氨酸（T3）对动物机体的正常生长发育以及维持正常生殖有重要的作用，饲料中添加本品可显著提高血清中 T3 水平，明显升高 FSH 和 LH 含量，间接地促进卵泡的生长和发育。此外，本品还可通过提高下丘脑、腺垂体中 cAMP 的含量，激活蛋白激酶（PK）系统，从而提高颗粒细胞中芳香化酶的活性，提高雌二醇（E2）含量，直接进入细胞核与其受体蛋白质结合，从而促进卵泡的生长发育和排卵。③本品可促进 T 淋巴细胞的增殖，提高血清抗体水平，降低皮质醇的浓度而增强机体的抵抗力。

本品用于提高奶牛受胎率、公牛的精液品质及种肉鸡的受精率等。

【不良反应】按规定的制剂、用法与用量使用尚未见不良反应。

【注意事项】①本品与饲料现用现配。②休药期：牛、肉鸡 7 d，弃奶期 7 d。

【制剂、用法与用量】混饲，每 1 000 kg 饲料，牛 100～150 g，种肉鸡 150 g。

学习单元五　生化制剂

生化制剂指通过自生物体中分离提取、生物合成、生物化学合成、DNA 重组等生物技术获得的一类防病、治病的药物，主要包括蛋白质、多肽类、氨基酸、酶、辅酶、核苷、核苷酸及其衍生物、脂质及多糖类等。这些物质能直接参与动物机体的新陈代谢，补充、调整、增强、抑制、替代或纠正代谢失调。

三磷酸腺苷（Adenosine Triphosphate）

【理化性质】又名腺三磷。本品为白色无定形粉末，无臭，无味，易溶于水，不溶于乙醇、乙醚等有机溶剂。

【作用与应用】三磷酸腺苷为一种辅酶，是体内生化代谢中的主要能量来源，体内脂肪、蛋白质、糖、核酸等的合成都需要三磷酸腺苷供给能量。在体内，生化反应等过程中需要能量时，三磷酸腺苷即分解为腺苷二磷酸（ADP）及磷酸基，同时释放出大量的自由能，以供体内需能反应的进行。

本品可用于治疗犬的进行性肌肉萎缩、心力衰竭、心肌炎、心肌梗死和血管痉挛等，也可用于犬的传染性肝炎的辅助治疗。

【不良反应】按规定的制剂、用法与用量使用尚未见不良反应。

【注意事项】静脉推注时要缓慢。

【制剂、用法与用量】肌注或静脉滴注，一次量，小型犬 10～20 mg，中、大型犬 20～40 mg。

细胞色素 C（Cytochrome C）

【理化性质】注射用细胞色素 C（冻干型）为桃红色海绵状物。

【作用与应用】本品为生物氧化过程中的电子传递体。其作用原理为在酶存在的情况下，对组织的氧化、还原有迅速的酶促作用。通常外源性细胞色素 C 不能进入健康细胞，但在缺氧时，细胞膜的通透性增加，细胞色素 C 便有可能进入细胞及线粒体内，增强细胞氧化，提高氧的利用率。

本品单独或与三磷酸腺苷、辅酶 A 联合用于组织缺氧的急救和辅助用药。

【不良反应】 按规定的制剂、用法与用量使用尚未见不良反应。

【注意事项】 有严重肝、肾功能不全患畜慎用。

【制剂、用法与用量】 细胞色素 C 注射液，2 mL∶15 mg；注射用细胞色素 C，15 mg。肌内或静脉注射，一次量，犬 15～30 mg，每 24 h 一次。

肌苷(Inosine)

【理化性质】 本品为无色或几乎无色的澄明液体。

【作用与应用】 本品参与体内能量代谢及蛋白质的合成，提高辅酶 A 的活性，改善肝功能，刺激体内产生抗体。

本品常用于各种类型肝脏疾患、白细胞减少症及血小板减少症。在犬病中用于多种传染病、心肌炎的辅助治疗，常与三磷酸腺苷配合使用。

【不良反应】 偶见厌食、恶心、呕吐等副作用。

【注意事项】 给药速度不宜过快。

【制剂、用法与用量】 肌苷注射液。5 mL∶100 mg。肌内注射或静脉注射，一次量，犬 25～50 mg，每 8～24 h 一次。

辅酶 A (Coenzyme A)

【理化性质】 本品为白色或微黄色粉末，有引湿性，易溶于水或生理盐水。

【作用与应用】 本品为体内乙酰化反应的辅酶，对脂肪、蛋白质及糖的代谢起重要作用。动物体内三羧酸循环的进行、肝糖原的储存、乙酰胆碱的合成及血浆脂肪含量的调节均与辅酶 A 有密切关系，同时辅酶 A 与机体解毒过程的乙酰化有关。

本品主要用于治疗白细胞减少症及原发性血小板减少性紫癜，以及各种肝炎、脂肪肝、心肌炎、慢性肾功能衰退等引起的肾病综合征、尿毒症的辅助治疗。与细胞色素 C、三磷酸腺苷合用效果更佳。

【不良反应】 偶见厌食、恶心、呕吐等副作用。

【注意事项】 肝、肾功能不全患畜慎用。

【制剂、用法与用量】 注射用辅酶 A。50 U，100 U。肌内注射，一次量，犬 35～50 U，每 12～24 h 一次。

课后思考

1. 氯化钠和氯化钾的药理作用分别有哪些？应用时需注意哪些问题？
2. 调节酸碱平衡药有哪些？
3. 碳酸氢钠为何是治疗代谢性酸中毒的首选药？其作用原理是什么？
4. 简述钙盐的作用和用途，以及注射钙剂时要注意的问题。
5. 简述维生素 B_1、维生素 C、维生素 D、维生素 E 的作用与应用。

6. 微量元素硒、锌、铜、钴可防治哪些畜禽疾病？

7. 为什么初生仔猪容易发生贫血？如何进行防治？

8. 兽医临床上，对动物佝偻病、夜盲症、巨幼红细胞性贫血、羔羊白肌病、雏鸡多发性神经炎等应采用哪些药物治疗？

案例分析

1. 某养鸡场发现雏鸡群体温正常，但是腿无力，喙与爪变软、易弯曲，采食困难，步态不稳，常以跗关节着地，呈蹲伏状态，骨骼变软肿胀。该病最可能的诊断是什么？应该选择什么药物进行救治？

2. 一仔猪拉稀，粪呈黄色水样，内含凝乳小片，顺肛门流下，其周围多不留粪迹。下痢重时，后肢被粪液沾污，从肛门冒出稀粪。不愿吃奶，很快消瘦、脱水。经诊断为仔猪黄痢。请问该选择何种药物防治？如何使用？

思政园地

“他山之石，可以攻玉。”

——《诗经·小雅·鹤鸣》

艾克曼与维生素 B_1 的发现

维生素 B_1 又称硫胺素、抗脚气病因子、抗神经炎因子，是人类发现的第一种维生素，它在体内参与糖代谢，是维持神经、心脏及消化系统正常机能的重要生物活性物质。其典型缺乏症就是脚气病，这里说的脚气病不是脚臭，也不是真菌感染的足癣，而是一种会损害神经系统和心血管系统的非常严重的疾病。

1886 年，细菌致病学说是西方医学界的主流，大家都认为脚气病的病因是细菌感染。荷兰军医艾克曼没有盲目跟从，而是以坚韧不拔的精神继续深入探究脚气病的真正元凶。通过实验，他发现了关键所在：脚气病的发病原因并非细菌感染，而是鸡米糠中缺乏维生素 B_1。1929 年，艾克曼和发现多种维生素的科学家弗雷德里克·霍普金斯共同获得诺贝尔生理学或医学奖。他的故事是对科学精神最生动的诠释——勇于质疑权威，敢于挑战未知，用实验说话，以事实为依据。

艾克曼的成就，不仅在于他发现了维生素 B_1 这一重要营养素，更在于他展现出的专注、求实、自信与执着。因此，我们在课程学习中，不仅要掌握专业知识，更要培养这种科学精神，用实际行动践行“求真务实，开拓创新”的科研理念，为人类的进步与发展贡献自己的力量。

自主学习

模块六　在线自测

模块七 糖皮质激素药与抗过敏药

知识目标

1. 理解糖皮质激素药的作用、临床应用及注意事项。
2. 掌握抗过敏药的分类及临床应用。

技能目标

熟知常用的糖皮质激素药和抗过敏药在兽医临床中的应用。

素质目标

1. 促进团队合作，通过小组项目或案例研讨，学会在跨学科团队中有效协作。
2. 深入社会实践，关注现实问题，增强职业使命，保障公共卫生安全。
3. 坚定“学农、为农”信念，锻造尊重劳动、崇尚劳动的精神品质。

学习单元一　糖皮质激素药

肾上腺皮质激素为肾上腺皮质所分泌的激素的总称。根据其作用不同可分为两类：一类主要作用于水盐代谢，维持机体的电解质平衡和体液容量，称为盐皮质激素，以醛固酮和脱氧皮质酮为代表；另一类对糖、脂肪、蛋白质代谢起调节作用，并能提高机体对各种不良刺激的抵抗力，称为糖皮质激素，以氢化可的松等为代表。

一、药理作用

1. 抗炎作用

糖皮质激素类药对各种因素（物理性、化学性、生物性和免疫性）引起的炎症都具有强大的非特异性抗炎作用。糖皮质激素减轻炎症的症状，只能保护机体组织免受有害刺激引起的损伤，降低机体对致炎因子的病理性反应，而不能消除引起炎症的原因，同时糖皮质激素可降低机体的抵抗力，可诱发或加重感染，要注意防止感染的发生，要定期检查血糖、尿糖，尤其是有糖尿病或糖尿病倾向者；在停药时，应采取逐渐减量的方式，避免突然停药。

2. 免疫抑制作用

糖皮质激素能干扰免疫过程，是临床上常用的免疫抑制剂之一。小剂量时，能抑制巨噬细胞对抗原的吞噬和处理，阻碍淋巴母细胞的生长，加速小淋巴细胞的解体，从而抑制迟发性过敏反应和异体排斥反应；大剂量时，可抑制浆细胞合成抗原，减少抗体生成，干扰体液免疫。另外，还可干扰补体参与免疫反应，影响补体激活。此外，糖皮质激素也能抑制巨噬细胞对细菌和真菌的灭活作用。

3. 抗毒素作用

糖皮质激素能提高机体对细菌内毒素的耐受力，但不能中和内毒素，糖皮质激素对细菌外毒素所引起的损害无保护作用。

4. 抗休克作用

糖皮质激素对各种休克如过敏性休克、中毒性休克、低血容量休克等都有一定的疗效，可增强机体对休克的抵抗力。此外，大剂量的糖皮质激素能降低外周血管的阻力，改善微循环阻滞、增加回心血量。

5. 影响代谢

（1）糖代谢。增加肝脏的糖原异生作用，降低外界对葡萄糖的利用，使肌糖原和肝糖原含量增多，血糖升高。

（2）蛋白质代谢。加速蛋白质分解，抑制蛋白质的合成和增加尿氮的排出，导致负氮平衡。

（3）脂肪代谢。加速脂肪分解，抑制其合成、长期使用能使脂肪重新分布。即四肢脂肪可以向面部和躯干积聚，出现向心性肥胖。

（4）水盐代谢。对水盐代谢的影响小，尤其是人工半合成品。但长期使用仍可引起水、钠潴留而导致水肿，可引起低钾血症，并促进钙、磷的排出，从而导致骨质疏松。

6. 对血细胞的作用

概括起来为“三多两少”，即红细胞、血小板、中性粒细胞增多，而淋巴细胞和酸性粒细胞减少。此外，还能增加血红蛋白和纤维蛋白原的数量。

二、临床应用

(1)治疗代谢性疾病,如牛的酮血症、羊妊娠毒血症等。

(2)治疗严重的感染性疾病,如各种败血症、中毒性肺炎、中毒性菌痢、腹膜炎,产后急性子宫内膜炎等,但必须配伍足量、有效的抗菌药物。

(3)治疗过敏性疾病,如荨麻疹、血清病、过敏性皮炎、过敏性哮喘、过敏性湿疹等。

(4)治疗局部炎症,如乳房炎、关节炎、腱鞘炎、黏膜囊炎、结膜炎、角膜炎等。

(5)治疗休克,如中毒性休克、创伤性休克和过敏性休克等。

(6)引产。糖皮质激素可使雌激素分泌增加,黄体浓度下降。地塞米松在怀孕后期的适当时候(牛多在怀孕第 285 天后)给予,一般可在 48 h 内分娩。因此,地塞米松可用于牛、羊、猪的同步分娩。

三、不良反应与注意事项

(1)抑制机体的防御机能,降低机体的抵抗力。易引起继发感染或加重感染,使病灶扩大或散播,导致病情恶化,故对严重感染性疾病应与足量的抗菌药物配合使用。在激素停药后,仍需继续抗菌治疗。

(2)扰乱代谢平衡。其保钠排钾的作用常导致动物出现水肿和低钾血症;具有增加钙、磷排泄和加强蛋白质异化的作用,易引起动物肌肉萎缩无力,骨质疏松,幼畜生长抑制,影响创口愈合等。故用药期间应注意补充维生素 D、钙及蛋白质;幼畜不宜长期使用,骨软化症、骨折和外科手术后均不宜使用。

(3)免疫抑制作用。机体免疫过程受到干扰,因此结核菌素或鼻疽菌素诊断期和疫苗接种期等均不宜使用。

(4)皮质激素的负反馈调节作用。长期用药可使肾上腺皮质机能受到抑制,而使皮质激素的分泌减少或停止。如突然停药,可出现停药综合征,如发热、无力、精神沉郁、食欲不振、血糖和血压下降等,因此,必须采取逐渐减量,缓慢停药的方法,以促进肾上腺皮质机能的恢复。

四、常用药物

氢化可的松(Hydrocortisone)

【理化性质】本品为天然短效的糖皮质激素。白色或类白色的结晶性粉末,无臭,初无味,随后有持续的苦味,遇光渐变质,不溶于水,略溶于乙醇或丙酮。遮光、密封保存。

【作用与应用】本品用于炎症性、过敏性疾病,以及牛酮血症和羊妊娠毒血症的治疗。临床多用其静脉注射剂治疗严重的中毒性感染或其他危急病例。局部应用有较好的疗效,用于乳房炎、眼科炎症、皮肤过敏性炎症。对牛皮癣、湿疹、接触性皮炎可局部外用.但对天疱疮和剥脱性皮炎等严重皮肤病则需全身给药;还可用于关节炎和腱鞘炎等的治疗。本品作用时间不足 12 h。另外,本品对恶性肿瘤如恶性淋巴瘤、晚期乳腺癌、前列腺癌等均有效。

【注意事项】①本品的乙酸盐混悬液肌内注射吸收不良,局部作用时间持久,仅供乳室、关节腔、腱鞘内注入等局部应用。②有较强的免疫抑制作用,细菌感染必须配合大剂量有效的抗菌药物。③妊娠后期大剂量使用可引起流产，妊娠早期及后期母畜禁用。④严重肝功能不良、骨软化症、骨折治疗期、创伤修复期、疫苗接种期患畜禁用。⑤长期用药不能突然停药，应逐渐减量，直至停药。⑥苯巴比妥、苯妥英钠、利福平等促进本类药物的代谢，使药效降低。⑦有较强的水、钠潴留和排钾作用。而噻嗪类利尿药或两性霉素 B 也能促进钾排泄，与本品合用时应注意补钾。⑧本品可使内服抗凝血药的疗效降低，两者合用时应适当增加抗凝血药的剂量。⑨休药期 0 d。

【制剂、用法与用量】氢化可的松注射液。2 mL：10 mg、5 mL：25 mg、20 mL：100 mg。静脉注射，一次量，马、牛 0.2～0.5 g，猪、羊 0.02～0.08 g，犬 0.005～0.02 g。使用前用生理盐水或 5%葡萄糖注射液稀释，缓慢静脉注射，每日 1 次。

醋酸氢化可的松注射液。滑囊、腱鞘或关节腔内注射，一次量，马、牛 50～250 mg。

地塞米松(Dexamethasone)

【理化性质】又名氟美松、德沙美松，为白色或类白色的结晶性粉末，无臭，味微苦，不溶于水。其乙酸盐常被制成片剂，磷酸钠盐则被制成注射液。

【作用与应用】①本品的作用和应用与氢化可的松相似，但作用较强，显效时间更长，给药后作用持续时间为 48～72 h，副作用较小。抗炎作用与糖异生作用为氢化可的松的 25 倍，而水、钠潴留作用和排钾作用仅为氢化可的松的 3/4。对垂体-肾上腺皮质轴的抑制作用较强。②具有使母畜同期分娩的作用。

本品用于炎症性疾病、过敏性疾病及牛酮血症、羊妊娠毒血症等；也用于母畜(牛、羊和猪)的同期分娩。

【注意事项】①本品对母畜(牛、羊和猪)有引产效果，可使胎盘滞留率升高，泌乳延迟，子宫恢复到正常状态较晚。②其他参见氢化可的松。③休药期：地塞米松磷酸钠注射液，牛、羊、猪 21 d，弃奶期 72 h；醋酸地塞米松片，马、牛 0 d。

【制剂、用法与用量】地塞米松磷酸钠注射液。肌内、静脉注射，一次量，马 2.5～5 mg，牛 5～20 mg，羊、猪 4～12 mg，犬、猫 0.125～1 mg。关节囊内注射，马、牛 2～10 mg。

醋酸地塞米松片。内服，一次量，马、牛 5～20 mg，犬、猫 0.5～2 mg。

醋酸氟轻松(Fluocinonide)

【理化性质】又名丙酮化氟新龙、醋酸肤轮松、仙乃乐，为白色或类白色的结晶性粉末，无臭，无味，不溶于水，常制成乳膏剂。

【作用与应用】①本品外用可使真皮毛细血管收缩，抑制表皮细胞增殖或再生，抑制结缔组织内纤维细胞的新生，稳定细胞内溶酶体膜，防止溶酶体膜破裂所引起的组织损伤。②本品具有较强的抗炎及抗过敏作用。局部涂敷，对皮肤、黏膜的炎症，皮肤瘙痒和过敏反应等都能迅速起效，止痒效果尤其好。

本品主要用于各种皮肤病，如湿疹、过敏性皮炎、皮肤瘙痒等。

【注意事项】①本品对并发细菌感染的皮肤病，应与相应的抗生素合用。若感染未改善应停用。②真菌性或病毒性皮肤病禁用。③长期或大面积应用，可引起皮肤萎缩及毛细血管扩张，发生痤疮样皮炎和毛囊炎、口周皮炎，偶尔可引起变态反应性接触性皮炎。④本品作用强而副作用小，但用量过大时可引起中枢神经先兴奋后抑制，甚至造成呼吸麻痹等毒性反应。解救可采取对症治疗，兴奋期可给予小剂量的中枢抑制药，若转为抑制期则不能用兴奋药解救，只能采用人工呼吸等措施。

【制剂、用法与用量】醋酸氟轻松软膏。10 g∶2.5 mg、20 g∶5 mg。外用涂擦患处，3～4次/d。

醋酸泼尼松(Prednisone Acetate)

【理化性质】又名强的松，为白色或几乎白色的结晶性粉末，无臭，味苦，不溶于水，常制成片剂和眼膏。

【作用与应用】①本品需在体内转化为泼尼松龙后显效，其作用与氢化可的松相似。抗炎作用与糖异生的作用是氢化可的松的5倍，而水、钠潴留及排钾作用比氢化可的松小。②能促进蛋白质转变为葡萄糖，减少机体对糖的利用，使血糖及肝糖原增加，出现糖尿。③能增加胃液分泌。

本品用于炎症性、过敏性疾病，牛酮血症和羊妊娠毒血症等。

【注意事项】①本品因抗炎、抗过敏作用强，副作用较小，故较常用。②眼部有感染时应与抗菌药物合用，角膜溃疡忌用。③其他同氢化可的松。④休药期0 d。

【制剂、用法与用量】醋酸泼尼松片。5 mg。内服，一次量，牛、马100～300 mg，猪、羊10～20 mg；每千克体重，犬、猫0.5～2 mg。

醋酸泼尼松软膏。1%。皮肤涂擦。

醋酸泼尼松眼膏。0.5%。眼部外用，2～3次/d。

倍他米松(Betamethasone)

【理化性质】本品为白色或类白色的结晶性粉末，无臭，味苦，几乎不溶于水，常制成片剂。

【作用与应用】与地塞米松的作用相似，但其抗炎作用与糖原异生作用较后者强，为氢化可的松的30倍；钠潴留作用稍弱于地塞米松。

本品常用于犬、猫的炎症性、过敏性疾病等。

【注意事项】参见氢化可的松。

【制剂、用法与用量】内服，一次量，犬、猫0.25～1 mg。

泼尼松龙(Predinisolone)

【理化性质】又名氢化泼尼松、强的松龙，为人工合成品，白色或类白色结晶性粉末，几乎不溶于水，微溶于乙醇或三氯甲烷。

【作用与应用】作用与醋酸泼尼松基本相似或略强。可供静脉注射、肌内注射、乳房内注入和关节腔内注射等，应用较醋酸泼尼松广泛，用于皮肤炎症、眼炎、乳房炎、关节炎、腱鞘炎及牛的酮血症等，给药后作用时间为12～36 h。

【制剂、用法与用量】氢化泼尼松注射液。2 mL∶10 mg。静脉注射，一次量，牛、马50～150 mg，猪、羊10～20 mg；关节腔内注射，牛、马20～80 mg。每日1次。

醋酸氢化泼尼松注射液。5 mL∶125 mg。关节腔内或局部注射，牛、马20～80 mg，每日1次；乳房内注射，每乳室10～20 mg，3～4 d 1次。

曲安奈德(Triamcinolone Acetonide)

【理化性质】又名曲安缩松、去炎舒松。曲安奈德注射液、曲安奈德鼻喷雾剂、醋酸曲安奈德注射液为微细颗粒的混悬水溶液,静置后微细颗粒下沉,振摇后呈均匀的乳白色混悬液。曲安奈德口腔软膏为浅棕黄色至浅棕色软膏。醋酸曲安奈德乳膏为乳剂型基质的白色软膏。

【作用与应用】①曲安奈德鼻喷雾剂。本品适用于预防和治疗常年性及季节性过敏性鼻炎。过敏性鼻炎的症状主要有鼻痒、鼻阻塞、流鼻涕、打喷嚏等。鼻腔内喷雾治疗,用前应充分振摇。

②曲安奈德口腔软膏。本品用于口腔黏膜的急、慢性炎症,包括复发性口腔溃疡、甲扁平苔藓、口炎创伤性病损,如义齿造成的创伤性溃疡;剥脱性龈炎和口腔炎。创伤性溃疡和多数非复发性病损用药后可迅速痊愈。慢性病变和复发性口腔溃疡用药后也能获得显著疗效,停药后还会复发。

③醋酸曲安奈德注射液。本品可用于治疗各种皮肤病、过敏性鼻炎、关节痛、支气管哮喘、肩周炎、腱鞘炎、滑膜炎、急性扭伤、类风湿性关节炎等。

④醋酸曲安奈德乳膏。本品用于过敏性皮炎、湿疹、神经性皮炎、脂溢性皮炎及瘙痒症。外用,每日 2～3 次,涂患处,并轻揉片刻。

学习单元二 抗过敏药

变态反应也称过敏反应,是一个复杂的免疫病理反应过程,本质是抗原-抗体反应。动物体内活的组织细胞对异物(如抗原等)进行识别、反应和处理后,产生特异性抗体。当同一抗原第二次侵入体内,就发生抗原-抗体反应,敏感动物会出现严重的过敏反应,甚至是过敏性休克。

过敏反应有四种类型:①Ⅰ型(速发型)。以炎性介质释放为主的过敏反应。②Ⅱ型(细胞毒性)。以组织细胞损害和溶解为主的细胞毒性反应。③Ⅲ型(免疫复合物型)。以抗原-抗体复合物在组织中沉积为主的反应。④Ⅳ型(迟发型)。以致敏 T 淋巴细胞介导为主的迟发型过敏反应。通常所说的过敏反应指的是Ⅰ型,其机制为过敏原进入体内后产生特异性 IgE,后者结合在肥大细胞的表面使机体呈致敏状态,当再次接触过敏原时,肥大细胞脱颗粒释放多种化学介质,其中以组胺、白三烯较为重要,并诱发病理改变和一系列过敏症状。

临床上具有抗过敏作用的药物如下:①糖皮质激素。可抑制免疫反应的多个环节,适用于各种过敏反应,但作用不是立即产生的。②拟肾上腺素药物。可用于伴有组胺、慢反应物质释放的过敏反应,但可引起心动过速或心律失常。③钙剂。能降低毛细血管的通透性,减少渗出,减轻炎症和水肿,常用作治疗过敏反应的辅助药物。④抗组胺药。通过拮抗组胺的作用而减轻或消除过敏反应的症状,可用于治疗Ⅰ型过敏反应,缓解Ⅱ型、Ⅲ型过敏反应的症状,是一类重要的抗过敏药。但不能完全消除过敏反应的所有症状,并且对牛、兔等组胺释放量少的动物的过敏反应无拮抗作用。

一、组胺

组胺是发生过敏反应时释放的致敏物质。组胺由体内组氨酸脱羧生成，广泛分布于动物体内，存在于动物的各种组织（主要是肥大细胞）内。其中以皮肤、胃肠黏膜及肺含量最高，组织中的组胺大多数与蛋白质、肝素结合，以复合物形式贮存于肥大细胞和嗜碱性粒细胞中，当寒冷、外伤、炎症等破坏组织或发生变态反应时，受刺激局部组织中的肥大细胞释放组胺，立即作用于临近组织的靶器官上，产生各种相应的反应。休克时，全身性释放组胺。另外，表皮细胞、胃黏膜细胞和神经元也能生成和贮存组胺。

组胺具有广泛的生物活性，其效应是通过兴奋靶细胞上的组胺受体而实现的，组胺受体分为 H_1 受体、H_2受体和 H_3受体。H_1 受体兴奋时，毛细血管和小动脉扩张，血浆渗出随血管壁通透性增加而增加，血压下降，支气管、胃肠道和子宫平滑肌收缩，称为 H_1 效应；H_2受体兴奋时，胃酸分泌增加，心率加快，称 H_2效应。H_3受体兴奋时，负反馈性调节组胺的合成与释放。这些效应可被组胺受体拮抗药所对抗。目前，组胺在医学临床上应用已逐渐减少，但其受体拮抗药在临床上仍有重要价值。

二、抗组胺药

抗组胺药又称组胺受体拮抗药，是指能与组胺竞争靶细胞上组胺受体，使组胺不能与受体结合，从而阻断组胺作用的药物。根据其对组胺受体的选择性作用不同，分为三类：H_1 受体阻断药，如苯海拉明、异丙嗪、氯苯那敏、吡苄明、阿司咪唑等；H_2受体阻断药，如西咪替丁、雷尼替丁、法莫替丁、尼扎替丁等；H_3受体阻断药，目前仅作为工具药在研究中使用，临床应用尚待进一步研究。

（一）H_1 受体阻断药

H_1 受体阻断药的基本结构是乙胺，与组胺相似，这是与组胺竞争特定受体的必需结构。取代基和侧链的不同，决定着药物的效应强度和副作用类型。

H_1 受体阻断药能选择性地对抗组胺兴奋 H_1 受体所致的血管扩张及平滑肌痉挛等作用。用于皮肤、黏膜的变态反应性疾病，如荨麻疹、接触性皮炎。临床上也用于怀疑与组胺有关的非变态反应性疾病，如湿疹、营养性或妊娠期蹄叶炎、肺气肿。常用药物有苯海拉明、异丙嗪、氯苯那敏、吡苄明、氯苯那敏、曲吡那敏、阿斯咪唑等。抗过敏作用的强度和持续时间，氯苯那敏＞异丙嗪＞苯海拉明。对中枢的抑制作用，异丙嗪＞苯海拉明＞氯苯那敏。各种 H_1 受体阻断药的药理作用与临床应用见表 7-1。常用 H_1 受体阻断药的比较见表 7-2。

表 7-1　受体阻断药的药理作用与临床应用

药理作用	临床应用	不良反应	药物
抗组胺 H_1 型作用支气管及胃肠道平滑肌松弛，血管收缩毛细血管通透性下降，血压升高	对荨麻疹、花粉症、过敏性鼻炎和血管神经性水肿等有良好效果，对支气管哮喘和过敏性休克无效		苯海拉明、异丙嗪、吡苄明、氯苯那敏、苯茚胺等

续表 7-1

药理作用	临床应用	不良反应	药物
中枢抑制作用	镇静催眠，尤其因变态反应性疾病所致的失眠	镇静，嗜睡，乏力	苯海拉明、异丙嗪、吡苄明、氯苯那敏、苯茚胺略有中枢兴奋作用，特非那定、阿司咪唑无此作用
抗晕动、止吐作用	防治晕动病和镇吐		苯海拉明、异丙嗪、氯苯丁嗪
其他抗胆碱，局部麻醉作用		头痛，头晕，口干	

表 7-2　常用 H_1 受体阻断药的比较

药物	抗 H_1 受体作用	中枢抑制	止吐	抗胆碱	作用时间/h	临床应用
苯海拉明	++	+++	++	+++	4～6	变态反应性疾病
异丙嗪	+++	+++	++	+++	4～6	过敏性疾病，防治晕动病和镇吐，人工冬眠，复方镇咳祛痰药的成分
吡苄明(去敏灵)	+++	++	—	—	4～6	变态反应性疾病
氯苯那敏(扑尔敏)	++++	+	—		4～6	皮肤黏膜的变态反应性病中枢抑制作用轻
布克利嗪(安其敏)	+++	+	+++	+	16～18	变态反应性疾病
苯茚胺						变态反应性疾病
赛庚啶	++++	+	+	+		荨麻疹，瘙痒性皮肤病，过敏性鼻炎
阿司咪唑(息斯敏)	+++	—	—	—	>24	第 2 代 H_2 阻断药，用于变态反应性疾病
特非那定	+++	—	—	—	12～24	

苯海拉明(Diphenhydramine)

【理化性质】又名苯那君、可他明，为白色结晶性粉末，无臭，味苦，随后有麻木感。在水中极易溶解，在乙醇或三氯甲烷中易溶。应避光、密闭保存。

【作用与应用】本品可解除支气管平滑肌和肠道平滑肌痉挛，降低毛细血管的通透性，减弱变态反应。本品还有镇静、抗胆碱、止吐和轻度局麻作用，但对组胺引起的腺体分泌无拮抗作用。

本品主要用于皮肤黏膜的过敏性疾病，如荨麻疹、血清病、湿疹、接触性皮炎所致的皮肤瘙痒、水肿、神经性皮炎及药物过敏反应等；用于组织损伤并伴有组胺释放的疾病，如烧伤、冻伤、脓毒性子宫炎；用于小动物运输晕动、止吐。还可用于过敏性休克，因饲料过敏引起的腹泻和蹄叶炎等。本品是有机磷中毒的辅助治疗药，对过敏性胃肠痉挛和腹泻也有一定的疗效，但对过敏性支气管痉挛效果较差。本品常与氨茶碱、维生素 C 或钙剂配合应用。

【不良反应】①本品有较强的中枢抑制作用。②大剂量注射时常出现中毒症状，以中枢神经系统过度兴奋为主。可静脉注射短效巴比妥类药物（如硫喷妥钠）进行急救，但不可使用长效或中效巴比妥类药物。

【制剂、用法与用量】盐酸苯海拉明片。25 mg。内服，一次量，牛 0.6～1.2 g，马 0.2～1.0 g，猪、羊 0.08～0.12 g，犬 0.03～0.06 g，猫 0.01～0.03 g，每日 2 次。

盐酸苯海拉明注射液。1 mL：20 mg、5 mL：100 mg。肌内注射，一次量，马、牛 0.1～0.5 g，猪、羊 0.04～0.06 g；每千克体重，犬 0.5～1 mg。

异丙嗪（Promethazine）

【理化性质】又名非那根、抗胺荨等，为人工合成品，白色或几乎白色的粉末或颗粒，几乎无臭，味苦，在空气中日久变为蓝色，在水中极易溶解，在乙醇或三氯甲烷中易溶。本品应避光、密封保存。

【作用与应用】异丙嗪的抗组胺作用较苯海拉明强而持久，持续 12 h 以上，可加强局麻药、镇静药和镇痛药的作用，还有降温、止吐的作用。

本品应用同苯海拉明。

【注意事项】本品有刺激性，不宜皮下注射，且不宜与氨茶碱混合注射。

【制剂、用法与用量】盐酸异丙嗪片。12.5 g、25 g。马、牛 0.25～1 g，羊、猪 0.1～0.5 g，犬 0.05～0.1 g。

盐酸异丙嗪注射液。2 mL：0.05 g、10 mL：0.25 g。肌内注射，一次量，马、牛 0.25～0.5 g，猪、羊 0.05～0.1 g，犬 0.025～0.05 g。

马来酸氯苯那敏（Chlorphenamine Maleate）

【理化性质】又名扑尔敏、马来那敏。抗组胺作用比苯海拉明、异丙嗪强而持久。

【作用与应用】本品抗组胺作用比苯海拉明、异丙嗪强而持久，中枢抑制和嗜睡副作用较轻，用量小，但对胃肠道有一定的刺激作用。应用同苯海拉明。

本品主要用于皮肤黏膜的过敏性疾病，如荨麻疹、血清病、湿疹、接触性皮炎所致的皮肤瘙痒、水肿、神经性皮炎及药物过敏反应等。

【不良反应】主要是中枢神经系统抑制，表现为乏力、头昏、困倦、嗜睡等。本品还有胃肠道功能紊乱及光敏性皮炎、血象紊乱等反应。

【制剂、用法与用量】马来酸氯苯那敏片。4 mg。马、牛 80～100 mg，羊、猪 10～20 mg，犬 2～4 mg，猫 1～2 mg。

马来酸氯苯那敏注射液。1 mL：10 mg、2 mL：20 mg。肌内注射，一次量，马、牛 60～100 mg，猪、羊 10～20 mg。

阿司咪唑(Astemizole)

【理化性质】本品为人工合成品，呈白色结晶或结晶性粉末。

【作用与应用】本品为无中枢镇静作用，但有较强的抗胆碱作用的强效抗过敏药物。由于其作用时间持久，故适用于季节性和常年过敏性鼻炎、过敏性眼结膜炎、慢性荨麻疹、血管神经性水肿和其他过敏反应的治疗，也可缓解皮肤病所致的瘙痒。

【不良反应】H_1受体激动时可引起支气管及胃肠道平滑肌收缩，血管平滑肌舒张，心房肌收缩加强，房室传导减慢等。本品对心脏的毒性较强，可引起心律失常，偶有眩晕、嗜睡、口干等现象。红霉素、酮康唑可抑制本品的代谢，故可导致过量吸收，引起室性心律不齐。

【注意事项】孕畜慎用。

【制剂、用法与用量】片剂。10 mg。口服，一次量，每千克体重，犬、猫 0.25～0.5 mg。

(二)H_2受体阻断药

H_2受体阻断药作用：①对 H_2受体有高度选择性，能有效地争夺胃壁腺细胞上的 H_2受体，阻断组胺与之结合，抑制胃酸分泌，并抑制引起胃酸分泌的各种因素，如胃泌素、胰岛素、毒蕈碱类药物的作用。②在 H_1 受体辅助下，H_2受体阻断药对基础胃酸分泌和食物诱导的胃酸分泌(容积和酸度)有很强的抑制作用。

在兽医临床上主要用于胃炎，胃、皱胃及十二指肠溃疡，应激或药物引起的糜烂性胃炎等。目前在兽医临床上应用较广，较新的药物有西咪替丁、雷尼替丁、法莫替丁、尼扎替丁。各种 H_2受体阻断药的药理作用与临床应用见表 7-3。

表 7-3　H_2 受体阻断药的药理作用与临床应用

药物	抑制胃酸分泌	临床应用	不良反应
西咪替丁(甲氰咪胍)	+	胃、十二指肠溃疡，尤其对十二指肠溃疡疗效更佳。胃泌素瘤及其他病理胃酸分泌过多症	老年畜禽或肾功能不良者大剂量应用易出现中枢神经系统症状。内分泌紊乱：雄性动物出现乳房发育，雌性动物出现溢乳、性欲减退等。抑制肝药酶活性，增强合用药如苯妥英钠、华法林的作用
雷尼替丁	++		比西咪替丁少，不引起中枢神经及精神症状，不易发生药物相互作用
法莫替丁	+++		不良反应少
尼扎替丁	++		

西咪替丁(Cimetidine)

【理化性质】又名甲氰咪胍、甲氰咪胺，为人工合成品，白色或类白色结晶性粉末，几乎无臭，味苦。在甲醇、稀盐酸中易溶，在乙醇中溶解，在水中微溶，在异丙醇中略溶。

【作用与应用】本品为较强的 H_2受体拮抗药,通过与组胺争夺胃壁细胞上的 H_2受体而阻断组胺作用,能减少胃液的分泌量和降低胃液中氢离子浓度,还可抑制胃蛋白酶和胰酶的分泌,无抗胆碱作用。

本品主要用于治疗中、小动物胃肠的溃疡、胃炎、胰腺炎、急性胃肠(消化道前段)出血和扁平疣、带状疱疹等皮肤病。其能与肝微粒体酶结合而抑制酶的活性,降低肝血流量,并能干扰其他许多药物的吸收。

【不良反应】不良反应发生率为 1%或更高,主要是由于其抗雄激素活性和中枢神经系统的作用,抑制肝脏混合功能氧化酶的活性。其他不良反应有心搏迟缓、传导阻滞、血小板及粒细胞减少、间质性肾炎、中度肝功能异常及头痛。由于胃酸屏障的丧失,常出现肠感染、肌痛、单胺氧化酶样的相互作用、视觉和周围神经异常,但发生率均较低。

【注意事项】①突然停药可能引起慢性消化道溃疡穿孔。②应避免本品与抗胆碱药同时使用,以防加重西咪替丁的中枢神经毒性反应。③有严重的心脏及呼吸系统疾病或肝、肾功能不全的动物慎用。

【制剂、用法与用量】西咪替丁片。200 mg。内服,每千克体重,牛 8～16 mg,每日 3 次;猪 300 mg,每日 2 次(胃溃疡);犬、猫 5～10 mg,每日 2 次。

雷尼替丁(Ranitidine)

【理化性质】又名硝呋呱、呋喃硝胺,为类白色或淡黄色结晶性粉末,有异臭,味微苦带涩,极易潮解,吸潮后颜色变深。在水或甲醇中易溶,在乙醇中略溶,在丙酮中几乎不溶。熔点 137～143 ℃。在注射用含氨基酸的营养液中,置室温下 24 h 内可保持稳定,溶液的颜色、pH、药物含量等均无明显变化。

【作用与应用】本品抑制胃酸分泌的作用是西咪替丁的 5 倍,且毒副作用较轻,作用维持时间较长。本品在肾脏与其他药物竞争肾小管分泌。

本品主要用于治疗中、小动物胃肠的溃疡、胃炎、胰腺炎和急性胃肠(消化道前段)出血。在治疗复发性口腔溃疡等疾病时也有较好的疗效。

【不良反应】常见的有恶心、皮疹、便秘、乏力、头痛、头晕等。与西咪替丁相比,损伤肾功能、性腺功能和中枢神经的不良作用较轻。偶见静脉注射后出现心动过缓。长期服用可持续降低胃液酸度,有利于细菌在胃内繁殖,从而使食物内硝酸盐还原为亚硝酸盐,形成 *N*-亚硝基化合物。

【注意事项】本品在肾脏与其他药物竞争肾小管分泌,故肾功能不全者慎用。

【制剂、用法与用量】雷尼替丁片。150 mg。内服,一次量,驹 150 mg,每日 3 次;每千克体重,犬 0.5 mg,每日 3 次。

尼扎替丁(Nizatidine)

【理化性质】本品为浅黄色的粉末或颗粒,应遮光、密闭、置阴凉处保存。

【作用与应用】本品适用于预防和缓解因膳食引发的发作性胃灼热和胃食管反流性疾病等;治疗内镜诊断的食管炎、良性胃溃疡、活动性十二指肠溃疡。

【不良反应】最常见的不良反应为贫血和荨麻疹,其发生率分别为 0.2%和 0.5%;有时出现震颤、流涎、呕吐、共济失调或运动过缓。本品长期服用易产生耐药性,导致药效下降而不能起到抗过敏的作用。另外，长期服用会对动物机体产生较大的危害，产生慢性毒性。因此，不宜将同一种抗过敏药长期使用。

法莫替丁(Famotidine)

【理化性质】本品为白色的粉末或颗粒，应遮光，密闭保存。其在消化道、肝、肾、颚下腺及胰腺中浓度较高。80%原形物从尿中排出，对肝药酶的抑制作用较轻微。

【作用与应用】本品对胃酸分泌具有明显的抑制作用，也可抑制胃蛋白酶的分泌，对动物实验性溃疡有一定保护作用。本品适用于消化性溃疡(胃、十二指肠溃疡)，急性胃黏膜病变、反流性食管炎以及胃泌素瘤。

【不良反应】少数患畜有皮疹、口腔干燥、头晕、失眠、便秘、腹泻、面部潮红、白细胞减少等不良反应。偶有轻度一过性转氨酶增高等。

课后思考

1. 组胺受体阻断药主要分哪两类？它们的作用有何特点？各应用在哪些场合？
2. 用于抗过敏的H_1受体阻断药有哪些？各有哪些特点和临床应用？
3. 举例说明常用的H_2受体阻断药有哪些？主要药理作用和临床应用是什么？
4. 临床上如何合理使用抗过敏药？
5. 试述糖皮质激素类药物的作用、调节机制、临床应用及注意事项有哪些？
6. 为什么糖皮质激素用于细菌感染性疾病时必须联合给予足量有效的抗菌药物？
7. 地塞米松的作用及临床应用有哪些？

案例分析

一高产奶牛，于产后15 d开始出现异常，已持续一周，症状为食欲降低，精料采食减少，拒绝采食青贮饲料，体重明显下降，腹围缩小，产乳量下降，乳汁易形成泡沫，粪便下燥、量少，表面附着一层黏液，呼出气、尿液、乳液中均有烂苹果气味。诊断为奶牛酮病。请问应选择何种药物？如何使用？

思政园地

“不僭不贼，鲜不为则。”

——《诗经·大雅·抑》

糖皮质激素滥用与养殖业可持续发展

糖皮质激素的滥用不仅关乎动物健康与养殖效益，更是对食品安全、环境保护乃至行业可持续发展的深刻挑战。

糖皮质激素滥用会导致动物体内的代谢平衡被破坏，影响动物的生理功能，从而导致免疫力下降、易感染疾病，直接损害动物福利与健康。同时，药物残留通过食物链传递至人体，威胁公众健康，过量摄入糖皮质激素可能导致人体出现水、盐、糖、蛋白质及脂肪代谢紊乱，表现为向心性肥胖、多毛、无力、低血钾、水肿、高血压和糖尿病等症状。此外，养殖废水中的药物残留增加，对环境造成污染，这些药物残留可能通过水体、土壤等途径进入自然环境，对生态系统造成破坏。

糖皮质激素滥用还可能导致养殖业陷入恶性循环，即为了追求短期效益而滥用药物，进而损害动物健康和食品安全，最终影响养殖业的可持续发展。

因此，我们要树立绿色发展理念，认识到“绿水青山就是金山银山”的深刻内涵。强调在追求经济效益的同时，必须兼顾生态效益与社会责任。要提高自己“爱农知农为农”素养，增强服务农业农村现代化、服务乡村全面振兴的使命感和责任感。

同学们作为未来的畜牧行业从业者，应积极宣传科学养殖，拒绝药物滥用，共同守护食品安全与生态环境，为养殖业的可持续发展贡献力量。

自主学习

知识拓展　糖皮质激素(GC)作用机制研究进展

模块七　在线自测

模块八 解毒药

◆ 知识目标

1. 理解非特异性解毒药的种类及解毒方法;药物中毒的一般处理原则。

2. 理解有机磷中毒,亚硝酸盐中毒、氰化物中毒、金属和类金属中毒、有机氟中毒的解毒药的机理。

3. 掌握特效解毒药的解毒机理、药物作用、临床应用及注意事项。

4. 了解其他毒物中毒与解毒药。

◆ 技能目标

能够根据兽医临床的中毒性疾病合理选择并正确使用解毒药。

◆ 素质目标

1. 强化自我学习的能力,鼓励利用网络资源等渠道不断充实自己,终身学习。

2. 增强对动物福利的尊重,确保在所有教学和研究活动中遵循伦理原则。

3. 鼓励创新思维,激发对未知领域探索的兴趣与创新能力,鼓励在药物应用等方面提出新颖的想法和方法,推动学科发展。

4. 坚定"学农为农"信念,以"强农兴农"为己任,增强职业荣誉感,服务现代畜牧业,助力乡村振兴。

根据作用和疗效，解毒药分为非特异性解毒药和特异性解毒药。中毒急救的基本原则如下：

(1)排出毒物。根据毒物吸收的途径进行排出。

(2)支持疗法。在没有特异性解毒药时，支持疗法能增强机体的代谢调节功能，降低毒性作用。

(3)对症治疗。缓解中毒的临床症状。

(4)对因治疗。能确诊毒物种类和性质，应尽早使用特异性解毒药。

学习单元一 非特异性解毒药

非特异性解毒药又称一般解毒药，其解毒范围广，但作用无特异性，解毒效果较弱，仅在毒物产生毒性作用之前，通过破坏毒物、促进毒物排出、稀释毒物浓度、保护胃肠黏膜、阻止毒物吸收等方式，保护机体免遭毒物进一步的损害，赢得抢救时间，在实践中具有重要意义。常用的非特异性解毒药有以下几种。

一、物理性解毒药

1. 吸附剂

吸附剂可使毒物附着于其表面或孔隙中，以减少或延缓毒物的吸收，起到解毒的作用。吸附剂不受剂量的限制，任何经口进入畜体的毒物中毒都可以使用。使用吸附剂的同时配合使用泻剂或催吐剂。常用的吸附剂有药用炭、木炭末、通用解毒剂（药用炭50%、氧化镁25%和鞣酸25%混合后给中等动物每次服20～30 g、大动物100～150 g），其中药用炭最为常用。

2. 催吐剂

一般用于中毒初期，使动物发生呕吐，促进毒物排出。只适用于猪、猫和犬等。常用的催吐剂有硫酸铜、吐根末等。

3. 泻药

一般用于中毒的中期，促进胃肠道内毒物的排出，以避免或减少毒物的吸收。一般应用盐类泻药，但氯化汞中毒时不能用盐类泻药。巴比妥类、阿片类、颠茄中毒时，可使肠蠕动受抑制，因而增加镁离子的吸收，尤其是肾功能不全的动物，能加深中枢神经及呼吸功能的抑制，不能用硫酸镁泻下，尽可能用硫酸钠。对发生严重腹泻或脱水的动物应慎用或不用泻药。

4. 其他

大部分毒物吸收后主要经肾排泄，因此，可应用利尿药促进毒物的排出，或通过静脉输入生理盐水、葡萄糖等，以稀释血液中毒物浓度，减轻毒性作用。

二、化学性解毒药

1. 氧化剂

利用氧化剂与毒物间的氧化反应破坏毒物，使毒物毒性降低或丧失。可用于生物碱类药物、氰化物、无机磷、巴比妥类、阿片类、士的宁、砷化物、一氧化碳、烟碱、毒扁豆碱、蛇毒、棉酚等的解毒，但有机磷毒物的中毒绝不能使用氧化剂解毒。常用的氧化剂有高锰酸钾、过氧化氢等。

2. 中和剂

利用弱酸弱碱类、强碱强酸类物质与毒物发生中和作用，使其失去毒性。常用的弱酸解毒剂有食醋、酸奶、稀盐酸、稀乙酸等，常用的弱碱解毒剂有氧化镁、石灰水上清液、小苏打水、肥皂水等。

3. 还原剂

维生素 C 的解毒作用与其参与某些代谢过程、保护含巯基的酶、促进抗体生成、增强肝解毒能力和改善心血管功能等有关。

4. 沉淀剂

沉淀剂使毒物沉淀，以减少其毒性或延缓吸收产生解毒作用。沉淀剂有鞣酸、浓茶、稀碘酊、钙剂、五倍子、蛋清、牛奶等。其中 3%～5%鞣酸水或浓茶水为常用的沉淀剂，能与多种有机毒物（如生物碱）、重金属盐生成沉淀，减少吸收。

三、药理性解毒药

这类解毒药主要通过药物与毒物之间的拮抗作用，部分或完全抵消毒物的作用而产生解毒作用。常见的相互拮抗的药物或毒物如下。

(1)毛果芸香碱、烟碱、卡巴胆碱、新斯的明等拟胆碱药与阿托品、颠茄及其制剂、曼陀罗等抗胆碱药有拮抗作用，可互相作为解毒药。阿托品等对有机磷农药及吗啡类药物，也有一定的拮抗性解毒作用。

(2)水合氯醛、巴比妥类等中枢抑制药与尼可刹米、士的宁等中枢兴奋药及麻黄碱、山梗菜碱、美解眠（贝美格）等有拮抗作用。

四、对症治疗药

中毒时往往伴有一些严重的症状，如惊厥、呼吸衰竭、心功能障碍、休克等，如不迅速处理，将影响动物康复，甚至危及生命。因此，在解毒的同时要及时使用抗惊厥药、呼吸兴奋药、强心药、抗休克药等对症治疗药以配合解毒，还应使用抗生素预防肺炎以度过危险期。

学习单元二　特异性解毒药

特异性解毒药又称特效解毒药，是一类可特异性地对抗或阻断某些毒物中毒效应的解毒药。这类药物针对毒物中毒机理，解除其中毒原因，所以具有高度专属性，解毒效果好，在中毒的治疗中占有重要地位。临床常用的特异性解毒药根据解毒对象（毒物或药物）的性质，可分为以下五大类。

一、有机磷酸酯类中毒的特异性解毒药

有机磷酸酯类（简称有机磷）为高效杀虫药，广泛用于农业、医学及兽医学领域，对防治农业害虫、杀灭人类疫病媒介昆虫、驱杀动物体内外寄生虫等都有重要意义。但其毒性强，在临床实践中经常因管理、使用不当，导致人畜中毒。

（一）毒理

有机磷酸酯类化合物经消化道、皮肤、黏膜或呼吸道进入动物体内，与胆碱酯酶（ChE）结

合形成磷酰化胆碱酯酶，使胆碱酯酶失活，不能水解乙酰胆碱，导致乙酰胆碱在体内大量蓄积，引起胆碱受体兴奋，出现一系列胆碱能神经过度兴奋的临床中毒症状（M、N样症状及中枢神经先兴奋后抑制等）。此外，有机磷酸酯类还可抑制三磷酸腺苷酶、胰蛋白酶、胰凝乳酶、胃蛋白酶等酶的活性，导致中毒症状复杂化，加重病情。中毒过程可用下式表示：

有机磷酸酯类＋胆碱酯酶（有活性）→磷酰化胆碱酯酶（失去活性）

（二）解毒机制

以胆碱酯酶复活剂结合生理拮抗剂进行解毒，配合对症治疗。

1. 生理拮抗剂

生理拮抗剂指阿托品类抗胆碱药，又称M受体阻断药，如阿托品、东莨菪碱、山莨菪碱等，可竞争性地阻断M受体与乙酰胆碱结合，从而迅速解除有机磷酸酯类中毒的M样症状，大剂量时也能进入中枢神经消除部分中枢神经症状，而且对呼吸中枢有兴奋作用，可解除呼吸抑制，但其对骨骼肌震颤等N样中毒症状无效，也不能使胆碱酯酶复活，故单独使用时，只适用于轻度中毒。所以，应尽早、足量、反复注射阿托品，对中度、重度的中毒必须与胆碱酯酶复活剂同时使用。反刍动物用药后可能引起瘤胃臌气，应加强护理，严重时应穿刺放气。

2. 胆碱酯酶复活剂

这类药物可恢复胆碱酯酶的活性，包括碘解磷定、氯解磷定、双复磷、双解磷等，它们都属于肟类化合物。其所含肟基具有强大的亲磷酸酯作用，能与机体内游离的有机磷酸酯类以及与胆碱酯酶结合的有机磷酯的磷酰基结合，使胆碱酯酶复活而发挥解毒作用。解毒过程可用下式表示：

胆碱酯酶复活剂＋磷酰化胆碱酯酶（无活性）→磷酰化胆碱酯酶复活剂＋胆碱酯酶（复活）

胆碱酯酶复活剂＋游离有机磷酸酯类（有毒性）→磷酰化胆碱酯酶复活剂＋卤化氢

如果中毒时间过久，超过36 h，磷酰化胆碱酯酶即发生“老化”，胆碱酯酶复活剂难以使胆碱酯酶恢复活性，所以应用胆碱酯酶复活剂治疗有机磷中毒时，早期用药效果较好。

在解救有机磷酸酯类化合物中毒时，对轻度的中毒可用生理拮抗剂缓解症状，但对中度和重度的中毒，必须以胆碱酯酶复活剂结合生理拮抗剂解毒，才能取得较好的效果。

（三）常用药物

碘解磷定（Pralidoxime Iodide）

【理化性质】又名派姆，为最早合成的肟类胆碱酯酶复活剂。本品呈黄色颗粒状结晶或结晶性粉末；能溶于水，水溶液稳定，遇碱性溶液可分解成剧毒的氰化物。应遮光、密封保存。

【作用与应用】本品对胆碱酯酶的复活作用，在神经肌肉接头处最为显著，可迅速制止有机磷中毒所致的肌束颤动。本品对有机磷引起的烟碱样症状抑制作用明显，而对毒蕈碱样症状抑制作用较弱，对中枢神经症状抑制作用也不明显，而且对体内已蓄积的乙酰胆碱无作用。所以轻度有机磷中毒时，可单独应用本品或阿托品控制中毒症状，但中度或重度中毒时，必须与阿托品配合应用。

碘解磷定可用于解救多种有机磷中毒，但其解毒作用有一定选择性，如对内吸磷、对硫磷、特普、乙硫磷中毒的疗效较好；对马拉硫磷、敌敌畏、敌百虫、乐果、甲氟磷、丙胺氟磷和八甲磷等中毒的疗效较差；对氨基甲酸酯类杀虫药中毒则无效。

【注意事项】①本品应用时间至少维持 48～72 h，以防延迟吸收的有机磷引起中毒程度加重，甚至致死；②本品在碱性溶液中易分解为有剧毒的氰化物，所以禁止与碱性药物配伍；③与阿托品联合应用时，本品能增强阿托品的作用，所以要减少阿托品剂量；④静注过快会产生呕吐、心动过速、运动失调等。药物漏至皮下有强烈的刺激作用，应注意。

【制剂、用法与用量】碘解磷定注射液。20 mL∶0.5 g。静脉注射，一次量，每千克体重，家畜 15～30 mg。症状缓解前，每 2 h 注射 1 次，中毒症状消失后，每日 4～6 次，连用 1～2 d。

氯解磷定(Pralidoxime Chloride)

【理化性质】又名氯磷定、氯化派姆，为微带黄色的结晶或结晶性粉末，常制成注射液。

【作用与应用】①本品作用与碘解磷定相似，但作用较强(1 g 氯解磷定的作用相当于 1.53 g 碘解磷定)。②毒性比碘解磷定低，肌内注射、静脉注射皆可。

本品是目前胆碱酯酶复活剂中的首选药物，主要用于解救有机磷中毒。

【注意事项】①肌内注射局部可有轻微疼痛。②其他同碘解磷定。

【制剂、用法与用量】氯解磷定注射液。2 mL∶0.5 g、10 mL∶2.5 g。肌注或静注，各种动物 15～30 mg/kg(体重)。

双复磷(Obidoxime)

【理化性质】本品呈微黄色结晶，可溶于水，是较新的胆碱酯酶复活剂。

【作用与应用】本品作用同碘解磷定，但较易透过血脑屏障，有阿托品样作用，对有机磷所致烟碱样和毒蕈碱样症状均有效，对中枢神经系统症状的消除作用较强。其注射液可供肌内注射或静脉注射。

【制剂、用法与用量】双复磷注射液。2 mL∶0.25 g。肌内注射、静脉注射，一次量，每千克体重，家畜 15～30 mg。

二、亚硝酸盐中毒的特异性解毒药

亚硝酸盐来自饲料中的硝酸盐。富含硝酸盐的饲料有小白菜、白菜、萝卜叶、莴苣叶、菠菜、甜菜茎叶、红薯藤叶、多种牧草和野菜等。当其储存、保管、调制不当时，如青绿饲料长期堆放变质、腐烂，青储饲料长时间焖煮在锅里等情况下，饲料中的硝酸盐被大量繁殖的硝酸盐还原菌还原，产生大量的亚硝酸盐。另外，耕地排出的水、浸泡过大量植物的坑塘水及厩舍、积肥堆、垃圾堆附近的水源中也都含有大量硝酸盐或亚硝酸盐，当动物采食以上含有大量硝酸盐的饲料、饮水时，也可引起亚硝酸盐中毒。

(一)毒理

亚硝酸盐被机体吸收后，其毒性表现为两个方面：一是亚硝酸盐利用其氧化性将血液中正常的低铁血红蛋白($HbFe^{2+}/Hb$)转化为高铁血红蛋白($HbFe^{3+}/MHb$)，使其失去携氧和释放氧的能力，导致血液不能给组织供氧，引起全身组织严重缺氧而中毒。二是亚硝酸盐能抑制血管运动中枢，使血管扩张，血压下降。另外，在一定的条件下，亚硝酸盐在体内可与仲胺或酰胺结合，生成致癌物亚硝胺或 *N*-亚硝基酰胺，长期作用可诱发癌症。动物中毒后，主要表现呼吸加快、心跳加速、黏膜发绀、流涎、呕吐、运动失调，严重时呼吸中枢麻痹，最终窒息死亡。血液呈酱油色，且凝固时间延长。

（二）解毒机理

针对亚硝酸盐中毒的毒理，通常使用高铁血红蛋白还原剂，如小剂量亚甲蓝、硫代硫酸钠等，使高铁血红蛋白还原为低铁血红蛋白，恢复其携氧能力，解除组织缺氧的中毒症状。解毒时，配合使用呼吸中枢兴奋药（尼可刹米等）及其他还原剂（维生素C等），可提高疗效。

（三）常用药物

亚甲蓝(Methylthioninium Chloride)

【理化性质】又名美蓝、甲烯蓝。本品为深绿色、有铜样光泽的柱状结晶或结晶性粉末；易溶于水和乙醇，溶液呈深蓝色；应遮光、密闭保存，常制成注射液。

【作用与应用】使用亚甲蓝后，因其在血液中浓度的不同，对血红蛋白可产生氧化和还原两种作用。

①小剂量的亚甲蓝产生还原作用。小剂量（1～2 mg/kg）的亚甲蓝进入机体后，体内6-磷酸-葡萄糖脱氢过程中的氢离子传递给亚甲蓝（MB），使其被迅速还原成还原型亚甲蓝（MBH_2），还原型亚甲蓝具有还原作用，能将高铁血红蛋白还原为低铁血红蛋白，恢复其携氧能力，同时，还原型亚甲蓝又被氧化成为亚甲蓝（MB），如此循环进行。本品常用于治疗亚硝酸盐中毒及苯胺类等所致的高铁血红蛋白血症。葡萄糖能促进亚甲蓝的还原作用，故本品常与高渗葡萄糖溶液合用以提高疗效。

②大剂量的亚甲蓝产生氧化作用。给予大剂量（5～10 mg/kg）的亚甲蓝（MB）时，体内还原型辅酶Ⅰ脱氢酶来不及迅速、完全地将亚甲蓝转化为还原型，未被转化的亚甲蓝直接利用其氧化作用，使正常的低铁血红蛋白被氧化成高铁血红蛋白，此作用可加重亚硝酸盐中毒，但可用于解除氰化物中毒（因氰化物的氰离子与高铁血红蛋白具有非常强的亲和力）。

【注意事项】①本品刺激性大，可引起组织坏死，禁止皮下或肌内注射。②静脉注射速度过快可引起呕吐、呼吸困难、血压降低、心率加快。③用药后尿液呈蓝色，有时可产生尿路刺激症状。④与强碱性溶液、氧化剂、还原剂、碘化物有配伍禁忌，不得与其混合注射。

【制剂、用法与用量】亚甲蓝注射液。2 mL∶20 mg、5 mL∶50 mg、100 mL∶100 mg。静脉注射，一次量，每千克体重，家畜，治疗亚硝酸盐中毒，1～2 mg，注射后1～2 h未见好转，可重复注射以上剂量或半量；治疗氰化物中毒，10 mg（最大剂量20 mg）。

三、氰化物中毒的特异性解毒药

氰化物是毒性极大、作用迅速的毒物。种类很多，如工业生产用的氰化钠（钾）、有机氰（乙腈、丙烯腈）、氢氰酸等。某些植物如高粱苗、马铃薯幼芽、醉马草，以及桃、杏、枇杷等核仁内含有各种氰苷，进入体内后，经过水解可以生成氢氰酸。畜禽若误食了上述氰化物或含有氰苷的植物等均可引起中毒。

（一）毒理

氰苷本身无毒，水解形成的氢氰酸被吸收后，氰离子（CN^-）能迅速与氧化型细胞色素氧

化酶中的 Fe^{3+} 结合，形成氰化高铁细胞色素氧化酶，从而阻碍此酶转化为 Fe^{2+} 的还原型细胞色素氧化酶，使酶失去传递电子、激活分子氧的功能，组织细胞不能利用氧，形成“细胞内窒息”，导致细胞缺氧，引起动物中毒。由于氢氰酸在类脂中溶解度大，并且中枢神经对缺氧敏感，所以氢氰酸中毒时，中枢神经首先受到损害，并以呼吸和血管运动中枢为甚，动物表现为先兴奋后抑制，终因呼吸麻痹、窒息死亡。血液呈鲜红色为其主要特征。

（二）解毒机理

解救氰化物中毒的关键是迅速恢复细胞色素氧化酶的活性和加速氰化物转变为无毒或低毒的物质排出体外。常联合使用高铁血红蛋白形成剂（如亚硝酸钠、大剂量亚甲蓝）和供硫剂（如硫代硫酸钠）。首先使用亚硝酸钠或大剂量亚甲蓝等，使血液中部分亚铁血红蛋白氧化为高铁血红蛋白，高铁血红蛋白对氰离子有很强的亲和力，不但能与血中游离的氰离子结合，还能夺取已与细胞色素氧化酶结合的氰离子，形成氰化高铁血红蛋白，使酶复活。但生成的氰化高铁血红蛋白仍可解离出氰离子，再次产生毒物，故需要进一步给予硫代硫酸钠，硫代硫酸钠在体内转硫酶的作用下，与氰离子结合成几乎无毒的硫氰酸盐从尿中排出。

（三）常用药物

亚硝酸钠(Sodium Nitrite)

【理化性质】本品为无色或白色至微黄色结晶。无臭，味微咸，有潮解性。水中易溶，乙醇中微溶。水溶液呈碱性，本品为氧化剂，常制成注射液。

【作用与应用】本品为氧化剂，可将血红蛋白中的二价铁氧化成三价铁，形成高铁血红蛋白而解救氰化物中毒。因本品仅能暂时性地延迟氰化物对机体的毒性，所以静脉注射数分钟后，应立即使用硫代硫酸钠。亚硝酸钠容易引起高铁血红蛋白血症，故不宜反复使用。

【注意事项】①本品仅能暂时性地延迟氰化物对机体的毒性，静脉注射数分钟后，应立即使用硫代硫酸钠。②本品容易引起高铁血红蛋白血症，故不宜大剂量或反复使用。③本品有扩张血管作用，注射速度过快时，可致血压降低、心动过速、出汗、休克、抽搐。

【制剂、用法与用量】亚硝酸钠注射液。10 mL：0.3 g。静脉注射，一次量，马、牛 2 g，猪、羊 0.1～0.2 g，临用时用注射用水配成 1%的溶液缓慢静脉注射。

硫代硫酸钠(Sodium Thiosulfate)

【理化性质】又名次亚硫酸钠、大苏打。本品为无色结晶或结晶性细粒。无臭，味咸，有风化性和潮解性。水中极易溶解，乙醇中不溶。常制成注射液。

【作用与应用】①本品在体内转硫酶的作用下，可游离出硫原子，与游离的或已与高铁血红蛋白结合的 CN^- 结合，生成无毒的且比较稳定的硫氰酸盐并由尿液排出，故可配合亚硝酸钠或亚甲蓝解救氰化物中毒。②本品有还原性，可使高铁血红蛋白还原为低铁血红蛋白，并可与多种金属或类金属离子结合形成无毒硫化物排出，所以也可用于亚硝酸盐中毒及砷、汞、铅、铋、碘等中毒。③硫代硫酸钠被吸收后能增加体内硫的含量，增强肝的解毒功能，所以能提高机体的一般解毒功能，可用作一般解毒药。

【注意事项】①本品不易在消化道吸收，静脉注射后可迅速分布到全身各组织，故临床以静脉注射或肌内注射方式给药。②本品解毒作用产生较慢,故应先静脉注射氧化剂如亚硝酸钠或亚甲蓝数分钟后,再缓慢注射本品,但不能与亚硝酸钠混合静脉注射。③对内服氰化物中毒的动物,还应使用5%硫代硫酸钠溶液洗胃,并于洗胃后保留适量溶液于胃中。

【制剂、用法与用量】硫代硫酸钠注射液。10 mL∶0.5 g、20 mL∶1 g。肌内注射、静脉注射,一次量,马、牛5～10 g;羊、猪1～3 g;犬、猫1～2 g。

四、金属及类金属中毒的特异性解毒药

金属及类金属元素引起动物中毒的途径多种多样,人们对金属元素矿藏的开发、冶炼,金属化合物的广泛使用,电气设备、石油化工、制药、造纸、农药(氯化乙基汞)、消毒药(氯化汞)等造成金属、类金属对环境的污染等,使人类及动物接触的金属元素越来越多,并通过各种生态链进入体内而引起中毒。引起中毒的金属主要有汞、铅、铜、银、锰、铬、锌、镍等,类金属主要有砷、磷等。

(一)毒理

金属、类金属引起动物中毒共同的特点是都能与组织细胞内氧化还原酶系统的巯基相合,特别是与丙酮酸氧化酶的巯基结合,抑制酶的活性,影响组织细胞的功能,而出现一系列的症状。这些金属与类金属在高浓度时,能直接腐蚀组织,使组织坏死。

(二)解毒机制

解毒常使用金属络合剂。与金属、类金属离子有很强的亲和力的络合剂,可与金属、类金属离子络合形成无活性、难解离的可溶性络合物,随尿排出而达到解毒效果。而巯基酶复活剂与金属、类金属离子的亲和力大于含巯基酶与金属、类金属离子的亲和力,其不仅可与金属及类金属离子直接络合,而且能夺取已经与酶结合的金属及类金属离子,使组织细胞中的酶复活,恢复其功能,起到解毒作用。

(三)常用药物

常用药物有二巯丙醇、二巯丙磺钠、二巯丁二钠、青霉胺、去铁胺、依地酸钙钠等。

依地酸钙钠(Calcium Disodium Edetate)

【理化性质】又名解铅乐、乙二胺四乙酸二钠钙、EDTA钙钠,是很强的金属络合剂,为白色结晶性或颗粒性粉末,易潮解,易溶于水。

【作用与应用】本品属氨羧络合剂,能与多种二价、三价重金属离子络合形成可溶性的环状络合物,由组织释放到细胞外液,经尿排出,产生解毒作用。本品与各种金属的络合能力不同,其中与铅的络合作用最强,与其他金属的络合效果较差,对汞和砷无效。本品主要用于治疗铅中毒,对无机铅中毒有特效,也可用于镉、锰、铬、镍、钴和铜中毒。依地酸钙钠对储存于骨内的铅络合作用强,对软组织和红细胞中的铅作用较小。

【注意事项】①本品具有动员骨铅,并与之络合的作用,而肾又不可能迅速排出大量的络合铅,所以超剂量应用本品,不仅对铅中毒的治疗效果不佳,而且可引起肾小管上皮细胞损害、水肿,甚至引起急性肾衰竭;②对各种肾病患畜和肾毒性金属中毒的动物应慎用,对少尿、无尿和肾功能不全的动物应禁用;③本品不宜长期连续使用。动物实验证明,本品可增高小鼠胚胎

畸变率，但增加饲料和饮水中锌的含量，则可预防。依地酸钙钠对犬具有严重的肾毒性。每千克体重，犬的致死剂量为 12 g。

【制剂、用法与用量】依地酸钙钠注射液，5 mL : 1 g。静脉注射，一次量，每千克体重，马、牛 3～6 g，猪、羊 1～2 g，2 次/d，连用 4 d。临用时用生理盐水或 5% 葡萄糖溶液稀释成 0.25%～0.5%的浓度，缓慢静注。皮下注射，每千克体重，犬、猫 25 mg。

二巯丙醇(Dimercaprol)

【理化性质】本品为无色或几乎无色易流动的液体。有强烈的、类似蒜的异臭。在水中溶解，但水溶液不稳定。在乙醇和苯甲酸苄酯中极易溶解。一般配成 10%油溶液(加有 9.6%苯甲酸苄酯)供肌内注射用。

【作用与应用】本品属巯基络合剂，能竞争性地与金属离子结合，形成较稳定的水溶性络合物，随尿排出，并使失活的酶复活。但二巯丙醇与金属离子形成的络合物在动物体内有一部分可重新逐渐解离出金属离子和二巯丙醇，后者很快被氧化并失去作用，而游离出的金属离子仍能引起机体中毒。因此，必须反复给予足够剂量的二巯丙醇，使血液中其与金属离子浓度保持 2 : 1 的优势，使解离出的金属离子再度与二巯丙醇结合，直至随尿排出为止。巯基酶与金属离子结合得越久，酶的活性越难恢复，所以在动物接触金属后 1～2 h 内用药，效果较好。

本品主要用于治疗砷中毒，对汞和金中毒也有效。与依地酸钙钠合用，可治疗幼小动物的急性铅脑病。本品对其他金属的促排效果如下：排铅不及依地酸钙钠；排铜不如青霉胺；对锑和铋无效。

【不良反应】二巯丙醇对肝、肾具有损害作用，并有收缩小动脉作用。过量使用可引起动物呕吐、震颤、抽搐、昏迷，甚至死亡。药物排出迅速，多数为暂时性的。

【注意事项】①本品仅供深部肌内注射；②肝、肾功能不良动物应慎用；③碱化尿液可减少络合物的重新解离，减轻肾损害；④本品可与镉、硒、铁、铀等形成有毒络合物，其毒性作用高于本身，故应避免同时应用硒和铁盐等；⑤二巯丙醇本身对机体其他酶系统也有一定抑制作用，如抑制过氧化物酶系的活性，而且其氧化产物又能抑制巯基酶，故应控制好用量。

【制剂、用法与用量】二巯丙醇注射液。2 mL : 0.2 g、5 mL : 0.5 g、10 mL : 1 g。肌内注射，一次量，每千克体重，家畜 3 mg，犬、猫 2.5～5 mg。用于砷中毒，第 1～2 天每 4 h 一次，第 3 天每 8 h 一次，以后 10 d 内，每日 2 次直至痊愈。

二巯丁二钠(Sodium Dimercaptosuccinate)

【理化性质】又名二巯琥珀酸钠。本品为白色粉末，易潮解，水溶液无色或微红色，不稳定，不能加热，久置后毒性增大。如溶液发生混浊或呈土黄色时，不能使用，须新鲜配制。

【作用与应用】本品为广谱金属解毒剂，毒性较低，无蓄积作用。对锑的解毒作用最强，比二巯丙醇高 10 倍；对汞、砷的解毒作用与二巯丙磺钠相同。排铅作用不亚于依地酸钙钠。主要用于锑、汞、砷、铅中毒，也可用于铜、锌、镉、钴、镍、银等金属中毒。

【制剂、用法与用量】注射用二巯丁二钠。静脉注射，一次量，每千克体重，家畜 20 mg，一般用生理盐水稀释成 5%～10%溶液，缓慢注入。急性中毒，每日 4 次，连用 3 d。慢性中毒，每日 1 次，5～7 d 为一疗程。

二巯丙磺钠(Sodium Dimercaptopropane Sulfonate)

【理化性质】又名解砷灵,为白色结晶性粉末,易溶于水,常制成注射液。

【作用与应用】本品作用与二巯丙醇相似,但解毒作用较强、较快,毒性较小(约为二巯丙醇的 1/2),除对汞、砷中毒有效外,对铅、镉中毒也有效。

本品主要用于解救汞、砷中毒,也用于铅、镉中毒。

【注意事项】①一般多采用肌内注射;静脉注射速度宜慢,否则可引起呕吐、心率加快等。②不用于砷化氢中毒。

【制剂、用法与用量】二巯丙磺钠注射液。5 mL∶0.5 g、10 mL∶1 g。肌内、静脉注射,一次量,每千克体重,马、牛 5～8 mg,猪、羊 7～10 mg,第 1～2 天每 4～6 h 一次,第 3 天开始每日 2 次。

青霉胺(Penicillamine)

【理化性质】又名二甲基半胱氨酸。本品为青霉素分解产物,属单巯基络合物。本品为近白色细微结晶性粉末,易溶于水,性质稳定,毒性较低。

【作用与应用】本品毒性低于二巯丙醇,副作用少,可用于铜、铁、汞、铅、砷等中毒或其他络合剂有禁忌时选用。对铜的解毒作用强于二巯丙醇;对铅、汞中毒的解毒作用不及依地酸钙钠和二巯丙磺钠。

【不良反应】本品可影响胚胎发育。动物实验发现本品可致胎儿骨骼畸形和腭裂等。

【制剂、用法与用量】青霉胺片。内服,一次量,每千克体重,家畜 5～10 mg,每日 4 次,5～7 d 为一疗程。间歇 2 d。

去铁胺(Desferrioxamine)

【理化性质】又名去铁敏,系由链球菌的发酵液中提取的天然物。本品呈白色结晶性粉末,易溶于水,水溶液性质稳定。

【作用与应用】去铁胺属羟肟酸络合物,其羟肟酸基团与游离的、已与蛋白质结合的三价铁和铝(Al^{3+})有很强的结合力,与其结合形成稳定无毒的可溶性络合物,由尿排出,在酸性条件下这种结合作用更强。但其与其他金属离子的结合力较小,所以主要用于铁中毒的解救。其能清除铁蛋白和含铁血黄素中的铁离子,但对转铁蛋白中的铁离子清除作用不强,更不能清除血红蛋白、肌红蛋白和细胞色素中的铁离子。

【不良反应】①动物实验可诱发胎儿骨畸形,妊娠动物不宜使用;②严重肾功能不全动物禁用,老年动物慎用;③用药后可出现腹泻、心动过速、肌肉震颤等症状。

【制剂、用法与用量】注射用去铁胺。肌内注射,参考一次量,每千克体重,开始量 20 mg,维持量 10 mg。日剂量,每千克体重,不超过 120 mg。

五、有机氟中毒的特异性解毒药

在农业生产中常使用有机氟杀虫剂和杀鼠剂,如氟乙酸钠、氟乙酰胺、甲基氟乙酸等消灭农作物害虫。家畜有机氟中毒通常是因为误食以上有机氟毒饵及中毒死亡的动物或被有机氟污染的饲料、饮水等。有机氟可通过各种途径经皮肤、消化道和呼吸道侵入动物机体而导致急性或慢性氟中毒。

(一)毒理

中毒机理尚不完全清楚，目前认为有机氟进入机体后在酰胺酶作用下分解生成氟乙酸，氟乙酸与辅酶 A 作用生成氟乙酰辅酶 A，后者再与草酰乙酸缩合形成氟柠檬酸。由于氟柠檬酸与柠檬酸的化学结构相似，可与柠檬酸竞争三羧酸循环中的乌头酸酶，并抑制其活性，因此阻止了柠檬酸转化为异柠檬酸的过程，造成柠檬酸堆积，破坏了体内三羧酸循环，使糖代谢中断，组织代谢发生障碍。同时组织中大量的柠檬酸可导致组织细胞损害，引起心脏和中枢神经系统功能紊乱，使动物中毒，表现不安、厌食、步态失调、呼吸心跳加快等症状，甚至死亡。

(二)解毒机制

切断有机氟对三羧循环的破坏，特效解毒药是乙酰胺。

(三)常用药物

乙酰胺(Acetamide)

【理化性质】又名解氟灵，为白色结晶性粉末，溶于水。

【作用与应用】乙酰胺与氟乙酰胺等有机氟的化学结构相似，进入体内后与氟乙酰胺等有机氟竞争酰胺酶，使氟乙酰胺等不能分解产生对机体有害的氟乙酸。同时乙酰胺本身分解产生的乙酸能干扰氟乙酸的作用，因而解除有机氟中毒。本品主要用于解除氟乙酰胺和氟乙酸钠的中毒，能延长中毒的潜伏期、减轻症状或制止发病。

【注意事项】本品酸性强，肌内注射时局部疼痛，可配合应用普鲁卡因，以减轻疼痛。

【制剂、用法与用量】乙酰胺注射液。5 mL：0.5 g、5 mL：2.5 g、10 mL：1 g、10 mL：5 g。肌内、静脉注射，一次量，每千克体重，家畜 50～100 mg。

此外，滑石粉中含有镁离子，能与氟离子形成配合物，减少氟的吸收，降低血中氟浓度，也可用于奶牛地方性氟中毒。

课后思考

1. 在中毒原因没有明确前，可用哪些药物进行解毒，为什么？

2. 有机磷酸酯类中毒时，使用生理拮抗剂能解除何种中毒症状？为什么中度和重度中毒时必须并用碘解磷定等胆碱酯酶复活剂？

3. 亚甲蓝剂量的大小与其药理作用性质及用途有什么关系？亚甲蓝为什么既能解亚硝酸盐中毒，又能解氰化物中毒？

4. 硫代硫酸钠有哪些用途？为什么氰化物中毒使用亚硝酸钠后，还需使用硫代硫酸钠？

案例分析

1. 王某家2只两岁左右中华田园犬，一公一母，体重分别为5.1 kg和6.2 kg。主诉：两只犬常年散养，体表有大量跳蚤和疥螨。下午4点左右，将两只犬固定在笼子内，并对其体表和周围环境喷洒了敌敌畏溶液，5点30分左右，发现两只犬出现口吐白沫、无法正常站立等中毒症状，随后将其送到宠物医院就诊。该犬只初步诊断为什么疾病？应该选择什么药物进行解救？

2. 牛群采食后陆续出现呕吐、呼吸困难、口吐白沫、站立不稳等症状，检查见可视黏膜发绀，末梢部位冰冷，体温36.5 ℃，调查发现，病牛发病前曾饱食久置的菜叶。初步诊断为什么疾病？治疗该病的特效药物是什么？

思政园地

“民亦劳止，汔可小康。”

——《诗经·大雅·民劳》

环境与种族平等——美国非裔社区铅污染的启示

据英国《卫报》刊文，美国北卡罗来纳州再现环境种族主义。杜克大学研究人员早在2022年便发现，该州达勒姆一个非裔社区附近公园的土壤和沿河岸的沉淀物中含铅量严重超标。作为一种神经毒素，铅会造成无法弥补的伤害，尤其是对儿童快速发育的大脑，任何数量的铅暴露都是不安全的。

在过去的几十年里，北卡罗来纳州的种族隔离问题从未解决，在达勒姆，种族隔离情况甚至更严重。另有数据显示，在全美范围内三分之二的人口普查区，种族隔离正在愈演愈烈。加州大学伯克利分校2021年的一项研究发现，自1990年以来，美国81%的大中城市地区种族隔离程度不断加深。

此案例不仅是对环境问题的警示，更是对种族平等问题的深刻剖析。环境正义是实现社会公正不可或缺的一环。作为未来社会的建设者，同学们应树立全球视野和人类命运共同体意识，要有人类情怀、世界胸怀，将“中国梦”与“世界梦”紧密相连，汲取人类文明精华，为世界谋进步、为人类谋福祉，积极承担构建人类命运共同体的责任与使命。

自主学习

知识拓展　其他常见中毒类型与救治

模块八　在线自测

模块九 实验实训指导

◆ 技能目标

1. 能熟练抓取、保定实验动物；能根据药物的性质和动物种类，合理选择给药途径；会实验动物以及猪、禽、犬等动物的常用给药技术(注射、口服等)。

2. 能配制常用液体剂型(如溶液剂、酊剂)；会查药物配伍禁忌表，并能进行常用药物配伍禁忌的处理。

3. 能进行药房管理，会药物的保管、贮存方法，并能通过药品包装标识判断假、劣兽药。

4. 能给格式不规范的处方纠错，并根据临床诊断结果或病例提示开写处方，提出治疗方案。

5. 会消毒防腐药杀菌效果测定方法，能根据养殖场生产需要，进行消毒药的配制和消毒。

6. 会进行抗菌药物药敏试验，并选出病原菌敏感的药物。

7. 了解剂量、联合用药等对药物作用的影响；理解常用抗菌药、全麻药、局麻药、拟肾上腺素药、泻药、利尿药和脱水药、解毒药的作用机理、临床应用及不良反应。

◆ 素质目标

1. 在学习和工作中要有崇尚科学、勇攀科学高峰的责任感和使命感。提升临床用药评估能力，包括对药物相互作用、不良反应和毒性反应的识别与管理。

2. 塑造终身学习理念，鼓励持续学习、关注最新的研究成果和临床实践，不断提升自己的专业素养。

3. 诚信与自律，在药物研发、使用过程中保持诚信，不弄虚作假，严格遵守法律法规和行业规范。

实验实训一　实验动物的抓取保定与给药方法

一、目的要求

掌握常用实验动物的抓取保定与给药方法，为药理及毒理实验打下基础。

二、材料

1. 动物

小鼠、家兔、蟾蜍。

2. 器材

一次性注射器（1 mL、2 mL）、小鼠灌胃针、鼠笼、小鼠固定筒、兔保定器、兔开口器、兔胃导管、烧杯、酒精棉球、大头针、蛙板。

三、内容与方法

（一）实验动物的抓取保定方法

1. 小鼠

打开盒盖，用右手抓住尾根提起，并转几圈，放在鼠笼盖铁纱网上，轻轻向后拉鼠尾；然后用左手的拇指与食指沿其背部向前抓住其颈部两耳之间的皮肤，固定其头部，翻转左手，掌心向上，使小鼠腹部朝上，用右手把后肢拉直，左手的无名指及小指压住鼠尾，使小鼠完全固定（图 9-1）。需要长时间固定时，可用线绳捆住小鼠四肢，固定到 15～20 cm 的方木板上，并在头部上切齿处穿一根线绳固定头部；尾静脉给药时，可用专用的小鼠固定器。

2. 家兔

用手抓起家兔背脊近颈处皮肤，提起家兔，然后用另一只手托住臀部，将重心承于手上（图 9-2）。手术时，可将家兔固定在专用台式保定器上，四肢固定，门齿用细绳拴住，固定在保定器的支架上；耳静脉采血、注射时，可用圆筒或盒式保定器保定家兔。

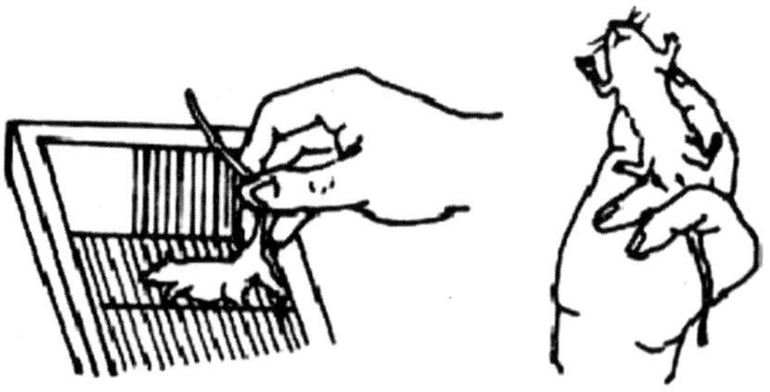

图 9-1　小白鼠的徒手保定

图 9-2　家兔的徒手保定

3. 蟾蜍

抓取蟾蜍时，可先在蟾蜍体部包一层湿布，用左手将其背部贴紧手掌固定，把后肢拉直，并用左手的中指、无名指及小指夹住，前肢可用拇指及食指压住，右手即可进行实验操作。抓取蟾蜍时，不要挤压两侧耳部突起的毒腺，以免蟾蜍将毒液射到使用者眼睛里。需要长时间固定时，可将蟾蜍麻醉或捣毁脑脊髓后，用大头针钉在蛙板上。

（二）实验动物给药方法

1.小鼠的给药方法

有灌胃给药、腹腔注射、皮下注射、肌内注射、尾静脉注射等。

(1)灌胃给药。固定好小鼠，口部朝上，保持鼠头部和颈部呈一直线，但不宜过紧，以免窒息。右手持连有灌胃针的注射器，注射器的刻度朝前，小心地自口角插入口腔内，将灌胃针自舌背面沿上腭轻轻推入食道，回抽注射器无空气逆流，缓慢推入药物。松开小鼠，观察如无呼吸异常，可确定灌胃成功。灌药完毕后，轻轻拔出灌胃针。

(2)腹腔注射。用左手抓取保定小鼠，使其头低于尾部，腹部朝上。用酒精棉球消毒小鼠腹部，右手持注射器，从腹白线稍左侧或稍右侧下腹部（避免损伤肝）向头部方向刺入皮下，沿皮下向前推进 3～5 mm，然后使针头与皮肤呈 45°角方向刺入腹腔，针尖进入腹腔后抵抗感消失，回抽无回流物即可缓慢注入药物。

(3)肌内注射。助手保定好小鼠，操作人员左手抓住小鼠一侧后肢，于小鼠大腿外侧肌肉部位用酒精棉球消毒皮肤表面，右手持注射器与肌肉呈 60°角，快速刺入肌肉，回抽无回血，即可推注药液。

(4)皮下注射。选取背部皮下，左手拇指及食指捏起皮肤形成皱褶，用酒精棉球消毒注射部位皮肤（后颈部），右手持注射器从皱褶下刺入皮下，轻轻左右摆动针头，若容易摆动则表明针尖的位置确定在皮下，便可缓慢注入药液。

(5)尾静脉注射。将小鼠装入固定筒内，露出尾巴。用左手抓住小鼠的尾巴中部，选择尾部左右两侧静脉中的一条（两侧为静脉，背腹侧为动脉）。用酒精棉球擦拭尾部，血管扩张后，以左手拇指和食指捏住鼠尾两侧，用中指从下面托起尾巴，以无名指及小指夹住尾巴的末梢。右手持注射器，使针头与静脉平行（小于 30°角），从尾巴的下 1/4 处进针。针尖斜面朝上，轻轻挑刺入皮肤后针头立即和血管平行。开始注射时宜少量缓注，如无阻力和无白色皮丘出现，固定针头和尾巴，解除对尾根部的压迫后，继续注射。

2.家兔的给药方法

有静脉注射、腹腔注射、皮下注射、肌内注射、灌胃等。

(1)静脉注射。选取耳缘静脉，用酒精棉球涂擦耳缘静脉部皮肤，左手食指放在耳下将兔耳垫起，并以拇指压耳缘部分，右手持带有针头的注射器，尽量从血管远端刺入血管，注射时针头先刺入皮下，沿皮下向前推进少许，然后刺入血管，针头刺入血管后再稍向前推进，轻轻推动针栓，若无阻力即可注药。注射完毕，用棉球按压注射部位止血。

(2)皮下注射。选取背部皮肤、腹内侧皮肤。用左手拇指及中指将家兔的背部皮肤拉起，用食指按压皱褶的一端，使呈三角体，用酒精棉球消毒注射部位皮肤，右手持注射器，自皱褶下刺入皮下，缓慢注入药液。

(3)肌内注射。选取两侧臀肌大腿处肌肉，右手持注射器，使注射器与肌肉呈 60°角刺入肌肉中，回抽无回血，则可给药。

(4)灌胃。如用兔固定箱，则一人可操作，右手持开口器置于兔口中，左手插胃管。如无兔固定箱，需两人合作，一人左手固定兔身及头部，右手将开口器插入兔口腔并压在兔舌上，另一人用合适的胃导管从开口器中间小孔插入食道约 15 cm，将胃导管的另一头管口放入一装满水的水杯中，如不见气泡表示导管已插入胃中，然后将药液慢慢注入，最后注入少量空气，使导管中残存的药液全部灌入胃内。灌完先将导管慢慢抽出，再取出开口器。注意灌药前要禁食。

3. 蟾蜍给药方法

蟾蜍的皮下有数个淋巴囊，注入药物易吸收，一般以腹淋巴囊或胸淋巴囊作为给药部位。

(1)腹淋巴囊注射。左手抓蟾蜍，固定四肢使腹部朝上，右手取已经准备好的注射器针头从蛙大腿上端刺入大腿肌，朝前经腹壁肌再浅出于腹壁皮下，进入腹淋巴腔注入药液。

(2)胸淋巴囊注射。从口部正中前缘插针，穿过下颌肌层而入胸淋巴腔(图 9-3)。因蟾蜍皮肤弹性差，不经肌层，药液易漏出。

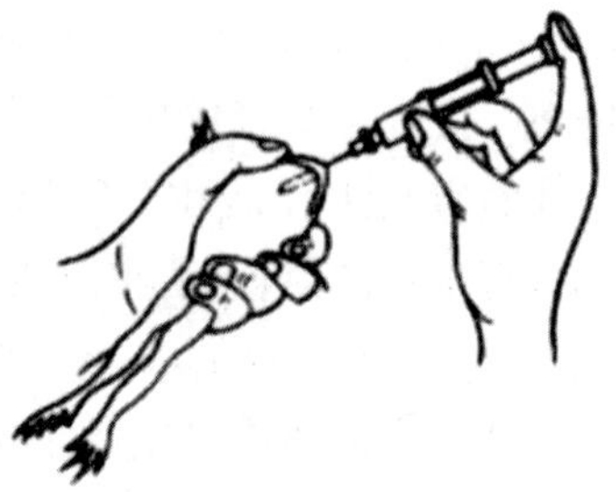

图 9-3　蟾蜍的胸淋巴囊注射给药

四、注意事项

注意人员和实验动物的安全；注意动物尸体的规范处理。

五、作业

记录实训过程，完成实训报告。

实验实训二　兽药制剂配制

一、目的要求

掌握不同浓度溶液的稀释法和溶液剂、酊剂的一般配制方法。

二、材料

1. 药品

碘、碘化钾、甘油、蒸馏水、95%乙醇。

2. 器材

电子天平、称量纸、量杯或量筒、烧杯、漏斗、滤纸、漏斗架、玻璃棒、小磨口玻璃瓶、研钵、细口瓶、电炉等。

三、内容与方法

(一)溶液剂

1. 溶液浓度的表示法

(1)百分浓度表示法。质量与质量的百分浓度表示法。在药学中，当溶液中的溶质是固体或气体时，一般用质量浓度表示(g/mL)；当溶液中的溶质是液体时，一般常用体积分数表示(%或 mL/L)。

(2)比例法。有时用于稀释溶液的浓度计算。如高锰酸钾溶液 1∶5 000，即表示在 5 000 mL 溶液中含有 1 g 的高锰酸钾。

2. 溶液的稀释法

(1)反比法。

$$c_1 : c_2 = V_2 : V_1 \quad V_1 \times c_1 = V_2 \times c_2$$

式中，c 表示浓度，V 表示体积。

例：现需 75%乙醇 1 000 mL，应取 95%乙醇多少毫升进行稀释？

按公式：

$$95 : 75 = 1\,000 : x$$
$$95x = 75 \times 1\,000$$
$$x = 789.4(\text{mL})$$

即取 95%乙醇 789.4 mL，加水稀释至 1 000 mL 即成 75%的乙醇。

(2)交叉法。将高浓度溶液加水稀释成需配浓度溶液。设高浓度溶液为 A，水或低浓度溶液为 B，需配制的浓度为 c，所取高浓度溶液量为 X，所取水或低浓度溶液量为 Y，则 $X=c-B$。$Y=A-c$。

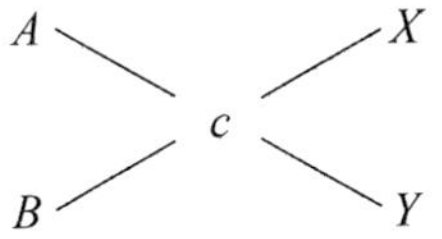

如将 95%乙醇用纯水稀释成 70%乙醇，可按下式计算：

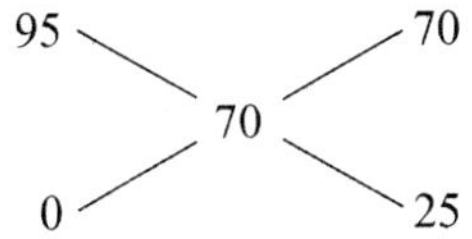

即取 95%乙醇 70 mL(或 L)加纯化水 25 mL(或 L)即成 70%的乙醇。

用高浓度溶液和低浓度同一药物溶液稀释成中间需要浓度的溶液。如 95%乙醇和 40%乙醇配制 70%乙醇，可按下式计算：

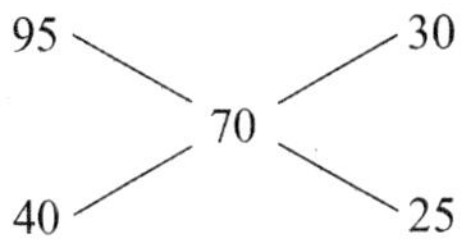

即取 95%乙醇 30 mL 和 40%乙醇 25 mL，混合即成 70%乙醇。

注意：交叉法总的规律是交叉计算，横向取量，配制浓度置于中间。

(3)简便法。如要将 95%乙醇稀释成 75%乙醇，可取 95%乙醇 75 mL，蒸馏水加至 95 mL 即得。同法可用于稀释任何浓溶液。

3. 处方举例(学生分组配制)

(1)用 95%乙醇配制 75%乙醇。按交叉法计算如下：

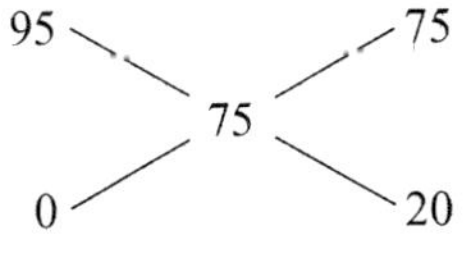

即取 95%乙醇 75 mL 加蒸馏水 20 mL 即得。

(2)1%碘甘油的配制。

①配方：

碘片	0.5 g	碘化钾	0.5 g
蒸馏水	0.5 mL	甘油	适量

②制法：称取碘化钾 0.5 g，置于带活塞的量筒(50 mL)中，加蒸馏水 0.5 mL 使其溶解，加入 0.5 g 碘，搅拌使完全溶解后，再加甘油(热)至 50 mL，颠倒摇匀。

③注意：在配制时必须将碘化钾先溶解，溶解时水不能加得太多。碘甘油不易过滤，故所用器具必须洗刷干净，并以蒸馏水冲洗晾干备用，操作时，避免异物落入容器，量取甘油宜将容器加热至 50 ℃。

(二) 酊剂

1.酊剂的配制法

有溶解法、稀释法、渗滤法和浸渍法四种。这里仅介绍前两种方法。

(1)溶解法。将某种药物加入适量浓度的醇中溶解，过滤即得。如碘酊。

(2)稀释法。将浓酊剂用醇稀释至规定浓度，静置 24 h，过滤即得。

2.处方举例

配制 2%碘酊 50 mL。

①处方：

碘片 1 g　　碘化钾　0.75 g　　95%乙醇 25 mL　　蒸馏水若干

②制法：取碘化钾 0.75 g 于研钵中，加 1 mL 蒸馏水使其溶解后，再加入碘片 1 g 研磨，再分次用 95%的乙醇洗涤研钵内碘液，将洗液转移至 50 mL 量筒中，加蒸馏水至 50 mL，摇匀，即得。

注：剧药酊剂每 100 mL 相当于原药 10 g，其他酊剂每 100 mL 相当于原药 20 g。

四、作业

1.配制 1%碘甘油时，为什么宜先将甘油及容器加热到 50 ℃？配制 2%碘酊时，为什么要加碘化钾？

2.记录实训过程及结果，并完成实训报告。

实验实训三　兽药配伍禁忌

一、目的要求

了解药物配伍禁忌发生的机理，观察常见物理和化学性配伍禁忌的各种现象，熟悉处理配伍禁忌的一般方法，掌握配伍禁忌表的使用。

二、材料

1.药品

液体石蜡、樟脑酒精、水合氯醛、樟脑、碳酸钠(含结晶水)、乙酸铅、碳酸氢钠、磺胺嘧啶钠、5%碳酸氢钠、5%碘酊、2%氢氧化钠、葡萄糖酸钙、10%盐酸、高锰酸钾、0.1%高锰酸钾溶液、甘油(甘油甲缩醛)、维生素 B_1、维生素 C。

2.器材

试管、乳钵、移液管、滴管、玻璃棒、试管架、试纸、天平、量筒、药匙。

三、内容与方法

（一）物理性、化学性配伍禁忌现象观察

1.物理性的配伍禁忌

处方中各种药物配合后，产生外观上的变化，如分离、析出、潮解、液化等物理反应，而有效成分未变。

（1）分离。两种液体互相混合后，不久又分开。

取试管一支加液体石蜡和水各 3 mL，互相混合振摇后，静置于试管架上。10 min 后，观察分离现象。

（2）析出。两种液体互相混合后，由于溶剂性质的改变，其中一种药物析出沉淀或使溶液混浊。

取试管一支，先加入樟脑酒精溶液 2 mL，然后再加水 1 mL，则樟脑以白色沉淀析出。

（3）液化。两种固体药物混合研磨时，由于形成了低熔点的研磨混合物，而由固态变成液态，称为液化。

取水合氯醛（熔点 57 ℃）和樟脑（熔点 171～176 ℃）各 3 g 混合研磨，产生液化（研磨混合物熔点为-60 ℃）。

（4）潮解。易吸湿的药物与含结晶水的药物混合研磨时，由于结晶水析出而潮解。如干酵母、胃蛋白酶、乳酶生和含结晶水的药物等。

取碳酸钠（含结晶水）和乙酸铅各 3 g 于研钵内共研即发生潮解。

2.化学性配伍禁忌

处方各成分之间发生化学变化。

（1）沉淀。两种或两种以上的药物溶液配伍时，由于化学变化而产生沉淀（不溶性盐，或由难溶性碱或酸制成的盐因水溶液 pH 改变而析出原来形式的难溶性的碱或酸）。

① 取试管一支，分别加入 5%碳酸氢钠溶液 2 mL 和葡萄糖酸钙注射液 2 mL，混合后出现碳酸钙沉淀。

② 取试管一支，分别加入磺胺嘧啶钠 2 mL 和维生素 B_1 2 mL，混合后出现白色沉淀。

（2）产气。药物配伍时，某些药物间会发生产气现象，有的导致药物失效或不完全失效。

取一支试管先加入 10%盐酸溶液 5 mL，再加碳酸氢钠 2 g，不久即会见到产生气体（二氧化碳）并逸出。反应式如下：

$$NaHCO_3 + HCl \rightarrow NaCl + H_2O + CO_2 \uparrow$$

（3）变色。某些药物因发生化学反应而引起颜色的改变。

① 取试管一支，分别加入 0.1%高锰酸钾溶液 2 mL 和维生素 C 2 mL，则高锰酸钾颜色褪去。

② 取试管一支，分别加入 5%碘酊 2 mL 和 2%氢氧化钠 1 mL，则碘酊颜色褪去。

（4）爆炸或燃烧。强氧化剂与强还原剂配伍时。因发生激烈的氧化-还原反应，产生大量的热能，而引起燃烧或爆炸。

称取高锰酸钾 1 g，放入乳钵内，再滴加一滴甘油或甘油甲缩醛，然后研磨，发生燃烧。

（5）眼观外变化。有一些化学性配伍禁忌，其分子结构已发生了变化，但外观看不出来，因而常被忽视。如青霉素钠（钾）盐水溶液水解为青霉素胺和青霉醛而失效。

记录实训结果于表 9-1 中。

表 9-1　兽药配伍禁忌实验结果

药品	器皿	取量	加入药品	取量	结果	类型
液体石蜡	试管	3 mL	蒸馏水	3 mL		
樟脑酒精溶液	试管	2 mL	蒸馏水	1 mL		
水合氯醛	乳钵	3 g	樟脑	3 g		
碳酸钠(含结晶水)	乳钵	3 g	乙酸铅	3 g		
5%碳酸氢钠溶液	试管	2 mL	葡萄糖酸钙	2 mL		
磺胺嘧啶钠	试管	2 mL	维生素 B_1	2 mL		
10%盐酸溶液	试管	5 mL	碳酸氢钠	2 g		
0.1%高锰酸钾溶液	试管	2 mL	维生素 C	2 mL		
5%碘酊	试管	2 mL	2%氢氧化钠	1 mL		
高锰酸钾	乳钵	1 g	甘油或甘油甲缩醛	1 滴		

（二）处理配伍禁忌的一般方法

处理配伍禁忌是处方调剂的一个重要问题，采取适当的调剂方法，可避免有些药物配伍禁忌的产生，处理方法有以下几种：

(1)改变药物的剂型。乳酸钙与 $NaHCO_3$ 溶液易生成 $CaCO_3$ 沉淀。若配成散剂，则可避免。

(2)改变药物的混合顺序。$NaHCO_3$ 和复方龙胆酊混合后加水，则 $NaHCO_3$ 易析出沉淀。若将 $NaHCO_3$ 先用适量水溶解，再混合复方龙胆酊，则充分溶解($NaHCO_3$ 不易溶于乙醇)。

(3)增加第三种物质。配制时加入增溶剂、助溶剂、稳定剂或稀释剂等无害的、不影响药效的第三种成分。如配制肾上腺素溶液时加入 0.5%的焦亚硫酸钠作稳定剂等。

(4)增加溶剂。如水杨酸钠与 $NaHCO_3$ 各 10 g 置于 60 mL 水中，不会完全溶解。若将溶液体积增加一倍，即可溶解。

(5)调换成分。采用作用相同的药物或制剂来代替处方中的某一种成分，如次硝酸铋 6 g、碳酸氢钠 3 g、薄荷水 60 mL 配成溶液，次硝酸铋在水中可缓缓水解生成硝酸，与碳酸氢钠作用产生二氧化碳，如果将次硝酸铋改成次碳酸铋，则可避免。

(6)处方中有配伍禁忌的成分，分别溶解后再混合如林格液中的碳酸氢钠和氯化钙有化学性配伍禁忌，若先将两药分别溶解后，再加到其他已充分稀释的成分中，则不会产生沉淀。

（三）配伍禁忌表的使用

熟悉附录二常用药物的配伍禁忌简表，在工作中会查找相关信息。

四、作业

1. 记录实训过程及结果，并完成实训报告。

2. 熟练使用常用药物的配伍禁忌简表。

实验实训四　药物保管与贮存

一、目的要求

通过参观药房、调查讨论和教师讲解，熟悉药物保管与贮存的基本知识和方法，了解药房管理制度。

二、内容与方法

(1)教师引导。教师在组织学生实习或社会实践之前，提出问题，并推荐介绍学习资料。

问题1:影响药物质量的外界因素有哪些?

问题2:保管贮存普通药物和毒、剧药品时应注意哪些问题?

问题3:药房技术人员应对处方的哪些内容进行审核?处方应如何管理?

问题4:通过教学实习或社会实践，你认为动物医院在药物的保管与贮存，以及药房管理方面还存在哪些问题?

(2)组织学生到动物医院、动物药房(药库)或兽药经销店进行教学实习，或开展社会调研实践活动。

(3)教师现场提出问题，并组织学生讨论，在答疑、讨论过程中，介绍药物保管与贮存的基本知识和方法，以及药房管理制度。

(4)教师总结，并布置课后作业。

三、相关知识

1.药物的保管

按国家颁布的药品管理法律法规，制定严格的保管制度，包括出入库检查、验收，建立药品消耗和盘存账册或电子账册，逐月统计填写药品消耗、报损和盘存表，制订药物采购和供应计划。药品库应保持清洁卫生，并防止发霉、虫蛀和鼠咬。药物保管实行专人、专账、专柜(室)保管，保证账目与药品相符。负责人若有变动，应由接收、移交人会同有关领导共同盘点，填写移交表，一式三份，办理好交接手续。

(1)麻醉品及毒、剧药品的保管。应按国家颁布的有关条例，麻醉品和毒、剧药品必须专人、专库(柜)、专账和加锁保管，并在标签上标有明显的标记;称量必须精确，禁止估量取药;无处方不能给予或借用。

(2)危险品的保管。危险品是指受光、热、空气、水分、撞击等外界因素影响可引起燃烧、爆炸或具有腐蚀性、刺激性、剧毒和放射性的药品。保管时要注意遮光、防晒、防潮、防止震动和撞击、防止接近明火，经常检查贮放情况，并配备必要的消防设备。

(3)处方的审核与保管。接受和调配处方是药物管理中的一个重要环节，兽医师对处方负有法律责任，药剂人员有监督责任，在接受处方后，应认真审核处方内容，具体包括:一是处方前记、正文和后记书写是否清晰、完整，并确认兽药处方的合法性;二是处方用兽药与临床诊断的相符性;三是剂量、用法;四是剂型与给药途径;五是有无重复给药现象;六是有无潜在临床意义的药物相互作用和配伍禁忌;七是有无执业兽医师签名、盖章或电子签名。

兽药房专业技术人员(药剂师)对处方审核后认为存在用药安全问题时，应告知处方兽医，请其确认或重新开具处方;发现兽药滥用和用药失误，应拒绝调剂，并及时告知处方兽医，但不得擅自更改或者配发代用兽药。对于发生严重药品滥用和用药失误的处方，兽药房专业技术人员应当按有关规定报告。

兽医处方保存 3 年以上，兽用麻醉药品、精神药品、毒性药品处方保存 5 年以上。

2.药物的贮存的方法

《中国兽药典》对各种药物的贮存都有具体的要求。总的原则是要遮光、避光、密闭、密封、熔封或严封，在适温处贮存。①遮光存放，指用棕色容器包装或用黑纸包裹的无色透明、半透明的容器包装。②避光存放，指存放位置避免日光直射。③密闭存放，指将容器密闭，以防止尘土及异物混入。④密封存放，指将容器密封，以防止风化、吸潮、挥发或异物污染。⑤熔封或严封，指将容器熔封或用适宜的材料严封，以防止空气与水分的侵入并防止污染。⑥适温保存，阴凉处指不超过 20 ℃、凉暗处指避光并不超过 20 ℃、冷处指 2～10 ℃等。

药物管理人员应在熟悉药品的物理、化学变化以及影响药物质量的外界因素的基础上，按其性质与剂型分类存放，如强氧化剂与强还原剂，易燃品与易爆品，有腐蚀性药品与毒、剧药品、内服药物与外用药物等，以免发生事故。药房管理技术人员应定期对药物进行盘点，熟悉药房内药物库存情况，严格遵循“先进先出，近期先出”的原则，防止药物失效，造成浪费。

影响药物质量的外界因素有：

(1)空气与湿度。某些药物与空气接触后能发生氧化或碳酸化而变质，如硫酸亚铁可由原来的浅绿色逐渐氧化为棕黄色的高铁盐而失效；有些氢氧化物如氢氧化钙能吸收二氧化碳而生成碳酸盐。

空气中湿度大时，能使许多药物潮解、稀释、分解、变质，并能促使微生物滋生而发霉变质。如胃蛋白酶可吸湿黏结；甘油可吸湿而被稀释；青霉素可吸湿而分解；片剂因吸湿而膨胀破裂；各种中草药、糖衣片，可因吸湿而易生虫、发霉。空气中的湿度小时，有些含有结晶水的药物如硫酸钠、硫酸铜等，易失去结晶水而成为粉末，且其药用单位重量不符合要求。药品在相对湿度为 75%左右保存较为适宜。湿度太高，应通风降湿，并按药物性质及贮存条件，选用生石灰、氯化钙、无水硅胶、木炭等吸湿防潮。易受空气及湿度影响的药物，均应密闭贮存于干燥处。

(2)温度。药物应在适宜温度下贮存。温度过高可使易挥发的药物加速挥散，使生物制品、抗生素、酶制剂及某些激素变质失效等。降温措施可采用空调、冰箱、冰柜等。温度过低能使有些药物冻结、凝固、分层、沉淀。液体制剂可因冻结而致容器破裂；甲醛溶液在低于 9 ℃发生聚合失效；乳剂在低温下会被破坏而分层；葡萄糖酸钙注射液在冷处久置后，可析出结晶而不易再溶解。

(3)光线。日光中的紫外线常能促使药物发生氧化、还原、分解、聚合等作用而使之变质。如肾上腺素受光线的影响变为红色；银盐和汞盐被还原而析出游离状态的银和汞等。对易受光线影响的药物应使用遮光容器，如棕色玻璃瓶，或于包装外贴黑纸等方法，达到遮光的目的。

光线的作用多与温度、空气中氧气、二氧化碳、水分等有密切关系。如上述因素相互作用，可加速药物变质。

(4)时间。根据规定，药品包装上必须注明批号或有效期、失效期。生产批号是指药物生产的日期和批次。常用 6 位数表示，如“240102”表示此药生产日期为 2024 年 1 月 2 日。若印有“240102-2”则表示此药是 2024 年 1 月 2 日第 2 批生产出来的。药物的有效期是指在规定的贮存条件下，药物能保持有效质量的期限。若未按规定条件贮存，即使在有效期内，也可能失效。

3.假、劣兽药的识别

（1）假兽药。具备下列条件之一者，为假兽药。①以非兽药冒充兽药或以其他种类兽药冒充此种兽药；②兽药所含成分的种类、名称与国家兽药标准不符合。

有下列情况之一的，按假兽药处理：①国务院兽医行政管理部门规定禁止使用的；②按《兽药管理条例》规定应当经审查批准而未经审查批准即生产、进口的，或应当经抽检、审核而未抽检、审核即对外销售、进口的；③因变质不能使用的；④因污染不能使用的；⑤所标明的适应证或功能主治超出规定范围的。

（2）劣兽药。具备下列条件之一者，为劣兽药。①成分含量不符合兽药国家标准或不标明有效成分的；②不标明有效期、更改有效期或超过有效期的；③不标明或更改产品批号的；④其他不符合兽药国家标准，但不属于假兽药的。

四、作业

根据参观或社会实践结果，结合教师讲解的内容查阅资料，写一份关于药物保管和贮存的调研报告。

实验实训五　动物诊疗处方开写

一、目的要求

学生在学习初始阶段，应了解开写处方的意义，基本掌握处方的格式。在学习各类药物后能根据动物疾病诊断结果，合理选药用药，并开写治疗处方。

二、材料

处方笺、临床病例。

三、内容与方法

1.学习初始阶段，训练处方开写格式

（1）教师讲述处方的结构与正确的开写方法及注意事项。

（2）提供临床病例，让学生开写处方（或者提供格式有错误的处方给学生辨析）。学生讨论后，演示开写处方。

（3）学生和教师共同指出处方开写格式上的错误，并予以改正。

2.各类药物学习阶段，训练处方开写格式和选药用药方法

（1）教师根据教学内容，提供相关病例，或学生调研学院的动物医院、当地兽医站或宠物医院门诊，获得相关病例材料。

（2）学生根据病例资料，结合所学药物知识，开写处方。

（3）教师和学生共同对学生开写的处方进行评阅。

3.教学实习阶段

（1）教师收集学院的动物医院、当地兽医站或宠物医院门诊的病例材料，整理提供给学生。

（2）学生根据病例资料，结合所学药物，查阅相关资料，开写治疗处方。

（3）教师评阅学生处方练习作业，并给出实训成绩。

四、作业

给出若干临床病例或错误处方，让学生开出正确的处方。

实验实训六　动物给药技术

一、目的要求

掌握猪、禽等动物的不同剂型药物及不同途径的给药技术，熟悉动物的保定，注射器、胃管的使用方法及注意事项。

二、材料

1. 动物

猪、牛、羊、禽、犬、猫等。

2. 器材

5 mL、10 mL 一次性注射器、20 mL 金属注射器、镊子、酒精棉球、碘酊棉球、各种规格的胃导管和鼻饲管、各种规格的开口器、各种喂药器、瓷缸、胶布、缝合针和线等。

3. 药物

各种粉剂、药片、生理盐水、丙美卡因、润滑凝胶。

三、内容与方法

（一）动物口服及胃导管给药法

适用于食欲不振动物的给药，投喂气味不佳的药物也可采用此法。将少量的水剂药物或将粉剂、研碎的片剂加适量的水制成溶液、混悬液、中药煎剂，进行灌药或胃导管给药；糊剂、片剂、丸剂等仅适用于灌药。

1. 动物灌药

(1)牛的灌药法。灌喂给药时，让牛自然站立，一人将牛头保定好，另一人站在牛的斜前方，左手掌心朝下从牛的一侧口角处伸入口腔，并轻压舌头，右手将盛有药液的灌药筒送进口腔，跟随抬高筒底使药液流出，同时闭合口腔，抬高牛头，药液自然流入食道。必要时，刺激喉头外部，促使产生吞咽动作。如此，可连续操作直至将药液灌完。如是灌喂药片药丸时，可将药片药丸放在灌药筒中，再加些水，同样操作。

注意灌喂的药丸不宜太大，灌喂的速度不宜太快。

(2)猪的灌药法。通常用药匙、竹片或注射器(不连接针头)。一人握住两前肢或两耳，使腹部向前，将猪提起，并将后躯夹于两腿之间，灌药时一手用小木棒将嘴撬开，另一手用药匙、竹片或注射器进行灌服。片剂、丸剂可直接从口角送入舌背部，舔剂可用药匙或竹片送入。投入药后使其闭嘴，可自行咽下。

(3)犬灌药法。固体药物灌喂时，一人保定好犬，另一人一手抵住唇及皮肤覆盖在牙齿面上，打开口腔，用喂药器将药物打在舌根部，迅速抽回喂药器，用手托起下颌部，将嘴合拢；当犬舌伸出或出现吞咽动作说明已将药物咽下。液体药物用注射器从口角缓慢注入。

(4)鸡的口服给药。鸡的口服给药的方法是一人捉住翅膀保定好鸡，另一人左手打开口腔，右手把药丸塞到舌根部，将嘴合拢，当鸡出现吞咽动作说明已将药物咽下。

注意：灌药时动作要缓慢、仔细，切忌粗暴；灌溶液性药剂时，头部不宜过高(嘴角不宜高于耳根)，谨防将药物灌入气管或肺中；每次灌入的药量不宜太多，灌药中动物如发生强烈咳嗽，应立即停止灌药，并使其头部低下，促使药液咳出，安静后再灌。

2.胃导管给药

当给予大量药液或给予刺激性强的药物或带有特殊气味的药物时，经口不易灌服，一般需用胃导管经鼻或口腔给药。

(1)牛经口或经鼻插入胃导管。经口插入时，将牛保定好，并给牛戴上开口器，固定好头部，将胃导管涂润滑油后，自开口器的孔内送入。如经鼻插入时，将胃导管涂润滑油后，自鼻孔送入。胃导管尖端到达咽部时，牛将自然咽下。确定胃管插入食管无误后，接上漏斗即可灌药(图 9-4)。灌完后慢慢抽出胃管，并解下开口器。

(2)猪经口插入胃导管。先将猪保定好，视情况而采取直立、侧卧或站立方式，一般多用侧卧保定。用开口器将口打开(无开口器时，可用一根木棒，中央钻一孔)，然后将胃导管沿孔向咽部插入。当胃导管前端插至咽部时，轻轻抽动胃导管，引起吞咽动作，并随吞咽顺势插入食道。判定胃导管确实插入食道后，接上漏斗即可灌药(图 9-5)。灌完后慢慢抽出胃导管，并解下开口器。

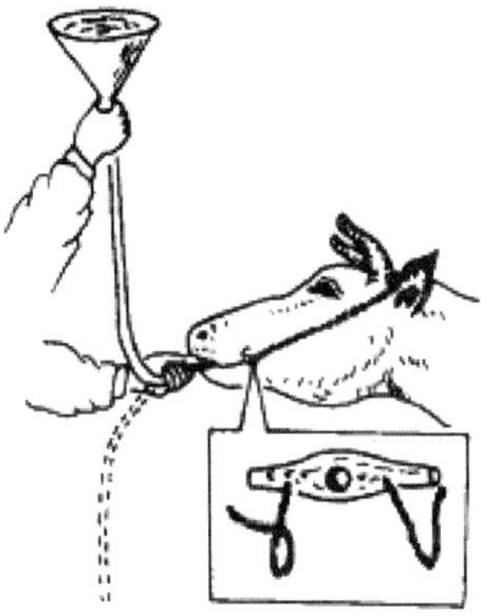

图 9-4　牛胃导管给药

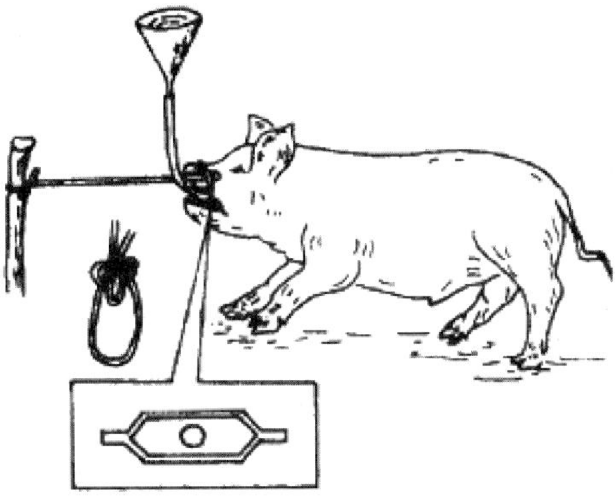

图 9-5　猪胃导管给药

(3)犬、猫鼻饲管给药。将动物俯卧或坐着保定好，鼻子朝上，往一个鼻孔内滴入 1～2 滴局麻药(如丙美卡因)后，测量鼻饲管插入长度，即从鼻孔开始到第 7 或第 8 肋间，用胶带进行标记。给鼻饲管涂上润滑剂。一只手固定头部，另一只手向鼻腔腹内侧插入鼻饲管(即朝向对侧耳朵的方向)使其穿过鼻腹道；在插入鼻饲管时，应感受不到阻力。当饲管穿过口咽时，动物会发生吞咽。注入 3～5 mL 生理盐水观察动物是否咳嗽，拍摄胸部侧位 X 线片确定鼻饲管位置。在鼻孔外侧做固定缝合固定鼻饲管。在饲管上再缠绕一个标记胶带，利用缝线或组织胶将胶带固定在头部的皮肤或被毛上，位置在两眼中间(小心不要让鼻饲管接触猫咪的胡须)。佩戴伊丽莎白圈，防止患病动物意外移除鼻饲管。每日检查 1～2 次鼻饲管出入的鼻孔，确认是否有分泌物或出血；如果结硬皮，用湿润的脱脂棉球擦拭干净；检查鼻饲管的通畅度。

注意：使动物开口时要注意人畜的安全；插胃导管时要小心、缓慢，不宜粗暴；胃导管投药时，必须判断是否正确插入食道，以免将药物灌入肺内。

3.混饲、混饮给药

鸡混饲、混饮给药临床多用于预防给药，或鸡病群发时的治疗给药。

(1)鸡(禽)的混饲给药。给药方法为根据鸡的饲养量和用药剂量说明进行,如称取 1 kg 大蒜粉,将其与 5 kg 饲料预混,再将混有大蒜粉的饲料与 600 kg 的饲料在混合机内混匀,最后通过传送设备将拌有药物的饲料输送到饲槽中喂鸡。这种给药方法只能在鸡有食欲的情况下进行,且为保证每只鸡都能用上药,喂料量最好减半。

(2)鸡(禽)的混饮给药。混饮给药方法为根据鸡的饲养量和用药剂量,将粉状药物溶于一定比例的饮水中。例如将可溶性药在配液缸里加水按一定的比例配制好,然后通过水管流入饮水器,供鸡自由吮饮。这种给药方法只能在鸡有饮欲的情况下进行,且为保证每只鸡都能用上药,最好在给药之前禁饮,夏天 1 h 左右,其他季节 2～3 h。

(二)注射给药

1. 皮下注射法

适用于注射小剂量、易溶解、刺激性小的药物及疫苗等。

(1)注射部位。选择在皮肤较薄而皮下疏松的部位,猪在耳根后或股内侧,禽类在翼下,犬、猫在颈背部。

(2)注射方法。将动物保定,注射部位消毒,用手提起注射部位皮肤,沿皱褶基部的陷窝处刺入 2～3 cm(视动物大小决定刺入深度),感觉针头无抵抗,且能自由拨动时,注入药液。注完后,局部消毒。

2. 肌内注射法

主要用于注射刺激性较强且不宜进行皮下注射的药物。要求注射后药物吸收较快时也可以选用肌内注射。

(1)注射部位。凡肌肉丰富的部位,均可进行肌内注射,但应注意避开大血管及神经路径。猪在耳后、臀部或股内侧;羊多在颈侧部;大家畜在臀部和颈侧部;犬、猫多在脊柱两侧的腰部肌肉或股部肌肉;禽多在胸肌。

(2)注射方法。左手固定于注射局部,右手持连接针头的注射器,与皮肤呈垂直的角度,迅速刺入肌肉;左手持注射器,右手回抽针管,确认无回血时,注入药液;注毕,拔出针头,局部消毒。为安全起见,对大家畜也可先以右手持注射器针头,直接刺入局部,接上注射器,然后以左手把住针头和注射器,右手回抽无血后推动活塞,注入药液。

3. 静脉注射(滴注)

主要用于大量的输液、输血及急救,以及刺激性较强的药物或皮下、肌内不能注射的药物的给药和要求药物起效迅速等情况。注射部位见表 9-2。

表 9-2　不同种类动物注射部位

动物种类	静脉注射部位
猪	耳静脉或前腔静脉
牛、羊	颈静脉或耳静脉
犬、猫	前臂内侧头皮静脉或后肢外侧面的小隐静脉

(1)猪的静脉注射(滴注)。将猪站立或横卧保定,局部按常规消毒,一人捏压耳根部静脉根部处或耳根部结扎,使静脉充盈、怒张(用酒精棉球反复涂擦可引起更为明显充血);静脉注射时另一人用一手把持猪耳,将其托平并使注射部位稍高;另一手持连接针头的注射器,然后

沿静脉径路刺入血管内（针头与皮肤呈30°～45°角），抽活塞见回血后再将注射器沿血管方向伸入；解除压迫，缓慢推进药液，注射完毕，用酒精棉球压住针孔，迅速拔针，并按压酒精棉球。如进行静脉滴注则用输液器的针头刺入静脉，见回血后，将针头再推进少许，撤去静脉近心端的压迫，打开开关，调好滴速，用胶布固定好，即可进行静脉滴注。注射完后拔出针头，酒精棉球消毒。

前腔静脉注射时将猪仰卧保定，固定其前肢及头部，局部消毒后，持接有针头的注射器，由右侧沿第一肋骨与胸骨接合部前侧方的凹陷处刺入，并稍偏斜刺向中央及胸腔方向，边刺边回血，见回血后即可缓慢注入药液。

（2）牛、羊的静脉注射（滴注）。一人保定好牛或羊，另一人拇指压迫颈静脉的下方，使颈静脉怒张，碘酊棉球消毒，酒精棉球脱碘，右手持针头瞄准颈静脉，以腕力使针头近似垂直方向迅速刺入皮肤及血管（或刺入皮肤后再调整刺入血管内），见有血液流出后把针头再顺血管进针1～2 cm，接连上吸好药物的注射器（或输液器），即可注入药液。

（3）犬、猫的静脉注射（滴注）。犬、猫前臂内侧头皮静脉比后肢小隐静脉粗一些，而且比较容易固定，因此一般静脉注射或采血时常用此静脉。注射时一人将犬保定，局部剃毛、消毒。用手或用止血带扎压静脉根部使静脉血管充盈。另一人手持连接有胶管的针头，以30°～45°角将针头快速刺入静脉，见回血后降低角度并继续推进少许，撤去静脉近心端的压迫，缓慢将药液注入静脉。如进行静脉滴注则用留置针刺入静脉，见回血后，将针头再推进少许，撤去静脉近心端的压迫，盖上帽子，连上吊桶，调好滴速，用胶布固定好，即可进行静脉滴注。

4.腹腔注射法

主要用于治疗顽固性腹膜炎等疾病，进行局部给药；当静脉注射出现困难时，可通过腹膜腔进行补液等，尤其适用于犬、猫、猪等中、小动物。

（1）注射部位。牛在右肷窝中央；猪、犬、猫在下腹部耻骨前缘3～5 cm腹白线旁。

（2）注射方法。将猪、犬、猫等动物两后肢提起，做倒立保定，术部剃毛、消毒。一手把握动物的腹侧壁，另一手持连接针头的注射器（或仅取注射针头）于注射部位垂直刺入2～3 cm，感觉针头无抵抗，回抽注射器不见血、尿、粪后注射药物，注入药液后，拔出针头，局部消毒处理。

四、作业

记录实训过程和结果，完成实训报告。

实验实训七　剂量对药物作用的影响

一、目的要求

通过观察不同剂量对药物作用的影响，理解剂量在临床用药中的重要性。

二、材料

1.实验动物

家兔2只。

2.药品

0.02%硝酸士的宁溶液。

3.器械

婴儿体重秤、一次性注射器、酒精棉球、秒表、记号笔。

三、方法步骤

(1)取大小相似的家兔2只,分别标记为甲、乙,称重。

(2)甲兔按每千克体重1 mg的剂量,肌内注射0.02%硝酸士的宁溶液,计时并观察甲兔出现的反应。

(3)乙兔按每千克体重10 mg的剂量,肌内注射0.02%硝酸士的宁溶液,计时并观察乙兔出现的反应。

记录实验结果于表9-3中。

表9-3 剂量对药物作用的影响

家兔编号	药物	体重	剂量	反应出现的时间	反应表现
甲	0.02%硝酸士的宁				
乙					

四、作业

1.分析药物的剂量和作用的关系对于进行药理学试验和临床用药有何重要意义?

2.分析实验结果,完成实训报告。

实验实训八 消毒防腐药的杀菌效果

一、目的要求

掌握消毒药杀菌效果的定量测定方法。

二、材料

1.菌种

大肠埃希菌O_{78}、金黄色葡萄球菌。

2.药品

500 g/L戊二醛、1%甘氨酸、普通营养琼脂培养基、磷酸盐缓冲液(PBS)、肉汤培养液、无菌蒸馏水。

3.器材

量筒、容量瓶、平皿、移液管、试管、吸管、涂布棒、恒温箱等。

三、方法步骤

1.实验浓度消毒剂的配制

用灭菌蒸馏水将500 g/L戊二醛稀释成浓度为2.5 g/L、10 g/L、20 g/L。

2.实验用菌悬液的配制

将保存的大肠埃希菌、金黄色葡萄球菌分别接种于肉汤培养液中,37 ℃恒温箱中培养16~

18 h，取增菌后的菌液 0.5 mL，用磷酸盐缓冲液稀释至浓度为$(1\times10^6)\sim(1\times10^7)$CFU/mL。

3. 消毒效果实验

将 0.5 mL 菌悬液加入 4.5 mL 试验浓度消毒剂溶液中混匀计时，到规定作用时间后，从中吸取 0.5 mL 加入 4.5 mL 中和剂（即 1%甘氨酸）中混匀，使之充分中和，10 min 后吸取 0.5 mL 悬液用涂抹法接种于营养琼脂培养基平板上，于 37 ℃培养 24 h，计数生长菌落数。每个样本选择适宜稀释度接种 2 个平皿。

4. 计算平均杀菌率

杀菌率$=(N_1-N_0)/N_1\times100\%$（$N_1$ 为消毒前活菌数；N_0 为消毒后活菌数）

记录实验结果于表 9-4 中。杀菌率达 99.9%以上为达到消毒效果。

表 9-4　戊二醛对大肠埃希菌和金黄色葡萄球菌的杀菌效果

菌种	戊二醛浓度/(g/L)	不同作用时间的平均杀菌率/%		
		5 min	10 min	20 min
大肠埃希菌	2.5			
	10			
	20			
金黄色葡萄球菌	2.5			
	10			
	20			

四、注意事项

1. 不同消毒剂要选择不同的中和剂，中和剂须能终止消毒又对实验无不良影响。

2. 实验温度一般要求在室温(20～25 ℃)下进行。

五、作业

1. 哪些因素会影响消毒剂的杀菌效果？试举例说明。

2. 记录实验过程及结果，完成实训报告。

实验实训九　体外药敏试验——纸片扩散法

一、目的要求

掌握利用纸片扩散法测定细菌对某种药物的敏感试验的操作方法、结果判定，为临床选用最有效的抗菌药物进行治疗提供实验依据。

二、材料

1. 菌种

大肠埃希菌、枯草芽孢杆菌和金黄色葡萄球菌的液体培养物。

2. 器材

无菌棉签、酒精灯、打火机、试管架、眼科镊、药敏纸片、普通营养琼脂平板、记号笔、测量尺、恒温箱、超净台等。

三、方法步骤

1. 接种细菌

用无菌棉签蘸取某一种菌液，在试管内壁旋转挤去多余菌液，均匀涂布到普通营养琼脂平板上 3 次，每次旋转平板 60°，最后沿平板内缘涂抹一周。

2. 粘贴药敏试纸

待培养基表面略干后，用无菌眼科镊夹取所需药敏纸片，均匀贴放在普通营养琼脂平板上，轻压贴牢，两片中心之间距离大于 24 mm，距培养皿内边缘 15 mm 以上。

3. 标注及细菌培养

在培养皿边缘清晰标注菌种名称、时间和接种者姓名，若药敏纸片上药名标注不清晰，应在培养皿上标注药物名称；将培养皿倒置于 37 ℃培养箱内，培养 18～24 h。

4. 观察结果

观察有无抑菌圈，如有，测量各种药敏纸片抑菌圈直径的大小。如图 9-6 所示。

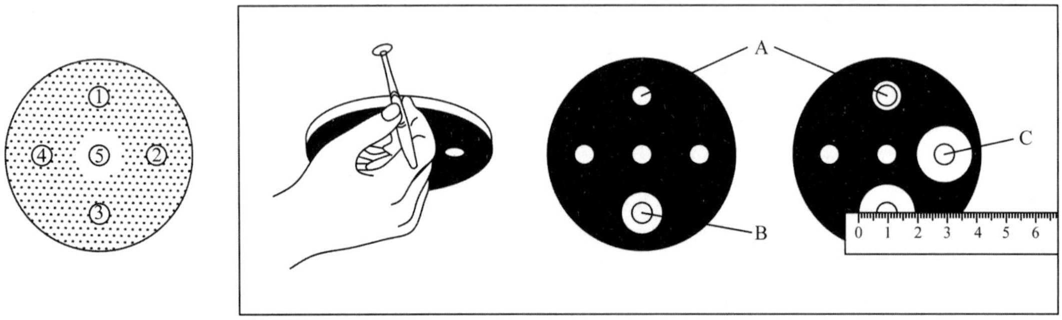

A. 不敏感　B. 中度敏感　C. 高度敏感

图 9-6　药敏纸片的贴放

根据纸片周围有无抑菌圈及其直径大小，按表 9-5 中标准确定细菌对抗生素等药物的敏感度。

表 9-5　细菌对不同抗菌药物敏感度标准

药物名称	抑菌圈直径/mm	敏感度
青霉素	＜10	不敏感
	10～20	中度敏感
	＞20	高度敏感
土霉素、四环素、新霉素、链霉素、磺胺	＜10	不敏感
	10～14	中度敏感
	＞14	高度敏感
庆大霉素、卡那霉素	＜12	不敏感
	13～14	中度敏感
	＞14	高度敏感

续表 9-5

药物名称	抑菌圈直径/mm	敏感度
氯霉素、红霉素	<10	不敏感
	10～17	中度敏感
	>17	高度敏感
其他	<10	不敏感
	10～15	中度敏感
	>15	高度敏感

四、注意事项

(1)试验用菌种对于被测定的抗生素应具有高度敏感性。建议与当地相关主管部门联系，选用菌种如金黄色葡萄球菌、大肠埃希菌等。

(2)实验时，一定要建立无菌操作的观念。

五、作业

1. 试述药敏试验在生产中的应用。

2. 记录实验过程和结果，完成实训报告。

实验实训十　体外药敏试验——试管稀释法

一、目的要求

掌握抗菌药物最低抑菌浓度(MIC)测定的常用方法，为临床选药提供参考。

二、材料

1. 菌种

大肠埃希菌。

2. 药品

硫酸庆大霉素、灭菌营养肉汤培养基、无菌蒸馏水。

3. 器材

1 mL 和 2 mL 灭菌移液管、带塞的无菌试管、分析天平、恒温培养箱、记号笔。

三、方法步骤

(1)配制抗生素。称取硫酸庆大霉素粉剂，用无菌蒸馏水配制成浓度为 1 280 U/mL 的溶液。

(2)制备菌悬液。将保存的大肠埃希菌接种于灭菌营养肉汤培养液中，放置恒温培养箱中 37 ℃培养 16～18 h，取对数生长期菌液 0.5 mL，用肉汤培养液按一定比例[(1∶100)～(1∶1 000)]稀释至浓度为$(1\times10^8)\sim(2\times10^8)$CFU/mL。

(3)取 13 支无菌试管，排成一列，并依次编为 1～13 号。然后向各试管中加入菌悬液，第一管加入菌悬液 1.8 mL，其余各管均加入 1.0 mL。

(4)加入倍比稀释的药液。第一管加入药液 0.2 mL，混匀后，吸出 1.0 mL 加入第 2 管。同样方法依次稀释至第 12 管，弃去 1.0 mL，第 13 管为生长对照。12 支试管的药物浓度分别为：128 U/mL、64 U/mL、32 U/mL、16 U/mL、8 U/mL、4 U/mL、2 U/mL、1 U/mL、0.5 U/mL、

0.25 U/mL、0.125 U/mL、0.06 U/mL。也可根据实验需要增加试管数，使浓度类推。

(5)塞好试管口，置 37 ℃恒温箱培养 16～24 h。

(6)取试管逐支摇匀，肉眼观察，以不出现肉眼可见细菌生长的最低浓度为最低抑菌浓度。

四、注意事项

1. 可根据实验条件自行设计试验菌和受试药物。

2. 试验菌必须是对数生长期的敏感菌，此期细菌对药物最敏感。

3. 稀释过程中要用移液管反复吹吸，充分混匀，且确保加入量准确。

4. 应在无菌条件下操作，防止杂菌污染。

五、作业

1. 阐述氨基糖苷类药物的抗菌作用机理，并阐述测定 MIC 在兽医临床中的意义。

2. 记录实验过程及结果，完成实训报告。

实验实训十一　链霉素神经肌肉阻断作用的观察

一、目的要求

观察药物的神经毒性反应，练习小白鼠腹腔注射的给药方法。

二、材料

1. 动物

小白鼠 2 只，体重为 18～22 g。

2. 药品

4%硫酸链霉素溶液、1%氯化钙溶液。

3. 器材

鼠笼、天平、烧杯、1 mL 注射器、记号笔。

三、方法步骤

1. 取小白鼠 2 只，称重，分别编为 1、2 号，观察呼吸、四肢肌张力、体态等正常活动情况。

2. 两只小白鼠均按照每 10 g 体重 0.1 mL 腹腔注射 4%硫酸链霉素溶液，观察并记录出现反应的时间和症状。

3. 待症状明显后，2 号鼠按照每 10 g 体重 0.1 mL 腹腔注射 1% $CaCl_2$ 溶液，1 号鼠作为对照。观察 2 只小鼠有何变化。把结果记录于表 9-6 中。

表 9-6　链霉素的毒性反应及钙离子的拮抗作用

小鼠编号	药物	呼吸情况	四肢肌张力	体态
1	用药前			
	注射硫酸链霉素后			
2	用药前			
	注射硫酸链霉素后			
	注射 $CaCl_2$ 后			

四、注意事项

1. 实验动物也可用家兔。

2. 静脉注射 $CaCl_2$ 溶液抢救效果最好，可根据实际情况选择给药途径。

五、作业

1. 氨基糖苷类抗生素有哪些不良反应，氯化钙对抗的是哪一种不良反应？

2. 记录实验过程及结果，完成实训报告。

实验实训十二　观察水合氯醛的全身麻醉作用及氯丙嗪的增强麻醉作用

一、目的要求

了解水合氯醛的全身麻醉作用及主要体征变化，理解氯丙嗪的增强麻醉作用。

二、材料

1. 动物

家兔 3 只。

2. 药物

10%水合氯醛溶液、2.5%氯丙嗪注射液。

3. 器材

兔固定器、一次性注射器(5 mL、1 mL)、9 号针头、婴儿体重秤、记号笔等。

三、方法步骤

1. 取健康兔 3 只，称重，分别标记为甲、乙、丙。观察其正常情况，如呼吸、脉搏、体温、痛觉反射、翻正反射、瞳孔大小、角膜反射、骨骼肌紧张度等。

2. 注射药物。甲兔按每千克体重 1.2 mL 的全麻量，静脉注射 10%水合氯醛溶液；乙兔按每千克体重 0.6 mL 的半麻量，静脉注射 10%水合氯醛溶液；丙兔先按每千克体重 0.12 mL 静脉注射 2.5%氯丙嗪注射液，然后再按每千克体重 0.6 mL 的半麻量，静脉注射 10%水合氯醛溶液。

3. 观察各家兔的反应及体征。将观察结果记入表 9-7 中。

表 9-7　水合氯醛的全身麻醉作用及氯丙嗪的增强麻醉作用结果

兔编号	体重	药物	麻醉时间		用药前			用药后		
			出现时间	麻醉时间	痛觉反射	角膜反射	骨骼肌紧张度	痛觉反射	角膜反射	骨骼肌紧张度
甲		全麻量水合氯醛								
乙		半麻量水合氯醛								
丙		氯丙嗪＋半麻量水合氯醛								

四、注意事项

1. 麻醉前先观察实验动物的整体状况是否适合麻醉。

2. 麻醉时,剂量要准确并要时刻注意观察动物的反应。

3. 苏醒过程要注意看好动物,防止掉到地上。

五、作业

1. 氯丙嗪麻醉前给药有什么好处?

2. 根据观察结果,分析药物作用机理,并完成实训报告。

实验实训十三　药物泻下作用的观察

一、目的要求

通过观察盐类和油类泻药的泻下作用,理解其作用机理,掌握泻药的合理选用。

二、材料

1. 动物

家兔 1 只。

2. 药品

生理盐水、3.2%硫酸钠溶液、20%硫酸钠溶液、液体石蜡、2%戊巴比妥钠溶液。

3. 器材

一次性注射器、兔台式保定器、电剪、剪刀、镊子、止血钳、缝线、婴儿体重秤、纱布、秒表、保定绳、酒精棉球、碘酊棉球。

三、方法步骤

1. 取家兔一只,按每千克体重约 1 mL 的剂量耳静脉注射 2%戊巴比妥钠溶液,使家兔麻醉。将家兔仰卧保定在台式保定器上,腹部剃毛消毒后,沿腹中线剪开腹壁,取出小肠一段,观察正常的蠕动和充盈状况。

2. 在不损伤肠系膜血管的情况下用线将此肠扎成等长的 4 段,每段长 2~3 cm,使肠腔互不相通,依次向肠腔内注射下列药物,使小肠中度膨胀。

第 1 段:生理盐水;第 2 段:3.2%硫酸钠溶液;第 3 段:20%硫酸钠溶液;第 4 段:液体石蜡。

3. 注射后,将肠管放回腹腔,关闭腹腔,盖以浸有 39 ℃生理盐水的温湿纱布,保湿保温。40 min 后打开腹腔,观察 4 段肠管的充盈度,把结果记录在下表 9-8 中。在此过程中,应注意避免将肠管拉出腹腔置于毛上,还应不时地滴加温生理盐水于肠管上保持肠管湿润。

4. 抽出内容物后,剪开肠管观察肠黏膜充血情况,并记录于表 9-8 中。

表 9-8　药物的泻下作用结果

肠段编号	药物	肠管充盈度	肠黏膜颜色
1	生理盐水		
2	3.2%硫酸钠溶液		
3	20%硫酸钠溶液		
4	液体石蜡		

四、作业

1. 根据观察结果，分析各段肠管产生变化的原因。

2. 记录实验过程及结果，完成实验报告。

实验实训十四　利尿药与脱水药作用的观察

一、目的要求

观察呋塞米、甘露醇对家兔的利尿作用；掌握药物利尿的实验方法。

二、材料

1. 动物

雄性家兔3只，体重2～3 kg。

2. 药品

1%呋塞米注射液、20%甘露醇注射液、生理盐水、液体石蜡、蒸馏水。

3. 器材

兔台式保定器、兔开口器、10号导尿管、20 mL小量筒、5 mL注射器、婴儿体重秤、胶布、兔胃导管、保定绳、记号笔。

三、方法步骤

1. 取家兔3只，称重标记，分别按每千克体重50 mL灌胃蒸馏水。

2. 30 min后，将兔仰卧保定于台式保定器上。

3. 取10号导尿管用液体石蜡润滑后，由尿道口缓缓插入膀胱8～12 cm，见有尿液滴出即可，并将导尿管用胶布固定于兔体，以防滑脱。

4. 压迫兔的下腹部，排空膀胱，并在导尿管的另一端接一量筒收集尿液，记录15 min内正常尿量。

5. 按每千克体重5 mL的剂量分别给3只家兔耳静脉注射生理盐水、1%呋塞米、20%甘露醇注射液。

6. 用量筒收集并记录各个兔每15 min内的尿量，连续观察1 h，比较各个兔在不同时间段内尿量的变化和总尿量。并把结果记录于表9-9中。

表9-9　药物对家兔排尿量的影响

兔号	正常尿量（15 min）	药物	用药后尿量/mL			
			0～15 min	15～30 min	30～45 min	45～60 min
甲		生理盐水				
乙		呋塞米				
丙		甘露醇				

四、注意事项

1. 雄兔或未性成熟的雌兔比较容易插尿管，且在实验前24 h应供给充足的饮水和青饲料。

2. 各个兔的体重、灌水及给药时间尽可能一致，给药前尽量排空各兔膀胱。

3. 插入导尿管时动作要轻缓，以免损伤尿道口。

五、作业

1. 根据实验结果分析各药物对家兔的利尿作用，思考其临床应用。

2. 记录实验过程及结果，并完成实训报告。

实验实训十五　观察普鲁卡因的局部麻醉作用及肾上腺素对普鲁卡因局部麻醉作用的影响

一、目的要求

了解普鲁卡因的局部麻醉作用及主要体征变化，理解肾上腺素对普鲁卡因局部麻醉作用时间的影响。

二、材料

1. 动物

家兔 1 只。

2. 药品

0.1%盐酸肾上腺素注射液、2%盐酸普鲁卡因注射液。

3. 器材

注射器（1 mL、5 mL）、9 号针头、敷料镊子、酒精棉球、婴儿体重秤、秒表。

三、方法步骤

1. 取家兔 1 只，称重，观察其正常活动情况，用针刺后肢，观察有无疼痛，并记录。

2. 家兔自然仰卧后，按每千克体重 2 mL 的剂量，在家兔左侧坐骨神经周围注射 2%盐酸普鲁卡因注射液，在家兔右侧坐骨神经周围注射加有肾上腺素的 2%普鲁卡因注射液。

3. 5 min 后开始观察两后肢有无运动障碍，并以针刺两后肢，观察有无疼痛，以后每 10 min检查一次，观察两后肢恢复感觉的情况，并记录于表 9-10 中。

表 9-10　普鲁卡因的局部麻醉作用及肾上腺素对普鲁卡因局部麻醉作用的影响结果

部位	药物	用药前动物的活动情况及对针刺的反应	用药后动物的活动情况及对针刺的反应/min						
			5	10	20	30	40	50	60
左侧	2%普鲁卡因								
右侧	加有肾上腺素的 2%普鲁卡因								

四、注意事项

1. 要注意麻醉给药部位的准确性。使兔自然俯卧，在尾部坐骨嵴与股骨头之间摸到一凹陷处，即为坐骨神经部位。

2. 要准确把握剂量。普鲁卡因中加入肾上腺素的量为每 10 mL 2%普鲁卡因注射液中加 0.1%盐酸肾上腺素注射液 0.1 mL。

五、作业

1. 加入肾上腺素后，为何普鲁卡因的局部麻醉作用时间延长了？

2. 记录实验过程及结果，完成实训报告。

实验实训十六　亚硝酸盐中毒与解救

一、目的要求

了解亚硝酸盐中毒与解毒的原理、中毒的临床表现，掌握亚硝酸盐中毒的解救方法。

二、材料

1. 动物

家兔 1 只。

2. 药物

5%亚硝酸钠注射液、0.1%亚甲蓝注射液。

3. 器械

家兔固定器、一次性注射器、体温计、酒精棉球、辅料镊子、婴儿体重秤。

三、方法步骤

1. 取家兔 1 只，称重。观察其眼结膜及耳血管颜色，并同时记录呼吸频率和体温。

2. 按每千克体重 1～1.5 mL 的剂量给家兔耳静脉注射 5%亚硝酸钠注射液，记录时间并观察动物的呼吸、眼结膜及耳血管的颜色变化，开始出现发绀现象时测量体温。

3. 出现典型的亚硝酸盐中毒症状后，按每千克体重 2 mL 的剂量耳静脉注射 0.1%亚甲蓝注射液，观察解毒后各项指标的变化情况，并记录于表 9-11 中。

表 9-11　亚硝酸盐中毒与解救结果

检查项目	中毒前	中毒后	解毒后
呼吸			
体温			
眼结膜			
耳血管			
其他			

四、作业

1. 亚甲蓝为什么能解毒？

2. 记录实验过程和结果，完成实训报告。

实验实训十七　有机磷类中毒与解救

一、目的要求

了解有机磷中毒及解毒的原理、中毒症状，掌握有机磷中毒的解救方法。

二、材料

1. 动物

家兔 3 只。

2. 药品

10%敌百虫溶液、0.1%硫酸阿托品注射液、2.5%碘解磷定注射液。

3. 器材

婴儿体重秤、5 mL 一次性注射器、酒精棉球、干棉球、尺子、听诊器、秒表、记号笔。

三、方法步骤

1. 取家兔 3 只，称重，分别标记为甲、乙、丙。分别观察其正常活动情况，并记录呼吸频率、心跳频率、瞳孔大小、唾液分泌量、大小便、肌肉张力及震颤等情况。

2. 3 只兔子都按每千克体重 1 mL 的剂量耳静脉缓慢注射 10%敌百虫注射液，待产生中毒症状时，观察以上指标有何变化，并记录于表 9-12 中。如 20～25 min 后未出现中毒症状，再追加 1/4 剂量。

3. 待中毒症状明显后，甲兔按每千克体重 1 mL 的剂量耳静脉注射 0.1%硫酸阿托品注射液；乙兔按每千克体重 2 mL 的剂量耳静脉注射 2.5%碘解磷定注射液；丙兔同时注射 0.1%硫酸阿托品注射液和 2.5%碘解磷定注射液，方法、剂量同甲、乙兔。

4. 观察并记录甲、乙、丙兔解救后各项指标的变化情况，并记录于表 9-12 中。

表 9-12　有机磷酸酯类中毒及其解救结果

兔编号	体重	药物	瞳孔/mm	唾液分泌	肌肉震颤	粪、尿	心跳/(次/min)	呼吸/(次/min)
甲	用药前							
	注射敌百虫后							
	注射阿托品后							
乙	用药前							
	注射敌百虫后							
	注射碘解磷定后							
丙	用药前							
	注射敌百虫后							
	注射阿托品和碘解磷定后							

四、注意事项

1. 敌百虫可通过皮肤吸收，不小心接触后应立即用自来水冲洗干净，但切忌用碱性肥皂，否则可转化为毒性更强的敌敌畏。

2.解救时动作要迅速，否则动物会因抢救不及时而死亡。

3.瞳孔大小受光线影响，在整个实验过程中不要随便改变兔的位置，保持光线条件一致。

五、作业

1.有机磷酸酯类中毒解救时，阿托品和碘解磷定的解毒原理是什么？为何二者联用效果更好？

2.记录实验过程和结果，完成实训报告。

思政园地

"投我以桃，报之以李。"

——《诗经·大雅·抑》

兽医职业精神与实验伦理

在畜牧兽医专业教学中，动物实验不仅是科学探索的桥梁，更是培养兽医学生敬重生命、践行职业伦理的重要课堂。每一次实验，都是饱含对生命的深刻反思与尊重的实践。同学们要认识到，动物实验虽不可避免，但应以最小伤害原则为基础，确保实验过程的人道与科学并重。必须遵守"3Rs"原则，即 replacement（替代）、reduction（减少）和 refinement（优化）。

通过动物实验，同学们亲身体验了作为"守护者"的责任与使命，不仅要学习技术操作，更应深刻理解"珍爱生命、善待动物"的职业精神内涵。在思考如何追求兽医科学进步的同时，给予实验动物最大程度的关怀与尊重，探索更加人道的实验方法与替代方案。

此外，同学们还要理解团队协作的重要性，通过小组合作完成实验项目，培养沟通协作能力，在实践中学会倾听、尊重与支持。同时，面对挑战时保持谦逊恭谨的态度，勇于创新，不断进取，为兽医行业的发展贡献自己的力量。

同学们在学习畜牧兽医专业知识与技能时，更要塑造自己的品格，成为具有高尚职业道德与伦理精神的兽医工作者，为构建人类与动物和谐共生的美好世界贡献力量。

附录

附录一　不同动物用药量换算表

1. 各种畜禽与人用药剂量比例(均按成年计)

种类	成人	牛	羊	猪	马	鸡	猫	犬
比例	1	5～10	2	2	5～10	1/6	1/4	1/4～1

2. 不同畜禽用药剂量比例

种类	马 (400 kg)	牛 (300 kg)	驴 (200 kg)	猪 (50 kg)	羊 (50 kg)	鸡 (1岁以上)	犬 (1岁以上)	猫 (1岁以上)
比例	1	1～1.5	1/3～1/2	1/8～1/5	1/6～1/5	1/40～1/20	1/16～1/10	1/32～1/16

3. 家畜年龄与用药比例

种类	年龄	比例	种类	年龄	比例	种类	年龄	比例
猪	1岁半以上	1	羊	2岁以上	1	牛	3～8岁	1
	9～18个月	1/2		1～2岁	1/2		9～15岁	3/4
	4～9个月	1/4		6～12个月	1/4		15～20岁	1/2
	2～4个月	1/8		3～6个月	1/8		2～3岁	1/4
	1～2个月	1/16		1～3个月	1/16		4～8个月	1/8
马	3～12岁	1	犬	6个月以上	1		1～4个月	1/16
	15～20岁	3/4		3～6个月	1/2			
	20～25岁	1/2		1～3个月	1/4			
	2岁	1/4		1个月以下	1/16～1/8			
	1岁	1/12						
	2～6个月	1/24						

4. 给药途径与剂量比例

途径	内服	直肠给药	皮下注射	肌内注射	静脉注射	气管注射
比例	1	1.5～2	1/3～1/2	1/3～1/2	1/4～1/3	1/4～1/3

附录二　常用药物的配伍禁忌简表

类别	药物	禁忌配合的药物	变化
消毒防腐药	漂白粉	酸类	分解放出氯
	乙醇	氯化剂、无机盐等	氧化、沉淀
	硼酸	碱性物质 鞣酸	生成硼酸盐 药效减弱
	碘及其制剂	氨水、铵盐类 重金属盐 生物碱类药物 淀粉 龙胆紫 挥发油	生成爆炸性碘化氮 沉淀 析出生物碱沉淀 呈蓝色 药效减弱 分解失效
	阳离子表面活性消毒药	阴离子如肥皂类、合成洗涤剂 高锰酸钾、碘化物	作用相互拮抗 沉淀
	高锰酸钾	氨及其制剂 乙醇 鞣酸、甘油、药用炭	沉淀 失效 研磨时爆炸
	过氧化氢溶液	碘及其制剂、高锰酸钾、碱类、药用炭	分解、失效
	过氧乙酸	碱类如氢氧化钠、氨溶液	中和失效
	氨溶液	酸及酸性盐 碘溶液如碘酊	中和失效 生成爆炸性的碘化氮
抗生素	青霉素	酸性药液如盐酸氯丙嗪、四环素类抗生素的注射液 碱性药液如磺胺药、碳酸氢钠注射液 高浓度乙醇、重金属盐 氧化剂如高锰酸钾 快效抑菌剂如四环素、氯霉素	沉淀、分解失效 沉淀、分解失效 破坏失效 破坏失效 疗效减低

续表

类别	药物	禁忌配合的药物	变化
抗生素	红霉素	碱性溶液如磺胺药、碳酸氢钠注射液 氯化钠、氯化钙 林可霉素	沉淀、析出游离碱 浑浊、沉淀 出现拮抗作用
	链霉素	较强的酸、碱性溶液 氧化剂、还原剂 依他尼酸 多黏菌素 E	破坏、失效 破坏、失效 肾毒性增大 骨骼肌松弛
	多黏菌素 E	肌肉松弛药 头孢菌素Ⅰ	毒性增强 毒性增强
	四环素类如四环素、土霉素、金霉素、盐酸多西环素等	中性及碱性溶液如碳酸氢钠注射液 生物碱沉淀剂 阳离子(一价、二价或三价离子)	分解失效 沉淀、失效 形成不溶性难吸收的络合物
	氯霉素	铁剂、叶酸、维生素 B_{12} 青霉素类抗生素	抑制红细胞生成 疗效减低
	头孢菌素Ⅱ	强效利尿药	增加肾脏毒性
合成抗菌药	磺胺类药物	酸性药物 普鲁卡因 氯化铵	析出沉淀 疗效降低或无效 增加肾脏毒性
	氟喹诺酮类药物如诺氟沙星、环丙沙星、氧氟沙星、洛美沙星、恩诺沙星等	氯霉素、呋喃类药物 金属阳离子 强酸性药液或强碱性药液	疗效降低 形成不溶性难吸收的络合物 析出沉淀
抗蠕虫药	左旋咪唑	碱类药物	分解、失效
	敌百虫	碱类、新斯的明、肌松药	毒性增强
	硫氯酚	乙醇、稀碱液、四氯化碳	增强毒性
抗球虫药	氨丙啉	维生素 B_1	疗效减低
	二甲硫胺	维生素 B_1	疗效减低
	莫能菌素、盐霉素、马杜霉素、拉沙洛菌素	泰妙霉素、竹桃霉素	抑制动物生长,甚至中毒死亡
强心药	洋地黄毒苷	钙盐 钾盐 酸或碱性药物 鞣酸、重金属盐	增强洋地黄毒性 对抗洋地黄作用 分解、失效 沉淀

续表

类别	药物	禁忌配合的药物	变化
止血药	肾上腺素色腙	垂体后叶素、青霉素G、盐酸氯丙嗪 抗组胺药、抗胆碱药	变色、分解、失效 止血作用减弱
	酚磺乙胺	磺胺嘧啶钠、盐酸氯丙嗪	浑浊、沉淀
	亚硫酸氢钠甲萘醌	还原剂、碱类药液 巴比妥类药物	分解、失效 加速维生素 K_3 代谢
抗凝血药	肝素	酸性药液 碳酸氢钠、乳酸钠	分解、失效 加强肝素抗凝血作用
	枸橼酸钠	钙制剂如氯化钙、葡萄糖酸钙	作用减弱
抗贫血药	硫酸亚铁	四环素类药物 氧化剂	妨碍吸收 氧化变质
平喘药	氨茶碱	酸性药液，如维生素C、 四环素类药物盐酸盐、盐酸氯丙嗪等	中和反应，析出茶碱沉淀
	麻黄素(碱)	肾上腺素、去甲肾上腺素	增强毒性
泻药	硫酸钠	钙盐、钡盐、铅盐	沉淀
	硫酸镁	中枢抑制药	增强中枢抑制作用
利尿药	呋塞米	氨基糖苷类如链霉素、 卡那霉素、新霉素、庆大霉素 头孢噻啶 骨骼肌松弛剂	增强耳毒性 增强肾毒性 骨骼肌松弛加重
脱水药	甘露醇	生理盐水或高渗盐	疗效减弱
	山梨醇	生理盐水或高渗盐	疗效减弱
糖皮质激素	泼尼松、氢化可的松、泼尼松龙	苯巴比妥钠、苯妥英钠 强效利尿药 水杨酸钠 降血糖药	代谢加快 排钾增多 消除加快 疗效降低
性激素与促性腺激素	促黄体素	抗胆碱药、抗肾上腺素药 抗惊厥药、麻醉药、安定药	疗效降低
	绒促性素	遇热、氧	水解、失效
影响组织代谢药	维生素 B_1	生物碱、碱 氧化剂、还原剂 氨苄西林、头孢菌素Ⅰ和Ⅱ、氯霉素、多黏菌素	沉淀 分解、失效 破坏、失效

续表

类别	药物	禁忌配合的药物	变化
影响组织代谢药	维生素 B_2	碱性药液	破坏、失效
		氨苄西林、头孢菌素Ⅰ和Ⅱ、氯霉素、多黏菌素、四环素、金霉素、土霉素、红霉素、链霉素、卡那霉素、林可霉素	破坏、灭活
	维生素 C	氧化剂	破坏、失效
		碱性药液如氨茶碱	氧化、失效
		钙制剂溶液	沉淀
		氨苄西林、头孢菌素Ⅰ和Ⅱ、四环素、土霉素、多西环素、红霉素、新霉素、链霉素、卡那霉素、林可霉素	破坏、灭活
	氯化钙	碳酸氢钠、碳酸钠溶液	沉淀
	葡萄糖酸钙	碳酸氢钠、碳酸钠溶液	沉淀
		水杨酸盐、苯甲酸盐溶液	沉淀
解热镇痛药	阿司匹林	碱类药物如碳酸氢钠、氨茶碱、碳酸钠等	分解、失效
	水杨酸钠	铁等金属离子制剂	氧化、变色
	安乃近	氯丙嗪	体温剧降
	氨基比林	氧化剂	氧化、失效
解毒药	碘解磷定	碱性药物	水解为氰化物
	亚甲蓝	强碱性药物、氧化剂、还原剂及碘化物	破坏、失效
	亚硝酸钠	酸类	分解成亚硝酸
		碘化物	游离出碘
		氧化剂、金属盐	被还原
	硫代硫酸钠	酸类	分解、沉淀
		氧化剂如亚硝酸钠	分解、失效
	依地酸钙钠	铁制剂如硫酸亚铁	干扰作用

注：氧化剂：漂白粉、过氧化氢、过氧乙酸、高锰酸钾等。

还原剂：碘化物、硫代硫酸钠、维生素 C 等。

重金属盐：汞盐、银盐、铁盐、铜盐、锌盐等。

酸类药物：稀盐酸、硼酸、鞣酸、乙酸、乳酸等。

碱类药物：氢氧化钠、碳酸氢钠、氨水等。

生物碱类药物：阿托品、安钠咖、肾上腺素、毛果芸香碱、氨茶碱、普鲁卡因等。

有机酸盐类药物：水杨酸钠、乙酸钾等。

生物碱沉淀剂：氢氧化钾、碘、鞣酸、重金属等。

药液显酸性的药物：氯化钙、葡萄糖、硫酸镁、氯化铵、盐酸、肾上腺素、硫酸阿托品、水合氯醛、盐酸氯丙嗪、盐酸金霉素、盐酸土霉素、盐酸普鲁卡因、糖盐水、葡萄糖酸钙注射液等。

药液显碱性的药物：安钠咖、碳酸氢钠、氨茶碱、乳酸钠、磺胺嘧啶钠、乌洛托品等。

附录三 食品动物中禁止使用的药品及其他化合物清单

序号	药物及其他化合物名称
1	酒石酸锑钾(Antimony potassium tartrate)
2	β-兴奋剂(β-agonists)类及其盐、酯
3	汞制剂:氯化亚汞(甘汞)(Calomel)、醋酸汞(Mercurous acetate)、硝酸亚汞(Mercurous nitrate)、吡啶基醋酸汞(Pyridyl mercurous acetate)
4	毒杀芬(氯化烯)(Camahechlor)
5	卡巴氧(Carbadox)及其盐、酯
6	呋喃丹(克百威)(Carbofuran)
7	氯霉素(Chloramphenicol)及其盐、酯
8	杀虫脒(克死螨)(Chlordimeform)
9	氨苯砜(Dapsone)
10	硝基呋喃类:呋喃西林(Furacilinum)、呋喃妥因(Furadantin)、呋喃它酮(Furaltadone)、呋喃唑酮(Furazolidone)、呋喃苯烯酸钠(Nifurstyrenate sodium)
11	林丹(Lindane)
12	孔雀石绿(Malachite green)
13	类固醇激素:醋酸美仑孕酮(Melengestrol Acetate)、甲睾酮(Methyltestosterone)、群勃龙(去甲雄三烯醇酮)(Trenbolone)、玉米赤霉醇(Zeranol)
14	甲喹酮(Methaqualone)
15	硝呋烯腙(Nitrovin)
16	五氯酚酸钠(Pentachlorophenol sodium)
17	硝基咪唑类:洛硝达唑(Ronidazole)、替硝唑(Tinidazole)
18	硝基酚钠(Sodium nitrophenolate)
19	己二烯雌酚(Dienoestrol)、己烯雌酚(Diethylstilbestrol)、己烷雌酚(Hexoestrol)及其盐、酯
20	锥虫砷胺(Tryparsamile)
21	万古霉素(Vancomycin)及其盐、酯

引自:农业农村部公告第 250 号。

参考文献

[1]中国兽药典委员会. 中华人民共和国兽药典(2020 年版)[M]. 北京:中国农业出版社,2020.
[2]陈杖榴,曾振灵. 兽医药理学[M]. 4 版. 北京:中国农业出版社,2017.
[3]《执业兽医资格考试应试指南》编写组. 2023 年执业兽医资格考试应试指南(兽医全科类)[M]. 北京:中国农业出版社,2023.
[4]唐纳德. 兽药手册[M]. 沈建忠,冯忠武,曹兴元,译. 7 版. 北京:中国农业大学出版社,2016.
[5]赵明珍. 动物药理[M]. 3 版. 北京:中国农业出版社,2019.
[6]王成森,杨海峰. 动物药理与毒理[M]. 北京:中国农业出版社,2023.
[7]贺生中,李荣誉,裴春生. 动物药理[M]. 2 版. 北京:中国农业大学出版社,2021.
[8]杨庆稳. 动物药理[M]. 重庆:重庆大学出版社,2021.
[9]钱峰,秦嘉艺. 动物药理[M]. 重庆:重庆大学出版社,2021.
[10]王海洋,李春花,刘玉敏. 动物药理学[M]. 武汉:华中科技大学出版社,2021.
[11]程汉,颜友荣,杨慧萍. 动物药理[M]. 苏州:苏州大学出版社,2016.
[12]张红超,孙洪梅. 宠物药理[M]. 2 版. 北京:化学工业出版社,2018.
[13]胡功政,李荣誉. 新全兽药手册[M]. 5 版. 郑州:河南科技出版社,2015.
[14]杨勇. 动物药理[M]. 北京:中国农业大学出版社,2017.
[15]朱要宏,宋泉江. 犬猫临床用药手册[M]. 2 版. 北京:中国林业出版社,2019.
[16]徐士新. 肉鸡场兽药规范使用手册[M]. 北京:中国农业出版社,2018.
[17]刘业兵,刘建柱. 猪场兽药规范使用手册[M]. 北京:中国农业出版社,2018.
[18]巩忠福,曹兴元. 奶牛场兽药规范使用手册[M]. 北京:中国农业出版社,2018.
[19]陈世军,崔耀明. 肉牛场兽药规范使用手册[M]. 北京:中国农业出版社,2019.
[20]曾振灵,郭晔. 蛋鸡场兽药规范使用手册[M]. 北京:中国农业出版社,2018.
[21]薛青红,窦永喜. 羊场兽药规范使用手册[M]. 北京:中国农业出版社,2021.
[22]舒刚,李俊平. 鸭场兽药规范使用手册[M]. 北京:中国农业出版社,2018.
[23]薛家宾,姚文生. 兔场兽药规范使用手册[M]. 北京:中国农业出版社,2018.
[24]舒刚,李俊平. 鸭场兽药规范使用手册[M]. 北京:中国农业出版社,2018.
[25]王国栋,朱凤霞,张三军. 兽医药理学[M]. 北京:中国农业科学技术出版社,2018.
[26]陈溥言,姜平. 兽医传染病[M]. 7 版. 北京:中国农业出版社,2024.
[27]於敏,周铁忠. 动物病理[M]. 5 版. 北京:中国农业出版社,2021.
[28]赵茹茜. 动物生理学[M]. 6 版. 北京:中国农业出版社,2020.